心中有光，无惧

愿你满腔孤勇，终不被辜负

黄明哲　主编

红旗出版社

图书在版编目（CIP）数据

愿你满腔孤勇，终不被辜负 / 黄明哲主编. — 北京：红旗出版社，2019.8

（心中有光，无惧黑暗）

ISBN 978-7-5051-4916-8

Ⅰ. ①愿… Ⅱ. ①黄… Ⅲ. ①成功心理—通俗读物 Ⅳ. ①B848.4-49

中国版本图书馆CIP数据核字（2019）第163645号

书　名　愿你满腔孤勇，终不被辜负
主　编　黄明哲

出品人　唐中祥　　总监制　褚定华
选题策划　华语蓝图　　责任编辑　朱小玲　王馥嘉

出版发行　红旗出版社　　地　址　北京市北河沿大街甲83号
编辑部　010-57274497　　邮政编码　100727
发行部　010-57270296
印　刷　永清县晔盛亚胶印有限公司
开　本　880毫米×1168毫米　1/32
印　张　25
字　数　620千字
版　次　2019年8月北京第1版
印　次　2019年12月北京第1次印刷

ISBN 978-7-5051-4916-8　　定　价　160.00元（全5册）

前　言

不管现实多么惨不忍睹，都要持之以恒地相信，这只是黎明前短暂的黑暗而已。不要惶恐眼前的难关迈不过去，不要担心此刻的付出没有回报，别再花时间等待天降好运。你才是自己的贵人，全世界就一个独一无二的你，请一定：真诚做人，努力做事！你想要的，岁月都会给你。

他们看到你中午才起，不知道你天亮才睡；他们嘲笑你痴人说梦，看不到你背后决心；他们看到你荣华围绕，看不到你辛酸努力；他们看到你谈笑风声左右逢源，不知道你夜晚难过伤心。你必须非常努力，才能看起来毫不费力，即便是躺着中枪，万箭穿心，也要姿势漂亮。每一份荣耀都是有代价的。

在你还没有足够强大、足够优秀时，先别花太多宝贵的时间去社交，多花点时间读书、提高专业技能。放弃那些无用的社交，提升自己，你的世界才能更大。

你没做成一件事，事后别找理由。那些听起来冠冕堂皇的理由，都是用来证明你懦弱的借口。赢了就庆祝，输了就重新开始，切勿磨磨叽叽。只要你决心去做，这世界就没人能阻碍你。所有流言蜚语和火上浇油，只要你不记在心里，终会成为你实现梦想的助力器。记住：每个人都曾卑微，但并非所有人一辈子都渺小。

如果你感到委屈，证明你还有底线；如果你感到迷茫，证明你还有追求；如果你感到痛苦，证明你还有力气；如果你感到绝望，证明你还有希望。从某种意义上，你永远都不会被打倒。

我们这一生，如果事与愿违，就相信上天一定另有安排。所有失去的，都会以另外一种方式归来。相信自己，相信时间不会亏待你。

要记得，总有一天，会有一束阳光驱散你所有的阴霾，带给你万丈光芒。更努力一点就会更幸运一些。

成长的路上，我们会遇到很多诱惑，受到很多伤害，见到很多匪夷所思的人和事。但不管怎样，你要记住，千万不要让这一切改变了你的本心。因为我们最初的那份单纯，才是人生里最珍贵的东西。不改初心，你才一直是你。

愿你能够一往无前，愿你始终脚步坚定，愿你能够在面对坎坷的时候坚持初心，愿你即使被打倒也依然热爱生活，认真努力。

目　录

第四章 打败昨天的自己

第一章
人生需要勇气

真正感动人的，从来不是思想，而是年轻的勇气。

——许知远

人生需要勇气

很多人告诉自己："我已经尝试过了，不幸的是我失败了。"其实他们并没有搞清楚失败的真正含义。

大部分人在一生中都不会一帆风顺，难免会遭受挫折和不幸。但是成功者和失败者非常重要的一个区别就是，失败者总是把挫折当成失败，从而使每次挫折都能够深深打击他追求胜利的勇气；成功者则是从不言败，在一次又一次挫折面前，总是对自己说："我不是失败了，而是还没有成功。"一个暂时失利的人，如果继续努力，打算赢回来，那么他今天的失利，就不是真正的失败。相反地，如果他失去了再次战斗的勇气，那就是真的输了！

美国著名电台广播员莎莉·拉菲尔在她30年职业生涯中，曾经被辞退18次，可是她每次都放眼最高处，确立更远大的目标。最初由于美国大部分的无线电台认为女性不能吸引观众，没有一家电台愿意雇用她。她好不容易在纽约的一家电台谋求到一份差事，不久又遭辞退，说她跟不上时代。莎莉并没有因此而灰心丧气。她总结了失败的教训之后，又向国家广播公司电台推销她的访谈节目构想。电台勉强答应了，但提出要她先在政治台主持节目。“我对政治所知不多，恐怕很难成功。”她也一度犹豫，但坚定的信心促使她大胆去尝试。她对广播早已轻车熟路了，于是她利用自己的长处和平易近人的作风，大谈即将到来的7月4日国庆节对她自己有何种意义，还请观众打电话来畅谈他们的感受。听众立刻对这个节目产生兴趣，她也因此而一举成名了。如今，莎莉·拉菲尔已经成为自办电视节目的主持人，曾两度获得重要的主持人奖项。她说：“我被人辞退18次，本来会被这些厄运吓退，做不成我想做的事情。结果相反，我让它们鞭策我勇往直前。”

美国百货大王梅西也是一个很好的例子。他于1882年生于波士顿，年轻时出过海，后来开了一间小杂货铺，卖些针线，铺子很快就倒闭了。一年后他另开了一家小杂货铺，仍以失败告终。

在淘金热席卷美国时，梅西在加利福尼亚开了个小饭馆，本以为供应淘金客膳食是稳赚不赔的买卖，岂料多数淘金者一无所获，什么也买不起，这样一来，小铺又倒闭了。

回到马萨诸塞州之后，梅西满怀信心地干起了布匹服装生意，可是这一回他不只是倒闭，而简直是彻底破产，赔了个精光。

不死心的梅西又跑到新英格兰做布匹服装生意。这一回他时来运转了，买卖做得很灵活，甚至把生意做到了街上商店。头一天开张时账面上才收入11.08美元，而现在位于曼哈顿中心地区的梅西公司已经成为世界上最大的百货商店之一。

如果一个人把眼光拘泥于挫折的痛感之上，他就很难再抽出身来想一想自己下一步如何努力，最后如何成功。一个拳击运动员说："当你的左眼被打伤时，右眼还得睁得大大的，才能够看清敌人，也才能够有机会还手。如果右眼同时闭上，那么不但右眼要挨拳，恐怕连命也难保！"拳击就是这样，即使面对对手无比强劲的攻击，你还是得睁大眼睛面对受伤的感觉，如果不是这样的话一定会失败得更惨。其实人生又何尝不是这样呢？

"失败了再爬起来"，看起来是一句鼓舞失败者最好的话，但是要真正实践起来，需要的是自我鼓励的品质和勇气。

追梦就要勇敢跳出舒适圈

很多大人物的子女一出生，就有了独特的、高级的圈子，但是这些圈子都是父辈为他们营造的。一些人受父母的影响，一生就在这样的圈子中生活，即使有高于父母的成就，大多也脱离不了父母原来构建的圈子结构，这可以说是水到渠成。但仍然有一些不喜欢父母构建的圈子的人，他们宁愿跳出舒适圈，从小人物做起，慢慢发展真正属于自己的文化圈、生长圈。全国人大常委会前委员长万里的孙女万宝宝就是这样的一个典型。这个本该是又红又专形象代言的人，今天的身份却是高级珠宝首饰品牌店的老板，而这一切，都是她自己奋斗的结果。

16岁时，万宝宝就一个人跑去美国进修，那是一个完全不同的世界。她不懂英文，难免会有一些美国人欺负她。她不是很善于交际，因此，就连一些亚洲人也会孤立她。她感到难过，就偷着哭，可是哭过之后，还得重新振作，既然路是自己选择的，就要为自己曾经的义无反顾付出代价。万宝宝咬着牙挺着，学习语言，学习与人交往。

后来，万宝宝参加各种聚会，她尤其喜欢时尚品牌类聚会。在这些聚会中，万宝宝认识了很多人，这些人虽然和自己曾经生活的圈子没有重复的轨迹，但是人性共同的东西，还是让她很快学会了适应。

万宝宝很喜欢把自己打造成品牌，为了提高自己的被关注度，她参加了毗邻巴黎协和广场的克利翁饭店举办的“社交名媛成年舞会”。那时候，她只有19岁，可是成熟的气质、时尚的气息，很快让她在舞会上脱颖而出，并迅即成为受人喜爱的社交名人。

成名后的万宝宝移居香港，修读GIA珠宝鉴证课程，并在尖沙咀创立了自己的高级珠宝首饰品牌店。

现在的万宝宝在人们的眼里是时尚名人，是品牌创建者和推广者，她已经完全脱离了父母不经意营造的政治圈、经济圈，自由地生活在完全属于自己的生活圈中。

不同圈子的人，因为生活方式不同，对生活意义的理解不同，相互之间自然有强烈的排斥感。人们不光排斥陌生的圈子，也排斥陌生的人，对于突然进入自己圈子的外人，人们同样需要一个适应的阶段，如果这个人操持的完全是另一个圈子的方式，那这种适应就更需要时间。你很难用世态炎凉来定义这种冷漠的态度。说到底，那不过是对一种陌生圈子的嫉妒，或者对陌生人的一种防备。

所以，跳出舒适圈才如此之难。可是小人物跳出小圈子走进大圈子再难，也不如一个生活在大人物圈中的人跳出大人物圈，重新构建自己的圈子难。就个体来说，万宝宝不算严格意义上的大人物，可是她生活在大人物圈中。她原来的生活方式，对于外人来说，除了养尊处优，大概不会想到别的词汇。

早在2001年，美国的著名畅销书作家斯宾塞·约翰逊在出版的图书《谁动了我的奶酪》中就已经提出了这样的观点：每个人都要给自己一点儿危机感。因为生活永远在变化中，而变化就意味着危机。别以为目前的舒适是一种享受，享受惯了这种舒适，你也就变成了呆子、傻子，最终必将一事无成。

万宝宝的成功，对我们每个小人物来说都非常有借鉴意义，有难度不怕，怕的就是你不敢突破。只要你敢跳出目前的舒适圈，那么等待你的，必将是甜美的蛋糕。

在失败中吸取教训

一个人的智慧，三分靠天赐，七分靠自己。这里的七分，很大程度上来源于人生路上的总结。人的一生，只有不断地总结，才能把有益的东西积累起来，然后融会贯通，形成一种强大的智力体系。

在人生的路途中，不经历摔打和失败的人几乎没有。人生这条路不好走，不少人不经意间就跌倒了。但有的人会从跌倒的地方爬起来，拍拍身上的泥土继续前行；而有的人却总是在同样的地方被同一块石头绊倒，惨遭重创而停滞不前。

其实，人生最重要的智慧在于：在前进的路途中学会总结。因为，总结本身就是一种智慧的体现。擅长总结的人，定然会在漫漫人生的道途中得以发展，得到提升，这是每一个人毋容置疑的问题。

纵然你是经历过摔打和失败的人，但并不意味着你就会成功。只有那些善于从摔打中吸取教训，从失败中学会总结的人，才能站立起来，昂首阔步登上成功的阶梯。更有一种睿智的人，他们不但善于总结自己人生路上的一切过往，而且还善于从别人的成功或失败中吸取养料，将其中的精华珍视起来，使自己得以免疫，更快、更好地发展自我。

在此，以刘星的人生由失败而后走向成功的点滴为例，进一步谈一谈学会人生总结的必要性与重要性。我想，这是令人佩服的。

刘星从学校毕业后步入社会，很快找到了第一份工作，可不久他便把工作弄丢了。后来，面对自己即将开始的第五份工作，他心里很是不安，不知道自己这份工作又能维持多久？

一个偶然的机会，他遇到了大学时的一个心理学教授，于是便向教授提出了自己的疑问。教授问了他一些有关公司人际关系以及工作方面的问题，未发现他心理有什么异常。教授继续问他：“你在公司里有没有得罪自己的老板呢？”他茫然地说：“没有啊！不过，有时候我会将自己不同的意见直接说出来，这对公司是很有利的嘛。”教授说：“这就对了，问题或许就出在这里。虽然你一心为公司着想，但如果没有经过调查研究，不分场合，不讲究方式方法，领导又怎么能接受呢？或许，领导还会认为你在逞能，是不是有意和他对着干呢！”“啊，原来是这样啊，真是没想到。”刘星恍然大悟。

后来，刘星还是会把自己的不同想法说出来，但不再采用以前一贯的方式，而是改变了策略，并经过事先的调查研究，且找准适当的时机说出来。结果，领导几乎每次都听取了他的建议，有时还委他以重任，他第五份工作干得既稳定又踏实。

从此，刘星在拼打中喜欢上了回头看，学会了对人生过往的总结，他渐渐找到了适合自己人生的方向和目标，成为了一个精明而智慧的佼佼者。

刘星因工作问题，在人生中失败了4次，但不耻于请教教授帮助找原因，通过分析找到了失败的症结，并学会了在总结中加以改进，让自己变聪明起来，很智慧地开始了人生成功的前行。

对于刘星来说，这是十分必要和重要的，那么，对于行走在人生路上的人们又怎会不是同理的呢?

一个人经历过多少失败并不重要，但重要的是在失败中吸取教训，在工作和生活中学会总结。教训能让我们成长，总结能让我们提升。因为教训，我们会更智慧；因为总结，我们会更睿智；因为教训和总结，我们可以变得更聪颖，更能面对和适应工作和生活。

在人生的路上，工作包含艰辛，生活面临残酷，即便屡遭挫折甚至于莫大的失败，我们也不能因此而不再继续，我们要学会总结，善于总结，勇敢地揭开灵魂深处隐匿的伤疤，清醒认识到伤疤造成的原因，保证自己的身体不会再多出相同的伤疤。

总结的力量是巨大的，它能让人们的认识得到提高，让精神得到升华，让人们不再重复相同的错误，让人生前进一大步。但不可否认的是，总有一些人，无论在工作中还是生活中，不善于甚至于不知道总结，而且不断地重复着往日的错误，他们只能在原地呆傻地踏步不前，愚而无措，难以改变命运的洗刷。

学会总结是一种智慧。也许，我们天生就没有太高的智商，但我们知道总结自己，同时还知道去总结别人，去劣从优，吸取并积累一切有益的经验，融会我们的智商，丰富我们的智慧，成为一个易于生存的人。

其实，人生的经验和智慧，大多来源于积累和总结，好比一座金字塔，积累和总结得多，就会有坚实的塔基和高耸的顶端，当我们沿着塔身一点点攀爬上去，成功就不是梦想，你就是一个很智慧的胜利者。

机遇是自己挖掘出来的

他是一个乡村教师，在漏风的教室里，站在坎坷不平的讲台上一干就是十年。十年里，身边的朋友、昔日的同学借外力上调的上调、转行的转行，个个干得风生水起，令人羡慕。只有他，没有任何外力，只好日复一日面对着那帮永远也长不大的娃娃。

不是他瞧不起教师这个职业，而是他非常喜欢和学生相处。关键是这个职业带给他的不是光环和称赞，而是捉襟见肘的尴尬和无奈。天生喜欢写作的他，只有把心中的无奈和寂寞镶嵌在文字里孤芳自赏。

一日，他妻子得知县教育局要招聘办公室文秘人员，便鼓励他报名。他无奈地说："咱指啥，没有外力是弄不成的。"

"你不能这么消极，也不能把社会都看成是黑暗的，试试吧。"妻子的话虽不多，却点燃了他那颗不安分的心。

第二天，他把自己在报刊上发表的文章复印三份，钉成了厚厚的三本，封面上醒目地写着自己的名字。他的字写得好，在上大学时曾获得过全省大学生书法比赛第二名的好成绩，他又用自己极美的书法写了一份简历，复印三份。把发稿复印本和简历分成三份，装进自己准备好的手提袋里，又特意买了一身新衣服。一切准备好后，他便踏进了教育局的大门。

“进来！”听到局长的声音，他定了定神，推门而入。“局长您好，我是青山乡大堤沟小学教师，听说咱们要招聘文秘人员，特来毛遂自荐。这是我的简历和我历年发表的文章！”他简直怀疑自己，为什么竟然没有一丝胆怯。

“嗯，好，我看一下。”局长接下资料，随手放到办公桌上。“局长，那俺回去了，谢谢局长！”他很知趣地退了出来。心里想：反正我是送出去了，看不看听天由命吧。

他又用同样的方法把材料给了分管人事、办公室工作的副局长和办公室主任。在办公室主任处填了报名表。

妻子说：“跑跑路吧，有点把握。”跑路得花钱，钱呢？谁都知道那几年教师工资低得可怜，还常常拖欠不发。他们俩都清楚家里没有一分钱的积蓄。

“算了，只要努力过，就行了！”他没抱什么希望，或许是因为他对这个社会太了解了，也或许是他总是用消极的目光审视这个社会。

一年过去了，招聘的事没有任何消息。这件事在他心里掀起了很大波澜，尽管他对这个社会很消极，但心里还是有一丝希望的，可就连这一丝希望也绝情般地破灭了。于是，他对任何事都失去了激情，对任何有关机遇的论述都十分反感。

他觉得，他这一辈子就这样了，再也不会有可以进步的机遇了。

第二年，他正在学校打扫卫生，以迎接新学期开始。一个急促的电话，完全改变了他的神色，他昏暗的脸上透着抑制不住的兴奋和喜悦，一双浑浊的眼睛变得异常地透亮，充满了对新生活的渴望。

局长办公室里洁净而严肃，“欢迎你们到局里工作，要多研究业务，多学文秘知识，争取使办公室文秘这一块的工作干得有些起色。去年，因为有好多人说情，想到局里来。但我们需要的是能干活的人，能拿得动笔的人。我们不需要到这里享受的人，所以我们顶住了说情风，没有举行招聘考试。今年，我们从去年报名的人中选出了你们三个，这是局领导对你们的信任，你们来了，并不意味着就在局里工作，你们的试用期一年，可以的话留用，不行就回原单位工作。”局长的话一直在他耳边回响。

他激动得说不出话来，局长的话让他对社会有了新的看法，对生活充满了新的希望，对工作充满了激情，对自己也充满了感激。要不是自己勇于在领导面前毛遂自荐，自己也不会在领导心里印象那么深，也不会到局机关工作。这个机遇是领导给的，但更重要的是自己闯出来的，自己挖掘出来的。

一个人无论处于什么境况，都不应该对自己灰心，对社会不满。机遇是属于每一个人的，关键是看你有没有准备，有没有挖掘它的意识和行动。

按自己的方式活着

看到她自己带来的医疗转介单时，这位医师并没有太大的兴奋和注意，只是例行地安排应有的住院检查和固定会谈。

会谈的时间是固定的，每星期二的下午3点到3点50分。她走进医师的办公室，一个全然陌生的环境，还有高耸的书架围起来的严肃和崇高，她几乎不敢稍多浏览，就羞怯地低下了头。

就像她的医疗记录上描述的：害羞、极端内向、交谈困难、有严重的自闭倾向，怀疑有防卫掩饰的幻想或妄想。

后来的日子里，这位医师才发现，对她而言，原来书写的表达远比交谈容易许多。他要求她开始随意写写，随意在任何方便的纸上写下任何她想到的文字。

她的笔画很纤细，几乎是畏缩地挤在一起的。任何人阅读时都要稍稍费力，才能清楚辨别其中的意思。尤其她的用字，十分敏锐，可以说表达能力太抽象了，也可以说是十分诗意。

后来医师慢慢了解了她的成长经历。原来她是在一个道德严谨的村落长大，在那里，也许是生活艰苦的缘故，每一个人都显得十分的强悍、有生命力。

“不正常！”她从小听着，也渐渐相信自己是不正常的。在小学的校园里，同学们很容易地就成为可以聊天的朋友了，而她也很想和大家打成一片，可就不知道怎么开口。以前没上学时，家人是很少和她交谈的，似乎认定了她的语言或发音之类有着严重的问题。家人只是叹气或批评，从来就没有想到和她多聊几句。于是入学年龄到了，她又被送去一个更陌生的环境，和同学相比，她几乎还是牙牙学语的程度。她想，她真的是不正常的。

在年幼时，医生给她的诊断是——自闭症；后来，到了学校了，也有诊断为抑郁症的。到了后来，脆弱的神经终于崩溃了，她住进了长期疗养院，又多了一个精神分裂症的诊断。而她也一样惶恐，没减轻，也不曾增加，默默地接受各种奇怪的治疗。

医院里摆设着一些过期的杂志，是社会上善心人士捐赠的。有的是教人如何烹饪、裁缝，如何成为淑女；有的谈一些好莱坞影星歌星的幸福生活；有的则是一些深奥的诗词或小说，她自己有些喜欢，在医院里茫然而又无聊，索性就提笔投稿了。

没想到那些在家里、在学校或在医院里，总是被视为不知所云的文字，竟然在一流的文学杂志刊出了。

医师有些尴尬，赶快取消了一些较有侵犯性的治疗方法，开始竖起耳朵听她的谈话，仔细分辨是否错过了任何的暗喻或象征。家人觉得有些得意，忽然才发现自己家里原来还有这样一位女儿。甚至旧日小镇的邻居都不可置信地问：难道得了这个伟大的文学奖的作家，就是当年那个古怪的小女孩?

她出院了，并且依凭着奖学金出国了。

她来到英国，带着自己的医疗病历主动到精神医学界最著名的Maudsly医院报到。就这样，在固定的会谈过程中，不知不觉地过了两年，英国精神科医师才慎重地开了一张证明她没病的诊断书。

那一年，她已经34岁了。

只因为从童年开始，她的模样就不符合社会对一个人的规范要求，所谓“不正常”的烙印也就深深地标示在她身上了。

而人们的社会从来都没有想象中的理性或科学，反而是自以为是地要求一致的标准。任何溢出常态的，也就被斥为异常而遭驱逐。而早早就面临社会集体拒绝的童年和少年阶段，更是只能发展出一套全然不寻常的生存方式。于是，在主流社会的眼光中，他们更不正常了。

故事继续演绎，果真这些人都成为了社会各个角落的不正常或问题人物了。只有少数的幸运者，虽然迟延到中年之际，但终于被接纳和肯定了。

这是新西兰杰出女作家简奈特·弗兰的真实故事，发生在20世纪四五十年代。

不要忘记最初的梦想

如果你刚毕业，每个月只有700元，你会怎么办?

你也许会抱怨，工资少得都不好意思对家人说，上班也打不起精神。你努力节省开支，不敢多和朋友出去，不敢有旅行的计划。你在生活，但没有质量。你总会很纠结：我到底该不该辞职呢?

我的朋友小柯，他就曾经拿过700元钱一个月的工资。他签的是家合资公司，但员工试用期工资少得可怜。班上的另一个同学临签协议时，放弃了，说工资太低了，超出了接受底线。但是，小柯却签了。

单位没有宿舍，小柯在附近租了学生宿舍。这样，一个月只需要一百多元的房租。他办了张公交月卡，每天早上挤公交上班，幸亏单位解决伙食，所以小柯平时吃饭还不怎么花钱。好多同学的单位工资福利都不错，过得逍遥快活。只有小柯，起得比鸡早，干得比牛多，但每月到手的只有700元。我们去看他，替他委屈。可是小柯笑笑，并不觉得难为情。

小柯每个月都会补充两本专业书。趁着早上上班之前的一点儿时间翻上几页。等公交的时候，他总是抱着一本小日汉词典念念有词。他说，只是觉得多学门外语总不是什么坏事。他不吸烟，偶尔和我们在一起时喝点儿酒。用我们的话说，是大好青年。

三个月后，小柯结束了试用期，但工资仍没有多少。一年后，小柯终于有了真正的初级技术职位。此时，公司一项国家级项目进入研发阶段，而负责单位正是小柯所在的研发部。那时，小柯已啃完了一大摞厚厚的行业专业书，能将四十多篇日语课文倒背如流。

两年来，小柯一直工作勤勤恳恳，没有请过一次病假、事假。他曾向上司提起过涨工资的问题，但没有得到重视，几次都不了了之。他并没有把情绪带到工作中，仍然认认真真完成每一件事。当小柯向公司递交了辞呈时，很多人都很意外，用同事的话说，他最不像要走的人。

但是小柯执意要走。或许在这时候，公司才真正意识到他的价值，就拿那项国家级项目来说，作为新人的小柯，却出色地独立完成了所有的程序调试，为项目完成立下了汗马功劳。老总找他谈话，以加工资和升职极力挽留他。他去意已决，并不是因为钱而离开，他大三以后就没向家里要过一分钱。他想证明自己，而事实上他也做到了，只是他的公司看到这一点时已太晚了。我们问小柯，会抱怨吗？他笑着说：“不。每一个成功的公司都必定有它优质的内核，我能有幸在这个公司里和一群最优秀的人一起工作，我很感激。”

那700元每月的坚持，小柯没有白费，带着优秀的工作履历和一本一级日语证书，还有公司外籍专家的推荐信，他很快走进了顶尖日企的大门。现在，他已是那家日企研发部的高级工程师。他曾应邀回母校，跟许多学弟学妹们座谈，像老师，又像兄长，说起当年的700元。“每个人成功的道路不同，你们也可以，从7元、70元或者7000元开始，”他微笑着说，“重要的是，你们永远不要忘记最初的梦想。”

每天坚持做一件事

在一次同学聚会上，有一位同学特别引人注目，因为他取得了非凡的成就。在大家以前的印象中，这位同学不是一位优秀的人，成绩平平，各方面的能力也很一般。然而，谁也没想到短短十余年时间，他就超过了班上所有的人。于是，大家纷纷向他投去羡慕的目光。

饭后，大家不约而同地问起了他的秘诀，他听后耸了耸肩，淡淡地说："其实也没什么，只不过我把大量的时间用在了做同一件事上。"

原来，大学毕业后，这位同学给自己定下了一个长远的目标，无论每天工作有多忙，他都尽量挤出两个小时的时间，学习市场营销和企业管理的知识。几年后，他辞职下海，自己开起了公司。由于掌握了丰富的营销知识和管理经验，他的生意做得风生水起，很快就成了远近闻名的企业家。

听了他的故事之后，大家都感到十分后悔，因为他们也拥有同样多的业余时间，但基本上都浪费在了无聊的网络游戏和牌桌上。此时，他们才深刻地认识到，人与人之间的差距不在于文凭的高低，也不在于能力的强弱，而在于是否将零散的业余时间用于学习，是否数十年如一日地坚持做某件事。平庸与卓越，往往只在人的一念之间，抑或消极与积极的生活方式。

除了工作之外，每个人都有大把的业余时间。在这里，我们不妨算一笔时间账，假如每天中午十二点下班，下午两点上班，中间有整整两个小时，除去做饭和吃饭的时间，至少能够剩下半小时。假如每天下午五点半下班，每天晚上十点钟睡觉，中间有整整四个半小时，除去料理家务和教育孩子，至少能够剩下一个半小时，也就是说每天至少有两个小时左右的学习时间，这还不包括双休日和节假日。

你可别小看这两个小时的时间，如果坚持下去，常常能创造奇迹。以一本十万字的书为例，如果你每天阅读两小时，大约能看两万字，而五天左右就能读完一本书，一个月就能读完六本这样的书，而一年就能读完七十二本这样的书，是不是觉得很惊人啊？而事实上，只要下定决心，你也同样能够做到。

每天两小时，对于我们普通人来说算不了什么，不过是少看一会儿电视，少玩一会儿电脑，少打一会儿麻将，但这两小时所积累的正能量却是无法估量的，所创造的经济价值也是无法想象的。居里夫人利用零散的业余时间，发现了放射性元素镭，奠定了现代放射化学的基础；马里奥利用零散的业余时间，创作了长篇小说《教父》，成为了美国文学的一个转折点；奥斯勒利用零散的业余时间，研究出了第三种血细胞，为人类医学做出了杰出的贡献……

其实，成功就是一个不断积累和沉淀的过程，如果你也想干一番事业，那就不要犹豫，赶紧从现在做起，利用零散的业余时间，每天坚持做一件事，相信在不久的将来，你也会成为一位了不起的人物。

用上所有的力量

星期六上午，一个小男孩在他的玩具沙箱里玩耍。沙箱里有他的一些玩具小汽车、敞篷货车、塑料水桶和一把亮闪闪的塑料铲子。在松软的沙堆上修筑公路和隧道时，他在沙箱的中部发现一块巨大的岩石。

小家伙开始挖掘岩石周围的沙子，企图把它从沙堆中弄出去。他是个很小的小男孩，而对他来说岩石却相当巨大。手脚并用，似乎没有费太大的力气，岩石便被他连推带滚地弄到了沙箱的边缘。不过，这时他才发现，他无法把岩石向上滚动、翻过沙箱边框。

小男孩下定决心，手推、肩挤、左摇右晃，一次又一次地向岩石发起冲击，可是，每当他刚刚觉得取得了一些进展的时候，岩石便滑脱了，重新掉进沙箱。

小男孩只得拼出吃奶的力气猛推猛挤。但是，他得到的唯一回报便是岩石再次滚落回来，砸伤了他的手指。

最后，他伤心地哭了起来。这整个过程，男孩的父亲在起居室的窗户里看得一清二楚。当泪珠滚过孩子的脸庞时，父亲来到了跟前。

父亲的话温和而坚定："儿子，你为什么不用上所有的力量呢？"

垂头丧气的小男孩抽泣道："但是我已经用尽全力了，爸爸，我已经尽力了！我用尽了我所有的力量！"

"不对，儿子，"父亲亲切地纠正道，"你并没有用尽你所有的力量。你没有请求我的帮助。"父亲弯下腰，抱起岩石，将岩石搬出了沙箱。

人互有短长，你解决不了的问题，对你的朋友或亲人而言或许就是轻而易举的，记住，他们也是你的资源和力量。

任何人都必须依靠着别人的帮助而生活，所以我们也必须像别人给予我们的那样对别人提供自己力所能及的帮助。人必须互助而且必须是自觉性地互助，不是只要付钱就行，而是必须以尊敬、感谢以及关切来回报。

最小的风险就是最大的成功

20世纪中期，一位二十多岁的匈牙利青年，为了生计只带了五美元到美国闯天下。二十多年后，他变成了千万富翁，成为当时美国创业者的神话。他就是在美国工艺品和玩具业的传奇性人物罗·道密尔。

说起自己的创业经历，罗·道密尔自豪地说道："我没有做过一笔赔钱的交易，也没有一次失败的经营，这就是我成功的秘诀。"

那么，罗·道密尔成功的秘诀到底是什么呢？我们可以从罗·道密尔收购一家玩具厂的例子中发现罗·道密尔成功的秘诀。

在20世纪50年代的时候，罗·道密尔刚到美国没有几年，手中的积蓄也不多，可是这时候一家濒临倒闭的玩具厂低价对外出售，罗·道密尔抓住这个机会买下了这家濒临倒闭的玩具厂。

好多人都不看好罗·道密尔这一行为，认为他是不自量力，可是罗·道密尔却不这样认为，他经过仔细研究后发现，这家玩具工厂失败的主要原因就是成本太高，而这成本高并不是制造玩具的成本高，而是工人的成本高。罗·道密尔经过研究后，做出了两项决定：凡是制作玩具的所用工具、材料，一定要放在顺手的地方，工作的时候一伸手就可以拿到，这样一来，操作机器的工人，就不必再为等材料、找工具耽误时间，无形中节省了许多时间。

这样下来，整个玩具厂的工作效率提高了许多，而罗·道密尔的另一个规定则是：在工作的时候，工人们不允许吸烟，但是每隔两个小时，准许工人们休息15分钟，而工人们对这一个规定也很欢迎。这个规定是罗·道密尔发现好多工人在工作的时候叼着烟，这样不但工作进度慢，而且好多工人借吸烟来偷懒，更麻烦的是好多带火星的烟灰掉在了玩具上，这样就生产出了好多废品。

罗·道密尔的这两项规定执行以后，在机器没有增加、工人没有增加的情况下，整个玩具厂的产量增加了近百分之五十，整个玩具厂扭亏为盈，而罗·道密尔也为他的发展积累了第一桶金。

这就是罗·道密尔成功的秘诀：收购一些失败的企业来经营。有记者采访罗·道密尔，问他为什么要收购这些失败的企业，罗·道密尔说道：“别人经营失败的生意，很容易看出失败在哪里，这样的风险是最小的，只要能把缺点改正过来，自然就赚钱了。这要比自己从头做起或者收购一家成功的企业风险低得多，每个人都知道的风险，恰恰就是最小的风险，最小的风险就是最大的成功。”

不是所有的葡萄都能酿出琼浆

保罗是知名调酒师大卫的小儿子。一天，大卫将他和两个哥哥叫到跟前，郑重地宣布：我在干邑酒厂干了一辈子，如今老了，所以决定将两千瓶珍藏了二十年的顶级原酒送给大儿子，将种着五千棵名贵葡萄树的葡萄园留给二儿子。

听到这些，哥哥们乐滋滋地走了，保罗虽然心里觉得父亲的做法不公平，可深知他的固执，于是愣在原地什么也没说。倒是大卫先开了口，微笑着问："你难道不想知道我将送你什么？"保罗摇了头说："如果父亲想告诉我，就一定会说。"大卫欣慰地朝他竖了大拇指，然后叫上他一起钻进酒窖。在那里，保罗按父亲的教导将新采的葡萄洗净，再精心地装进橡木桶，密封好存放起来……

那以后，天没亮保罗就被父亲叫进葡萄园。大卫采葡萄的方法与众不同，他不摘成熟的葡萄，而是举着特制电筒辨认出那些无法被光照亮果囊的葡萄，再摘去它们。保罗跟在后面，看着一颗颗鲜葡萄被遗弃，心疼地说："真可惜！"

大卫呵呵地笑："这些葡萄要么皮太厚，要么肉太粗，如果用它们来酿酒，反倒会加重酒的涩味和杂气，影响了整桶酒的等级。"

保罗这才知道，原来不合格的葡萄会降低酒的品质和品相，并非所有的葡萄都能用。他开始成天跟着父亲学习，很快掌握了与酿酒相关的种植、采摘、榨汁、蒸馏、陈化和调配等工艺秘诀，还调配出一款款醇香的好酒，赢得了众人赞赏。

地区举办调酒大赛，每个家族只许选派一人参赛，获奖者将被评定为首席调配艺师。保罗一心想自己参赛，一定能独占鳌头，为家族争光。可是万万没想到，到临赛前一夜大卫却叫来大儿子，让他去参赛。

保罗再也无法忍受，冲向父亲责问道："为什么你天天教我学酿酒，可到比赛却让大哥去？难道只有哥哥才能代表你，只有他才能得到你的关爱吗？"

大卫定定地瞪着他，隔了很久才说："我自有道理，你照办就行了。"哐当一声响，大卫消失在关闭的门后，留下保罗一个人，守着惨白的灯光，失落地抽泣。

既然得不到父亲的认可，保罗决意离开家去外面闯荡。他精心调配好一款酒，叩开了一家家酒厂的大门，毛遂自荐想当调酒师。酒厂都对他调配的酒赞不绝口，可当知道他是大卫的儿子时，没有任何理由就拒绝了他。保罗走遍了数十家酒厂，却没有一家愿意聘请他，没办法，他只能心灰意冷地回家。

家里空无一人，保罗在餐桌上看见一封信，是父亲留下的：儿子，你一定恨我只给哥哥们留下了财富，却什么也没留给你。其实，我给你留下的，远远超过了他们，那就是我干了四十年的总调配师岗位。我已正式向干邑酒厂推荐了你。要做好总调配师，必须是个不为利诱、不为名惑的人，所以我把财富给了你的哥哥们，还故意不推荐你去参加比赛，并跟调酒界的朋友都打过电话，要他们无论如何也不能录用你，让你学会以坦然之心面对失败挫折……你只有懂得了什么不需要、什么不选择，一心只专注于调配美酒，才可能成为真正出色的调配师。

读完信，保罗这才知道了父亲的良苦用心。他在心里默默地对自己说：原来人生懂得什么不选择，才是最大的财富。

如今，清晨的干邑天还没亮透，一个两鬓斑白的老者已进入葡萄园，在密密匝匝的葡萄架间穿行。电筒的光芒照亮了一串串赭红的葡萄，他摘下其中的几颗，悠然地说：“并非所有的葡萄都能酿出琼浆，要想酿出绝世美酒，首先要懂得摘去不合格的葡萄。”

那个永远道歉的人

老丁没学历没相貌没钱，唯一的优点就是老实厚道勤奋能干，他是漂在这个大都会里千千万万普通人中的一员。在人群之中，他就如同是一粒掉落在撒哈拉的沙子一样，我们当年估计着老丁要是能成功，那就非得累到吐血为止不可。

老丁的工作是在一家饭馆当服务员。有一天，刚发了工资的老丁请我去他打工的那家饭馆吃饭，因为那天饭店生意相当不错，忙不过来，所以本已经请了假的老丁只好又回到工作岗位上，我独自吃饭，他趁着空跑过来和我聊几句。

饭店里的人越来越多，老丁小心翼翼地端着一盆热汤从一个客人身边走过的时候，那个正在和对面女伴说得兴起突然双手乱挥的男客人一下子打到了老丁捧着的盆，一些热汤洒到了男客人身上。

“你怎么干活的？把你们老板叫过来！”男客人怒吼着

跳了起来，屋子里一下子静了起来，很多人看到了刚才那一幕，因为那个男客人的声调从开始就引起了大家的注意，显然谁对谁错大家心里都有数。没想到男客人却越吼越来劲，无理取闹起来，唾沫星子喷了老丁一脸。

我气得撸起袖子就要走过去，老丁却不停地向对方鞠躬道歉："对不起，对不起，都是我的错，您没事儿吧？"对方虽然蛮横，但是也自知理亏，看到老丁这样的态度，又挥了挥拳头喊了几句，随后和女伴匆匆离开了。

男客人走了之后，老丁笑着频频向大家点着头："都是我不好，打扰大家用餐了，抱歉抱歉！"

不久之后，老丁就涨了工资。老板给出的理由很简单："不能让厚道人吃亏，而且饭店里有这样的厚道人，生意也会更好做。"好脾气的老丁在这里不仅涨了工资，也赢得了很多回头客的好感，和其中很多人都成了朋友。

老丁在那家饭店干了很长时间，直到老板决定关了饭店回家乡发展之后，老丁才又找了一份送快递的工作。

老丁运气差了点，刚送了一段时间快递就碰上了意外。有一次，忙得不可开交的老丁天黑之后去送一份快递，累得快要虚脱了的他在路上被一辆汽车撞了一下，所幸只是皮外伤。老丁在医院里经过简单包扎之后，一瘸一拐地拿起快递又向顾客家赶了过去。到顾客那里的时候已经不早了，收件人看到姗姗来迟的老丁，一下子火了，冲着老丁就是劈头盖脸一顿训斥。老丁也不解释，仍旧是一如既往地道歉："对不住了，都是我不好，您消消气。"女顾客训了老丁半天才解气，她气呼呼地签收了快递之后，才发现老丁右腿的裤子已经破了，上面还有血迹。"你这是怎么了？"她有些纳闷地问道。老丁简单地把事情说了一下，对方这才知道老丁是带着伤从医院跑出来给自己送快递的，脸腾地一下就红了。

老丁送快递的日子一长，他又因为自己的好脾气结识了不少新朋友。后来，手里有了点积蓄的老丁决定重新去他熟悉的餐饮领域发展，开了一家小饭馆。我们越来越忙，联系也越来越少，但老丁那里总是传来各种好消息。

直到有一天，我收到了老丁的请柬，才知道他的第一家酒楼就要开张了。酒楼开张那天，在门口招呼客人的老丁看见我之后连忙快步走过来，双手握着我的手，连声说道："对不起，对不起，平时太忙了，联系都少了，这都是我不对。"

在酒桌上我才知道老丁的生意之所以做得这么顺利，是因为他自从开饭馆开始，以前认识的那些朋友就尽其所能地来帮忙捧场，再加上老丁稳重勤奋的性格，生意自然越来越红火。

那天喝到高兴的时候，我把萦绕在心头许久的疑问向老丁提出来："为什么你永远道歉？就连别人做错了，你都要赔礼道歉？"老丁笑着告诉我："这些都是一些鸡毛蒜皮的小事，我道歉也不会伤害我做人的原则和尊严。任何冲突都会让当事双方心里不痛快，大家都不痛快了，事情就要向更坏的方向发展。我道歉，我承担所有的过错和责任，那不痛快的只是我一个人而已，对方心里不就痛快了吗？这样既消除了事态继续恶化的隐患，又让别人痛快了，就是最好的结果了。”

这一刻，我才恍然大悟，眼前这个永远道歉的人并非懦弱胆怯，而是拥有着巨大的智慧。一个能让身边人都能感到心里痛快的人，自己又怎么会活得不痛快呢？

第二章 梦想的力量

我们要有最朴素的生活，与最遥远的梦想。即使明日天寒地冻，路远马亡。

——七堇年

为梦想坚持不懈

杰克很小就没了父母，他和奶奶相依为命。他很喜欢画画，想成为一名出色的画家。

一天，杰克兴奋地告诉奶奶："著名画家比尔要到市里举办画展，我要带上自己的画作，求比尔帮忙指点。"

晚上，杰克一脸沮丧地回来了，他把自己的画撕得粉碎，伤心地说："比尔看完我的画说我根本不是画画的料，没有天赋，劝我放弃。所以我决定以后再也不碰画笔了。"

沉默了一会儿，奶奶对杰克说："孩子，我有一幅收藏了几十年的画，可一直不知道这幅画值多少钱，既然比尔是著名画家，我想让他帮我看一下。"

可当奶奶从箱底拿出那幅画时，杰克很失望：画上没有点题，也没有署名，画得也很粗糙。

但杰克还是扶着奶奶找到了比尔，让他看一看。

比尔看完奶奶收藏的画，摇摇头，笑道："老人家，这幅画画风简单，用笔稚嫩、粗糙，立意不明确……不是名家所画，不值一文。"

奶奶有些失望地问："你看画这幅画的人，如果继续画下去，能成功吗？"

比尔十分肯定地说："老人家，恕我直言，朽木不可雕，再画下去也成不了气候。"

这时奶奶才说："几十年前，我在一所幼儿园当老师，这画是我的一个学生画的，当年那个学生是全班画画最差的，交作业时，他没有勇气把自己的名字写在正面，而是写在了背面。

"他画得不好，但我没有批评他，反而鼓励他说：'你画得很不错，继续努力，我相信你将来一定能成为一名出色的画家。'

"没想到过了若干年，我的这个学生真的成了一位大画家！"

比尔惊讶地愣住了，他不相信地翻过画，背面赫然写着自己的名字。

比尔慢慢地回忆起来了，喃喃地说："你是玛雅老师？"

奶奶笑着点点头，说："几十年过去了，但我依然认得你。"

停了一下，奶奶又说："虽然我不懂艺术，可我知道该怎样去教育孩子。"

比尔面红耳赤，羞愧地说："对不起，老师，我错了。谢谢您的教诲！"

奶奶把目光转向杰克。

杰克终于明白奶奶为什么要带自己来鉴画。他点点头说："我以后绝不会轻易放弃努力。"

决定人生成功的决定性因素是热爱与努力，拥有了热情与不懈的努力，你就可以一步步成长，接近成功。明白自己内心热爱什么，然后勇敢地去努力，不要轻易因为他人的一句否定而放弃自己的梦想。成功属于充满热情而坚持不懈的努力者。

坚强面对生活

“坚强”这个词语常常在我脑海中浮现。每当我失败、不开心或是遇到挫折的时候，我就会对自己说：“坚强一点，没什么大不了的。”

生活是多变的，有时让人开心快乐，有时让人忧心忡忡，有时让人向往未来，有时让人回味过去。生活总是这样的，坎坎坷坷像山路一样，每走一步都左右摇摆，但到达目的地时尝到的是快乐的甜味，而少了过程中的苦涩，生活总是这样的先苦后甜。

记得在我家刚买房子的时候，家里的经济状况很紧张。有一天我找爸爸要生活费，看着爸爸一脸忧愁的样子，我明白了，因为买房子家里的钱花得差不多了，还向别人借了许多钱。爸爸也没说什么就照常给了我生活费，我想到家里也困难就说只要40元就够了，妈妈却说：“露露，40元不够吧？虽然现在家里用钱比较紧，但你的生活费我们还是给得起的。”妈妈语气中的爱与关怀使我哽咽了，我说：“妈，够了，我用不了60，我现在懂事了，能吃饱就行了，如果要买什么再向你们要就行了。”说完后，我心里更加难受了，爸妈平时都很节俭，唯独对我却“大手大脚”，我也知道他们是爱我，是想让我不受生活上的影响，专心学习。

我的眼泪夺框而出，像断了线的珠子不停地往下掉。我告诉自己“一定要坚强、努力，用知识改变命运”。

我们这一代都是独生子女，父母把我们宠得太多，帮助我们承担得太多，给我们抵挡的困难太多。在困难到来的时候，我们躲在他们的身后，看他们如何解决，让他们去承担。而当他们老去之后，很多事情只能我们自己去承担的时候，我们却早已习惯害怕，还想躲在他们的身后。

没有人天生就是坚强的，坚强的人也只有在经历很多磨炼之后才懂得承担。当不幸和痛苦来袭的时候，第一次很痛苦，第二次也许会好一点，第三次也许就学会了坚强，第四次也许就学会了安慰自己……渐渐地，当困难来临的时候我们学会了冷静地思考，微笑地安慰自己以及与自己有同样遭遇的人。

不要放弃自己就是真正的坚强，虚心就是坚强，努力就是坚强，从头再来就是坚强，正直就是坚强，学会坚强之前要学会如何爱惜自己。

坚强面对生活，舍去的只是烦恼，而赢得的是整个人生。只要坚强，相信雨后有彩虹。

感谢那年的眼泪

踏着晨风，提着蛋糕悠然地往办公室走，利用上班时间在外偷闲的时候真心惬意。打开令人垂涎的蛋糕，唱着轻盈的生日快乐歌，道着俏皮的祝福，迎来了阿姨的生日，甜甜的味道却将我的思绪拉回了几年前。

那是2008年，18岁，一个动荡、不安分的年龄，那么迫不及待地想要挣脱父母的关心，独自去外面欣赏另一片与众不同的“世界”。暑假很快来临，更加坚定了我要出去打工的信念，不论爸爸如何苦口婆心地劝告，也不理解妈妈落下的泪水，我豪气万丈，目空一切，甚至窃喜这种反抗精神。临出门时爸爸气急对我说：“你别到时吃不了苦，连车费都赚不到，叫我给你打钱啊。”自尊心强的我傲然反驳：“你放心，我绝对不会的。”就这样踏上了去深圳的暑假工之路。

迄今，我都害怕黑夜，也是那时留下的阴影。记忆犹新，那天抵达深圳时是晚上十一点多，下了车，看到一座座高楼大厦令我一阵眩晕，我茫然地站在站牌那微弱的灯光之下，天空下起了毛毛细雨，车辆也逐渐稀少，一个保安走过来问我："这么晚了，怎么还一个人在这儿，一个女孩子很危险的。"我故作镇定地说："没事，接我的人很快就到了。"保安转身的那一刻，我便泪流满面，在前一刻接到电话，接我的人说不清楚我所在位置，叫我自己过去。对于这个城市，我初来乍到，没有任何路的概念，要去的地方我也不明确，手机也停机了，雨越下越大，风一阵阵地席卷我单薄的衣裳，饥饿和寒冷侵蚀着我本就恐惧的神经，漫天飞舞的雨珠凉透了我的心，我是那么后悔，想要回家。

后来还是善良的出租车司机，热心地帮我打电话询问，送我到目的地。

很快便开始上班了，有熟悉的同学，日子再难过也不会太孤单，餐馆里大多都是年龄相仿的人，有几个还是老乡，聊天时也倍感亲切，很快打成一片。那样的日子持续了几天之后，便觉得苦不堪言。身上的钱所剩无几，天气那么热，住的地方连个风扇都没有，由于水土不服，全身开始起红色的疙瘩，客人的无故刁难，种种都让我压抑，才几天就已经快支撑不下去了。对家的思念似疯了的野草猛长，蒙着被子不知道哭了多少次。下班后，常常忍不住去话吧，按下熟悉的号码，听到爸爸的声音又猝然挂断，我知道只要我开口说声受不了，爸妈定然不会计较当初我的毅然决然，会无比心疼地打钱让我回家。我纵然怕苦，可不愿就此印证我的不堪，我不甘心服输。

我从来不知道打工的生活是那么艰辛。每天近十个小时的上班时间，还时常面对老板娘苛刻的面容，闷热的住宿环境，一切都是那么不尽如人意，我甚至都开始害怕看到第二天黎明的曙光。天亮对我而言就意味着辛酸、苦楚。我终于理解了爸妈的担忧，也知道这座繁华的城市不是我想象的那么美好。

终于，一个多月的煎熬即将结束了。记得临走之前的那天是厨房阿姨的生日，为了感谢她一直的关照，我们四个同乡人决定为她庆祝。但因当时工资还没有结算，四个人身上加起来都不够买个100多元钱的蛋糕，于是决定一起动手做一个。下班后我们偷偷从店里拿了个托盘，然后买了馒头、面包、葡萄、苹果拼凑成了一个所谓的蛋糕。多年过去了，许多细节已然淡忘，然而那时表达感情的心情却很清晰，雀跃、单纯。那晚，我们喝着可乐，围着那“廉价”的蛋糕，望着笑容满面的阿姨，唱着祝福的歌，欢笑声绵延不断。

毕业后那些年辗转换了许多份工作，也遇到了很多挫折，每次感觉要崩溃时，我都在想，那时一无所有，没有任何心理准备，以青涩的心态去面对残酷的社会，我都扛过来了，以后的坎会过不了吗？

多年以后，我仍会庆幸自己当初的冲动，让我提前经历了那样一番挣扎，使我分外懂得了珍惜，心不再那么脆弱，让我一路走来更加坚强。

梦想的力量

梦想，是人对美好事物的憧憬与向往；梦想，是深藏在我们心中的秘密，是我们内心最强烈的渴望；梦想，是人生的正能量，它能点燃人生的希望，能激活人的内在潜能和力量。

我相信，每个人都会有自己的梦想，都希望梦想成真。有一些人，他们名动天下，创造光辉的事业；也有一些人，还在路上，如同今天的你我。登高不是谁唯一的专利，当太阳从地平线升起，照耀他们，也照耀你我。每一个有梦想的人，即使平凡，谁又能说不伟大！

我们从小到大都会对自己有所期待，都想得到世界的认可和仰望。当我们把梦想这个词和其他词相连时，线的那一端不该只是虚幻和期冀，而应该是计划和付出。你无法预计未来，但你可以造就自己的未来！《异类》这本书提到，一个人如果想要在一个领域成为最出色的人物，必须至少投入一万个小时才行。无论是爱因斯坦，还是比尔·盖茨；无论是小提琴家，还是运动员。就是说，要达到这一万个小时，如果每天能为那一个目标花费三小时的话，必须坚持10年。

著名物理学家、相对论的创立者阿尔伯特·爱因斯坦曾说过："成功的公式：A=X+Y+Z！X就是努力工作，Y就是懂得休息，Z就是少说废话！"著名的发明家爱迪生说："天才就是百分之九十九的汗水加百分之一的灵感！"伟大的文学家郭沫若说过："形成天才的决定因素应该是勤奋。"他们都用行动证明自己，最终获得了令人瞩目的成就！因此我们不难看出，通向成功之门最可靠的方法就是勤奋。

光环的背后往往隐含着无数的心酸，行动家才是梦想家。著名的大文豪高尔基，从小就饱尝人间的心酸。他不仅要用他瘦小的身躯为家里做工，还时不时会受到长辈的责打，但是，他有一个美丽的写作梦想，即使做活累得腰酸背痛，也不肯放弃一刻时间去看书、写作。他以真实生活为基础创作的《童年》《在人间》等作品，成为文坛上闪亮的明星。当人们惊叹于高尔基没有被残酷的生活压倒时，高尔基却淡然地说："生活越艰难，我越感到自己更坚强，甚而也更聪明。"我们看到：只要你拥有自己美丽的梦想，并坚持不懈地去追求，即使身处逆境，也终能梦想成真。所以，要想实现梦想，必须靠自己脚踏实地去努力奋斗，因为，这个世界不需要空想家。让我们行动起来，将现实看作此岸，将梦想看作彼岸，将无数的困难看作两岸之间湍急的河流，将努力奋斗变成架在两岸之间的桥梁，一步一步地走向成功！

也许你的梦想离现实太远，以至于它根本不可能实现而被束之高阁。这时候你要重新定位自己，尝试改变一下步骤。柏拉图告诉弟子自己能够移山，弟子们于是纷纷请教方法。柏拉图笑道："很简单，山若不过来，我就过去。"

有一位女孩，她的梦想是：在自己的舞台上唱自己的歌。但有一天，一位著名的音乐人对她说："你的嗓音和相貌一样不漂亮，很难在歌坛有所发展。"听了这话，女孩并没有离开，而是默默地留下来——端茶，倒水，做一些服务工作。有人问她为什么，女孩郑重地回答："不为什么，这里是离我的梦想最近的地方。"终有一天，女孩微笑地站在了自己的舞台，用并不惊艳但很温暖的嗓音感动了所有的人——她就是曾被评为"最具有真实感的歌手"的刘若英。事实上很多梦想都是可以实现的，关键是有没有给自己确立好目标。坚持你的梦想，无论小梦想还是大梦想，只要专心致志，追随梦想，并经常激励自己，坚韧不拔，努力拼搏，就会梦想成真，赢得光辉灿烂的未来。

我们都是这个时代里微小的尘埃，我们在为梦想奋斗时，会迷茫，会失去方向，这时就应该多给自己一些自信，不再彷徨，不再迷茫，看清前方的道路，相信自己一定能成为理想中的自己。坚持梦想并一直努力的人，终能绽放出令人钦佩的光彩。或许梦想本身不是目的，在追逐梦想的路上，我们会真正佩服自己。所以，人活在世上，必须知道自己究竟想要什么，并认真地去做，在这个过程中我们会获得一种内在的平静和充实。

没有谁天生就有一副神奇的翅膀，没有人能够随随便便成功。生命的每一片彩虹都是风雨换来的，你只有非常努力，才能看起来像那些成功的人一样毫不费力。梦想就从现在开始，当脚步和心同在路上，谁也无法想象，未来和世界有多么辽阔宽广。

请相信，你的生命独一无二，你的未来充满奇迹，你的梦想会通过你的不懈努力一一实现。

成就自己的梦想

每天出门前，57岁的上海退休女工王炼利一定会涂上口红，把自己拾掇得干干净净，哪怕只是去菜场买菜。下6楼，右转，经过树下一群剥毛豆、逗孙子、扯着家长里短的退休老太太，她总是瞅都不瞅一眼。

“我不属于她们，至少在精神上。”她说。

事实上，“属于哪个群体”这个问题一直困扰着王炼利。退休后，王炼利写了几篇经济论文，并开了一个关于经济学的博客，逐渐在经济圈里赚到一点名声。在公开场所，她喜欢被人称作“王老师”，尽管她只在学校读到初中二年级。她是一个开了17年车床的退休女工。如今，她仍住在二十多年前的房子里，沙发、书柜、缝纫机挤满了不到十平方米的客厅。退休后，第一个月拿到865元退休金的她清楚，自己其实跟楼下大多数退休工人没什么区别。

但她并不甘心。从一开始，她就不愿意接受“小人物”的命运。她从小的理想是当政治家，刚上初中，就跑到华东政法学院，看国际政治系什么样。12岁那年，她甚至一个人跑到上海青少年宫去看秋瑾的血衣，她崇拜英雄。

只是，和大多数被淹没的普通人一样，生活没有给她实现理想的机会——“文革”中止了她的学业。1977年，女工王炼利在刚恢复的高考中考了高分，但因政审不合格，她不得不再次回到机器旁。8年后，生性好强的她通过了17门课程的自学考试，成了四五千人的造船厂第一个靠自学取得大专学历的工人。

1988年，王炼利换了工作，干起了工程预算、审计，整天跟数字打交道。她发现数字“像艺术一样迷人”。1994年，“全厂审价一支笔”的她因为不肯在一份工程决算价只有10万元却报价100万元的决算书上签名，被迫从国营船厂辞职，此后，她在其他私营企业、上市公司辗转，所从事的工作都离不开“用数字说话”。到2004年，她的关于房地产、国企改制等问题的经济论文先后发表。瘪了多年的理想气球，又渐渐膨胀起来。甚至有人称她是“民间经济学家”。她还学会用“列昂惕夫矩阵”“无差异曲线”“科斯定理”这些专业术语。她还能演算像天书一般奇形怪状的数学公式。2002年冬天，当王炼利退休时，80多岁的婆婆原指望她多承担点家务，可她却更忙了，成天在屋子里演算。有一次，为在电脑上找到程序算出数字的连续40次方，她熬了整整一夜，早饭也忘了做。

起初，王炼利的文章并不受内地媒体重视。于是她转而把论文投到香港，甚至放到网上。她经常给著名学者写邮件，发表自己的观点。渐渐地，她的论文在圈内有了一定影响。

她自称自己“也许是中国最著名的退休女工”，然而她的家人丝毫不觉得她“著名”。她的论文，她老公一个字也没读过，她的儿子也称“读不下去”。有人问她：“退休了，抱个孙子享享清福，折腾这些干啥？”她说，搞学术研究的乐趣“无法用言语形容”。按她的解释，做这些事最直接的原因是，她必须拿出数据说真话，以反驳某些官员的“谎言”。

1967年第一次见到巴金时，王炼利在离巴金仅几米远的地方高喊“打倒巴金”。38年后，再见巴金时，老人安静地卧在玫瑰丛中，永远睡着了。在无数的挽联中，她记住了一个：“用忏悔拒绝遗忘，以真话抗拒谎言。”走出殡仪馆，她暗下决心：“我一定要说真话。”

然而一个退休女工在学术圈说出真话并不容易。偶尔，王炼利也会受邀参加一些学术会议。有一次，她参加中国房地产税务工作研讨会，在介绍与会者的资料上，她被写成了“北京大学经济研究中心研究员”，很多专家学者都称她“王老师”。但当她在发言完毕及时对身份进行更正后，“一些专家学者的脸变得比六月天还快”。

她甚至破天荒地被邀请到复旦大学百年校庆的讲台上，

与她同台演讲的都是世界名校的教授、渣打银行的高级经济学家。不过，当翻译介绍她时，说的是研究员，而不是退休女工。2007年11月19日，清华大学公共管理学院的一位教授知道了她的身份，就邀请她给研究生班讲了次课。她第一次真正成了“王老师”。

为了弄清楚保险行业的一些黑幕，她假装想当保险推销员，参加了两三个月的保险经纪人培训，后来，她就此写的关于保险的文章，挂在一些保险公司的网站上。但更多时候，她对“女工”的身份感到无奈，她的名片“空荡荡的”，没有职称、单位，只有名字、电话。她说，郎咸平的名片也这样，但人家是名人，完全有资格空着，而自己实属无奈，难道名片上写“退休女工”不成?

每个人都有一个梦想

“我们最大的恐惧不是因为我们的无能，而是我们的能力无可估量。我们常常问自己，我凭什么能够成为那个机智、美丽、才华横溢、杰出的人？事实上，你可以成为任何杰出的人才。我们生下来就是为了证明上帝所赐予我们的天赋；当我们将自己的能力发挥到极致的时候，我们也在不知不觉中给了他人成功的动力。”

这是电影《阿基拉和拼字比赛》中最经典的台词，给了我不尽的遐想。

这是一部青少年励志片，鼓励我们要不断追寻自己的梦想，实现自己的价值，尽管在这奋斗的过程中，会有很多不可预知的困难与险阻。

可以说这是一个老套的情节，是重复的故事。但我却是百看不厌，有着许多出乎意料的感动，而更多的是一种思考。因为它唤醒了我们心中关于“天才”的梦想，每个人的梦想。

阿基拉是个黑人小女孩，家境不好，学习成绩也很一般，还经常逃课。唯独让她自信的是，她的拼写测验考试总得一百分。然而，也正因为这样，她被视为“怪胎”，被人讥笑；渐渐地，阿基拉对她最初的梦想，最自信的地方，掩藏得很深，不敢表现出来。于是，一个想要成为“天才”的梦，破碎了。

的确，当我们还很年轻的时候，我们都曾经傲然地立于某个角落，向世人宣告：世界就是我们的——蓝天白云是，阳光海滩是，未来的光明更是。我们有着许多雄心壮志，我们有着太多美好的蓝图。只是，在这尘世里，后来的我们慢慢地冷却了信心，我们放弃了，或因外物，或因自己的妥协。只为别人的一句嘲讽，只为自己一时的困惑，我们迟疑了，我们退让了，我们就像是怕事的乌龟，永远地缩进了我们坚硬的保护壳里，不再出来，不再坚持，不要了梦想。

我们需要的是一个信念，一种坚持到底的勇气。当阿基拉感到自卑，内心充满着恐惧与孤独时，她得到了教练劳伦斯的帮助，得到了好友的鼓励，得到了邻里、母亲和全社区人们的支持。她用她不懈的努力与坚定，她用她激情的斗志，找到了自己幸福的生活。她从没想到，自己的力量竟是这么的无边无际，可以快乐地驰骋在单词的海洋里；她从没想到，自己能鼓足勇气战胜恐惧，散发出最耀眼的光芒，给自己一个最灿烂的笑容；她从没想到，自己可以如此真真切切地改变周围的一切，让母亲重拾上大学的梦想，让劳伦斯教练走出失去女儿的阴影，让那所最不起眼的科林肖中学名声大振，让所有社区的人为她振臂欢呼……阿基拉找到了自己的梦想。那个天才的梦想，它回来了。

而现在的我们，也只是在某个时间、某个地点，在镜子面前，在幽深的黑夜，嗟叹岁月的流逝，感叹老去的容颜，更是感慨那些褪色的梦想和遗忘了很久、很久的志向。我们只是在感慨、哀叹从指间划过的机会，唏嘘自己未曾的努力。于是，散漫在我们平庸的生活里的，是没有目标的流浪，是没有渴望的无聊，是没有追求的放逐。那个遗失的天才梦，我们是否还记得它的模样？我们又该如何寻找它的方向？

电影就是这样，它用最平实的事情讲述最温暖的感动，因为它让那些主人公替我们实现了曾经是我们每个人的梦想。一部励志的电影，却是如此的纯粹，在点滴的温柔里，教会我们很多我们不曾记得抑或趋于遗忘的道理。当最后的画面定格在劳伦斯、校长、姐姐、哥哥、朋友、街头嘻哈士、爸爸、妈妈和阿基拉共同拼出冠军单词P–U–L–C–H–R–I–T–U–D–E（美好）的时候，爱的力量让这个场景散发着上帝的荣光。而我此时的心情，犹如逾越千难万险抵达成功彼岸般激动。

这是一个令人意外又在情理之中的结局，一个掺杂着感伤又让人倍感欣慰的结局。曾经的对手相互激励，并肩而立；曾经的朋友再次相依，站在一起；曾经丢失的梦，回到这里。这是一场没有失败者的比赛，感触的是我们对理想的追求和在这挣扎过程中的苦楚，还有成功后无言的幸福。这是美丽的人们，这是美丽的灵魂。

每个人都有一个梦想，只是很多时候，很多人在滚滚红尘中，或因害怕，或因不够努力，而逐渐抛弃了梦想。我们生来都想成为伟大的人，扪心自问，我们又有什么做不到呢？害怕只是暂时的，它轻得就是一片树叶，风儿一吹，便杳无踪迹。努力是要坚持的，梦想就如一幢房子，只要我们不断地付出，给它添砖加瓦，终有一天是能遮风挡雨，迎来幸福阳光的。

每个人都是天才，只要我们付出与之相等的代价。因为，我们都需要天才的梦想。

挑战自己的梦想

吉娜是艺术学院的优秀生，毕业时她暗下决心，将来一定要去百老汇发展。

这天老师把她叫去，问她："既然你有决心，那么现在去和将来去有什么差别？"

吉娜说："现在我没有把握啊！我想把基础打扎实些，明年去。"

老师说："难道你明年去和现在去有本质的不同？"

吉娜愣住了，看着老师热切的目光，想到百老汇金碧辉煌的舞台，她浑身热血沸腾："老师，我下个月就去。"

老师意味深长地看着她："下个月？你现在去和下个月去有什么两样？"

吉娜坐不住了："老师，那我下个星期就出发。"

老师依然步步紧逼：“所有的生活用品都能在百老汇买到，你为什么还要等下个星期呢？”

吉娜激动地跳起来：“老师，那我马上就去！”

老师笑了：“其实，我已经为你订了明天出发的机票。百老汇正在招聘演员，你不要错过这个机会。”

于是第二天，吉娜就告别老师，飞往她梦想的圣地。当她后来真的竞聘成为一部经典剧目的女主角时，她才体会到临行前老师送她的一段话：出发之前，梦想永远只是梦想。只有上了路，梦想才有可能实现。如果说梦想是可贵的，那么不失时机地挑战梦想，就更可贵了！

态度是成功的最佳秘诀

会成功的人，不论在什么位置上都可能成功。最重要是能吃苦，态度敬业，这是成功的最佳秘诀。

最近几个大企业家因担忧中国台湾未来的竞争力，愿意带领年轻人创业，做他们的导师，制造更多的就业机会给他们。我有幸参加了一次这个聚会。

那天因为是聚餐，气氛比较轻松，有人就大胆地问：为什么你们现在从事的，都不是你们原来在大学念的科系？这不是所学非所用吗？

这是个好问题，《华盛顿邮报》的专栏作家瓦德华曾说："你在大学读的学科与你的成就或人生发展，没有直接的关系。"很多你在职场用到的东西，在你念大学时，还未发明出来，大学教你的不过是求知的方法和做事的态度而已。

世界趋势不停地在变，你必须眼睛锐利、变得快，还得跟对老板。建安七子的王粲写道：“从军有苦乐，但问所从谁，所从神且武，焉得久劳师？”

一位总裁说他去美国留学时，暑假须去餐厅打工赚学费，他和同学一起去应征，当时运气不好，只找到最低工资的洗碗工，他的同学觉得自己是台湾最好大学的毕业生，洗碗是大材小用，做得很不甘愿，结果不到两个星期就被开除了。而他的态度是：不甘愿就不要做，要做就做到最好，所以每一分钟都努力地做。

他因为盘子洗得又快又好，就被升为打杂人员，又因他做事干净利落，客人前脚一走，他马上把桌子收拾干净，使下桌客人可以立即入座。桌子翻转得快，侍者的小费就多，他这个没有小费的打杂人员竟然做到连侍者都愿意把自己的小费分给他，可见他的厉害。

所以会成功的人，不论在什么位置上都会成功，因为他们敬业、不怕吃苦。这其实就是成功的秘诀。

另一位总裁在美国留学时，曾去面包店卖过面包。他每天的业绩都比别人好，客人宁可排队也要等他来服务。为什么呢？原来客人眼睛在看面包时，他就顺着客人的眼光，去拿他中意的那个面包，他会挑盘子中最大的面包给客人。

对老板来说，面包不管大小，只要能卖出去就好。盘中反正永远会有最大的，下个客人来，再拿最大的给他，客人心满意足，下次就会再上门。他懂得顾客心理，难怪经营企业很成功。

他们的话使我想起上次去偏乡服务时，开车的修女带我们去买台东最有名的包子，车上七个人统统下车去买，我以为店家一定很高兴这么多的生意上门，想不到服务的小姐脸很臭，爱理不理，我生气了就不买了。虽然客人愈多员工愈累，但他们忘了，没客人上门，店倒掉时，他们也就没工作了。

在这个社会上，要成功一定要双赢才行。不管什么工作，敬业是第一，做到最好时，别人一定会看到，工作也会自己找上门。所以“任难任之事，要有力而无气，处难处之人，要有知而无言”。人要能了解自己的长处，忽略自己的短处，态度和智慧永远是放诸四海皆准的成功法则。

或许你就在成功的路上

有一次，住在田纳西曼菲斯的克莱伦斯·桑德到当时新兴的快餐店去吃饭，他看到这里生意兴隆，人们排着长龙在这里吃饭。顿时，他灵感在腹：能不能在杂货店里也采取这种让顾客随意挑选自己包装的形式呢？随后他就把这个念头说给他的老板听，没想到却遭到了老板的大声呵斥："收回你这个愚蠢的主意吧，怎么能让顾客自己选择，自己包装呢？"

可是桑德不肯放弃，他相信这样可以给顾客一种更轻松、更自在的购货心理。于是桑德辞去公司的工作，自己开了一家小杂货铺，并且引进了这种全新的经营理念。很快，他的小店就吸引了许多的顾客，门庭若市，生意逐渐兴隆了起来。后来，他又接二连三地开了多家分店，也取得了巨大的成功。这就是当今风靡全球的超市的先驱。

一个年薪12万美元的年轻经理讲过这样一个关于他自己

的故事：我被任命为发展部主任的时候，公司只给了我两个人，公司当时并没有具体的目标，指导着我们去怎么做。我们经过无数次的市场调查和分析研究后，看准了一项前景相当可观的项目，但在后来具体的操作过程中，接踵而至的困难几次使我萌生了放弃的念头，这时我突然想起了董事长给我的那封信，他让我在最困难的时候打开它。我于是就打开了那封信，信上只有一句话：年轻人，如果你这时已经认准了一条路，你就坚定不移地走下去，从来没有一条成功的路是别人为你走出来的。

这位年轻的经理说：就是这句话，不仅使我渡过了那个难关，而且让我一直走到了今天。我们也曾闪现过和桑德一样智慧的火花，我们也许走过像年轻经理一样艰难的路，不同的是，我们最后悄然熄灭了那朵火花，黯然退出了那一程路，留下了点点滴滴失败的苦涩。

传说，上帝在造人的时候，顺便也为每一个人造就了一条走向成功的路。后来有许多死去的人找到上帝，说上帝欺骗了他们，因为他们至死也没有走出一条成功的路。上帝笑着对那些人说，回首看看吧，你的无数个足迹都在成功的路上，但你又无数次中途让它改变了方向。

努力去寻找适合你的事

一个男孩子出生在布拉格一个贫穷的犹太人家里。他的性格十分内向、懦弱，没有一点男子气概，非常敏感多愁，老是觉得周围环境都在对他产生压迫和威胁。防范和躲灾的想法在他心中可以说是根深蒂固，不可救药。

这个男孩的父亲竭力想把他培养成一个标准的男子汉，希望他具有风风火火、宁折不屈、刚毅勇敢的特征。

在父亲那粗暴、严厉且又很自负的斯巴达克式的培养下，他的性格不但没有变得刚烈勇敢，反而更加懦弱自卑，并从根本上丧失了自信心，致使生活中每一个细节、每一件小事，对他来说都是一个不大不小的灾难。他在困惑痛苦中长大，整天都在察言观色，常独自躲在角落处悄悄咀嚼受到伤害的痛苦，小心翼翼地猜度着又会有什么样的伤害落到他的身上。看到他的那个样子，简直就没出息到了极点。

看来，懦弱、内向的他，确实是一场人生的悲剧，即使想要改变也改变不了的。因为他的父亲做过努力，看来已经毫无希望了。

然而，令人们始料未及的是，这个男孩后来成了20世纪上半叶世界上最伟大的文学家，他就是奥地利的卡夫卡。

卡夫卡为什么会成功呢？因为他找到了合适自己穿的鞋，他内向、懦弱、多愁善感的性格，正好适宜从事文学创作。在这个他为自己营造的艺术王国中，在这个精神家园里，他的懦弱、悲观、消极等弱点，反倒使他对世界、生活、人生、命运有了更尖锐、敏感、深刻的认识。他以自己在生活中受到的压抑、苦闷为题材，开创了一个文学史上全新的艺术流派——意识流。他在作品中，把荒诞的世界、扭曲的观念、变形的人格，解剖得更加淋漓尽致，从而给世界留下了《变形记》《城堡》《审判》等许多不朽的巨著。

1904年，卡夫卡开始发表小说，早期的作品颇受表现主义的影响。1912年的一个晚上，通宵写出短篇《判决》，从此建立自己独特的风格。生前共出版七本小说的单行本和集子，死后好友布劳德违背他的遗言，替他整理遗稿，出版三部长篇小说（均未定稿），以及书信、日记，并替他立传。

卡夫卡是一位用德语写作的业余作家，他与法国作家马赛尔·普鲁斯特、爱尔兰作家詹姆斯·乔伊斯并称为西方现代主义文学的先驱和大师。卡夫卡生前默默无闻、孤独地奋斗，随着时间的流逝，他的价值才逐渐为人们所认识，作品引起了世界的震动，并在世界范围内形成一股“卡夫卡”热，经久不衰。

后世的批评家，往往过分强调卡夫卡作品阴暗的一面，忽视其明朗、风趣的地方，米兰·昆德拉在《被背叛的遗嘱》中试图纠正这一点。其实据布劳德的回忆，卡夫卡喜欢在朋友面前朗读自己的作品，读到得意的段落时会忍俊不禁，自己大笑起来。

卡夫卡一生的作品并不多，但对后世文学的影响却是极为深远的。美国诗人奥登认为：“他与我们时代的关系最近，似但丁、莎士比亚、歌德和他们时代的关系。”

卡夫卡的小说揭示了一种荒诞的充满非理性色彩的景象，个人式的、忧郁的、孤独的情绪，运用的是象征式的手法。三四十年代的超现实主义余党视之为同人，四五十年代的荒诞派以之为先驱，六十年代的美国“黑色幽默”奉之为典范。

是的，人的性格是与生俱来不可随意硬性逆转的，就像我们的双脚，脚的大小是无法选择的。

别再抱怨你的双脚，还是去选取一双适合自己的鞋吧！努力去寻找适合你做的事情吧！这总比你坐在家里闷闷不乐、消极悲观要好得多吧！

我们不一样

我的白领朋友们，一些在你们看来唾手可得的东西，我付出了巨大的努力。

从我出生的一刻起，我的身份就与你有了天壤之别，因为我只能报农村户口，而你是城市户口。如果我长大以后一直保持农村户口，那么我就无法在城市中找到一份正式工作，无法享受养老保险、医疗保险。于是我要进城，要通过自己的奋斗获得你生下来就拥有的城市户口。

考上大学是我跳出农门的唯一机会。在独木桥上奋勇搏杀，眼看着周围的同学一批批落马，前面的道路越来越窄，我这个佼佼者心里不知是喜是忧。

而你的升学压力要小得多，竞争不是那么激烈，功课也不是很沉重。如果你不想那么辛苦去参加高考，只要成绩不是太差，你可以在高三时有机会获得保送名额，哪怕成绩忒差，也会被“扫”进一所本地三流大学，而那所三流大学我可能也要考到很高的分数才能进去，因为按地区分配的名额中留给上海本地的名额太多了。

我们的考卷一样，但我们的分数线却不一样，当我们都获得录取通知书的时候，所交的学费是一样的。我属于比较幸运的，东拼西凑加上助学贷款终于交齐了第一年的学费，看着那些握着录取通知书愁苦不堪，全家几近绝望的同学，我的心中真的不是滋味。教育产业化时代的大学招收的不仅是成绩优秀的同学，而且还要有富裕的家长。

来到上海这个大都市，我发现与我的同学相比我真是土得掉渣。我不会作画，不会演奏乐器，没看过武侠小说，不认得MP3（数字音频），为了弄明白营销管理课上讲的“仓储式超市”的概念，我在“麦德隆”好奇地看了一天，我从来没见过如此丰富的商品。

我没摸过计算机，为此我花了半年时间泡在学校机房里学习你在中学里就学会的基础知识和操作技能。我的英语发音中国人和外国人都听不懂，我只能再花一年时间矫正我的发音。

我可以忍受城市同学的嘲笑，可以几个星期不吃一份荤菜，可以周六、周日全天泡在图书馆和自习室，可以在寂寞无聊的深夜在操场上一圈圈地奔跑。我想有一天我毕业的时候，我能在这个大都市挣一份工资的时候，我会和你这个生长在都市里的同龄人一样——做一个上海公民，而我的父母也会为我骄傲，因为他们的孩子在大上海工作！

终于毕业了，每月2000元左右的工资水平，也许你认为这点钱应该够你零花的了，可是对我来说，我还要租房，还要交水电煤电话费，还要还助学贷款，还想给家里寄点钱让弟妹继续读书，剩下的钱只够我每顿吃盖浇饭，我还是不能与你坐在“星巴克”一起喝咖啡！

如今的我在上海读完了硕士，现在有一份年薪七八万的工作。我奋斗了十八年，现在终于可以与你坐在一起喝咖啡。我已经融入到这个国际化大都市中了，与周围的白领朋友没有什么差别。可是我无法忘记奋斗历程中那些艰苦的岁月，无法忘记那些曾经的同学和他们永远无法实现的夙愿。每每看到正在同命运抗争的学子，我的心里总是会有一种沉重的责任感。

我在上海读硕士的时候，曾经讨论过一个维达纸业的营销案例，我的一位当时已有三年工作经验、现任一家中外合资公司人事行政经理的同学，提出一个方案：应该让维达纸业开发高档面巾纸产品推向9亿农民市场。我惊讶于她提出这个方案的勇气，当时我问她是否知道农民兄弟吃过饭后如何处理面部油腻，她疑惑地看着我，我用手背在两侧嘴角抹了两下，对如此不雅的动作她投以鄙夷神色。

在一次宏观经济学课上，我的另一同学大肆批判下岗工人和辍学务工务农的少年：“80%是由于他们自己不努力，年轻的时候不学会一门专长，所以现在下岗活该！那些学生可以一边读书一边打工嘛，据说有很多学生一个暑假就能赚几千元，学费还用愁吗？”我的这位同学太不了解贫困地区农村了。

我是20世纪70年代中期出生的人，我的同龄人正在逐渐成为社会的中流砥柱，我们的行为将影响社会和经济的发展。这个世界上公平是相对的，这并不可怕，但是在优越环境中成长起来的年轻人，和很久以前曾经吃过苦现在已经淡忘的人，对不公平视而不见是非常可怕的。

我花了十八年时间才能和你坐在一起喝咖啡。

强烈的求知欲

爱迪生的父亲塞缪尔·爱迪生，在伊利湖畔的维恩那城经营旅馆生意，生活过得还算不错。在这城里有个名叫南希的女教师，她是苏格兰裔的加拿大人，由于她教学认真，颇受市民的尊敬。她引起了塞缪尔的爱慕，于是这位旅馆主人开始向她求婚。后来他们的爱情日渐增进着，最后终于达到了沸点，便在1828年结婚了。结婚后，他们在城里住了一段时间才迁走。

这一次他们又乘着“草原马车”再次迁徙，定居在美国俄亥俄州的米兰。塞缪尔在此经营屋瓦的制造和贩卖，生意还不错，夫妇俩过着幸福的日子。

他的住宅是一幢带有顶楼小屋的红砖砌的平房。房子坐落在山脚处，外观朴实大方。

南希结婚后，前后生过7个孩子。在全家迁居米兰之前，南希就生下了4个孩子。此后，她又生了3个孩子。爱迪生是排行第七，也是他母亲所生的最后一个儿子。按照祖先长者的名字，爱迪生取名为托马斯，由于他父亲与阿尔瓦布雷德利船长私交甚好，便又借了这位船长的名叫阿尔瓦。爱迪生的全名叫托马斯·阿尔瓦·爱迪生。周围的人都叫他阿尔瓦，他的母亲喜欢叫他阿尔。

他们一直住在这个淳朴的小镇，直到阿尔7岁他们才又离开。不过这个城市却令阿尔难以忘怀。

虽然他并不完全记得这城市的一切，但是教堂的尖屋顶、宽阔的原野、家门前那棵耸立的大树等，却永远留在他的脑海里，当他年老时，他仍然清晰地记得这些景象。

小阿尔在米兰的逸事传说很多。有人说他是一个与众不同的孩子。首先，小家伙出世以后几乎从来不哭，总是笑。灰色的眼睛，亮晶晶的，看起来很聪明，不过头显得特别大，身体很孱弱，看上去弱不禁风。他常对一些物体感兴趣，然后试图用手去抓。他的嘴和眼睛活动起来，就像成年人考虑问题时一样。他从来不停止他已决定做的事情。他一学会走路，就无须人的帮助。这孩子的头发稀少，竖了起来，一点也不服帖，长得很难看。父亲看了不舒服就替他理了发，结果反而更难看，母亲也皱起了眉头。3岁时，阿尔像一个大人思考问题时所做的那样，用手指理他的头发。

阿尔的与众不同，不仅如此。孩子在小时候都有好奇心，喜欢问东问西。所不同的是，“阿尔比一般孩子更为好奇，并且有一种将别人告诉他的事情付诸实验的本能，以及两倍于他人的精力和创造精神。”就人们的记忆所及，他学说话好像就是为了问问题似的。他提出的一些问题虽然不重要，但不容易回答。由于他问的问题太多，他家的大多数成员甚至都不想回答。但是，他的母亲总是试图帮助他。一次他问父亲：“为什么刮风？”塞缪尔·爱迪生回答：“阿尔，我不知道。”阿尔又问：“你为什么不知道？”

他不但好奇爱问，而且什么事都想亲自试一试。

有一次，到了吃饭的时候，仍不见爱迪生回来，父母亲很焦急，四下寻找，直到傍晚才在场院边的草棚里发现了他。父亲见他一动不动地趴在放了好些鸡蛋的草堆里，就非常奇怪地问：“你这是干什么？”小爱迪生不慌不忙地回答：“我在孵小鸡呀！”原来，他看到母鸡会孵小鸡，觉得很奇怪，总想自己也试一试。当时，父亲又好气又好笑地将他拉起来，告诉他，人是孵不出小鸡来的。在回家的路上，他还迷惑不解地问：“为什么母鸡能孵小鸡，我就不能呢？”

由于阿尔对许多事情都感兴趣，他经常碰到危险。一次，他到储存麦子的房子里，不小心一头栽到麦囤里，麦子埋住了他的脑袋，动也不能动了。他差一点儿死去，幸亏被人及时发现，抓住他的脚把他拉了出来。还有一次，他掉进水里，结果像落汤鸡一样被人拉了上来。他自己也受惊不小。他

4岁那年，想看看篱笆上野蜂窝里有什么奥秘，就用一根树枝去捅，脸被野蜂蜇得红肿，几乎连眼睛都睁不开了。

阿尔经常到塞缪尔·温切斯特的碾坊去玩。一天，他到温切斯特的碾坊，看见温切斯特正在用一个气球做一种飞行装置试验，这个试验使阿尔入了迷。他想，要是人的肚子里充满了气，一定会升上天，那该多美啊！几天以后，他把几个化学制品放在一起，叫他父亲的一个佣工迈克尔·奥茨吃化学制品后飞行。奥茨吃了阿尔配制的化学制品后几乎昏厥过去。阿尔认为奥茨飞不起来是奥茨的失败，不是他自己的失败。

这次事件不仅使阿尔的父母感到头痛，同时也震惊了附近孩子的父母，他们纷纷警告自己的小孩说："不要和阿尔玩！"

小孩子们听了父母的告诫，都不敢再和阿尔在一起玩，即使阿尔邀请他们，他们也只是以畏惧的眼光看着他，一步也不敢接近，有时几个比较大胆的小孩，甚至会唱着歌来侮辱阿尔，他们唱着：阿尔、阿尔，奇怪的小孩；阿尔、阿尔，他是个呆子；我们再也不和阿尔玩了。

由于做这些事情，阿尔遭到父亲的鞭打。他的父亲认为，只有鞭打他，他才不会再惹麻烦。他的母亲也认为，如果一个孩子做错了事，你不鞭打他，他将不会成为一个好人。她不希望这种事情再发生在阿尔身上。虽然阿尔受了鞭打，但不能阻止他对一切事情发生兴趣。

他6岁就下地劳动了。爱观察、爱想问题、爱追根求源是他向新奇的大千世界求知的钥匙。村子中间十字路口长着大榆树、红枫树，他就去观察那些树是怎么生长的；沿街店铺有好多漂亮的招牌，他也要去把它们认真地抄写下来，甚至画下来。

他强烈的求知欲和做实验的愿望，常给他带来麻烦。

这就是爱迪生小时候的故事：一个令人烦恼、令人害怕，最后不得不欣赏的少年！

要有一双善于发现的眼睛

从前有个年轻英俊的国王，他既有权势，又很富有，但却为两个问题所困扰，他经常不断地问自己，他一生中最重要的时光是什么时候？他一生中最重要的人是谁？

他对全世界的哲学家宣布，凡是能圆满地回答出这两个问题的人，将分享他的财富。哲学家们从世界各个角落赶来了，但他们的答案却没有一个能让国王满意。

这时有人告诉国王说，在很远的山里住着一位非常有智慧的老人，也许老人能帮他找到答案。国王到达那个智慧老人居住的山脚下时，他装扮成了一个农民。

他来到智慧老人住的简陋的小屋前，发现老人盘腿坐在地上，正在挖着什么。“听说你是个很有智慧的人，能回答所有问题，”国王说，“你能告诉我谁是我生命中最重要的人吗？何时是最重要的时刻吗？”

“帮我挖点土豆，”老人说，“把它们拿到河边洗干净。我烧些水，你可以和我一起喝一点汤。”

国王以为这是对他的考验，就照他说的做了。他和老人一起待了几天，希望他的问题能得到解答，但老人却没有回答。

最后，国王对自己和这个人一起浪费了好几天时间感到非常气愤。他拿出自己的国王玉玺，表明了自己的身份，宣布老人是个骗子。

老人说：“我们第一天相遇时，我就回答了你的问题，但你没明白我的答案。”

“你的意思是什么呢？”国王问。

“你来的时候我向你表示欢迎，让你住在我家里。”老人接着说，“要知道过去的已经过去，将来的还未来临——你生命中最重要的时刻就是现在，你生命中最重要的人就是现在和你待在一起的人，因为正是他和你分享并体验着生活啊。”

人的一生似乎都在寻寻觅觅，寻找永恒不变的幸福，寻找功盖千秋的成功。为此人们劳苦终日，行色匆匆。也许到了弥留之际，都找不到自己要找的东西，因为要找的东西可能早已擦肩而过了。

有个农夫拥有一块土地，生活过得很不错。但是，他听说要是有块土地的底下埋着钻石的话，他就可以富得难以想象。于是，农夫把自己的地卖了，离家出走，四处寻找可以发现钻石的地方。农夫走向遥远的异国他乡，然而却没发现钻石，最后，他囊空如洗。一天晚上，他在一个海滩自杀身亡。真是无巧不成书！那个买下这个农夫土地的人在散步时，无意中发现了一块异样的石头，他拾起来一看，晶光闪闪，反射出光芒。他拿给别人鉴定，才发现这是一块钻石。就这样，在农夫卖掉的这块土地上，新主人发现了从未被人发现的最大的钻石宝藏。这个故事发人深省，告诉了人们一个道理：财富不是奔走四方去发现的，它只属于那些自己去挖掘的人，只属于依靠自己奋斗的人，也只属于相信自己能力的人。

这个故事告诉大家生活的最大秘密——每个人都拥有钻石宝藏，那就是你的潜力和能力。你身上的这些钻石足以使你的理想变成现实。你必须做到的，只是更好地开发你的“钻石”，为实现自己的理想不断地付出辛劳。

珍惜现在要比期望未来重要得多，生活给予我们的实在太多了，可惜大多数人都不懂得珍惜。钻石就在我们身旁，关键是我们要有一双发现生活、发现钻石的慧眼。

第三章
越努力，越幸运

有时，人生就是没办法预知结局，即使你知道了全部的过程。所以只能做最坏的打算，但尽最大的努力。

——威尔·施瓦尔贝

努力，只为刹那芳华

父亲是个爱花的人。家里种满了父亲从外面带回来的花儿，各式各样，每到春暖花开的季节，院子里总是格外地芬芳。而我，对花没有太多研究，其中大多数我都不认得，不如父亲那般着迷。但是，父亲却每次都是不厌其烦地一边浇水，一边向我讲述花的知识。在众多的花中，父亲最照顾一盆尚未开花的花骨朵，我问其缘由，父亲只是模糊地说喜欢花开的过程。我不是多么爱花，故而也没有多问。

老天总是那么残忍。有一次，我们一家人外出未能及时回来，然而，那天正巧下大雨，放在窗台的花儿们都没能收拾到屋里。等我们回来时，花盆里的场景早已惨不忍睹，尤其是那一盆尚未开花的花骨朵最令人惋惜。从花枝处断开了，花骨朵垂下往日神采的头颅，仅有一些嫩皮与花枝相连着，显得极为无助。我提议将它们扔掉，父亲说了一句“不用”便回屋了，我看了一眼那些往日公主般的小花，也没有再理会。连着几天，我们都没有去看那些花，父亲同样也因为工作忙，没有回来。

直到后来，我因为考试失利而迷茫地坐在书桌旁，看着那张让我伤心透了的成绩单，不久前的豪情万丈、满怀信心，早已湮灭在那简单的数字之中，心中一片灰迹，窗外狂暴的雨声更使我痛苦万分。“咦！那朵花居然开了！”哥哥的惊讶声传入我的耳中。我转身向雨中望去，瞬间，我如电击般地定在那里，心中的震撼无从表达，雨中的那一抹嫣红是如此刺眼，如此鲜艳。我急忙寻找雨伞，想要将雨中的花儿移到室内来，却让闻讯而来的父亲拦住了。“它之所以能开花，是在展示它本应有的风采，也是向这大雨表示它的价值，更是在争取本属于它的那一份芬芳，即便是昙花一现，也毫不犹豫，你又何必去打扰它呢？”是啊，它在为那份片刻的芬芳而奋斗、拼搏，我又何必自以为好心地去打断它的努力呢？忽然，心中对那花儿产生了莫名的钦佩，能在最后的时刻，冒着如此激烈的风吹雨打，毅然选择了开放，这该需要多大的勇气啊。我情不自禁地由花想到了自己，想到了自己为一点微不足道的失败而垂头丧气，失去目标的面庞不由得浮现一丝愧色。

人生短短几十年，本就是昙花一现，片刻就会枯萎，又哪会有时间因为失败而唉声叹气呢？我不甘心自己一生默默无闻、毫无作为地老去，我真的不甘心。即使是短暂的一瞬间，我也会选择绽放自己最美丽的一面，难道不是吗？既然花都可以在最后的时刻为属于它的美丽搏上一搏，又何况我们人呢？跌倒能怎样？失败又如何？只要我们努力过，拼搏过，就不会后悔。如今的我们，许多都处在浑浑噩噩，不知所归之中，与其如此，何不尽情拼搏？只为刹那芳华。

努力，终将绽放

我有一位朋友，他的文化程度不高，初中都没有念完，但是在全中国做拉面是第一名。连续三年做拉面，连续三年第一名，年薪一百多万。在聊天时，他曾经非常自信地告诉我们：我敢保证全世界没有一个年轻人在十六七岁像我一样脱光衣服在家里练做拉面。后来有人问他：你的拉面是全国第一名，那么多人喜欢吃，你到底用什么和面？他每次都平淡地告诉别人：我是用汗水和面。

他每天练习做拉面，就一个标准，就是看有没有练出汗来。如果没有练出汗来，就绝不会停止。每天练出汗来以后，再穿上内衣，穿上衬衣，穿上西装。他现在穿着西装做拉面，可以做到不让面粉沾在西装和领带上，一个白点都没有。他从16岁开始，天天练习做拉面，风雨无阻，从不间断，结果就这样练成了全国第一名。

另外一个例子是大家都崇拜的“篮球之神”迈克尔·乔丹。从打球第一天起，乔丹就保证每天必须练习两个小时，任何事情都不能成为他中断练球的理由。结婚那天，上午结婚，下午练球。只有一天没练，就是他父亲去世那天，剩下每天都在不停地练习。这样看来，世界上有且只有一个篮球之神，也就不足为奇了。

所以，对于任何技能，我们“知道了”，没用；我们“理解了”，也没用。猜猜看什么时候才有用？练熟了才有用。

也就是说，如果你想在一个行业发展，你未来能够在这个行业走得久远，你只有一条路可以走，就是练到出神入化！只有练到出神入化才能超越对手。告诉大家一个秘密，你看任何一个行业内的顶尖高手做事，都是一种“享受”。此时此刻，那个人和那个事放在一起，达到“人事合一”，人已经把一种普通的事情练成了一种艺术，他做这件事情的时候就像一种艺术在灿烂绽放。

韩红刚出道时，我非常喜欢看她的现场演唱会。一首歌唱几分钟，我就能出神地注视这个肥胖的女人几分钟。事后，我也奇怪，一个总是穿着运动装、戴着大墨镜的肥胖女歌手，为什么有那么大的吸引力，让现场的观众和电视前的我如痴如醉。后来我明白了，我是被她唱歌时那种“人歌合一”的投入状态所吸引。那时候，你已经分不清韩红是《天路》，还是《天路》是韩红。总之，你会被这个紧锁眉头、闭着眼睛在自己的精神世界里歌唱的女人所感动，她周围形成了一股强大的气场，这种气场就是由她那种强大的专注和投入形成的。其实，她的每一次演出都是平时千百次练习中某一次练习的自然呈现。

曾经，世间所有的行业里都没有大师，大师也曾经是弱小的菜鸟，但是经过千万次地练习、千万次地修正、千万次地反思和自我超越，他将普通人远远甩在了他视线之外的远方，他就成了大师。我想告诉大家一个惊天的秘密，从菜鸟到大师的距离，就是练习。

不要计较眼前得失

一天傍晚，他在单行道的乡村公路上孤独地驾着车回家。在这美国中西部小镇上谋生，他的生活节奏就像他开的老爷车一样迟缓。自从所在的工厂倒闭后，他就没有找到过固定工作，但他还是没有放弃希望。外面空气寒冷，暮气开始笼罩四野，在这种地方，除了外迁的人们，谁会在这路上驾驶？

他熟悉的朋友大多数已经离开了这个小镇。朋友们有自己的梦想要实现，有自己的家庭要抚养。但是他还是选择留在了故乡。这是他出生的地方，这里有着他的童年和梦想，还有他那已经入了土的父母留给他的“家”。周围的一切都是那么熟悉，他可以闭着眼睛告诉你什么是什么，哪里是哪里。他的老爷车的车灯坏了，但是他不用担心，他认得路。天开始变黑，雪花越落越厚。他告诉自己得加快回家的脚步了。

他差一点没有注意到那位困在路边的老太太。外面已经很黑了，“这么偏远的地方，老太太要得到救援是很难的。我来帮她吧。”他一边想着，一边把老爷车开到老太太的奔驰轿车前停了下来。尽管他朝老太太报以微笑，可是他看得出老太太非常紧张。她在想：会不会遇上强盗了？这人看上去穷困潦倒，像饿狼一样。

他能读懂这位站在寒风中瑟瑟发抖的老太太的心思。他说：“我是来帮你的，老妈妈。你先坐到车子里去，里面暖和一点。别担心，我叫拜伦。”老太太的轮胎爆了，换上备用胎就可以。但这对老太太来说，并不是件容易的事情。拜伦钻到车底下，察看底盘哪个部位可以撑千斤顶把车顶起来，他爬进爬出的时候，不小心将自己的膝盖擦破了。等将轮胎换好，他的衣服脏了，手也酸了。就在他将最后几颗螺丝上好的时候，老太太将车窗摇下，开始和他讲话。她告诉他她是从大城市来的，从这里经过，非常感谢他能停下来帮她的忙。拜伦一边听着，一边将坏轮胎以及修车工具放回老太太的后备厢，然后关上，脸上挂着微笑。老太太问该付他多少钱，还说他要多少钱都不在乎。

因为她能想象得出如果拜伦没有停下来帮她的话，在这种地方和这个时候，什么事情都有可能发生。

帮这老太太忙是要向她要钱？拜伦没有想过。他从来没有把帮助人当作一份工作来做。别人有难应该去帮忙，过去他是这样做的，现在他也不想改变这种做人的准则。他告诉老太太，如果她真的想报答他的话，那么下次她看见别人需要帮助的时候就去帮助别人。他补充说："那时候你要记得我。"

他看着她的车子走远。他的这一天其实并不如意，但是现在他帮助了一个需要帮助的人，他一路开车回家的心情却变得很好。

再说那个老太太，她在车子开出了将近一英里的地方，看到路边有一家小咖啡馆，就停车进去了。她想，还得开一段路才能到家，不如先吃一点东西，暖暖身子。

这是一家很旧的咖啡馆，门外有两台加油机；室内很暗，收银机就像老掉牙的电话机一样没有什么用场。女招待走过来给她送来了菜单，老太太觉得这位招待的笑容让她感到很舒服。她挺着大肚子，看起来最起码有8个月的身孕了，可是一天的劳累并没有让她失去待客的热情。老太太心想，是什么让这位怀孕的女人必须工作，而又是什么让她仍如此热情地招待客人呢？她想起了拜伦。

女招待将老太太的100元现钞拿去结账，老太太却悄悄地离开了咖啡馆。当女招待将零钱送还给老太太时，发现位置已经空了，正想着老太太跑到哪里去的时候，她注意到老太太的餐巾纸上写着字，在餐巾纸下，她发现另外还压着300元钱。

餐巾纸上是这样写着的："这钱是我的礼物。你不欠我什么。我经历过你现在的处境。有人曾经像现在我帮助你一样帮助过我。如果你想报答我，就不要让你的爱心失去。"

女招待读着餐巾纸上的话，眼泪夺眶而出。

那天晚上，她回到家里，躺在床上翻来覆去地睡不着，她想着那老太太留下的纸条和钱。那老太太怎么知道她和她丈夫正在为钱犯愁呢？下个月孩子就要出生了，费用却还完全没有着落，她和丈夫一直都在为此担心。这下好了，老太太真是雪中送炭。

看着身边熟睡的丈夫，她知道白天他也在为赚钱犯愁。她侧过身去给他轻轻的一吻，温柔地说："一切都会好的，拜伦，我爱你。"

好人终有好报，这是亘古不变的真理。做个好人吧，不要计较眼前的得失。

酿造人间最甘甜的花蜜

美国费城大学是享誉世界的著名高等学府，然而这所占地近百亩的综合性大学最初营建时，仅仅付了57美分的地皮采购费。如今人们慕名前来费城大学参观时，选择的第一个参观目标就是主楼的展览大厅，在那里悬挂着一个衣衫褴褛、面黄肌瘦的小女孩的画像，而这个不知姓名、年龄和出生地的小女孩，居然被公认为是这所著名学府的始建者。

故事发生在1803年，那时候的美国刚刚摆脱殖民统治赢得独立，百废待兴，经济凋敝，下层人民生活苦不堪言。在这种状况下，一位体弱多病的母亲牵着女儿的手来到了费城，但是她们找不到任何维生的活儿，被迫靠四处乞讨来熬过困苦的日子。

初夏的一个午后，母女俩来到城郊一所学校大门外，蹲在墙根处晒太阳。从墙内传出的琅琅读书声和弹奏钢琴的音乐声深深吸引了母亲身旁的小女孩，她不解地问母亲这是什么声音，为何会如此动听？母亲愁苦地一笑，随后告诉女儿，那是一所贵族学校，是专门供有钱人家的小孩子读书和弹奏钢琴的地方。

从此，小女孩一有机会就跑到学校围墙外倾听里面传出的悦耳声音。有一次学校礼堂内正在举行音乐会，小女孩实在按捺不住强烈的好奇心，就恳求看门人放自己进去，却被看门人拒绝了。

就在小女孩泪水涟涟地要走开时，一位老师恰好从旁边经过。他问清缘由后，以自己的名义作担保带小女孩进到校园里。小女孩疑惑地问那位老师："既然富人和穷人家的小孩都喜欢这里，那么为何只接纳富人子弟而拒绝穷人家的孩子进入校园呢？"老师也许是为了保护小女孩那颗脆弱的自尊心，用善意的谎言笑着答道："哦，因为这所学校太小了，小到只能容纳下富人家的孩子。将来等到学校扩建的时候，一定也会欢迎穷人家的孩子来读书的。"

此后小女孩一边憧憬着美好的读书梦，一边继续随母亲在城市里乞讨。但是就在第二年，母亲不幸染病身亡，只留下孤苦伶仃的小女孩。一个寒雪飘飞的冬日，有人在学校围墙外发现了这个被冻死的小女孩，于是通知了流浪者管理中心的收容人员。收容人员赶来处理小女孩的尸体时，意外地从其口袋里翻出57美分硬币和一张字迹歪歪扭扭的纸条："为了能把这所学校扩建得更大，使所有的穷孩子都能进到里面读书，我已经忍饥挨饿足足攒了57美分啦……”

人们读过字条后，才晓得那些文字是小女孩的母亲生前教给她的。小女孩为了实现心中的夙愿，整整乞讨了一年时间才攒下57美分。但她不是把这些钱留给自己，而是想捐给学校用来扩建校舍，以便全城穷人家的孩子都能被收纳进去。

小女孩和57美分的凄婉故事被媒体报道后，人们无不为之动容落泪，同时纷纷把这种感动付诸行动。首先是一个房地产富商主动请求把近百亩土地出售给那所学校以扩建校舍，而且售价仅仅57美分，接着木材商、砖石经销商等商贾巨头更是倾其全力捐献建材用品，继而有无数能工巧匠到学校报名，甘愿义务出工扩建校舍。那所本来小得不能再小的贵族学校就这样逐渐扩大为占地近百亩的大型公立高等教育学校，并更名为费城大学。

费城大学从正式建校至今已200余年，它与美国其他名牌高等学府迥然不同的是，对待家境贫寒的优秀学子一直是减免费用并辅以经济补贴。这都是因为当年那个不知姓名的小女孩，是她把天真的爱散落成心灵的花粉，并传播给更多心灵的花朵，因此酿造出人间最甘甜的花蜜。

我们还有微笑

美国人克里斯托弗·里夫因在电影《超人》中扮演超人而一举成名。但谁能料到，一场大祸会从天而降呢？

1995年5月27日，里夫在弗吉尼亚一个马术比赛中发生了意外事故。他骑的那匹东方纯种马在第三次试图跳过栏杆时，突然收住马蹄，里夫防备不及，从马背上向前飞了出去，不幸的是，摔出那一刻他的双手缠在了缰绳上，以致头部着地，第一及第二颈椎全部折断。

五天后，当里夫醒来时，他正躺在弗吉尼亚大学附属医院的病房里，医生说里夫能活下来就算是万幸了，他的颅骨和颈椎要动手术才能重新连接到一起，而医生不能够确保里夫能活着离开手术室。

那段日子里夫万念俱灰，许多次他甚至想轻生。他用眼睛告诉妻子丹娜：“不要救我，让我走吧。”丹娜哭着对他说：“不管怎样，我都会永远和你在一起。”

随着手术日期的临近，里夫变得越来越害怕。一次他3岁的儿子威尔对丹娜说：“妈妈，爸爸的膀子动不了呢。”“是的，”丹娜说，“爸爸的膀子动不了。”“爸爸的腿也不能动了呢。”威尔又说。“是的，是这样的。”

威尔停了停，有些沮丧，忽然他显得很幸福的样子，说：“但是爸爸还能笑呢。”“爸爸还能笑呢。”威尔的这一句话，让里夫看到了生命的曙光，找回了生存的勇气和希望。10天后的手术很成功。尽管里夫的腰部以下还是没有知觉，但他毕竟克服了剧烈的疼痛而顽强地活了下来。他充满自信，每天坚持锻炼，以好身体和好心情迎接每一天。后来，他不仅亲自导演了一部影片，还出资建立了里夫基金，为医疗保险事业做出了贡献。里夫坚信他会在50岁之前重新站立起来，他要做一个真正的“超人”。

在克里斯托弗·里夫的自传里，他郑重地记下了儿子的那句话：“但是爸爸还能笑呢。”是的，不管灾难有多严重，都要记得，我们还有微笑。

我为你骄傲

我去马来西亚读书的第一天，就面对了这个问题。来自各国的留学生（比例最大的是中国人）一定要先通过一次语言水平测试，按照测试成绩分配入学等级。考试地点是在一间大阶梯教室，学生们可以自由选择座位，由英语系两名老师监考。当其中一名深色皮肤、一口标准英式英语的S小姐略略看了下座位布局后，她突然停下发卷，快速跑上讲台。“请同学们注意，全部中国学生不可以坐在相邻的位置！”她大声说道，“中国学生一定要跟其他国家的学生相邻而坐。”

很多学生英语水平差，没听懂她的话，交头接耳地打听。我听懂了，并且知道邻桌的也是位中国学生，但是我没动。教室里一片大乱，在S小姐的再三催促下，中国学生都按她的要求间隔开来落座了。我身边的中国学生也要换开，我阻止了他。“如果我们换位置，证实我们的确有作弊的嫌疑。”我说，

“反正我不换。”他也不换了。S小姐很快走到我们面前。“你们都是中国学生吧？”她说，“请将座位换开。”

我坐在原地一动不动，心平气和地用英语回答她：“别国的学生不换，我也不会换。如果你因为我们是中国学生就认定我们会作弊，你可以一直站在我们身边监考。这总可以了吧？”

她看了我几秒钟，没说什么，转身走开，宣布考试开始。接下来的两小时里，我常常能感觉到她刀子似的目光。她不时地从我面前走过，我熟视无睹。后来我提前完成试卷离场，并且顺利地通过了这次测试，直接进入专业课的学习。

那天我和几个中国同学在电梯里又碰到了这位S小姐。“祝贺你，你这次考得很好！”她显然记住了我。态度热情，同时瞥了一眼电梯里另外几个中国学生，语速很快地补充，“但很多中国学生必须从最低级别开始学习英语，并且那天的确抓到几位中国学生作弊。”

我承认我被她的态度激怒了，接下来我头脑一热，选择了她名下一科作为专业课之一。为了维护尊严，我吃尽了苦头。每次上她的课之前，我至少要用足两个小时做预习，查清所有生词，否则完全无法跟上她那语音标准但语速极快的讲课。

那段时间，除了学校课程之外，我正在规划自己未来的人生方向，并决定要以写作作为终身职业。我买了电脑，开始第一部长篇小说的创作。在小说写到近一半时，我终于决定暂停学校课程，专心把小说写完。去办休学手续时，最令我踌躇的就是S小姐的课。我虽然有充足的理由，却仍有逃离的羞愧。

在办公室看到S小姐，出乎我的意料，她非常温和坦白地告诉我，她看到了我自入学以来付出的所有努力，也看到了我的每一点进步。

“如果你认为分数会给你目前的学习造成过大的压力，”她非常诚恳地对我说，“以后的测试我可以不为你打分，直到你自己认为解脱困境为止，你觉得怎么样？”

我好一会儿说不出话来，然后我告诉她，为了尽快完成我的小说，我必须休学半学期，希望得到她的理解。她显得非常惊喜，兴致勃勃地询问了小说的内容，并大加赞赏，直到我脸红为止。

“你为维护尊严所做的一切，”她说，“我都能明白，对不起，我为你骄傲！”最后这句话害得我差点儿掉下泪来。

人生的酸甜苦辣

说起来，我应该算是个十足的幸运儿，刚离开校园就找到一份不错的工作。那是一个工作环境和待遇都很优越的职位，连许多高学历的求职者都艳羡不已。在那个岗位上，我度过了一段非常欢乐的时光。体面的工作让我在亲友中获得尊重，而我轻而易举地独当一面，让老总对我的赏识也与日俱增。

可是，职业生涯最初的一丝丝甜，在我青春的岁月里并没有持续太久。随着那个公司的倒闭，我不仅不再是人人艳羡的白领人士，甚至连一份赖以糊口的工作都没有了。人才市场和劳务市场跑了不少遍，磨破了嘴皮也磨破了鞋跟，也偶有工作机会扑面而来。可是，没有一份工作能让我收心，常常试用期还没宣告结束，我就将自己的机会“没收”了。

回到老家小镇，父亲问我：“大勇，你为什么不选择安定，好好地找一份工作干下去？”我不愿意干下去的理由很多，比如老板太刻薄、同事太烦人、加班太多……然而，真正的原因是，新工作承载着太多的酸、苦、辣，却唯独没有之前的那份甜，而那份甜的诱惑力实在太大，让我之后的职业生涯裹足不前。

父亲好像看穿了我的心思，“大勇，酸甜苦辣都是菜，你可不要学小时候一样挑食啊。”听父亲这么一说，我就想到了自己舌尖上的童年。那时候，我还只是个小不点，偏偏对甜食情有独钟，甚至到了无甜不欢的地步。不仅是饭桌上少不了甜菜，就算是白米饭上，也要撒上密密的白砂糖，才肯欢天喜地地吃上一大碗。

母亲总是纵容我，想吃就吃，父亲却不想惯我的坏毛病，于是开始控制甜菜出现的频率，不让我洒白砂糖在米饭上。父亲一半温和一半严厉地说：“尝尝那些酸的、苦的、辣的菜，你会发现在甜菜之外也有美味。”

在父亲的“高压”政策下，只爱甜菜的我开始被动尝试，渐渐爱上各味美食。

当我回过神来看父亲时，父亲说：“其实，痛苦跟快乐只是一线之间，你要学会适时接纳和享受。酸甜苦辣都是菜，饭桌上不可能只有甜菜，那样的筵席只会单调乏味。酸甜苦辣也是人生的‘菜’，珍惜每一道‘菜’的味道，这样的人生才会滋味绵长，才会充盈饱满。”

当我离开老家小镇，告别父亲时，顿时拥有了莫大的勇气和力量，不太遥远的明天在心底开始亮堂起来……

成功的关键

锤子眼里只有钉子，它的任务只有一个，就是敲钉子，一天天地敲，一年年地敲。锤子因为专心，当然会成功。很多人做事，好高骛远，眼高手低，东顾西盼，太功利太浮躁，所以终无所成。一种生活的常态——执着、专一、坚持，这是成功的关键。

他是电影学院毕业的优等生，高个子，长相英俊，典型的奶油小生，笑起来特别好看。同学们觉得他前途无量，定是展翅高飞的影视大腕。

与同学们预料的一样，毕业后的他接连出演了几部影视剧。正当他的事业稳步推进之时，一场车祸断送了他的前程。他的双腿被卡车轧过，粉碎性骨折，脑袋被另一辆躲闪不及的轿车猛地撞了一下。几天后，他在病床上醒来，表情呆滞，双目无神，两腿被截肢。同学说，他的命不好，被撞残撞傻了，原来笑容俊美的奶油小生，现在甚至做个表情都是种奢望。

康复训练了一阵子，他的两手可以动了，他和家人说自己要“自力更生”，不想让大人养活自己。他瘫痪在床，不能行走，在床上能干些什么呢？思来想去，他想到捏泥人。现在人们生活条件好了，照相、画像已经不再新潮，用泥巴给自己捏人像，一定很有情趣。

家人与朋友都劝他打消这个想法，说捏泥人这种乡下人干的活儿不受待见，捏泥人这种民间技艺很不吃香，就算国内最知名的天津泥人张、惠山泥人也遇到找不到接班人的尴尬现象。可他有自己的主意。小时候他经常和小伙伴捏泥人、摔泥巴，泥巴就是自己的玩具。就算捏泥人不赚钱，也可以重温儿时的快乐时光。

家人给他搬来泥土和一些肖像画，他照着捏呀捏，摁呀摁。泥土毕竟有水分，因为长时间捏泥土，他的手指竟然起了水泡。水泡破了长，长了破，家人劝他戴上塑料手套捏，他说那样会影响手感，坚持直接用手捏。

开始，他捏的泥人可以说是歪瓜裂枣，根本不像。后来，他越捏越有感觉，每个作品都是传神俏皮，惟妙惟肖。可后来，他遇到了一个问题，泥人捏得虽然漂亮，但时间一长，泥土干了，会出现裂纹。他研究了很长时间，觉得应该是泥土质量有问题，上网查了资料，终于调出最好的泥土，有韧性、不易干裂，这样捏出的泥人，几年甚至十几年也不会变形龟裂。

后来，他开了一家泥人店，专卖泥人，有时也提供“现捏”服务，只要客人站着不动，他照着客人的样子，10分钟后，一个栩栩如生、逼真传神的作品就捏好了。很多年轻情侣都来店里捏泥人。他的生意越来越好，不但养活了自已，几年下来，还为弟弟付了房子的首付。

国内时兴山寨和跟风，别人看他开泥人店能赚钱，于是纷纷效仿，有的打广告，有的造噱头。但一年之内，其他泥人店都因经营不善而关门大吉，唯有他的泥人店生意兴隆。

有人问他：“你的生意这么好，秘诀是什么？”

他淡淡一笑：“我瘫痪了，泥人是生意，更是我的命，没有它，我活不下去。锤子眼里只有钉子，它的任务只有一个，就是敲钉子，一天天地敲，一年年地敲。锤子因为专心，当然会成功。”

锤子眼里只有钉子，其他人好高骛远、眼高手低、东顾西盼、太功利太浮躁，而唯有他把捏泥人当作一种生活常态，执着、专一、坚持，这是他成功的关键。

时间是挤出来的

不要以为进入美国名校的“牛人”都是天生的，用黄珊同学的话说：不到点、不施肥是收割不来的。黄珊，就是那个被每年在中国录取不超五人的卡耐基梅隆大学相中的“小牛人”。

同时，她还获得了康奈尔、哥伦比亚、华盛顿圣路易斯等多所美国名校的录取。

高中生留学的最大问题就是要兼顾繁重的课业与留学申请，即便你已经明确地选择留学，高中三年的成绩，甚至是高考成绩仍然不可忽视，因为它们往往成为很多名校的录取因素。

黄珊作为其中的一员，也曾经历过与“红宝书”并肩作战的日子。当大部分的同学都埋首在语数外、史地政、物化生的泱泱书海中时，黄珊一方面要保持自己这些科目的成绩，另一方面由于要面对留学考试，于是每天三点多就起来背红宝书，甚至在公共汽车上，耳边非常嘈杂，手里还不得不捏着没有背完的那一页红宝书。

而且，出于好强，黄珊当时还特别希望能在各种竞赛上有所斩获，应该说，这确实是她留学路上的第一个难关。这也是所有同时兼顾高考与留学的学生都不得不面对的挑战。那么，怎样更好地渡过这个难关呢？黄珊自有一套理论：多年的学习经验告诉她，上课听讲的效率是最高的，回家之后很难补回来。另外，做作业也是有技巧和经验可循的，一味的题海战术并不一定会留下很多的价值，可以挑最重要最精华的作业去做。

“我是一个平凡的高中生，没有出众的文学天赋，也没有高二就横扫学科竞赛的气势，所以在分配精力上就要有所取舍。我总结的要领就是：见缝插针背单词，集中时间做习题。这样把时间有效地分开利用，专心地去做每件事情，成果更加有效。”

作为“过来人”，黄珊最想跟广大同学分享的是，虽然同时面对高考和留学的确非常痛苦，但只要挺过去了，你就能够有所成就，并且会感觉这段时间的努力和挣扎都是值得的。

黄珊从小就对计算机非常感兴趣，参加北广的计算机小组，编程自动化，做过网站，还执掌班里电脑的大权。

卡耐基梅隆大学是计算机方面的翘楚，特别是看了兰迪·波许教授的“最后一课”之后，黄珊更是对这个学校心生向往，后来在网上查过资料后，便把这所学校定为自己努力的目标。

黄珊还用一个生动的例子表达了她对计算机的热爱，并且把这部分体现出来的自身亮点和卡耐基梅隆的录取标准很好地结合，充分展现在文书中：高一末的时候，一家公司做了一个有两个轮子的自平衡自行车机器人，可以完美地做各种各样的平衡动作。于是黄珊突发奇想："如果我能做出一个轮子的机器人，不就更高端了吗？"令她兴奋的是，经过网上调查，当时独轮车机器人还没有人做出来。她和她的同学立志要做出世界上第一个独轮车机器人。当然，所有的期许在最初的时候都是非常宏大的，机器人不会凭空而来，他们必须在开始做之前进行大量的准备工作。首先要设计模型，了解它的物理结构及原理，对于刚上高二、物理知识还相当有限的黄珊来说，只能靠自己去学一些数学和自动控制的理论，还要自学软件，把它的模型设计出来并且把物理过程给模拟出来。令人钦佩的是，这一切都是黄珊在SAT和托福的场场暴雨之间抽空完成的。除此以外，他们还要奔波于北京各大电子市场。

在这样繁杂的准备过程中，黄珊晚上做梦经常梦见自己拿着电压表测红宝书两端的电压。比较悲剧的是，正当黄珊他们在紧锣密鼓地为制造独轮机器人忙碌时，那家公司又做了一个叫村江妹妹的独轮车机器人，当时所有人都感觉有点傻了，而且最后连北京市的科技创新大赛也错过了。

周围的人都在质疑这项发明还是否有必要进行下去时，黄珊坚持要把这一课题做完。"既然做了就一定要坚持下去，我非常享受这种源自对喜爱的事情而奋斗的充实和快感。"

一个夏日的下午，在空调坏掉的实验室里，当最后一次将程序下载到电脑里接通电源时，车子晃晃悠悠地站在了地上，那一刻，他们汗流浃背、泪流满面，幸福和喜悦让黄珊完全忘记了全身的疲惫。

虽然这个独轮车机器人的课题没有获得任何奖项，更没有成为世界上第一个独轮机器人，但是黄珊这种坚定执着、乐观积极的做事态度，让她收获颇丰，相信也是众多美国名校非常看重的一点。

黄珊的成功很大程度上是她对自己很了解，并且把她的亮点和录取标准完美结合和体现在文书中。这也同时告诉广大的准留学生，文书在留学申请中占据至关重要的地位。在各项分数指标挤进名校门槛后，申请人的材料将接受录取委员会的严格审查。其中老师最看重的就是申请人的申请文书。申请文书一般包括推荐信、ESSAY（论文）以及简历。推荐信是让录取委员会更加深入了解申请人个性的一种途径，需要联系实际、客观地体现申请人的实力与弱点，避免空洞的赞美。其次，虽然ESSAY（论文）的写作通常是命题作文，但是题材比较广泛，可以通过这些文章反映自己的个人背景、经历、特长等，体现出申请人内心的思考、感悟与成长。此外，丰富的课外活动和经历将对你的申请有很大的帮助。这就要求申请者平常多注意思考和积累，尽量不落俗套。

还是黄珊那句话，即使你有再大的潜能和智慧，不到点、不施肥是收割不来的。

珍惜每一个机会

不久以前，我应邀去一家报社做评委，他们要招聘9名编辑和记者。天气不好，我没有开车，我家附近的巴士也正巧可以到达报社门口。

我上了车。正是上班的时间，车上的人很多，早就没有了座位，我就一手抓住吊环，一手拿起带的报纸看起来。也就是过了两站，一位大约有70多岁的老人上了车。公交车的喇叭里响起了“尊重老人是社会美德，请为老人让座，我们表示感谢”的声音。我就站在车右侧靠前的位置，我的身边就是写着“老残妇孕专座”的位置。可是，我却发现，那上边坐着的一位年轻人丝毫没有让座的意思，他似乎没有听到喇叭里的声音。车上的很多人都看他。看他无动于衷，我忍无可忍，主动对他说：“年轻人，你坐的位置是老残妇孕专座，请你让给老人！”

年轻人似乎没有听到我的声音，他把头扭向了窗外。

任凭车上无数双眼睛投来鄙夷和愤怒的目光，年轻人始终没有让座。我始终看着他，也记住了他的相貌。

到了报社附近的站牌，我该下车了。我惊奇的是，年轻人也在这里下车了。我奇怪，这个年轻人不像是媒体的人员，媒体工作者应该没有这样的素质吧？

我到了位于报社大楼二楼的会议室，这里是招聘现场。我坐到了写着我名字的座位后面，专家评委共计4人。

招聘程序开始了，每一个应聘者有5分钟的陈述时间。今天来的应聘者，都是笔试已经过关的优秀者，我们几位是来把关面试的，主要考察应聘者的基本素质。

第一个应聘者很优秀，我们几位评委一致通过了。第二个应聘者上来了。看着他，我十分惊诧，这个穿着得体的青年人，不正是我刚刚在公交车上遇到的主角吗？那个不肯为老人让座的人，正是他啊。

他显然也认出了我，上台以后，站在我的面前，他也露出了十分尴尬的表情。

该他陈述了，但是我发现，他已经完全乱了方寸，表情局促，目光闪烁，满脸羞愧，答非所问。

在场的人当中，刚才的故事只有我们两个知道，理智告诉我，我不能当众戳穿他。但是，我内心决定，无论他现场回答问题多么圆满，我也会投上自己的反对票。

结果是显而易见的，他没有通过，他失去了一个人生的机会，而这个机会，也许可以成为他人生成功的起点。

有一个这样的故事：塞姆顿被认为是村上最没有教养的孩子，因为他说话很粗鲁野蛮。他在路上经常被人指责。如果碰到衣着讲究的人，他就会说人家是花花公子；如果碰到穿着破烂的人，他就说人家是叫花子。

一天下午，他和同伴放学回家，刚好碰到一个陌生人从村子里经过。那个人穿得很朴素，但却非常整洁。他手里拿着一根细木棍，棍的另一端还有一些凸起的地方，他头上戴一顶遮阳的帽子。

很快，塞姆顿打起了这个陌生人的主意。他向同伴挤了一下眼睛，说："看我怎么戏弄他。"他偷偷地走到那人背后，把他的帽子打掉后就跑掉了。陌生人转过身看了一下，还没等他开口说什么，塞姆顿就已经跑远了。那个人把帽子戴上，继续赶路。塞姆顿用和上次一样的方法想要那个人，可这回被逮住了。

那个人怔怔地看着塞姆顿的脸，塞姆顿却趁机挣脱了。一会儿他发现在同伴面前丢脸了，就开始用石块砸向那个陌生人。塞姆顿用石块把那个人的头砸破后，他开始害怕了，便偷偷摸摸绕过田野回了家。塞姆顿快到家时，妹妹露琳刚好出来碰到他。露琳的手里拿着一条漂亮的项链，还拿着一些新书。

露琳激动地告诉塞姆顿，几年前离开他们的叔叔回来了，现在就住在家里，叔叔还给家里人买了很多漂亮的礼物。为了给哥哥和父亲一个惊喜，他把车停在了一里外的一家客栈。露琳还说，叔叔经过村庄时被几个坏孩子用石块砸伤了头，不过母亲已经帮他包扎上了。“你的脸怎么看起来这么苍白？”露琳改变语气问。塞姆顿告诉她没有什么事，就赶快跑回家，爬到自己楼上的房间，不一会儿母亲叫他下来见叔叔。塞姆顿站在客厅门口，不敢进来。

母亲问：“塞姆顿，你为什么不进来呢？平常可没有这么害羞呀！看看这块表多漂亮，是你叔叔给你买的。”塞姆顿羞愧极了，露琳抓住他的手，把他拉到客厅。塞姆顿低着头，用双手捂脸。叔叔来到塞姆顿的身旁，亲切地把他的手拿开，说：“塞姆顿，你不欢迎叔叔吗？”可是叔叔很快退了回去，说：“哥哥，他是你的儿子吗？他就是在街上砸我的那个坏小孩。”

善良的父亲和母亲知道了事情的原委，既惊讶又难过。虽然叔叔的伤口慢慢地好了，可是父亲却怎么也不让塞姆顿要那块金表，也不给他那些好看的书，虽然那些都是叔叔买给他的。其他的兄弟姐妹都分到了礼物，塞姆顿只得看着他们快乐。

这个故事告诫我们：懂得尊重别人，才会赢得别人的尊重。有教养和有礼貌是一个人起码的素养，而没有教养的人会失去很多难得的机会。

无论是我亲身经历的故事，还是上面的这个例子，都是我们的身边常常发生的。我们不得不遗憾地看到，很多人就这样轻易地失去了人生中的大好机遇。

这一生，至少要为一件事疯狂

不施肥、不洒药，他却培育出令人惊叹的苹果。仅过去一年，就有超过四千人想吃他亲手种的苹果，更有六千人造访他的苹果园。他的故事被写成书，蝉联日本亚马逊畅销榜50周；录成节目，节目则在观众要求下，迄今已重播超过一百遍。

穿过日本北端津轻平原岩木山山麓，来到传奇人物木村的果园，眼前并不是想象中修剪整齐的样子，反而是杂草丛林中，蝗虫唯我独尊地跳来跳去，青蛙扯开嗓子高鸣……

对苹果果农来说，维持整洁的苹果园，不仅是获得丰硕果实不可或缺的工作，更是一种道德，但木村的果园简直就像是荒芜的野山，因为这里没有洒农药。从1978年开始，木村没在这个果园中使用过一滴农药、一撮肥料。

让木村兴起这个念头的，是偶然看到的《自然农法》这本书最前面写着的“什么都不做，也不使用农药和肥料的农业生活”。原来还有这种农业生活？身为农民，木村不禁产生了好奇。他是一个一旦认准一件事就不回头的人，从此，便开始了苹果的新种植法尝试。

现在的苹果树都经过了几百年的改良，只有依靠现代农业科技才能存活，所以不施农药，几乎意味着苹果树的灭亡。因此，木村连续好几年没有收入，一家7口持续过着赤贫的生活。为了除尽吃苹果树叶和花芽的几十种害虫，木村带着全家人没日没夜地在不开花、不结果的果园里，用双手抓害虫、喷洒醋液。“那时候，我根本就没考虑收入这个问题。想要尝试的事接二连三地从脑子里冒出来，吃饭的时候，把酱油淋在饭上，就会想到搞不好酱油有效……”晚上，他更是常常一个人跑到果园里与果树说话，恳请它们挺过来，开花结果。

为养活家人，没有米吃时，木村拿东西去典当；没有钱时，他去工地、酒店做别人认为低三下四的工作。然而苹果树的情况却是愈来愈惨，数不尽的害虫让邻人极为不满。当地果农替他取绰号“灭灶”，意思就是炉灶的火灭了。对农人来说，这是最大的侮辱。他一度想过放弃，可是一旦放弃就会引起人们对他种植方法的怀疑，而这是他最不能接受的。走投无路之下，他甚至想到过轻生。

也就是在这时，他从野生果树上找到自然农法的解答。原来手工抓虫都是徒劳，土壤和自然生态系统才是关键。于是，木村在果园里开始了新的试验，苹果树渐渐恢复健康。

在停止使用农药的第八年，果园里终于开出七朵苹果花，其中，有两朵结了果。那两个苹果是那一年的全部收成，木村把苹果放在佛堂祭拜后，全家人一起分享。那两个苹果好吃得令人惊讶，他终于看到苦尽之后的曙光。

如今，木村已经种了37年苹果。他今年60岁，看起来却比实际年龄苍老，这是因为他在酒店打工时遭人殴打，一口牙都掉光的缘故。“因为我是傻瓜，所以像山猪一样只顾着往前冲，心想总有一天会成功。”这是木村的口头禅。日本苹果栽培史有120年，之前也有许多人尝试过无农药、无肥料栽培，但都在尝试四五年后，就认为不可能而放弃。木村却苦撑了11年。“可能是因为我太笨了，苹果树也受不了我，只好结出苹果了。”他说。

木村的故事在日本广为流传之后，一个想要自杀的年轻人打电话给他，说自己不管做什么都失败。看到木村的访谈节目后改变了心意，终于有勇气继续活下去。问木村当时跟年轻人说了什么，他稍微沉思了一下说：“我好像说，只要当个傻瓜就好。只要实际做做看就知道，没有比当傻瓜更简单的事了。既然想死，那就在死之前当一次傻瓜。身为曾经有过相同想法的过来人，我至今领悟到一点：为一件事疯狂，总有一天，可以从中找到答案。”

为一件事疯狂，总有一天，可以从中找到答案。木村这句话正是道尽了他的人生。

没有进取心的人永远不会成功

有一天，尼尔去拜访毕业多年未见的老师。老师见了尼尔很高兴，就询问他的近况。

这一问，引发了尼尔一肚子的委屈。尼尔说："我对现在做的工作一点都不喜欢，与我学的专业也不相符，整天无所事事，工资也很低，只能维持基本的生活。"老师吃惊地问："你的工资如此低，怎么还无所事事呢？"

"我没有什么事情可做，又找不到更好的发展机会。"尼尔无可奈何地说。

"其实并没有人束缚你，你不过是被自己的思想抑制住了，明明知道自己不适合现在的位置，为什么不去再多学习其他的知识，找机会自己跳出去呢？"老师劝告尼尔。

尼尔沉默了一会说："我运气不好，什么样的好运都不会降临到我头上的。"

“你天天在等好运，而你却不知道机遇都被那些勤奋和跑在最前面的人抢走了，你永远躲在阴影里走不出来，哪里还会有什么好运。”老师郑重其事地说，“一个没有进取心的人，永远不会得到好的机会。”

如果一个人把潜力都用在了闲聊和发牢骚上，就根本不会想用行动改变现实的境况。对于他们来说，不是没有机会，而是缺少进取心。当别人都在为前途奔波时，自己只是茫然地虚度光阴，根本没有想到去跳出误区，结果只会在失落中徘徊。

如果一个人安于贫困，没有梦想，视贫困为正常状态，不想挣脱贫困，那么在身体中潜伏着的力量就会失去它的效能，他的一生便永远不能脱离贫困的境地。

贫穷本身并不可怕，可怕的是贫穷的思想，以及认为自己命中注定贫穷。一旦有了贫穷的思想，就会丢失进取心，也就永远走不出贫困的阴影。

第四章 打败昨天的自己

愿你自己有充分的忍耐去担当，有充分单纯的心去信仰。请你相信：无论如何，生活是合理的。

——里尔克

直面苦难

在高考季中，中国香港有一名特殊的状元——被称为“小海伦·凯勒”的曾芷君。之所以被这样称呼，是因为她双目失明、严重弱听、手指触感缺陷，可是曾芷君在“三感不全”的成长历程中，以双唇代替双手，唇读凸感盲文进行学习，最终取得了3科5^{++}，2科5^{+}的优秀成绩，这个成绩在香港高考中相当于“状元分”，而曾芷君也如愿考入香港中文大学翻译系。

出生后几个月，曾芷君就因神经萎缩双目失明，只能感觉到光和影，被界定为完全失明；小学时，她的双耳被确诊为中度至严重弱听，要靠助听器与人沟通。不过，上天给芷君的磨难并未就此打住，芷君比海伦·凯勒还要多一重挑战——由于神经萎缩，芷君的手指指尖触感也有缺陷，想要用手触摸盲人专用的点字书也不可以。

面对困境，父母和老师都无可奈何，可是曾芷君却没有放弃自己，她认为自己必须要接受现实，如果逃避，这个困难就会跟她一生。于是，她不停地摸索和努力，尝试了身体的各个部位，终于找到了最佳触点——双唇，而曾芷君也成了学校里唯一一个“吻”书的孩子。以唇“吻”书，困难可想而知。曾芷君阅读同样的内容，不仅比正常人多花一至两倍的时间，还比其他用手读书的失明人要慢。

中学时，曾芷君本来可以在盲人学校就读，可为了早点融入主流学校，她选择了一所普通学校，和正常学生同堂学习。在中学一年级时，曾芷君就在一篇文章中写道：“踏入主流学校就读，是我生命的一个转折点。在以后的日子里，我将面对无数的挑战，我将竭尽所能，用功读书，克服每一个困难。”

曾芷君确实做到了，课堂上，她捧起老师事先准备好的点字笔记，一边埋头用嘴“食字”，一边戴着助听器听老师讲解。英语教授的通识课信息量大、观点多、内容新，课堂上不仅要讨论，还要小组代表发言……一些普通学生看了都要皱眉头的问题，曾芷君从来没有回避。

普通学生可以靠看电视、看报纸了解时事，这些对曾芷君都是困难，但曾芷君的观点却经常让老师们眼前一亮。学校里不止一位老师感叹：“难以想象她是怎么掌握那么多学习内容的。”原来，因为阅读速度很慢，曾芷君除了吃饭、冲凉和睡觉外，其余时间几乎全部都在阅读。

在香港高考，有听力障碍的学生可以豁免中英文听力考试，但是曾芷君并没有享受这样的“优待”，她认为自己虽然有听力障碍，但是不能放宽对自己的要求。在一次采访中，曾芷君坦言：无论她考出来的成绩如何，都必须学会去面对自己的现实，去接受自己的障碍。

有句话说，如果一件事情来了，你却没有勇敢地去解决掉，它一定会再来。生活就是这样，它会让你一次次地去做这个功课，直到你学会为止。如同曾芷君那句“如果我逃避，困难会跟我一生”。我们也应该如此，直面困难才能最终赢得生活。

打败昨天的自己

他出生在法国北部城市鲁昂市，从小便有着与众不同的政治天赋，他在小学时就参加学校里面组织的无数次演讲，许多老师说他天生好口才，加上相貌端庄，聪明伶俐，他一直担任班级里的班长职务。

中学时，他已经是首屈一指的风云人物了，学校里组织的几乎所有比赛，他都会欣然前往，全力以赴。

高中二年级时，他有幸成为新年晚会的总编辑，负责整场晚会的文字准备与编辑工作，他将自己关在宿舍里好多天，闭门造车的结果是他整理出来一大堆无用的文字，无论是主持人的台词还是晚会的串词，都漏洞百出。

晚会的总导演法克先生，是教务处的副主席，法克先生认为编辑工作是整场晚会的支柱，如果编辑不到位，或者是根本就不会组织，整场晚会就无法顺利完成。他以十分轻蔑的眼光瞅着面前这个一度不可一世的“混世魔王”，二话不说，要求学校教务处撤销他的总编辑资格。

他很快收到了通知，通知里一句话简洁明了：总编辑工作另觅他人。这对于一个刚刚十七岁的孩子来说，无异于五雷轰顶。

他的眼泪肆无忌惮地攻击着自己的脸颊，他找到了总导演与学校里的一些官员，要求他们收回成命，自己会从头再来，下一次肯定会取得成功。

没有人理睬一个孩子的心情，一些好事的学子将此事传得沸沸扬扬，他们的潜台词就是：做人不要太自以为是，人外有人，天外有天。

这个孩子思考片刻后，将自己重新关在宿舍里，这一次，他组织了两位同学，一个有着良好的声乐天赋，一个具有表演天才，两天两夜时间，他重新将整理好的文字放在总导演法克的书案上。

法克正在为此事烦恼，因为晚会已经逼近，短时间内无法找到合适的文字编撰人员，他试着写了几页，却感觉不堪一击。

放在案头的文字似一道闪电，打开了法克先生的心门，法克一边看着，一边手舞足蹈起来，台词出类拔萃，串词惟妙惟肖，整个文字与整场舞台相接融合顺畅，游刃有余。

法克的目光盯在组织者的名字上：弗朗索瓦·奥朗德。

奥朗德在宿舍里模拟了整场晚会的全部节目，与两位同学一块儿锤炼语言，尽可能做到每句台词都逼真地反映现场的气氛。他以一场经典的传奇式的补救措施，惊艳全校，学校通讯社认定他注定是一个惊天动地的人才。

奥朗德在一周后的校报上刊登了专栏文章《打败昨天的自己》：人最大的对手不是敌人，而是自己，人无时无刻不在与昨天的自己斗争，你的目标是打败昨天的你，不能让昨天的你凌驾于今天的你和明天的你的脖子上面。

奥朗德大学毕业后便踏入了政坛，开始只是个无名小卒，后来一路顺风顺水地由一个“潜力股”飙升为“绩优股”，他擅长演讲，且极富有“煽动性”，2001年至今，他一直担任法国社会党的领袖，2012年，他以社会党推荐候选人的身份与人民运动联盟候选人现任总统萨科齐一起角逐法国总统。

在竞选演讲中，他提出了“号召全民力量，振兴经济”的口号，他提醒大家：学会反省自我，昨天的我不堪一击，今天和明天的我一定是最优秀的，我们的国家同样如此，虽然面临经济停滞，但只要全民同心，与昨天的国家斗争，明天的国家一定会充满希望，朝阳就在我们的前方。

2012年5月6日下午，在第二轮选举中，奥朗德击败了萨科齐，众望所归地成为法国新一任总统。

心态成就人生

心态是真正的主人。为什么有些人比其他人更成功，他们赚很多的钱，拥有良好的人脉关系，拥有健康的身体，整天快快乐乐，而许多人忙忙碌碌地劳作却只能维持生计?

有两位年届70岁的老大爷，一位认为到了这个年纪已经走到了人生的尽头，便开始料理后事；另一位却认为一个人能做什么事不在于年龄的大小，而在于有什么样的想法。于是，他在70岁高龄之际开始学习登山。

70岁开始学习登山，这是一大奇迹，但奇迹是人创造出来的。成功人士的首要标志，是他会思考问题的方法。一个人如果是个积极思维者，喜欢接受挑战和应对麻烦事，那他就成功了一半。这位老人的壮举正验证了这一点。

一个人能否成功，就看他的态度了。成功人士与失败者之间的差别是：成功人士始终用最积极的态度、最乐观的精神支配和控制自己的人生。失败者则相反，他们的人生不断地受到过去的种种失败与疑虑的影响。

从前，在一个贫穷的乡村里，住着俩兄弟。他们受不了穷困的环境，决定离开家乡，到外面去谋发展。于是，兄弟俩都去了异乡。大哥好像幸运些，他到了富庶的香港，弟弟却到了相对贫穷的广东。

40年后，兄弟俩幸运地聚在一起。今日的他们，已今非昔比了。哥哥当上了香港的侨领，拥有两间餐馆、两间洗衣店和一间杂货铺，而且子孙满堂，有的做生意，有的成为杰出的工程师或电脑科技人才。弟弟则成了一位享誉世界的集团总裁，拥有东南亚相当数量的企业。经过几十年的努力，他们都取得了成功。但为什么兄弟俩在事业上的成就，却有如此的差别呢?

兄弟相聚，不免谈谈分别以来的遭遇。哥哥说：我到了市场经济的社会，既然没有什么特别的才干，唯有用一双手煮饭给别人吃，为他们洗衣服。总之，其他人不肯做的工作，我统统顶上了，生活是没有问题的，但事业却不敢奢望了。我的子孙，书虽然读得不少，但能安分守己地去做一些技术性的工作来谋生。至于要进入上层社会，相信很难办到。

看到弟弟如此成功，哥哥不免羡慕弟弟。弟弟却说："我初来广东的时候，做些低贱的工作，但发现当地人的观念比较落后，于是便在改革开放春风吹拂之际，以勤劳和智慧开始了自己的事业，慢慢地不断收购和扩张，生意便逐渐做大了。”

真实的故事告诉我们：影响人生的绝不仅仅是环境，心态控制了个人的行动和思想。同时，心态也决定了自己的视野、事业和成就。

有些人总喜欢说，他们现在的境况是别人造成的。这些人常说他们的想法无法改变。但是，我们的境况不是周围环境造成的。说到底，如何看待人生、把握人生是由我们自己的心态决定的，心态是真正的主人。

心胸有多大，成就有多大。

让自己的心胸宽大起来，才能成就事业。

做人要有一颗宽容的心，这颗心的容量要大。心的容量有多大，人生的成就就有多大。清代的林则徐先生不是说过“海纳百川，有容乃大”这句话吗？这句话被许多人看成是自己做人的准则，深圳老板陈女士就是其中之一。

陈女士的人生尽管经历了许多坎坷，但她靠着坚强的性格和超人的才智，成为了一位非常成功的企业家，被评为深圳最有影响的女性人物之一。她对“有容乃大”的自我注释是：不管什么是非都去计较的话，你一辈子就没有办法生活了。在我们生活的社会里，许多事情，尤其是小事情，如果看开一些，自己的心胸就会变得宽阔。

宽容，不仅是一种社交的艺术，更是一种做人的度量和人格的伟大。法国作家雨果说：“世界上最宽阔的是海洋，比海洋更宽阔的是天空，比天空更宽阔的是人的胸怀。”明代朱衮在《观微子》中说过：“君子忍人所不能忍，容人所不能容，处人所不能处。”以度量襟怀比喻人的宽容，歌颂人的气度，中外尽然。

这里有一则故事：林楠任总经理时，特派某人为重要部门主任，但为许多中层骨干所反对，他们派遣代表向他提意见，要求他说出派那个人为主任的理由。为首的一个经理脾气暴躁，开口就给林楠一顿难堪的讥骂。如果当时总经理换成别人，也许早已气得暴跳如雷，但是林楠却视若无睹，不吭一声，任凭他骂得声嘶力竭，然后才用极温和的口气说：“你现在怒气应该可以平和了吧？照理你是没有权力这样责骂我的，但是，现在我仍愿详细地解释给你听。”

这几句话把那位经理说得羞惭万分，但是林楠不等他道歉，便和颜悦色地说：“其实我也不能怪你，因为任何不明究竟的人，都会大怒若狂。”接着他把任命理由解释清楚了。

不等林楠解释完，那位经理已被他的大度折服了。他私下懊悔刚才不该用这样恶劣的态度责备一位和善的总经理，满脑子都在想自己错了。因此，当他回去报告咨询的经过时，只摇摇头说：“我记不清总经理的全盘解释，但只有一点可以报告，那就是——总经理并没有错。”

在这次交锋中，林楠占了上风，为什么他能占上风？就是因为他的宽宏大量。

在事业上建功立业、取得成就的，绝非那些胸襟狭窄、谨小慎微、小肚鸡肠之人，而是那些如林楠般襟怀坦荡、大量宽宏、大度豁达者。

忧愁时，增添几许欢乐；艰难时，顽强拼搏；得意时，言行如常；胜利时，不得意忘形。只有如此放得开的人，才是豁达大度之人。只有具备一种看透一切的胸怀，才能做到大度豁达；把一切都看作“没什么”，才能在慌乱时从容自如。

全力以赴，具备奋斗向上的好心态。

大音乐家奥里·布尔与他的提琴的故事，是值得人们学习的。这位名震全球的音乐家一演奏起他的曲目，听众们就会惊叹不止。可是他们不知道他所吃的苦。8岁时，他就常常深夜起床，拿出一把红色小提琴，奏起他日思夜想的歌曲。直到长大成人，从没离开过它。他奏出那优美而婉转的歌声，不知有多少听众像被微风吹动的草木，跟着乐声心动起来；又不知让多少听众为此养成完美的性格。它的声音好像微风送出的一阵阵花香，让无数听众忘了一切烦恼辛劳，如登仙境。

他的父亲一直反对他学提琴，贫穷与疾病也紧紧地压迫他。然而他的热诚和专心，打破了一切障碍。我们到处都可以遇见这样的人：他们习惯在等待别人去强迫自己工作；他们对于自己所拥有的能力毫无所知；他们从没有估计过自己身体里究竟藏着多少力量；他们情愿永远守在空谷，不肯攀登山巅；他们不愿张开眼来，把广阔的宇宙看个清楚。

一个人如果遇事缺乏热诚，不知觉悟，并长此以往悲观，那他绝不会有任何成就。

遇到困境时许多人生来就依靠别人。他们忍受外在的束缚，不知反抗。他们显得手足无措，他们连尝试的勇气也没有，根本不知怎样去发展自己的个性。

很多人都在糟蹋自己，需要担当时，连忙退避三舍，总是希望有人来指示他、庇护他。

在那些性情怠惰的人眼里，世上一切好的事业都已宣告完成。是的，这种怠惰成性的人，在哪里都不会有他们的立足之地。社会上需要的是那些敢于奋斗和有主见的人。一个大有前途的人，应该有思想，善于独创，能吃苦耐劳。

只有不能克服自身弱点的人，才总是埋怨没有事情可做。那些自信靠自己的能力拼搏的人，从不在别人面前诉苦，只知道埋头苦干。

发挥自身的能量

十七岁时，御厨世家出身的他就跟在饭店掌勺师傅后面打下手，负责择菜、洗菜和切菜。那是一家国有星级饭店，优势是他在那里上班不仅有保障还有编制，劣势是他的岗位编制就是打下手，一辈子也做不了厨师。

打了整整三年的下手，有一天，掌勺的师傅突然感冒了，咳嗽得厉害，不能再站在锅台前炒菜了。但偏偏这时，饭店里的客人又多，都在等着菜吃，急得饭店经理和师傅团团转。见此情形，他对经理和师傅说，让我来试试吧，师傅很是惊讶，因为他从没教给他怎么炒菜，也从未看见过他炒菜，能行吗?

于是，死马当活马医吧，经理当场也无奈地表示同意，于是师傅就让他炒了。可是，没想到他炒出来的菜居然一点都不比师傅的差，味道堪称绝美！师傅更加迷惑了，问他从哪学来的厨艺，他说，师傅呀，虽然你没有手把手教过我，但是我天天就在你身边打下手，整整观察你炒了三年的菜，早已记下了你日常炒菜的方法、火候和放作料的先后顺序了，还能炒不好吗？

经理和师傅听后，都大为感动，这之后就把他调去掌勺了，几个月后，他就代表自己所在的酒店参加了当年的北京市厨师烹饪大赛，并且一举夺得了那场大赛的金奖。

就在他顺风顺水，每个月都有着不菲的收入，外界都以为他会在饭店里一直掌勺下去的时候，他却在心里暗下了一个决定，那就是四十岁后，一定不再炒菜，理由很简单，他不想像师傅那样，一辈子都站在烟熏火燎的灶台前仅仅只是个厨师！

他果真是想到做到，几年后，他就在众人的一片诧异声中辞了职。然后在北京的平安街上，开了一家叫“二友聚”的小饭店，虽然饭店很小，只有四张桌子，可每个月的收入都在一万元，在人人都不是很富裕的20世纪90年代，月月都是“万元户”，让他感觉非常高兴和自豪。

可是，很快他就发现一个问题，那就是他每培养出来一个徒弟不久后，他们就会以各种理由作为借口，离开“二友聚”，跳槽到薪水更高的饭店去干，徒弟一走，他便不得不又要重新去招新徒弟，然后又手把手地教，可一旦教会又会走掉，如此反复。

俗话说得好，教会了徒弟，饿死了师傅。他痛彻心扉，又无可奈何地认识到，如果一个饭店太仰仗于几名大厨，那么注定永远无法做大、做强，因为，这些大厨不但要的报酬高，拿走绝大部分利润，而且还常常拿腔作势，说走就走，得罪不起。这也是中式饭店为什么不能像肯德基、麦当劳那样做成连锁，形成规模效益的原因所在。

于是，如何开一家没有厨师、根本不受大厨限制的餐厅，成为他决心要解决的问题，他要动脑筋，想办法让中餐像西式快餐一样实现标准化。

直到这个时候，他才想到自己的出身，从家里翻出了一本老祖宗留下的宫廷菜谱，很快有一种宫廷菜肴进入了他的视野——这种菜，只需要事先配好祖传的秘方，然后再将秘方和食材一起放到电磁锅里加热，焖上十几分钟就可以吃了。而且这道菜的味道，远胜过传统的炸或烧，不仅入口嫩滑，而且外形整齐，色泽好看。更让他高兴的是，无论让谁来做，在什么地方做，只要按照制定好的标准比例，放入食材和配料秘方，人人做出来的味道都是完全一样的，也就是说，这种菜肴易于标准化复制！

此时，直觉告诉他的是，这就是他所想要的，果然，这种焖出来的菜一经推出后便大受欢迎，每天都是食客盈门！如今，他在全国已经发展了二百多家连锁店，被业界誉为中式“肯德基”！

不错，这家饭店的名字就叫“黄记煌三汁焖锅”——将配料和食材放在顾客面前的餐桌上焖，之后便能揭锅食用，透明卫生、健康味美。而他就是黄记煌三汁焖锅的掌门人，黄耕！

做徒弟时，认真观察师傅的炒菜技艺，当上大厨时，又立志将炒菜的极限定在四十岁前，为了不受制于他人，又决心做一个不需要厨师的饭店。黄耕以自己的不满足和创新，打破了中餐由于依赖大厨，无法标准化统一味道的瓶颈，实现了最终的自我掌控！

“如果你需要仰仗他人，那么就永远只能看别人的脸色行事，受控于别人，唯有彻底突破传统，创造出一套全新的模式来，方能改变这一切。”这话是黄耕说的。

由此，通过这样的一个故事，极其鲜明地告诉我们：任何事情都不是一气呵成的，都需要我们自己去动脑筋、想办法，哪怕是一般人所说的歪脑筋，只要懂得让人们满意，自己也高兴，那就属于一种一般人所说的正能量。发挥出我们每个人自己身上固有的正能量，还有做不好的事吗？

走自己认为对的路

当你走在一条陌生的道路上，你要走你认为对的路。因为路是由自己选择的。只有走下去才知道它正确不正确。

从前有3个兄弟由农村到城里去开创自己的事业，老大老A，老二大B，老三小C。

他们结伴而行，一路上风餐露宿、幕天席地，遭遇漠漠尘沙，翻过七座高山，涉过二十一条大河，终于来到了一座繁华热闹的集镇。这里有三条大路，其中只有一条能够通往城市，但谁也说不清究竟哪条才是。

老A说："咱老爷子一辈子教我的只有一句'听天由命'，我就闭上眼睛选一条，碰碰运气好了。"他随便选了一条，走了。

大B说："谁叫咱们生在那个穷地方呢，我没读过书，计算不出走哪条路最有可能，我就选老A旁边的那条大路吧。"说完拍拍屁股也走了。

剩下的是一条小路，小C也拿不定主意。他想了又想，决定还是先去镇子里问问长者。长者见了他，但仍然是摇头，“没人到过城市，因为它太远了。而且我们这里的生活过得也不错。不过，孩子，我可以把我祖父的话告诉你——走自己认为对的路。”

小C记着长者的诚挚教诲，踏上了那条小路，追寻他的城市之梦。他经历了许多痛苦、艰难，但是，每一次挫折、每一次失败都没有打倒他。当他面临绝境时，总是对自己说“走错的也是自己的路”，于是他挺过来了。在10年后的一天，他终于见到了朝思暮想的城市，凭着他杰出的韧劲与毅力，从一元钱的生意做起——擦皮鞋、捡垃圾、端盘子，后来他成为一家公司的普通职员、蓝领、白领，直到自己独立注册了一家公司。

30年后，小C老了，他把公司交给儿子打理，只身回乡寻找当年同行的兄弟。依然是那个贫穷的西部小村，依然是茅屋泥墙，老大老二依旧住在里面，依然过着日出而作日落而息的日子，三兄弟各自叙述了自己的故事：老大说他沿着大路走了五个月，路越来越窄，野兽出没，一天黄昏他差点被狼吃掉，只好灰溜溜回来了。老二选的那条路跟老大并无多大区别，回来之后，他觉得一辈子不能抬头做人。老三叹息地说：“我走的路和你们的一模一样，唯一不同的是我选定了就绝不回头。”

其实，每条路都能通向城市，走自己认为对的路，坚持走下去不要回头，只要你认为它是对的。

别跌倒在自己的优势上

三个旅行者同时住进了一个旅行社。早上出门时，一个旅行者带了伞，另一个旅行者带了一个拐杖，第三个旅行者什么也没带。

晚上，回来的时候，带伞的旅行者淋得浑身是水，带拐杖的旅行者跌得浑身是伤，而第三个旅行者却安然无恙。

带伞的旅行者说："当大雨来的时候，我因为带了伞，就大胆地在雨中走，却不知怎么淋湿了，当我走在泥泞路上的时候，我因为没有拐杖，所以走得非常仔细，专拣平坦的地方走，所以就没有摔伤。"

带拐杖的说："当大雨来临的时候，我因为没有带雨伞，便拣躲雨的地方走，所以没有淋湿。当我走在泥泞路上的时候，我便用拐杖拄着走，却不知为什么常常跌倒。"

第三个旅行者听后，笑道："当大雨来临时，我躲着雨走，当路不好时，我小心走，所以我没有淋湿，也没有跌倒。你们的失误在于你们有凭借的优势，认为有优势便少忧患。”

这个故事揭示了我们生活中的一类现象：许多时候，我们不是跌倒在自己的缺陷上，而是跌倒在自己的优势上。

为什么呢？因为人是具有“意识”行为的个体，人的思维是个体具有主观能动性的系统过程，能相互促进和补充。虽然客观上，人的能力不随着“意识”而变大和变小，但“意识”能创造人能力发挥的最佳的生理条件，能从自我的条件中促使最佳能力的发挥，所以“意识”也决定了你的能力。当你在意识上重视时，你解决问题的能力就会发挥得较强，你在意识上轻视的时候，你处理问题的能力就可能会疏漏某些条件，而发挥不佳。因此，也便出现了故事中三个旅行者在下雨天遭遇不同的结果。

意识上重视，就是要重视事情的每一个方面、每一个细节。不要因为它影响小，就轻视它；不要因为它简单，就轻视它；不要因为它从来没发生过问题，就轻视它。意识上不能有一点疏漏，哪里有疏漏，哪里就有可能被“病毒”侵入。所以，我们在生活和工作中，都需要认真对待每一件事，在意识上重视每一个细节。可以做不到，但不能意识不到。

每个人的潜力都是无穷的

一位音乐系的学生走进练习室，在钢琴上，摆放着一份全新的乐谱。

“超高难度。”他翻动着，喃喃自语，感觉自己对弹奏钢琴的信心似乎跌到了谷底，消磨殆尽。

已经3个月了，自从跟了这位新的指导教授之后，他不知道为什么教授要以这种方式整人。指导教授是个极有名的钢琴大师。他给了自己的新学生一份乐谱。

“试试看吧！”他说。乐谱难度颇高，学生弹得生涩僵滞错误百出。

“还不熟，回去好好练习！”教授在下课时，如此叮嘱学生。

学生练了一个星期，第二周上课时，没想到教授又给了他一份难度更高的乐谱，“试试看吧！”上星期的功课教授提也没提。学生再次挣扎于更高难度的技巧挑战。

第三周，更难的乐谱又出现了，同样的情形持续着。学生每次在课堂上都被一份新的乐谱挑战，然后把它带回去练习，接着再回到课堂上，重新面临难上两倍的乐谱，却怎么样都追不上进度，一点也没有因为上周的练习而有驾轻就熟的感觉，学生感到愈来愈不安、沮丧及气馁。

教授走进练习室。学生再也忍不住了，他必须向钢琴大师提出这3个月来何以不断折磨自己的质疑。

教授没开口，他抽出了最早的第一份乐谱，交给学生。“弹奏吧！”他以坚定的眼神望着学生。不可思议的事发生了，连学生自己都惊讶万分，他居然可以将这首曲子弹奏得如此美妙、如此精湛！教授又让学生试了第二堂课的乐谱，学生仍然有高水平的表现。演奏结束，学生怔怔地看着老师，说不出话来。

“如果我任由你表现最擅长的部分，可能你还在练习最早的那份乐谱，不可能有现在这样的表现。”教授缓缓地说。

人，往往习惯于表现自己所熟悉、所擅长的领域。但如果我们愿意回首，细细检视，将会恍然大悟，看似紧锣密鼓的工作挑战、永无歇止难度渐升的环境压力，不也就在不知不觉间养成了今日的诸般能力吗？人确实有无限的潜力！有了这层感悟与认知，会让我们更乐意欣然地面对未来更多的难题！因为，人的能力是无限的。但人的智慧和想象力具有很大的潜力，充分挖掘它，发挥丰富创造力，才会做出使自己都感到吃惊的成绩来。

有两家卖粥的小店。左边的和右边的每天顾客相差不多，都是川流不息、人进人出的。然而晚上结算的时候，左边的总是比右边的多出百十元来，天天如此。

于是，我走进了右边那个粥店。服务小姐微笑着把我迎进去，给我盛好一碗粥，问我："加不加鸡蛋？"我说加。于是她给我加了一个鸡蛋。每进来一个顾客，服务员都要问一句："加不加鸡蛋？"也有说加的，也有说不加的，大概各占一半。

我又走进左边那个粥店。服务小姐同样微笑着把我迎进去，给我盛好一碗粥，问我："加一个鸡蛋，还是加两个鸡蛋？"我笑了，说："加一个。"再进来一个顾客，服务员又问一句："加一个鸡蛋，还是加两个鸡蛋？"爱吃鸡蛋的就要求加两个，不爱吃的就要求加一个。

也有要求不加的，但是很少。一天下来，左边的小店就要比右边的多卖出很多个鸡蛋。想一想生活中、工作中，你真的已经把自己的潜能发挥到极致了吗？还是一切按部就班，只是在重复你熟知的那些事？

你没有做得更好，只因为你还没有更多地发挥出你的潜力。记住，每个人的潜力都是无穷的。

坚定不移的人生信念

世间事无大小，总要有人去做。成功都是由许多辛酸和汗水所结成的果实。成功并不是一时的，它的关键是靠平时的准备与辛勤开垦。有的人凭着吃苦耐劳的精神，在平凡的岗位上做出了不平凡的业绩；有的人手里捧着金饭碗，却需要向别人讨饭吃。个中差别，值得我们慢慢去品味。

在日本，有一个广为传颂的动人的小故事：

许多年前，一个妙龄少女来到东京帝国酒店当服务员。这是她涉世之初的第一份工作，也就是说她将在这里正式步入社会，迈出她人生第一步。因此她很激动，暗下决心一定要好好干！但她想不到的是：上司安排她洗厕所！

洗厕所！实话实说没人爱干，何况她从未干过粗重的活儿，细皮嫩肉，喜爱洁净，干得了吗？洗厕所时在视觉上、嗅觉上以及体力上都会使她难以承受，心理暗示的作用更使她忍受不了。当她用自己白皙细嫩的手拿着抹布伸向马桶时，胃里立马“造反”，翻江倒海，恶心得几乎呕吐却又呕吐不出来，太难受了。而上司对她的工作质量要求特高，高得骇人：必须把马桶抹洗得光洁如新！

她当然明白“光洁如新”的含义是什么，她当然更知道自己不适应洗厕所这一工作，真的难以实现“光洁如新”这一高标准的质量要求。因此，她陷入困惑、苦恼之中，也哭过鼻子。这时，她面临着人生第一步怎样走下去的抉择：是继续干下去，还是另谋职业？继续干下去——太难了！另谋职业——知难而退，人生之路岂有退堂鼓可打，她不甘心就这样败下阵来，因为她想起了自己初来时曾下的决心：人生第一步一定要走好，马虎不得。

正在此关键时刻，同单位一位前辈及时地出现在她的面前，他帮她摆脱了困惑、苦恼，帮她迈好这人生第一步，更重要的是帮她认清了人生路应该如何走。但他并没有用空洞理论去说教，只是亲自做个样子给她看了一遍。

首先，他一遍遍地抹洗着马桶，直到抹洗得光洁如新；然后，他从马桶里盛了一杯水，一饮而尽喝了下去！竟然毫不勉强。实际行动胜过万语千言，他不用一言一语就告诉了她一个极为朴素、极为简单的真理：光洁如新，要点在于“新”，新则不脏，因为不会有人认为新马桶脏，也因为新马桶中的水是不脏的，是可以喝的；反过来讲，只有马桶中的水达到可以喝的洁净程度，才算是把马桶抹洗得“光洁如新”了，而这一点已被证明可以办得到。

同时，他送给她一个含蓄的、富有深意的微笑，送给她一束关注的、鼓励的目光。这已经够用了，因为她早已激动得几乎不能自持，从身体到灵魂都在震颤。她目瞪口呆，热泪盈眶，恍然大悟，如梦初醒！她痛下决心：“就算一生洗厕所，也要做一名洗厕所最出色的人！”

从此，她成为一个全新振奋的人；从此，她的工作质量也达到了那位前辈的高水平，当然她也多次喝过厕水，为了检验自己的自信心，为了证实自己的工作质量，也为了强化自己的敬业心；从此，她很漂亮地迈好了人生的第一步；从此，她踏上了成功之路，开始了她的不断走向成功的人生历程。

几十年光阴一瞬而过，如今她已是日本政府的主要官员——邮政大臣。她的名字叫野田圣子。

野田圣子坚定不移的人生信念，表现为她强烈的敬业心：“就算一生洗厕所，也要做一名洗厕所最出色的人。”这一点就是她成功的并不神秘的奥秘之所在；这一点使她几十年来一直奋进在成功路上；这一点使她拥有了成功的人生，使她成为幸运的成功者、成功的幸运者。

给人生算出一个新高度

学习要加，骄傲要减，机会要乘，懒惰要除。

最近，数学的专业领域“卡迈克尔数”的研究有了重大发现，而在这之前，该领域一直是世界各数学家们头疼的问题。但令人没有想到的是，该项研究的发现，竟然归功于中国一名普通的打工小伙，他叫余建春。

河南农村娃余建春毕业于一所普通的专科学校，一直在外打工。父母过早离开人世，家中只有一个大哥。余建春小时候学习成绩一般，但唯有数学在班里拔尖儿。他从小就对数学十分感兴趣，一有空就去学校的图书馆看与数学有关的书，并且希望上大学时能选择数学专业。但到了高考选择专业时，大哥不同意他选择数学专业，一个农村孩子学数学有什么用。余建春无奈地选择了牧业专业。

尽管如此，余建春从未放弃过对数学的热爱。上大学期间，除了专业以外，余建春几乎所有的时间都沉浸在数学的研究当中，有时对一个知识感兴趣了，连课都不去上，在宿舍里一个劲地钻研。

大学毕业后，余建春开始了打工生涯，郑州、苏州、东莞等多个地方都留下了他的身影，他做过保安、车间工人等。可他对数学的那份热情之火，烧得越来越旺盛了。闲暇时，余建春就买数学方面的书籍，下班后就躺在床上阅读，有了新的想法，就在本子上演算。他的同事们都把他当作一个怪人来看，一个人竟然可以对数学这么痴迷。

在自学数学的道路上，余建春有了几次新的发现，可是，身边的人没有在数学领域精通的。这时他就想到在网上搜索国内知名数学学者的信息，打算把他的发现写下来，然后寄给他们求证。可是这些寄出去的信件往往都石沉大海。不过，余建春并没有气馁。自从发现能给学者寄信以来，他不断研究、不断写信，桌子上的手稿越来越厚，向专家学者投稿已成了他的习惯。

余建春通过看书认识了“卡迈克尔数”，他开始识别关于它的新算法研究，他认为以前数学界的查找方法太过烦琐，而且准确率不高，他想找到一种更加高效的算法。有一天，余建春算了一个式子，工作的时候他还在想着这个式子。回家后把本子拿出来，一算就有了新的发现，经过几天的努力，余建春得出了这个新算法的雏形。得出新算法后，余建春非常激动，他相信自己的发现是正确的，所缺的就是一个验证。那时他正巧在杭州打工，了解到浙江大学数学系教授蔡天新是这方面的专家，决定把他的新发现连同其他研究成果发送电子邮件投给他。

在20天的焦急等待后，他收到了蔡天新的回信。蔡天新邀请他到浙江大学参加讨论班，向博士生介绍他的成果。余建春得知后兴奋得睡不着觉。来到浙江大学的教室内，余建春站在讲台上，发现下面坐着的都是研究生、博士，他紧张得拿粉笔的手都在不停发抖。随后他慢慢调整了状态，在之后一个半小时里，他一口气在黑板上推演了五个新发现的公式，中途没有看一眼笔记。演讲结束，余建春的表现技惊四座，台下的研究生、博士生纷纷拍手叫好。蔡天新教授听完余建春的演讲，也大加赞赏，对余建春说："虽然有些地方的确有缺陷，但不能掩盖你很出色的事实。"蔡天新还表示，余建春的可贵之处在于他非常谦虚踏实。

就在那时，余建春第一次感觉到了这么多年来的努力，终于换回了如洗礼般的成就感。余建春的发现获得肯定后，有企业愿意为他提供工作。对此，余建春并不在乎，他在这时还想着数学，他想要进一步地进修，完善他的理论体系。

谁说普通人就不能达到一个让众人仰望的人生高度？余建春证明了普通人可以做到。在他的不懈坚持之下，他用他的数学公式，给人生算出了一个新高度。

低配人生

低配主义者更加重视内在的修养，重视精神的成长，重视灵魂的丰富。

读大学时最崇拜的就是哲学系的胡教授，高高瘦瘦颇有几分仙风道骨的味道，每次他的课总是爆满，因为他是一位非常有思想的老先生。

他的办公室简单但不简陋，东西少但不会让人有放空的感觉，反而觉得更踏实。办公室内所有的桌子跟椅子都是木质的。桌上堆了很高的一摞书，书架上也满满地都是书。那次当问到老教授理想生活的时候，他提出了一个“低配人生”。

他说年轻的时候他也曾经是个疯小子。那个年代国内摇滚音乐还没开始大范围地流行起来，他跟几个同学就组了个小乐队，凭着家世背景搞来国外摇滚的录音带，然后在同学中间传着听。教授说他倒挺怀念那段日子的，那时候觉得能天天玩摇滚大概就是理想生活了。

随着年岁的增长以及家庭的变化，越来越觉得多读书才会活得更踏实，于是放弃了那种激情燃烧的摇滚，开始潜心研究学问。胡教授说，学问研究得越深，越觉得真正的人生当在于精神的丰满。所以，他现在觉得理想生活应该是精神高贵的生活，应该是一种低配人生。

胡教授说，他对现在的年轻人追求时尚、追求高品质精致生活这种现象并不排斥，因为他也是从那样的年轻人走过来的，到了某个年纪自然就会顿悟，身外之物根本没那么重要，低配人生才是最踏实、最稳定的。

几年前工作认识的一个朋友萧萧，是个大美女，因为年纪相仿，也就比较有共同话题，一来二去就比较熟了，工作结束后也会约着一起吃饭逛街。

接触久了就发现萧萧是个有些虚荣的女孩儿，吃饭总要点比较贵的牛排，买衣服也买些名牌，香水、化妆品都要买叫得出名字的名牌。她也刚参加工作没几年，工资也没有多高，加上房租每到月月底总要捉襟见肘，她是个不折不扣的“月光族”。

我曾经跟萧萧聊过这个问题，她倒挺有自己的一套理论，什么“人生得意须尽欢”啊，“年轻就是资本”啊，但也让我一时语塞，无言以对。她说年轻不就该挥霍吗？等到需要考虑钱的时候，她自然会回归本分做个平凡人。现在不买衣服等到了有钱的时候就没姿色穿了，现在不买点名牌，怎么吸引白马王子来追！

我被她说得一愣一愣的，甚至某个瞬间我竟抽风似的觉得她说得还蛮有道理。她算是个不折不扣的高配主义者了，有些得意尽欢的洒脱和活在当下的狂傲。吃穿用要挑最好的，过一种所谓的精致生活，但是居安不思危、只顾当下不做长远打算的行为，我也不敢苟同。或许真正到了某一天，她会后悔现在的大手大脚，开始后悔没有多读一点书，多涵养一下自己的精神世界。那个时候，她大概就能真正明白低配人生的意义了。

如果你见惯了灯红酒绿、声色犬马，却依然觉得空虚无聊、迷茫无助，那你该思考一下你的现状，想想你决心努力的初衷。空虚是因为外物的高配而内心迷茫不前，过分执迷于生活中的浮华而疏于对自己内心的充实。很多时候我们忽略的，恰恰是最重要的东西。

低配人生，并不是倡导我们要衣衫褴褛、吃糠咽菜，而是一种理念，比起外部世界的追求，低配主义者更加重视内在的修养，重视精神的成长，重视灵魂的丰富。

低配人生是对生活应有的态度。

降低一点物质要求，丰富一下精神世界。少买一件化妆品，多读一本书；少买一件不必要的衣服，多听一场讲座……

如此，低配人生，我们同样可以高贵地活。

笑对人生才是最宝贵的财富

马修·埃蒙斯是美国著名射击运动员。从小他就表现出很高的射击天赋。他在世界许多重大射击比赛中，获得过骄人成绩。他被美国人称为“射击天才”“上帝的宠儿”。

但是，这个“射击天才”在奥运会赛场上，却成了“上帝的弃儿”。

在2004年雅典奥运会上，他一路高歌猛进，遥遥领先于其他选手。最后一枪只要不脱靶，埃蒙斯就可以稳获奥运会10米三姿射击金牌。那枚金光闪闪的金牌，仿佛就在他眼前闪现，唾手可得。观众也屏气凝神，只等待埃蒙斯打完最后一枪，他们就可以欢呼雀跃了。

可是，鬼使神差，最后一枪，他不仅脱靶，而且还把子弹打在了别人的靶子上！

现场气氛，有种令人窒息的沉闷，人们目瞪口呆地望着眼前这不可思议的一幕。

短暂的惊讶后，埃蒙斯耸耸肩，然后面带笑容地走到中国运动员贾占波跟前，与他热烈拥抱，祝贺他获得冠军。

埃蒙斯那灿烂的笑容，征服了现场观众，也征服了电视机前亿万观众的心。那笑容，是那么的清澈、那么的干净，没有蒙上一点世俗的阴影，纤尘不染。

贾占波每每回忆起2004年奥运会比赛中的情景，印象最深刻的竟是埃蒙斯脸上那灿烂的笑容。他说，那笑容，是一种最真挚的感情流露；那笑容，成为我生命中的永恒，给了我巨大的信心和力量。

4年后，埃蒙斯又出现在北京2008年奥运会赛场上。决赛中，埃蒙斯一路遥遥领先其他选手，最后一枪，只要不低于4.4环，他就可稳获冠军。

就在观众静待埃蒙斯最后一枪打完，向他欢呼雀跃时，不可思议的一幕再次重演：埃蒙斯又脱靶了！

埃蒙斯脸上露出短暂的惊讶神色后，很快地又平复如初，露出灿烂的微笑。他走到获得冠军选手的中国运动员邱健身边，与他热情握手、拥抱，表示最真挚的祝贺。

面对埃蒙斯的笑容，邱健感动得热泪盈眶。他轻轻地拍打着埃蒙斯的后背，喃喃地说道："您的笑容，是送给我的最好礼物，也是我人生中最宝贵的财富。"

埃蒙斯的笑容，也彻底征服了捷克著名射击女选手卡特琳娜的芳心。比赛结束后，她走到埃蒙斯身边，大胆地向他表示自己的爱慕之情。

卡特琳娜说，是埃蒙斯的笑容，彻底打动了她。在巨大的失败面前，还能流露出这么灿烂的笑容，这就是一种强大和无畏。

有记者问埃蒙斯："两届奥运会，您都与冠军失之交臂，这是人生中多大的遗憾啊！"

埃蒙斯听了，微笑着说道："这没有什么遗憾的，竞技比赛正是因为充满着许多不确定的因素，才使得比赛更加充满悬念，更加扣人心弦。比赛结束了，我的任务也完成了，下一步我还要去恋爱、度假、旅游、团聚。生活是多姿多彩的，而不应该仅仅只是比赛，这才是生活的主题。"

生活不仅仅只是比赛。面对生活，无论成功或者失败，永远露出最真挚的笑容，才是真正"上帝的宠儿"。笑对生活，才是人生中最宝贵的财富。

谨以此文献给迷茫的追梦人，愿你无论经历多少，无论多么难过，都不要忘记仰起头开怀大笑。

心中有光，无惧黑暗

愿你此生尽兴，赤诚善良

黄明哲　主编

红旗出版社

图书在版编目（CIP）数据

愿你此生尽兴，赤诚善良 / 黄明哲主编. — 北京：红旗出版社，2019.8

（心中有光，无惧黑暗）

ISBN 978-7-5051-4916-8

Ⅰ. ①愿… Ⅱ. ①黄… Ⅲ. ①成功心理—通俗读物 Ⅳ. ①B848.4-49

中国版本图书馆CIP数据核字（2019）第163649号

书　名　愿你此生尽兴，赤诚善良
主　编　黄明哲

出品人　唐中祥　　总监制　褚定华
选题策划　华语蓝图　　责任编辑　朱小玲　王馥嘉

出版发行　红旗出版社　　地　址　北京市北河沿大街甲83号
编辑部　010-57274497　　邮政编码　100727
发行部　010-57270296
印　刷　永清县晔盛亚胶印有限公司
开　本　880毫米×1168毫米　1/32
印　张　25
字　数　620千字
版　次　2019年 8 月北京第1版
印　次　2019年12月北京第1次印刷

ISBN 978-7-5051-4916-8　　定　价　160. 00元（全5册）

前　言

人为什么要实现理想呢？大概是因为在理想的光耀之下，生活可以变成你所期待的样子。而生活变成那种样子，其实没那么困难。

理想之外，生活仍旧有许多种可能，你也一样有许多种方法，来让它变得更美好。

在这个时代，大的理想和小的理想同样应该被尊重，被赞美，被歌颂。更何况，你永远都不会知道，从什么时候开始的坚持和改变，写就了你完全不一样的人生。

理想并不都是努力了就一定可以实现的，但你一定要努力去让自己过上理想中的生活。

因为那同样是理想的一种存在方式，而且一样温暖和美好，甚至因为它更加真实而更加可爱。

愿你在生活中有实现理想的勇气，也能有过上理想中的生活的幸运。或许，它们本就一样。

人生没有奇迹，只有努力的轨迹。总是羡慕别人天生的好运气，却没看到他们不为人知的努力。

千万不要轻言放弃。学着把努力当成习惯，而不是三分钟热度；学着尝试新的事物，而不是旁观他人的成功。最清晰的脚印，往往印在最泥泞的道路上。沉下心来，风雨无阻地走下去吧！

这世上唯一能够放心依赖终生的那个人，就是镜子里的那个你，那个历经挫折却依旧坚强的你。

目　录

第一章
愿你所到之处，遍地阳光

与其热闹着引人夺目，步步紧逼，不如趋向做一个人群之中真实自然的人，不张扬，不虚饰，随时保持退后的位置。心有所定，只是专注做事。

——庆山

做好每一件小事

大学刚毕业那会儿，昊然被分配到一个偏远的林区小镇当教师，工资低得可怜。其实昊然有着不少优势，教学基本功不错，还擅长写作。于是，昊然一边抱怨命运不公，一边羡慕那些拥有一份体面的工作、拿一份优厚的薪水的同窗。这样一来，他不仅对工作没了热情，而且连写作也没了兴趣。昊然整天琢磨着“跳槽”，幻想能有机会调换一个好的工作环境，也拿一份优厚的报酬。

就这样两年时间匆匆过去了，昊然的本职工作干得一塌糊涂，写作上也没有什么收获。这期间，昊然试着联系了几个自己喜欢的单位，但最终没有一个接纳他。

然而，后来发生的一件微不足道的小事，改变了昊然一直想改变的命运。

那天学校开运动会，这在文化活动极其贫乏的小镇，无疑是件大事，因而前来观看的人特别多。小小的操场四周很快围出一道密不透风的环形人墙。

昊然来晚了，站在人墙后面，踮起脚也看不到里面热闹的情景。这时，身旁一个很矮的小男孩吸引了昊然的视线。只见他一趟趟地从不远处搬来砖头，在那厚厚的人墙后面，耐心地垒着一个台子，一层又一层，足有半米高。昊然不知道他垒这个台子花了多长时间，但他登上那个自己垒起的台子时，冲昊然粲然一笑，那是成功的喜悦。

刹那间，昊然的心被震了一下——多么简单的事情啊！要想越过密密的人墙看到精彩的比赛，只需在脚下多垫些砖头。

从此以后，昊然满怀激情地投入到工作中去，踏踏实实，一步一个脚印。很快，昊然便成了远近闻名的教学能手，编辑的各类教材接连出版，各种令人羡慕的荣誉纷纷落到昊然的头上。业余时间，昊然笔耕不辍，各类文学作品频繁地见诸报刊，成了多家报刊的特约撰稿人。如今，昊然已被调至自己颇喜欢的中专学校任职。

其实，一个有理想的人只要不辞辛苦，默默地在自己脚下多垫些“砖头”，就一定能够看到自己渴望看到的风景，摘到挂在高处的那些诱人的果实。

完成小事是成就大事的第一步。伟大的成就总是跟随在一连串小的成功之后。在事业起步之时，我们会被分派到与自己的能力和经验相称的工作岗位，直到我们向团体证明自己的价值，才能渐渐被委以重任和更多的工作。将每一天都看成是学习的机会，这会使你在公司和团体中更有价值。一旦有了晋升的机会，老板第一个就会想到你。任何事，任何目标，都是这样一步一步达到成功彼岸的。

伟大的事业是由无数个微不足道的小事情积累而成的，小事情干不好，大事情也不会干成功。

成功不一定是做大事，把一件小事做好，并且持之以恒地做好每一件事，这也是成功的基本要素。

突破思维定式

三十岁后，我发现身边追求“安逸”的朋友越来越多。尤其是几个发小聚会时谈到未来规划，彼此难免陷入尴尬。毕竟，多数人除了追溯童年忆苦思甜以外，剩下的仅有那点儿大同小异的相互安慰。小张说：“你看我现在也挺好的，有家有娃，有车有房，虽然工资不高，但起码生活稳定。”小李说：“别看那些人赚得多，都是拿自己命换来的，这叫‘有命赚钱没命花’，何苦呢！”小王说：“就是！何必给自己那么大压力，安安稳稳不挺好，差不多就得了。”

以上对话，你是否似曾相识？难道这么想就错了吗？当然不是。倘若你真的每天都活得云淡风轻、与世无争，那自然是一种高层次的境界。但怕就怕，明明是你自己碌碌无为，却还安慰自己是平凡可贵。这么说虽然刺耳，但事实的确如此。有这样一句话：“如果你不按照你想的方式去活，那迟早会按照你活的方式去想。”虽然听起来像句鸡汤，但事实上，其背后有着非常严谨的科学依据。

二

一个人最难改变的，不是个性，而是自己的“心智模式”。中国有句老话，叫“三岁看大，七岁看老”，这句话并非没有道理。所谓“从小看大”，其实是一种概率学思维，存在部分的合理性。比如，性格内向的人多半适合做幕后，性格外向的人多半适合做台前。然而，“从小看大”却又忽略了人性中的不确定因素，比如，这个社会上很多社交达人、演讲高手、成功人士，小时候都是性格腼腆、不善言辞的人。既然如此，那为什么我仍然坚定地以为“从小看大”具有一定的科学依据呢？

事实上，问题的根源在于“心智”。用心理学来解释，每个人在潜意识中都不断秉持着“承诺一致性原则”。换句话说，当我们心里被植入一种“心智”时，为了维持这个自我认知，便会不断地采取行动来证明这种认知的正确性。这种“心智模式”，就好比我们的手机里被预装了一个木马软件，无论你怎么反抗，它的威力只会增强不会减弱。唯一的解决办法，就是将系统彻底重装。

所以，回到最初的问题：为什么有的人才三十几岁，就急于过“一眼看到底”的生活？因为多数人早早就给自己的大脑里安装了一个“木马”，它深深地刻在基因里，表面上你所给出的答案都经过深思熟虑，可实际上那只不过是来自你“心智模式”的本能反应。简单而言，绝大多数人并不是真心想要安稳，而是他们不相信自己还能过上另一种生活。

二

这个世界上最幸福的生活，叫作“自己想过的生活”。可绝大多数人并不知道自己究竟想过什么样的生活。

我发现，如今职场上有越来越多的人患上了一种叫作“职业倦怠”的怪病。所谓职业倦怠，其实就是价值感缺失，做什么事都觉得没意义，甚至会产生焦虑、抑郁的情绪。

其实，职业倦怠从来不是凭空而来的，它是长期负面自我认知积累的产物。导致这种怪病的罪魁祸首，就是“贴标签”。

记得小时候，我的父母和老师经常说我是个内向的孩子。一看到陌生人就缩成一个球，不敢上前打招呼，更不敢当众展示自己。久而久之，我逐渐形成了一种思维定式，认为我天生就是个不善于和人打交道的人，于是无论后来遇到任何社交场合，都会主动地把自己藏在角落里，争取不让别人注意到我。

讲到这里，不知你发现没有，“内向”之于我而言，其实就是一种标签。为了不与自我心智产生冲突，我的行动开始逐渐向其倾斜，慢慢地形成了一种难以撼动的“思维定式”。

换个角度说，在我们从小到大接受的教育当中，很多父母和老师都喜欢用“贴标签”的方式来衡量一个学生。比如，一个学生每天下课跑去踢球，老师就会说他调皮；一个学生上课总打瞌睡，老师就会说他懒惰；一个学生连续两天忘了穿校服，老师就会说他臭美……

然而事实真的如此吗？爱踢球的孩子就没有安静的时候吗？打瞌睡的孩子就不是因为昨晚熬夜学习吗？忘了穿校服的孩子说不定真的是因为校服丢了呢？

成年人之所以如此爱给别人“贴标签”，本质上其实不过是为了偷懒。毕竟，一旦某样东西被贴上了标签，就可以方便你轻松地分类处理了。然而，大人只顾着偷懒，却忘记了一个更重要的事实：你所给别人打上的标签，势必会让对方形成一种难以改变的“心智模式”。

话说回来，上述很多人口中所追求的“安稳”，本质上也只是一种自己给自己贴上的标签。

三

理想的决策不是先给结论，再佐证；而是先佐证，再给结论。换句话说，真正的高手特别善于绕开直觉思维的陷阱，他们唯恐自己受到思维定式的局限，所以在问题面前总会多问几次为什么。比如，一个人在工作中总不顺心，要么被老板批评，要么被同事排挤，这时候难免会陷入“职业倦怠”。这时候，有的人可能会想，是不是我不适合在这家公司工作呢，或者是我压根儿不适合在公司的环境下工作？唉，反正工作也没起色，不如安安稳稳过好小日子，追求我自己“想要的生活”。那么，一个真正具备思考能力的人会怎么想呢？

在我看来，一个正常人的思考路径起码要经历以下几点：老板为什么总是批评我？是不是有哪件事我做得不够好？这件事情是不是同样影响了同事对我的误判？如果真的是这样，我该如何避免同样的失误呢？

前者的思维方式是“只见树木，不见森林”，而后者的思维方式却是在一片森林里努力地寻找真相。

所以说，倘若想要改变自己的思维定式，正确的方法是首先把自己“去标签化”。正如前面我所提到的，作为一个从小到大注定被认为是“不善交际”的人，后来我又是如何克服这一点的呢？方法很简单，即把“抽象的标签”转化为“具象的情景”。

比如，我曾经问过一个认为我性格内向的朋友：“你认为我通常是在什么时候表现得有些不善言辞？”没想到他的回答是：“其实你跟熟悉的人一起时特别能侃侃而谈，但第一次见陌生人时就会冷场。”听完他的这番回答，我终于知道问题所在了：我所谓的内向，其实是在遇到不了解的陌生人时，不自觉地开启自我防卫机制，害怕个人的私域部分被“过度侵占”。于是，我逐渐地磨炼自己与陌生人交往的技巧，尽量让自己主动地放下本能防备，后来便再也没听过有人拿“内向”二字来形容我了。

四

思维定式，还常常伴随一个更大的误区，即“盲目认同因果定律”。

有因必有果，这句话并不全面。比如说有天赋，“努力”就一定可以成功吗？给你乔布斯的天赋、资源、背景、能力，让你在这个时代再走一回，你觉得你能获得乔布斯那样的成就吗？我猜99.9%的回答是否定的。

人到“中年”之所以懈怠，其实是好像看透了世间难以改变的一些“因”，比如，成功人士的家境、教育、资源、人脉等，却忽视了自己主观认为的一些“果”，如思维模式。

在我看来，因果定律不是必然联系，而是偶然联系。所谓必然联系，也就是100%的逻辑关联；偶然联系，则是有概率的，且关联概率存在于1%～100%之间。换个角度说，一个人能否获得成功，最关键的不是你拥有多牛的装备，而是“运气”！

也许你会有些许疑惑，既然成功靠的是运气，那我还努力什么？别急，正是因为成功靠的是运气，所以我们才更加要运用好“概率思维”，并通过一次次精打细算地下赌注，来不断积累自己的“运气”。

假如你手里有一百万的投资款，必须投给你对面坐着的两个人：一个是一无所有但志向高远的二十多岁的小伙子，一个是有车有房但寻求安稳生活的四十岁左右的中年男子，请问你会选择投给谁？

毋庸置疑，想必很多人和我一样，都会选择前者。

为什么多数人会选择那个身无长物的毛头小子，而不是那个沉稳老辣的中年男子呢？原因很简单，因为中年男子身上具有强烈的“确定性”。

具有“确定性”难道不是件好事吗？怎么放到这里反而不对了呢？

要知道，投资是以概率权换得更高回报的杠杆行为，成功者善于用概率来计算获得回报的大小，哪怕承担一定的风险，他们也会坚持如此思考。

而失败者的思维定式呢？他们并非不乐于做赌注，而是他们更倾向于寻找确定的事物，换言之，也就是那些直觉范畴内最大概率的“稳定”。

不信你可以试想一下，倘若这一百万真的是你辛辛苦苦赚来的所有存款，当你势必要拿它做投资的时候，很有可能绝大多数人会跑去投那个四十岁左右的中年男子了。

毕竟，相对于冒风险的高回报，多数人更倾向于无风险的稳定报酬。然而他们却忘记了，这个世界上压根儿就不存在绝对的零风险。

所以，话说回来，什么是“运气”？按照我的狭义理解：运气其实就是某种概率权，就是你要做出一个选择时综合的前提条件。那么，如何才能不断创造出属于自己的“好运气”呢？那就需要我们摒弃思维定式，学会用概率思维去做出每一个重大决策。简而言之，当你遇到一个问题时，先不要急着下判断，而要尽可能地收集有效数据，通过系统化的分析再做决策。

好比说，“失败是成功之母”这句话是不是大概率正确的呢？如果你真的研究过大多数成功人士的成长经历，就会得出一个截然相反的概率学定论：成功是成功之母，失败是失败之母。就像大发明家爱迪生曾说的那样：“谁说我失败了，我不过是知道了有九千九百九十九种方法，是行不通的而已。”

事实上，很多人的成功都是基于他过往一次次的成功，没有前期多次小小的成功及其他从成功中获得的信心，他们必将失败无疑。所以，一个人的运气，很大程度上是掌握在自己手里。当生活亏待了你，先不要急于给自己的人生定性，首先摘掉别人给你的标签，聚焦于一个微小的事情，命运并不像你想象的那么难以战胜。

创意永不荒芜

杰米是美国旧金山的一名男孩，平时热衷于上网。大学毕业后，他的第一份工作是保险推销员，因为觉得毫无创意，不久就辞职不干了。

杰米想自己创业，每天浏览各类网站，寻找各种资讯，发现似乎所有的事情全部都有人在做，他很沮丧，与网友聊天时抱怨说：“如今创意已经荒芜。”网友笑言：“创意荒不荒还不好定论，但我朋友的‘菜地’恐怕真的要荒了。”

原来，该网友的朋友前不久因车祸遇难，他生前极其喜欢玩网上农场。“他人这一走，农场也会没人照顾，要变得荒芜了。”网友惋惜地对杰米说。

杰米想起自己的一段亲身经历。有一次，他坐飞机出差，中途飞机遇到气流，险象环生，杰米悲观地以为自己难逃此劫，猛然间想到如果自己死了，博客该怎么办，那可是积聚了他多年的心血。虚惊一场后，杰米嘲笑自己在危难关头想到的竟是博客，但当他把这段“趣事”讲给网友听时，没想到引起了众多共鸣。

杰米产生了一个大胆想法：创建一家电子遗产保险箱网站。父母、妻子都以为他疯了，想创业想到了走火入魔的地步。杰米心里也没底，但他想试一试。

网站创建之初，杰米这样运营：通过简单步骤注册成为会员，每年缴纳三十美元或一次性缴纳三百美元，就可以享受密码托管、网络内容备份等服务。他还在网站介绍上说，使用者可以把包括电子邮件、照片、社交网站等一切网络账户和密码“放进”这个“保险箱”。网络账户可以分别指定“受益人”，以便用户将来过世后，有人能“继承”。

杰米的第一个会员名字叫罗斯，罗斯也是博客的狂热爱好者，他对杰米说：“我的孩子太小，还不认字。有一天，我的博客对他们来说会变得很有意义，就好像你在家里发现了一盒祖父的老照片，然后会开始好奇，猜想其中到底隐藏着什么样的故事。”

第二个会员是一名战士，即将奔赴阿富汗执行任务。他坦陈：“我不知道自己此去是否还能回来，我想把电子邮箱账户、网络照片、博客留给父母，里面有我的秘密。当然，如果我能平安回来，这些秘密还是继续保密好了。”

第三个会员是一名病人，他是个网络游戏玩家，他说：

“我现在已经不能经常上网了，但常惦记游戏中的武器和金子。如果我不能从病房出来，希望受益人是我的女朋友。”

杰米没有想到，随着网友们的口口相传，越来越多的人成为了他的会员。通过与不同人的交流，杰米认识到，随着时代的发展，人们的思想也在转换，对自己的网络“财产”越来越依赖，导致感情笃深，不乏视之如命者，这才促使其网站越发红火。

短短一年时间，杰米拥有了一万八千多名会员，赚取了近一百万美元的会费。关于创意，杰米颇有心得地说：“时代在变，事物在变，人的需求和思想也在变，只要与时俱进，用心听，用心看，用心去发现，创意就永不会荒芜。”

尽力而为还不够

在美国西雅图的一所著名教堂里，有一位德高望重的牧师——戴尔·泰勒。有一天，他向教会学校一个班的学生们先讲了下面这个故事。

那年冬天，猎人带着猎狗去打猎。猎人一枪击中了一只兔子的后腿，受伤的兔子拼命地逃生，猎狗在其后穷追不舍。可是追了一阵子，兔子跑得越来越远了。猎狗知道实在是追不上了，只好悻悻地回到猎人身边。猎人气急败坏地说："你真没用，连一只受伤的兔子都追不到！"

猎狗听了很不服气地辩解道："我已经尽力了呀！"

再说兔子带着枪伤成功地逃回家了，兄弟们都围过来惊讶地问它："那只猎狗很凶呀，你又带了伤，是怎么甩掉它的呢？"

兔子说："它是尽力而为，我是竭尽全力呀！它没追上我，最多挨一顿骂，而我若不竭尽全力地跑，可就没命了呀！”

泰勒牧师讲完故事之后，又向全班郑重其事地承诺：谁要是能背出《圣经·马太福音》中第五章到第七章的全部内容，他就邀请谁去西雅图的“太空针”高塔餐厅免费参加聚餐会。

《圣经·马太福音》中第五章到第七章的全部内容有几万字，而且不押韵，要背诵其全文无疑有相当大的难度。尽管免费参加聚餐会是许多学生梦寐以求的事情，但是几乎所有的人都浅尝辄止，望而却步了。

几天后，班中一个十一岁的男孩，胸有成竹地站在泰勒牧师的面前，从头到尾地按要求背诵下来，竟然一字不漏，没出一点儿差错，而且到了最后，简直成了声情并茂的朗诵。

泰勒牧师比别人更清楚，就是在成年的信徒中，能背诵这些篇幅的人也是罕见的，何况是一个孩子。泰勒牧师在赞叹男孩那惊人记忆力的同时，不禁好奇地问：“你为什么能背下这么长的文字呢？”

这个男孩不假思索地回答道：“我竭尽全力。”

十六年后，这个男孩成了世界著名软件公司的老板，他就是比尔·盖茨。

泰勒牧师讲的故事和比尔·盖茨的成功背诵对人很有启示：每个人都有极大的潜能。正如心理学家所指出的，一般人的潜能只开发了2%～8%，像爱因斯坦那样伟大的大科学家，也只开发了12%左右。一个人如果开发了50%的潜能，就可以背诵四百本教科书，可以学完十几所大学的课程，还可以掌握二十多种不同国家的语言。这就是说，我们有90%的潜能还处于沉睡状态。要想出类拔萃、创造奇迹，仅仅做到尽力而为还远远不够，必须竭尽全力才行。

书写自己的精彩人生

她是中国台湾大学哲学系、外文系的双修学士，美国伊利诺伊大学厄巴纳-香槟分校的哲学硕士。留学归来后，如果按部就班步入社会，她将成为令人羡慕的大学老师，抑或出入高档写字楼的白领，过两年再寻得一位事业有成的如意郎君结婚生子。然而，她偏偏选择远离舒适的生活，冲破感官享乐的藩篱，只身来到陕北一个穷山沟，做地地道道的村姑，过苦行僧式的日子。撒一垄青菜、萝卜的种子，看带露珠的叶片在风中摇曳；手握一支画笔，在晨曦中画日出，在落日下画晚霞，画空灵的旷野。她觉得这里才是自己灵魂的归巢。

2011年冬季的一天，由台北飞往西安的航班缓缓降落。薄雾中，一名身形瘦小的窈窕女子，穿着厚厚的冬装，背着个不大不小的背包破雾而来。下飞机后她直奔陕西书画院，经过短暂的休整，她跳上开往乡村的中巴，几经辗转，最后在狭窄的村道口跨上一辆摩托车，开往陕西省楼坪乡魏塔村。摩托车在覆盖了皑皑白雪的土坡上穿行，她迎着凛冽的寒风，轻闭双眼，心中默默哼唱：“我家住在黄土高坡/大风从坡上刮过/不管是西北风还是东南风/都是我的歌/我的歌……”

她叫廖哲琳，1983年出生于中国台湾。幼年时期，她就喜欢写写画画，当画家是她的梦想，随着年龄的增长，梦想逐步淡出视线。

临近高考时，身边的同学开始紧张忙碌，唯有哲琳像一个局外人。她看到焦虑不安的同学，产生了对生命的疑问：人活着究竟为了什么？人生的意义又是什么？

廖哲琳在学习之余，时常用手托着腮陷入沉思。有一天晚上，哲琳把心中的疑惑向妈妈诉说。妈妈回答：“活着就是吃饭穿衣，努力拼搏的人才会过上好日子。否则，便和妈妈一样，忙得晕头转向，赚的钱只够吃饭、供你上学。”说完，妈妈兀自嗒嗒地踩着缝纫机，替人做新衣。“其实，像妈妈一样活着，就挺好了呀！”哲琳低声嗫嚅道。“你说什么？”妈妈霍地站起身，以一种哲琳从未见过的严厉，低沉咆哮：“挺好？如果你认为这样挺好，就别去上学了，回家做裁缝！”哲琳吓傻了，蹲坐在地上瑟瑟发抖，万万没料到一向温和的妈妈竟然发这样大的火。她本想表达，像妈妈一样，有爸爸疼爱，就很幸福了。过了片刻，妈妈走过来，拍拍她的肩膀，语重心长地说：“孩子，你还小，不明白做父母的苦心。我们辛苦一辈子，只希望有朝一日能看到女儿出人头地，希望你不要再走我们的路。别瞎想了，好好复习功课去吧！”

妈妈并没给廖哲琳想要的答案，十几岁的少女，无论如何也想不明白。“这些深奥的问题，恐怕只有哲学家才能回答吧！”她对自己说。于是，不顾妈妈的劝阻，廖哲琳毅然上了台大哲学系。

一路深造到美国留学念硕士，学得越多，廖哲琳越困惑。学习研究抽象的西方哲学，似乎更远离了她对生命意义的追问。她日渐厌倦起来，准确地说，是厌倦哲学学术研究。在妈妈失望的目光中，她只念完硕士就回到中国台湾。

2011年，廖哲琳申请的“云门流浪者计划”批下来了，她申请的项目是去陕北农村画画。在此之前，她对陕北的了解，仅限于路遥的小说《平凡的世界》。

陕西书画院推荐哲琳去魏塔村—— 一个偏远的山沟，书画院在村里设有写生基地。说是基地，实则是一家农民的窑洞，曾为写生的画家提供过食宿，大家便把这家农户当作基地。基地的主人姓蒋，也就是廖哲琳的房东。当房东老蒋接过哲琳手中的背包时，哲琳的心莫名踏实。她亲吻着这片似曾相识的梦中的土地，抚摸着斑驳的老墙，仰望着冰霜枯枝。这里就是她梦中的一切，无论是山还是树，无论是麦苗还是枯草，都是一幅幅绝美的丹青画。这个熟悉又陌生的地方不正是自己寻觅的人间净土吗？这是在梦中来过千百回的家啊！

在这里，没人懂高深的哲学。廖哲琳只是一个业余绘画者，再次拿起画笔，仅仅是为延续儿时的梦。在魏塔村写生基地，她算最差劲的画家，任何到基地写生的人都比她画得好。她如同初次学步的幼儿，鼓起勇气，掏出学生素描小本，迈出艰难的第一步。她像儿时那样，看见什么画什么，大炕、椅子、驴和母鸡，还有围着锅台转的蒋嫂。多年以后，哲琳每每说到这里，总会禁不住大笑，她说："我那时用的素描本，其实就是小学生的美术本。"

来来往往的画家们留下各式各样的绘画器材，有画框、画布，还有颜料。她偷偷捡起别人丢弃的材料，像模像样地学起了油画。

哲琳常常打趣老蒋："你就是画家最忠心的奴仆。"她出门写生，老蒋负责扛画框，拧颜料。不管刮风下雨，还是严寒酷暑，但凡哲琳出门，老蒋就会陪着她寻找写生点。这扛着画架、画框的一老一少，在当地成了一道风景线，方圆三十公里都留下了他们的脚印。

她把自己置身于黄土之中，画矮矮胖胖的山丘，画成片的玉米高粱，画满地跑的鸡鸭狗，画成群的牛驴羊，画灶间炕头忙碌的农妇，画脏兮兮的村民。

老蒋领着她走街串户，挨个儿认识村民。没过多久，她就知道谁是谁家的亲戚，谁家的女儿嫁给谁家的儿子，谁姓张，谁姓王。她还摸清了每一家的茅厕在哪里，每一家的驴长什么样。老蒋还会用黄土地人的智慧，帮助哲琳解决问题。一次出门忘了带笔，老蒋抛下一句“你等着”就跑得不见人影了，回来时手上拿着一撮黑猪毛。哲琳大笑，原来猪毛是老蒋从别人家的母猪身上剪的。老蒋在地上拾起一个易拉罐，剪成条，一端固定好猪毛，另一端插上棍子，一支画笔就制作好了。哲琳惊喜地发现，“老蒋牌”画笔还真不赖，画远处的树特别漂亮。

那年夏天，哲琳突然迷上了人物肖像。她看见弓腰驼背的老汉和婆姨坐在大树下悠闲地扇着大蒲扇，龇着一排恐怕一辈子也没有刷过的大黄牙，那种憨傻粗野的生猛，让哲琳看傻了眼；也有不参与聊天的村民，安安静静地坐在树下聆听，布满沟壑的脸上，嵌着一双深邃又沧桑的眼睛，似小说家笔下的智慧老者。从那一刻起，哲琳就决定提起画笔，刻画黄土地上的淳朴人民。

日复一日，基地不时有画家来写生，大家都很喜欢这个虚心的小姑娘，在名家们的指导下，哲琳的绘画技巧日趋成熟。在这里，除了老蒋这位朋友，哲琳还交了很多绘画界的朋友。她爽朗的笑声，让每一个到魏塔写生的人都难以忘怀。她还结识了延安泰合公司的负责人。这位负责人也是一名绘画爱好者，他一眼就看上了廖哲琳朴实无华的画作，称赞道：“画如其人，只有内心清澈的人，才能画出这样纯净的画。”

2013年，泰合公司出资，在延安为廖哲琳举办了个人画展。这位蓬头垢面的“村姑”，变成了受人敬重的大画家，副市长也莅临观展。

从画展回来，廖哲琳穿上围裙，继续创作。她说：“很多人开画展，是为自己的画做一个总结，而我不是。画展只是一个开端，画画是我选择的生活方式，我要回到黄土地，在那里一直生活下去。”

除了画画，最让哲琳开心的事情莫过于同老蒋一起下地干活。春天拉驴到后山犁地，播下一颗颗蕴含生命的种子，就像种下自己漂泊的灵魂，种子混同灵魂在这片广袤的黄土地上扎根。很快，种子破土萌芽，娇小的嫩芽在春日的照耀下一天天长大。哲琳禁不住好奇，隔三岔五到地里查看。嫩芽长出新叶，粒粒晶莹的露珠悬挂在叶片上，在阳光下如同孩子的眼睛；秋天，哲琳把收割的庄稼捆成一捆一捆，驮上驴背，牵着驴慢悠悠地走在乡间的小道上。她喜欢用双脚亲吻芬芳的黄土地，感知这如诗如画的美景，沉浸在劳动的喜悦之中。她觉得，其实画画同种庄稼一样，只不过她是在画布上劳作。劳动大概是人类最原始的运动方式，不管多大的烦恼，一旦投入劳动中，所有的不悦都会烟消云散。

邻居老汉问：“你这个台湾娃娃，怎么专程跑来当农民，画我们这群丑八怪和缺腿凳子、破窑洞？当上大画家了，还回来做啥？”她嘿嘿一笑。谁也不知道，她看上的就是这样原生态的人、原生态的景致，这才是大自然的杰作。每当晚霞映红大地的时候，鸡鸭开始寻找回家的路，牛羊卧倒在窑洞前，劳累了一天的女人生火做饭、升起缕缕炊烟，男人们赤着脚，坐在大树底下，一边挠痒，一边聊张家长李家短。他们没有过多的追求，对生活没有过多的企盼，世世代代住在这里，追求的不过是“三十亩地一头牛，老婆娃娃热炕头”。这里，正如路遥笔下平凡而又蕴含魔力的世界。

哲琳写生时遇到一个年迈的老奶奶在地里劳作，老奶奶的双手似刚挖出来的树根，沾满了洗不净的污垢。她突然想开个玩笑，问道：“奶奶，您这样老了，还这般辛苦，甘心吗？”老奶奶用一个字给了哲琳最具哲学意味的回答：“命！”说完，乐呵呵地继续弯腰锄地，爬满皱纹的脸颊上写着恬淡与安宁。

在陕北的窑洞前，哲琳的头发上沾满了污垢和杂草，外套上的黄斑不知是泥土还是颜料。她说：“要憋一个月才能进城洗一次澡，但是不能洗澡的黄土地，却让我接受了文明的洗礼。”

人类进入文明以前，如动物一样简单地生活着，所有劳作，只为了最原始的需求。经历过文明之后，有个别追求精神王国的智者，又选择返璞归真的生活。廖哲琳说：“我在文明中溺水了。”这种精神追求中的“回路”现象，近乎哲学中的“否定之否定”规律。禅宗有个公案，说求道者有三重境界：初禅看山是山，看水是水；悟道时，看山不是山，看水不是水；当大彻大悟后，看山仍是山，看水仍是水。

幸福快乐的人生，不需要在象牙塔中寻觅，不需要行万里路、读万卷书。如同佛学中的顿悟一般，转念即可获得幸福。幸福对于每个人都是公平的，这是大自然的馈赠。

廖哲琳，这位走了大半个地球、脑子里装满复杂学问的人，到陕北才发现，原来人生可以如此简单。在这里，哲琳总算找到了生命的意义。如今，她不仅开了个人画展，还出了新书《信天而游》。由她自导自演的人生剧本正在精彩上演！

当你不够优秀时

戴夫十四岁的时候，非常瘦弱，而且不喜欢运动，站在人群中很不起眼，学校里的其他孩子都欺负他。虽然他有一股聪明劲儿，但有一点儿懒，因此进步慢，老师们总是对他感到失望。他讨厌学校报告中的每一项内容，因为他知道糟糕的成绩迎来的将会是父母的惩罚。他也讨厌与人交往，害怕大家嘲笑他。

戴夫觉得，这样的生活是非常无望的。直到有一天，他意识到自己必须做出勇敢的决定，来掌握自己的人生。

一、认识自己

戴夫意识到，他必须接受自己、喜欢自己，尽管这样做让他觉得很受伤。他列了一张清单，上面写着他讨厌自己的一些事情，包括那些自己不能做或不擅长的事情。他写得非常具体，不是写着“我不喜欢运动”这样泛泛的内容，而是写着：

1.我不能很好地接住皮球；

2.我在跑步的时候很快就会感到疲劳；

3.我很害怕被板球击中；

……

最后戴夫一共罗列了七十个事项，这让他感到意外。他原以为这个列表会很长，但从头到尾认真地看一遍列表里的所有事项后，他发现有很多内容并不是非常糟糕，也不是十分重要。

从那以后，再有人批评他的时候，他就会在脑海里检查一下这个事情是否在这个列表里。如果在，这个问题他已经意识到了，别人的批评就不会让自己受伤；如果不在，他就会认为这个批评不是真的，或者说并不完全准确，这样他就可以忽略这个批评。

不管怎样，来自同学、老师和父母的评论已经不再让他烦恼了，他用自我反省武装了自己。

二、直面失败

接下来，戴夫就要处理关于他失败的问题了。他记得有这样一个说法：“想下好国际象棋的唯一方法，就是要输掉很多盘棋！”戴夫也知道，每当做好一件事情时，自己会感到非常愉悦，因为这意味着自己又学会了一项新的技能，也意味着是时候继续前进了，不必再纠结于这件事情，否则将永远不会进步。失败对于戴夫来说，意义可能更大。失败让他总结了宝贵的经验，这样他就不会再犯同样的错误了，同时，失败也让他找到了问题所在。每一次失败都让他知道针对下一个目标应该采取不同的方法，或者更加努力以取得成功。他将这个理念运用到了所有的事情上：运动、学习、兴趣爱好，甚至包括对人亲和友善。

三、设定可管理的小目标

这种看待失败的方法也帮助戴夫认识到，那些实现了的目标对他建立自信心非常有帮助。他设定的目标可以很简单，比如说：

1.用脚颠球五次而不仅仅是三次；

2.每天帮别人做点儿事情而不期望回报；

3.很好地完成并按时交物理作业；

……

不知不觉，戴夫在运动方面的表现变好了，同时，他能够高质量地按时完成功课，在学校里，大家开始觉得他是一个“非常不错的小伙子”。

四、打败自己

没用多长时间，戴夫就开始感到自己还是一个不错的人，并且他可以掌控自己的生活了。即使他的父母和老师试图拿他和别人做比较，他自己也不再这样做了；相反，他只对打败一个人感兴趣，那就是自己！

每天晚上，戴夫都会总结一下当天所做的事情，并且只问一个问题："我今天取得进步了吗？"

对于一些很小却很重要的目标，这个答案往往都是"是的"。

有时候答案是"不一定"。

这也是可以接受的，因为他可以为第二天设定更加清晰的目标，并且更专注地完成这些目标。

这样日复一日，戴夫实现的目标越来越多。

一年之后，戴夫的睡眠质量变得非常好，身体越来越健康，在学校的竞赛中屡次获胜，成绩也越来越好。对于自己，戴夫总能保持一种积极良好的态度，在学校也成了大家喜欢的好小伙儿。事实上，戴夫觉得自己最大的成就是让同学们喜欢上了自己，并开始有人向他请教问题。他知道，当你尊重别人的时候，你也真正尊重了自己。

戴夫现在已经长大成人，并且组建了自己的家庭，养育了小孩，在工作上也非常成功。为了让自己越来越好，他依旧每天给自己设定小目标，也不拿自己和别人比较。他还保留了那份关于自己错误和失败之处的列表，不过现在这个列表已经很短了。

如果你觉得自己像戴夫一样，那就尝试一下：了解并接受自己；当挫败发生的时候，去接受它们；每天设定可以实现的小目标，帮助自己成长。这样，你将看到自己变得非常了不起！

没有不可战胜的缺陷

他是一个一生都在与死神赛跑的人。

不满三岁，他就患了令人闻之色变的猩红热，医生断言他将活不过十天。

十八岁那年，他又得了一种无法确诊的怪病，以致天主教的神父为他举行了只有病重教徒才有的临终涂油礼。

第二次世界大战时，二十多岁的他参加了海军。然而1943年8月，他服役所在的PT鱼雷艇被敌军击沉。他虽然依靠自己的力量和勇气游了几个小时到达临近的一个荒岛，但因此脊髓受损，随时有可能瘫痪，一生都须靠注射剂和药片来减轻痛苦。

几年后他在伦敦又染上永远不可能治愈的阿狄森氏综合征。这种病导致他身体虚弱，全身血液循环不正常，肌体失去了抵抗感染的能力，生命垂危。

另外，他还有胃肠不适、不明起因的过敏症、听力下降等疾病。即便他后来成了国家最高元首，他也只能经常躺在床上，洗着热水澡或在水温高于三十二摄氏度的游泳池里下达指令，因为温度太低将会诱发他的多种致命疾病。而他出行时，身边也始终离不开一位手提黑匣子的助手——黑匣子里面装的是防止他疾病突然发作以挽救生命的药物。

然而就是这个终生受尽病痛与苦难折磨的不幸者，他创造了那个时代几乎无人企及的高度。长年因病卧床的他拼命阅读了不计其数的历史与军事著作，是哈佛大学和斯坦福大学的高才生。在助手西奥多·索伦森的帮助下，他创作了《勇敢者》一书，且凭借该书问鼎了1957年的普利策奖。同时他又是一位卓越的社会活动家，连续三届竞选上了国会参议员。四十三岁那年，他又力挫群雄，成为美国历史上最年轻的国家元首。

他就是美国第三十五任总统约翰·菲茨杰拉德·肯尼迪。

在他的回忆录中，有这样一句震撼人心的话：没有不可战胜的缺陷，人人都是自己命运的建筑师。

每个人都是被上帝咬了一口的苹果，完美和缺陷总是并存，这是谁都无法改变的自然逻辑，重要的是他怀着怎样的心态去面对。完美的人生固然令人羡慕，而有缺陷的人生如果像肯尼迪那样加以抗争并试图改变，它也将变得丰盈与富有激情。永远不要抱怨命运的不公，造物主有一千个理由给你遗憾，生活就有一万个理由让你的美丽以另一种姿态盛开不败，而这一切都把握在你温暖的手心——或许这就是缺陷的哲学！

既可朝九晚五，又可浪迹天涯

在去西藏的路上，有一个小伙子，他的穿着破烂不堪，寒风冻裂了他的耳朵，他的嘴唇干裂，起了白皮。我们相识在一家客栈，他告诉我，从成都到西藏，他步行用了两个月。慢的时候每天走二十多公里，快的时候每天可以走三十多公里。

那两个月，他关掉手机，拔掉电话卡，摆脱世俗，一个人去朝圣，两条腿，一个背包，只身走进西藏，去感受天地之间，去体会生死之界。

在北京这么久，我遇到过无数想要辞职、退学去拉萨的人。而我在旅途中碰到的这个哥们儿，正过着他们羡慕的生活，活得自由自在，过得无拘无束。多少人，愿意有一天也成为江湖上的神话。

我问他："你还继续走吗？"

出乎我的意料，他说："不了，没钱了。"

他在厦门是一个卖手机的小老板。两年前，他和两个合伙人租了一个店面开始了合伙生意。他出发前，是他们的店铺倒闭的日子，两个合伙人开始东拼西凑地借钱，东奔西走地求人。他本来有一些办法，可是，没过几天，女朋友跟别人跑了，他一下子崩溃，人生跌到了谷底。

第二天，他背上包，拿着几千块钱，一个人坐火车到了成都。关机，背着包，开始了两个月一个人的行走。

他说："这一路我都在想自己何去何从，现在我想明白了，这样消失在自己的圈子里，只会让关心我的人担心。有了问题，应该去面对，不应该一味地逃避。不过我不后悔，等我有了钱，还要这样步行。"

可是，有多少人，仅仅是生活、爱情受挫，就决定逃离那座城市，过上浪迹天涯的生活，最后却发现，很多问题，该解决的，还是没有结局。旅行的意义，在于冥思，在于更好地放松，在于更好地开始。

在海拔三千多米的地方，我遇到了一家青年旅社的老板，一个二十四岁的姑娘。她已经在川藏线待了四年，过着开门没雾霾、两边全是山的生活。她的客栈住着各种人，每个人都有不同的故事。总之，她过着别人想要的生活，那种宁静，那种自由，是无数朝九晚五的你我羡慕的节奏。

我问她，这种生活，无数人羡慕，接下来有什么打算。她说："我要去大城市，然后结婚生孩子。"

我说：“天哪！你知道我们有多少人羡慕你的生活吗？”

“我知道啊，每次客栈里的人都跟我这么说。你知道我羡慕你们什么吗？你们可以选择在这里或者那里生活，而我，没有选择的资本啦。”

她说：“如果可以的话，我真希望去读个书考个大学赚点儿钱，可能我会适应不了大城市的雾霾，最终回到原点。可是，至少这辈子能多一些选择。幸福，不就是有多一些选择的权利吗？”

人这辈子，无论是朝九晚五还是浪迹天涯，本来都没错，我们期待着另一种生活状态，不过是希望在自己的生命里多一些选择。最好的生活，是让自己足够强大，有支配两种生活状态的能力——想旅行的时候，说走就走；想安稳的时候，朝九晚五。

工作失败了，去旅行其实不能解决问题，因为你终究还是要回去继续面对，直面挫折才是最好的方式。

所以，别着急羡慕别人的生活，要先过好现有的日子，再去追求想要的状态。漂泊累了，还能回家；在家烦了，马上出发。有改变生活的能力，有适应生活的心态，这样，你既可朝九晚五，又可浪迹天涯。

第二章
你当温柔，却有力量

在一天之中，清晨最值得怀恋和纪念，这是一段让万物醒悟的光阴。

——梭罗

怎样才能说服一个堕落多年的人

一

几年前，我刚毕业的时候，还没有完全从大学时代的颓废中走出来。但在工作中，我却认识了我人生的第一个贵人老克。老克很想帮我，于是给我讲了一个他大学同学A堕落四年再站起来的故事。

A同学是老克进大学后认识的第一个好朋友，原因是他们俩都觉得自己高考失败得一塌糊涂。A同学才华横溢，会踢足球，会弹钢琴，会写诗，会搞点儿小浪漫，高考前一直是他所在市的前几名，也很有机会进入中国最顶级的大学，但因为一些稀里糊涂的原因，考砸了。

最初的一年，A同学还保持着奋进之心，旁听别的院系的课，每天练球，是班里的干部，同样也是校学生会和系学生会的干部。但一年后，目标的虚无消磨了所有斗志，他开始不上课，抽烟，酗酒，通宵玩游戏……过上了所有大学男生都会过的颓废生活，但却更加过分。长时间的这种颓废生活，从身体和意志上都摧毁了他，一米七几的个儿，体重不足一百斤，很多人看到他，都以为他在吸毒。

到了大三的时候，事情终于到了不可收拾的地步，他英语挂了三年——什么叫挂了三年，就是说他第一年挂了，第二年重修还是挂了，第三年再重修——不好意思，又挂了。专业课也挂了几门，毕业证要延期才能拿到。这种失败几乎彻底断送了他的前程，暑假的时候A同学脸色苍白地告诉老克，他准备退学回家，他已经无法再继续学业。那时离正式毕业还有一年。

老克和他从下午开始谈，一直谈到凌晨，最后的最后，A同学被老克说服，决定最后拼一把。被说服的原因是老克残忍地告诉他，不要再等着一个点来让自己振作，更不要想象自己一振作，就可以轻易站起来，轻易地打败那些在他堕落时轻易超过他的人。他只需要做一个尝试，一个可以给自己一个交代的尝试。

最终A同学决定尝试一个看似不能完成的目标：考研。然后，为自己大学生活画上一个句点。

由于准备得太迟，到考试前A同学只匆匆复习了几个月，临上考场的时候压力大得没扛住，回家去了，被老克几十个电话催回来，最后还是勉强上了考场。一个多月后，成绩下来——奇迹没有发生。毫无悬念地，他再一次失败了。

6月，毕业季迅速来临。A同学成了一个彻底的失败者，没有工作，没有考上研究生，甚至还没有毕业证。他挥霍了整个大学三年，几乎一无所有，几乎的意思就是差一点，他并不是什么都没有。在最后的那几个月，因为他的尝试和为了考研所付出的努力，他终于拥有了一样东西：决心。原来下定决心也不是那么困难的事情，原来做一个尝试也并不需要那么痛苦，原来只要开始了复习，考研也并非那么遥不可及。

A同学决定再考一年，考上了就是命运的转折，考不上就回家种地。他住在老克的隔壁，只用少得可怜的生活费来支撑考研的生活。破釜沉舟下，他一边疯狂复习，另一边还是疯狂复习，他不抽烟，不喝酒，不玩游戏，不沉迷感情，最痛苦、最忙碌的一年后，他以总分第二名的成绩考上了那个专业。

他差一点儿就滑向了万丈悬崖，现在讲起来都觉得有点心惊胆战。研究生阶段，他完全恢复了当年的意气风发，两年后毕业，他应聘到一家南方非常著名的垄断性国企，有了非常好的待遇和平台。再过两年见到他，老克已经很难将他和几年前那个颓废的人联系起来。 A同学完成了人生华丽的一场逆袭。

像A同学那样曾经颓废的人很多，但重新站起来的人很少，很多人就那么一颓到底了。假如你身边有那么一个颓废的人，你可能也很想帮他，但总感觉话说了一箩筐，效果却非常有限。或者，你就是那个已经颓废好几年的人，你也渴望有人能拉你一把，让你奋起，但总感觉有心无力。

有时候，大半夜里看到一篇文章，或者和某些人聊天，可能聊得热血沸腾，想象着从明天起我就要早起，我要到图书馆上自习，我要开始学英语，我要每天锻炼身体。可悲的是，往往第二天早上就一觉不起。也就是马云说的：晚上想想千条路，早上起来走原路。为什么会这样？

因为，要说服一个人是很难的。你以为你讲个故事，说几句鼓励的话，就能硬生生地改变一个人吗？你不能唤醒一个装睡的人，当他自己不下决心的时候，你对他讲案例，鼓励他，激将他，都是没有用的！他就像是开了免疫符文，他躲在自己的逻辑里、自己的故事里，你的话根本无法真正进入他的内心。

要说服一个人不能只有案例和感情，更需要逻辑，要找出逻辑里他之所以颓废堕落的原因，以及逻辑上可能改变的途径。其实，对大多数年轻人而言，堕落的原因都是差不多的，不外乎感情、家庭、学业、室友、专业、工作以及没钱。说白了就是无处安放的感情和无处安放的精力，安放到了一个更容易安放的地方，然后等着改变。

每一个曾经堕落的人，都可能曾经是一个积极的人，他曾经多么积极，就会堕落得多么彻底，在某一件事后，开始颓废，睡大觉，挥霍才华与时间，底线在哪里？尽头在哪里？明天在哪里？什么都不想，什么都不知道。

就像在一个长跑赛场上，他可以看到总有一些人从身边慢悠悠地跑过去，在每一个赛段，接受别人的祝贺，甚至还会回过头来对他报以同情的目光和深深的关怀。尽管他觉得他可能拔腿就赶上，但他就是不愿意或者不敢，直到有一天他自己都怀疑他是不是根本就跑不过这些人。再想起那些过去的梦想时，是淡然地一笑还是苦涩地撇撇嘴，或是内心里再次燃起熊熊的渴望，只有自己心里知道。

会不会有一天突然想起来，自己曾经很能跑？会不会想去尝试一下？去吧，找个没人的地方，悄悄试了下，累得气喘吁吁，然后说：就这样了吧，我已经不行了，我已经不是当年的那个我了。这就是许多人堕落的故事母题。

二

我大学时也曾沉迷于网络游戏，整整一年半的时间，许多人不想看我堕落下去，想了很多办法，有找我聊天的，有用激将法的，甚至有恨铁不成钢骂我踹我的，都没有用。直到有一天，我突然关上电脑，突然就不玩了。我之所以能调整过来，不是因为鸡汤，不是因为励志，也不是因为谁来劝服我，而是因为，我知道什么是好的，更知道是时候该改变了。

你知道有多少人颓废堕落后，心里是多么空虚、悔恨，甚至痛苦吗？他们也曾告诉自己：我要改变，我总会改变的。但等到睡好觉、精力恢复后，就又会重复堕落的生活，然后一切依旧。深夜里想到热泪盈眶，起床没多久就变得麻木不仁。

如果他一直没有行动，那必定是在等一个契机，大部分人都是这样子的，做某件事一定要等一个契机，比如，向喜欢的女孩子表白一定要选个黄道吉日……你的关键就是要点醒他，残酷地将他内心最后的防线击破：不要再等了，要改变就从这一刻开始，没有契机，没有仪式，更不会因为做出这个改变就会天地大不同。这就是小小的一步，并没有难度，也没有什么大不了，但只有做出了这个决定，走出了一小步，他的内心才会敞开，案例或者鼓励的话才会起作用。

心理治疗大师萨提亚曾经提出一个非常有名的“冰山模型”理论。萨提亚认为，一个人就像冰山一样，我们只能看到他表面上的行为，也就是冰山上的部分，而更大一部分的内在世界却藏在更深层次，不为人所见，恰如冰山。她的理论原本是用来进行心理治疗，透过一个人的行为去查探其内心深处真正的自我。但在我看来，这个理论还有另外一个很有意思的解读角度。

既然造成人外在行为的原因，越往深层次挖掘，越重要，越根本；反过来看，要想真正改变一个人的行为，仅仅只是影响到浅层次是远远不够的，我们需要的是深层次的改变。能坚持很久的、真正的改变，一定要深深地发自内心。这才是一切的根本！

我们总以为从堕落走向成功的奋斗故事太难写了，其实，一个从优秀走向堕落、从曾经的风华正茂走向彻底颓废的故事一样很难写，因为不是每一个颓废堕落者，都如同他想象的那样曾经那么优秀。而最难写的，还是那转折的一笔。

写毛笔字的时候，你要写一个竖弯钩，从上面一路竖下来，都很平平凡凡，那一个弯，尤其令人厌烦，但你只有弯过去了，才能勾出一个笔锋来。而只有这一个笔锋，才能让你之前的那一竖和这一个弯连起来，浑然一体，充满了力量，才能豁然开朗，似乎灌注了灵魂。

所有觉得自己颓废堕落的人需要做的，就是要找到这样一个开始画弯的地方，而这个地方往往就是他人生逆袭的真正机会。

据哈佛调查报告，人平均一辈子只有七次决定人生走向的机会，两次机会间相隔约七年。大概二十五岁后开始出现机会，七十五岁以后就不会有什么机会了。这五十年里的七次机会，第一次不易抓到，因为太年轻；最后一次也不用抓，因为太老。这样只剩五次了，这五次机会中又有两次会不小心错过，所以实际上只有三次机会。

一定要把自己每一次的振作和奋起，都当成是人生逆袭的机会，然后果断地去尝试一切可以改变的路径。否则，这仅有的三次机会，也可能就在你的抱怨和颓废中，悄悄滑过去了。

1899年4月，西奥多·罗斯福在芝加哥哈密尔顿俱乐部说："如果你想经历光荣的瞬间，就必须果敢。即使这种果敢让你沦落为失败者，也比那些平生从未经历过成功和失败的、碌碌无为的人要优秀。"

你只要坚持"屡败屡战"，就可能从那谷底里起来，而那些跌宕起伏的奋斗日子，都会成为你的奋斗史。但如果你选择趴在那里，在哪里跌倒就在哪里躺下，那相信我，没人会向你多看一眼。你急急忙忙地向别人宣讲——当年我多么多么努力，我离成功只有三分之一厘米的距离——我想，除了你的家人，应该不会有人想听，而他们终有一天也会听烦的。

三

在觉得非常辛苦、想要放弃的时候，我就在想，我们这一代人无论如何也比不了我们的上一代，他们当年上山下乡、参加高考的时候，可能还要拖家带口什么的，但他们都坚持下来了。

今天我们很多人在讲奋斗史的时候，我总觉得他们还是没办法和那一代人比。就像我们的长辈，很多都是先回家放牛，直到恢复高考才又重新考上大学，然后一步步走出了如此成功的人生。他们有关系吗？有背景吗？有，那就是他们自己。他们现在已经成为别人的关系和背景，就像我们所说的很多富二代、官二代的父母一样。

但是，他们当年其实基本上都是没什么关系、没什么背景的，更可怕的是，他们那个时候还没什么机遇。那个时候，成功的道路非常狭窄，虽然不像今天这样人满为患，但非常崎岖、泥泞，而且你不知道前方是不是就一定是成功。

我们今天虽然经济发展了，年轻人的机遇变多了，这条路变成了宽阔的高速路，但这条路上早已人满为患，有些人还是开着好车，有些人根本就不在这条路上跑，他们坐着直升机，直接从起点到终点。

你在下面开着一辆破车，堵车，被人抢道，抛锚，甚至遇到上坡路，没搞好还要往后退几步的时候，你总能看到有些人拿着通行证，一路被护送着，从你身边风驰电掣而过；你抬头看天，更能看到有些人从你的头顶稳稳地飞过。

你有什么办法？把车停下，然后坐到路边去哭，去抱怨你爸爸没给你准备一辆好车？史铁生说：“命定的局限尽可永在，不屈的挑战不可须臾或缺。”

十五岁时得到了五岁时热爱的洋娃娃，二十五岁终于有钱买到了二十岁时喜爱的那条连衣裙——生活往往是这样，你总得要往前多走很多步，才能到得了看着就在你眼前的那一步。

知足者不一定常乐，但只有勤力者才能善成。

用心就会成功

布里格姆二十二岁那年大学毕业，像所有的年轻人一样，他心里怀着对未来的美好愿望进入社会。那时，他希望自己能做一名教师。他从小就向往这个职业，觉得它很伟大很神圣，也很有意义，受人尊重。

于是，他慕名来到剑桥市，之所以选择这个城市，是因为他觉得这座小城因剑桥大学而闻名于世，这里幽雅僻静，有文化底蕴，学术氛围浓厚。能在这个城市里成为一名优秀的教师，那将是他一生最大的幸福。

但现实不遂人愿，他一连向几所中学发出求职简历，都没有任何回音。后来，他降低求职标准，把目光转向小学。可这个城市仿佛容纳不了他似的，他又被各个小学拒绝。

那段时间他心情糟糕透了，甚至怀疑自己的能力。没有工作，没有经济来源，他的生活陷入困境之中。就在这时，布里格姆获得一个招聘信息，剑桥市政府要招一批清洁工，任务就是打扫大街，保持城市的洁净，给游客留一个好印象。他犹豫了许久，最终还是报名了。要知道，清洁工离教师这一职业有多么遥远，那不是自己的梦想所在啊！

这次很顺利，他被录用了。他的工作同中国城市的清洁工一样，就是推着垃圾车捡行人丢下的垃圾。起初他不太适应，不过没多久，他就喜欢上了自己所从事的职业，他不再觉得这个职业卑微了，反而觉得很光荣。能为剑桥这个美丽的城市奉献自己的辛劳，他认为很荣耀。

清扫间隙，他常常听街边的一些老人闲聊，聊城市的历史以及许多秘闻。剑桥市是一座古老的城市，学术气息浓厚，历史名人众多，随着历史的沉积，许多东西已经很少有人知道了，而这些正是游客迫切想知道的。耳濡目染，他对剑桥的了解越来越多了。

一次偶然的机会，有几个游客向他问路，他不仅给游客指引了道路，还讲解了这条路的由来和历史渊源。没想到他的介绍把游客迷住了，于是让他当导游。由于他本身口才不错，又有文化基础，所以讲解起来朗朗上口、绘声绘色，给人留下了深刻印象，以至后来许多人来剑桥旅游，特意点名让他来当导游。

而他不负众望，每次都能让游客满意而归。他对剑桥的热爱和理解，对文化精髓的吸收和运用，使得他名气大增，备受尊重，尽管他的身份还是一个清洁工。

2009年年末，布里格姆获得了“蓝章导游”的资格，这是这座城市授予最优秀导游的荣誉，同时，他还成为民俗博物馆主席。为了表彰他对剑桥市及其历史、建筑和人民充满坦率的热爱和感情，剑桥大学授予他“荣誉文学硕士”的殊荣。获取这项殊荣的共有两个人，另一位是微软创办人比尔·盖茨。

如果你现在去剑桥旅游，说不定也能遇见布里格姆。他游走在这个城市的大街小巷，一边清扫着美丽的城市，一边向人们展示它的精髓和内涵。

人生的成功多种多样，但有一点可以肯定，成功的人往往不是最聪明的，但一定是最用心的。细心发掘需要，用心锤炼细节，耐心等待机会，真心铸就成功。每一个机会都有一次选择，机会对每个人都是平等的，关键在于你如何选择，如何发挥自己的特长，把自己展示出来。布里格姆用行动告诉我们：用心就会成功。

你必须有个性

我在北美一家物流储运公司做技术支持，对几百台电脑和网络进行故障维修和检测，每天要和各色人种打交道，当然也发生过不少不太愉快的事情。

有一天，一个白人直接打电话找到我，说他电脑数据找不到了，让我去看看，由于他言辞恳切，甚至带着哭腔，我觉得面子过不去，就去了他的写字间，我在他电脑旁刚刚坐稳，才敲了几个命令，他突然大喊大叫起来："哎呀，你怎么删除我的东西？你到底做了什么？"这时我突然意识到，他这会不会是自己搞出乱子，要找替罪羊啊？不管怎样，如果他闹到我顶头上司那里，老板一旦发现我没有工作单，违反工作流程，我的日子就难过了。我一看旁边没有其他人，就站起身对他说："等我几分钟，我马上回来。"然后赶紧离开，溜之大吉。后来他又打电话过来，我就开始打官腔了，直到他把单开了，我确信无误了，才继续进行，这次我就谨慎小心了，任何操作，我都多留个心眼儿，尽可能留下证据，以免将来他又赖到我身上。

由这件事我得出“结论”：有些洋人做事是没有良心和面子可讲的，只要对自己有利就行，不管做了多坏的事，到时一祈祷，就全搞定了，所以对他们一定要公事公办，决不能心慈手软。

一天早晨，一个叫泰瑞的女人给我打电话，说她开了申请单，她们部门需要在服务器上设置网络设备。我就去见她，她是一个五十多岁的白人妇女，她看见我后，眼神变得轻蔑，举止言语极为傲慢。当时我也没太在意，就开始工作，没想到她站在我身边，竟然阴阳怪气地说：“这个东西不好干，你懂吗？有经验吗？”我就跟她说：“不要担心，我是专业人员。”但她听了以后，把嘴一撇，轻蔑地一笑，继续张牙舞爪，指挥我应该这样干，不应该那样干，其实都是胡说八道。看她那趾高气扬充满了优越感的样子，我真想给她两下子。但公司有规定，不能和顾客发生争吵，所以我还是忍住了，对她说：“我会按照正确程序做的。”她根本不理会。我被影响得已经无法也无心干下去了，于是我对她说要拿个东西，然后就走了。

一连几天，我都没再理这个单。终于有一天，他们部门经理打电话找我，很婉转地希望我能尽快解决这个技术问题。我找到他们部门经理，正和他说话的时候，泰瑞怒气冲冲地走了过来，质问我：“为什么不来解决问题？”我一下怒从心头起，心想：得给她点厉害尝尝，否则她就没完没了。

我当时转过脸去，用蔑视的眼光狠狠瞪了她一眼，什么话也没说，然后慢慢转过头，继续和经理交谈，就当她是真空一样，泰瑞显然措手不及，尴尬地站在那里，不知道怎么办好。经理毕竟是一个非常精明的人，看出了名堂，对泰瑞说：“你先回去，我一会儿找你。”泰瑞这时的态度由刚才的高傲一下子就像霜打的茄子——蔫了，悻悻地走了。经理问我：“你需要我们帮你什么吗？”我说：“不用，谢谢。但我希望在我工作的时候不要有人打扰我，我才是计算机专家。”经理说：“OK。”

过了一会儿，泰瑞打电话来主动向我道歉，尽管能听出有些勉强。但从此以后，她每次见了我，都非常客气，再也不敢小看我了。

时间久了，我体会到，尊严是一个很个性化的东西，当有人用种族歧视来对你的时候，你要用个性化的方式给他一个教训，如果这样有个性的人越来越多，种族也就获得了尊严。

停下来，等一等

“只有知道如何停止的人才知道如何加快速度。”这句话看似悖论，但其实是有一定道理的。通常速度越快的事物是越知道如何停止的。举个简单例子，世界上跑得最快的动物是猎豹，它的拐弯速度和止步速度都是最快的，它在追逐猎物时需要随时停止和转弯，因此猎豹这两方面能力比较突出。

人类所创造出的各种交通工具，速度越快刹车系统也越好。我们开着宝马或奔驰在高速公路上飞速行驶会比较放心，很大一部分原因是知道它的刹车系统很好，当遇到紧急情况需要刹车时，它可以很快停下来。相反，如果你开一辆性能不足的车，一旦遇到紧急情况就有可能车毁人亡。因此如果你想要跑得特别快，那么你就要知道如何能停止。

同理，对于人类来说，我们要拥有可以随时加速的能力，以便在生命中需要加速时能够及时加速。例如在学习上，为了尽快让自己达到毕业水平，找到工作养家糊口，我们需要尽可能同时学很多课程，这时候肯定是学得越快越好。

现在有很多人，在赚钱的道路上飞速向前，不惜一切代价去赚钱。例如，很多企业家在创业、工作的过程中经常疏于管理和保养自己的身体，也忘记修身养性，甚至忘记了需要守住道德品质的底线。这种不择手段去赚钱的情况，最终都会适得其反。

有些人挣到钱后突然发现自己陷入了困境，有的是身体困境，比如，突发脑溢血甚至心肌梗死去世；还有的人在赚钱的过程中越过了法律界限，最后赚到了钱，人却走进了监狱，得不偿失。

每个人在自身发展的过程中都需要认真思考一个问题：正确的快是怎样的？

快是没有问题的，政府官员希望在自己的岗位做出政绩，一心一意地为老百姓服务。这样的快，我认为越快越好，因为他的核心点是为人民做事，为地区的发展而努力；但是当政府官员在快的过程中出现贪污腐败，最后由于贪污腐败曝光，人权两空被关进监狱，个人的政治前途和抱负也从此落空，这样的快是不提倡的。我想表达的观点是，要知道如何做事情是恰到好处，才能加快速度，实际上这也是人生中需要的一种平衡。

当我们目标正确、行为正确，做任何事情，加快速度是没有问题的。或者当你到了一定程度，你知道停下来反思休整，那么这样的快也是没问题的。最怕的是勇往直前，但是却不知道如何停止。

这个观点是我在一次滑雪中总结出的。我发现在滑雪时受伤，甚至出现生命危险的人，通常都是在还没有掌握滑雪技巧，或者掌握滑雪技巧却不了解雪道的情况之下，就开始鲁莽地往山下冲，过程中却不知道如何停止，由于山道复杂、拐弯较多等情况，最后他们往往自食其果，有的人甚至丢了性命。

所以，快的前提一定是自己能够把控过程，当你滑雪水平很高并熟悉雪道之后，你在雪道上怎么滑都是没有问题的。因为你知道如何刹车、如何停下来、如何避开危险、前方是什么状况，这种情况下放开速度滑雪就会给你带来非常好的体验。

在物理学上，快和慢是一个相反的概念，但在人生中，二者是可以结合起来的。当我们发现自己工作非常劳累，这时候应该停下来休息一下；当我们发现自己一头栽进了挣钱中，以致不惜任何代价，这时候一定要认真停下来反思如何正确地挣钱；当我们学习了很多的知识，这时候我们需要冥想一下，如何把学到的知识进行消化并变成自己的智慧。

一个人的生命和生活只有在快与慢有机结合，且充满智慧的情况之下，才能过得幸福、充实和愉快。

习惯被拒绝

他是一个年轻有为的老总，刚刚三十九岁，就有亿万身家，更难得的是，他是白手起家，没有任何背景。

在一个商务会议休息间隙，我非常好奇地请教这位老总，为什么能够从白手起家干到现在的亿万富翁？他笑了笑说："只是因为我很早就'习惯被拒绝'。"

这个说法非常奇怪，看我满脸疑惑的样子，老总笑着开始具体给我解释他这句话的意思。

因为家里穷，他高二的时候就去深圳打工，他费尽周折，被人拒绝很多次后，终于在一家饭店找到了做服务员的差事。

他不怕吃苦，饭店的脏活累活抢着干，光是切土豆丝，他每天就得切满满三大盆。一天，一个厨师悄悄地说："兄弟，我看你能吃苦，做人也挺机灵，嘴巴也不笨，我感觉你挺适合做销售的。"

于是，他辞职了，开始找销售这份工作。但是，因为那个时候，他刚刚十八岁，年龄还较小，又没有销售的经验，于是总是被人拒绝。

深圳有那么多的工厂和公司，他不信自己找不到一家公司接纳自己。于是，他一家一家地找，一家一家地被拒绝。最后，一家卖电池的公司接纳了他，底薪很低。他买了辆二手自行车，自行车后面带着两箱子电池，遇到小卖店就上门推销。结果，总是被拒绝。一天，一个超市老板在门口和别人下象棋，他在旁边看，老板赢了棋，他适时地夸奖老板水平高，老板扭过头看看他："你这小伙子真有意思，我都拒绝你三次了，你还不死心，真有股子倔劲儿啊！这样吧，我买你一百板电池（一板四节），如果质量好，以后我还进你的电池。"于是，在经过这个老板的三次拒绝后，他终于成交了第一笔生意，自己也拿到了第一笔销售提成：四十元。

经过努力，二十岁那年，他成了全公司最好的销售员，每个月的销售提成就能上万。

虽然销售业绩相当可观，但是，电池行业毕竟销售数额不大，于是他跳槽到一家公司做安全防护产品的销售，这个行业的客户都是矿山、油田、消防、石化、井架等需求很大的客户，通常，只要做上一单，销售额就能达到几百万甚至上千万，就是个小合同，也能达到几十万。

虽然以前干过销售，但是，毕竟隔行如隔山，以前苦心经营下的销售网络没有任何作用，还得从头开始。

他每天就是打电话，从百度搜索到相关的公司，然后打电话进行推销，这样的推销电话，他每天能打几百个，虽然都是被拒绝，但是，他毫不泄气。终于有个矿山因为应付上级主管单位的安全突击检查，临时需要购买一批安全防护产品。“瞌睡正好遇到枕头”，他签了这个八百多万的合同。还有一单合同是因为一个客户和一个公司产生了矛盾，客户一生气，准备换公司，这个时候，他的电话打来了，于是，签订了这个三百多万的合同。

他每天至少打四百个电话，试用期三个月，他打出了几万个电话，绝大多数是被拒绝，成功率甚至达不到万分之一。但是，正是这不到万分之一的成功率，正是这两单共一千余万的销售额让他顺利转正，成为这个外企大公司最年轻的销售员。

后来，有了销售网络和一定的资金后，他开了个公司，代理一家安全防护公司的产品，事业开始快速发展起来。

每个人的一生中，都会面临很多拒绝，所以，习惯被拒绝非常重要。当你对“被拒绝”习惯了，面对恋情的失败，你才不会暴跳如雷甚至产生共同灭亡的邪念；习惯被拒绝，当你工作中遇到困难的时候，你才会更加鼓起信心向前走；当你习惯被拒绝的时候，生意场上才能真正做到生意不在人情在；当你习惯了被拒绝，你才能真正学会淡定；当你习惯了被拒绝，你终究会在事业上取得成功。

十八岁那年

还记得那是一个下着倾盆大雨的夜晚。

就因为同班女同学问我：“你想不想和我一起搭档唱歌？反正你也喜欢音乐，就当去打工赚点零用钱花一花。”于是，我就带着一颗充满好奇的心、一股初生牛犊不怕虎的傻劲儿，意外地开启了我人生的第一段音乐旅程。

十八岁，是荷尔蒙最为沸腾、为情所困的第一段巅峰时期，而音乐是我抒发情感的唯一出口。

我在小舞台演唱的第一首歌曲，是红蚂蚁乐团的《爱情酿的酒》，唱这首歌的那一天也是我心碎的日子。当天工作结束后，我领到人生的第一份薪水，决定去买一瓶不知道名字该怎么念的红酒，叫上我最好的闺密，用这种方式来正式告别我的第一次恋爱。

两个人完全喝不懂酒的滋味，一路乱喝乱唱，当时感觉，苦苦的爱情应该就是这个样子吧。我们一直聊到凌晨，突然很想做一件疯狂的事——我决定拉着她一起去海边看日出。

我们搭着最早的一班巴士前往福隆海水浴场，坐在海边听着海浪声，被海风静静地吹着。就这样，看着太阳慢慢从东方升起，我的眼泪再也无法控制。我的情绪随着狂流不止的眼泪宣泄之后，慢慢归于平静。

十八岁的疯狂和为爱的奋不顾身，现在回想起来我都还能感受到那份心跳与悸动。

当然，我也有在升学包袱里打转的迷惘时期。

小时候，有很长一段时间，我对于妈妈每天逼我练琴这件事感到很不开心。但后来，在面临升学考试的那个阶段，我第一次认真地看着天空，心中对宇宙的众神深深地感恩，感谢我的父母，感谢他们让我从小掌握弹琴这个技能，让我免于被困在理工科的圈圈里，而有机会踏上通往音乐殿堂的道路。

那是一个炎热的下午。

早上的学科笔试算是顺利过关，其实我也就是把我该会的、该念的、该背的和该懂的都尽力填完了而已。下午的专业考试人山人海，每个人都战战兢兢地准备着将要考试的科目。气氛不能再紧张了。

我主修声乐，选择的考试曲目是莫扎特的歌剧《费加罗的婚礼》中的一首咏叹调——《知否爱情为何物》，这部歌剧是一部爱情喜剧。可以说声乐老师非常了解我的性格和声音特质，才会选这样的曲目给我。

反复不停地练习，终于到了上场这一刻。

之前几次嗓子不舒服的时候，曾经有老师传授给我们一个偏方：用沙士、海盐和生蛋黄混在一起，然后一口气喝下去，对于缓解嗓音沙哑、失声特别有效。若嗓子只是有一点点不舒服，喝下去很快就会好。

在这么重要的一天，这么重量级的饮料怎么能不出场呢？即便我没有不舒服的感觉，总觉得喝下去之后，声音便会更加饱满，图个心安。紧张加上求好心切，我在那天喝下整整三杯的蛋黄海盐沙士，期待下午能有最精彩的表现。

过于急功近利，往往会导致得不偿失的后果。

不知道是喝了太多的生蛋黄的缘故，还是因为天气太热导致蛋黄有些变质，到了中午，我便开始一刻不停地跑卫生间。肚子一阵阵的绞痛，让我原本的“蓄势待发”彻底变了模样。这时，我除了用尽最后一点力气向宇宙祈祷身体安康，其他的只能顺其自然了。

幸运的是，我抽到的号码比较靠后，至少还可以让身体休息一下，最终顺利地完成了曲目的演唱。虽然结局大打折扣，但我竟然意外地在拟录取名单中，只是录取的顺序排在名单的第二梯次。可是像这样的热门音乐学府，往往早在排名的第一梯次，录取名额就已经完全满额，连补位的名额都没了。

当时我沮丧了好久，哭了好多天，心里一直责怪自己因求胜心切造成了无法弥补的遗憾。

如今回头看这一切，或许可以说是上天冥冥中的安排。当然有时候也会好奇，如果当时的我真的被梦想中的学校录取，今时今日的我，是否还会继续这段音乐的旅程?

每一个十八岁，都是经历了那个阶段及生命的淬炼洗礼后最美好的状态。

如同我们激情狂放的十八岁，期待着所有新奇事物的到来，尽情开怀地大笑大哭。当然也会有迷惘的时候，所以别忘记随时停下脚步来听听自己内心的声音，选择做自己最喜欢的事情，不要害怕吃苦，要勇敢地迈步向前。或许我们不一定遵循世俗传统价值的方向，但要记得随时充实自己，唯有不断地充实自己，才有机会让自己喜欢的事情变得更有价值。

做最特别的“科学男神”

在《最强大脑》的舞台上，被公众亲切地称为Dr.魏的北京大学心理系副教授魏坤琳被打造成了科学明星。他总是在观众惊呼选手的特异功能之后，冷静地用科学理论给出分析。面对“帅教授”的称谓，他一再强调：“娱乐的东西我不在乎，我也不在乎有名，我只在乎学术。”

收放自如的调皮学生

魏坤琳的父母都是普通工薪阶层，从小对他也没太多管束，平时交流多是日常琐事。学习是魏坤琳自己管理的，父母从不多加过问。

魏坤琳的调皮是出了名的。可是这个淘气鬼一旦碰到有趣的书，立刻就能安静下来。“家里那点儿书都被我翻遍了，翻了至少三遍。”当时家里的书不够魏坤琳看，每次去亲戚家，他肯定蹲在那儿找书看。而当时的魏坤琳“什么书都看”，连舅舅家工程类的书也会饶有兴趣地翻看很久。

初三时，有一段时间他上厕所时也看书，实在没书看了就抱着汉语字典或者成语词典进去。

学习成绩一直很好的魏坤琳却从没做过班长，一直担任副班长或者学习委员之类的职务。“因为我长得没那么正义，太调皮，班主任不让我当班长。”他笑，说自己是唯一不像班干部的班干部。

高中时，班主任曾经把魏坤琳从游戏厅里揪出来。虽然他总是和成绩不太好的同学一起玩，但是成绩依旧名列前茅。他家离学校很近，经常放学了还在学校打篮球，班主任看到后老远就喊：“魏坤琳，你还不回去吃饭啊！”

虽说调皮、爱玩，但是魏坤琳玩起来绝对收得住。“我自控能力极强。我去打篮球、玩游戏，再喜欢我也控制得住，因为我知道什么是最重要的。我最在乎的东西是自由，最喜欢干的事情就是学习。”学习不是书呆子式的学习，而是学对他的知识体系、认识世界有帮助的东西。“只要有帮助，不管是什么，我都会去学，都有兴趣。”

如同现在的大部分中学生一样，魏坤琳也会在意成绩，但是并不会在意太多，因为“知道终点线在哪里，前面都是有起伏波动的”，在现有的教育体制框架下，高考可能才算是中学阶段的终点线。

高考失利应该算是他受到的第一次大挫折，之前嘻嘻哈哈地在平坦道路上过得很是悠闲自在。“考完成绩下来我看了都不敢相信。”但他不会情绪低落，“挫折只会让我进入战斗模式”。

做人群中最特别的人

到北京体育大学报到时，父亲对他说：“以后的路就得你自己走了，我只能送你到这儿。”

在大学的第一个学期，魏坤琳就开始规划以后的人生道路，比如“要么研究生考北大，要么直接出国，最差也在本校读研”。

他并不太在意别人的看法，他说：“我从来不犹豫做人群中最独特的一个，毫不犹豫。”大一上学期他考过了英语四级，准备第二学期继续考六级。但是在北体大，基本上没人会这么做，“他们觉得要是第二年能把四级考过就不错了”。

记得有一次上课，魏坤琳坐在第一排，后面的同学调侃他：“什么？你下学期真的要考六级啊？”他认真地回答：“对啊，你要是想都不敢想，那你肯定做不到。”

同学聊到他，有人说当时班级组织同学去郊区植树，他是唯一一个带着英语书晚上在灯下看英语的人。

北体大的课程整体来说比较简单，带着中学时代养成的自学习惯，魏坤琳上课也不怎么听，但是“可以说我是我们那个班或者学校唯一一个没有浪费时间的人”。有空，他都会自己看书，学学英语和计算机。

大学本科毕业后，他到美国宾夕法尼亚州立大学攻读硕士和博士学位。而他选择的研究方向是运动控制，因为他觉得这个研究“很酷”。

留学时，德国裔的导师和魏坤琳开玩笑，叫他“why”。一开始可能是发音问题，错将“wei”发音成了“why”。“但后来老师故意读‘why’，我纠正他了，他也没改，因为我老问他为什么。”

生活中魏坤琳也很喜欢调侃，学术方面也是。“我的特点是把比较辛苦的研究看作是在玩儿，因为我认为我做的东西很有意思。做自己喜欢的事情没有压力。”

既然被称为“男神”，魏坤琳觉得自己多少也要注意一点儿个人形象：譬如穿着不要太邋遢，平日说话要少带脏字。

参加《最强大脑》几个月前，他已经预料到自己会被“偶像化”，私生活也可能会受侵扰。在他的提醒下，妻子把所有社交媒体上的个人信息删得干干净净，包括女儿的照片。

“现在，你们什么都搜不到吧。”他咧嘴一笑，流露出一点“瞧，你看我猜到了吧”的小得意。至今，爱八卦的粉丝只能搜到偶像非常有限的信息：已婚，妻子在清华工作，有一个三岁大的女儿。

请记住我是一个老师

一开始参加《最强大脑》节目时，尽管被冠以娱乐圈光环，但魏坤琳一直在试图通过这个渠道去做科普的事情。他说，发现身边的“最强大脑”主要有两层意思——

首先，发现身边人的特点，发现身边的人都擅长什么。“比如一个家长、一个小孩摆在你面前，你看到了什么，他喜欢什么，他擅长什么。其实好多人都不知道。”

其次，发现自己。“高考后填志愿，你们知道你们要填的志愿是什么吗？”他问。

“你学了十几年，都为了高考这件事，但当你填志愿的时候，你可能花三十分钟就做好了。你怎么不想久一些，花一周，甚至花一辈子去想自己到底擅长什么，这个可能是你人生最重要的决定。而且，你选的专业和能力契合吗？这对认识自己很重要。”

魏坤琳提到大学生容易困惑的几个时间段。刚进大学时，发现专业并非自己想象的那样，想换专业又不知道换哪个；临近毕业时，又在找工作、读研和出国之间犹豫不定；读完博士，可能又会发现：“我是学术型博士了，我是专业人士了，可这又不是我最喜欢的，怎么办？”

在他看来，其实大学就是一个不断尝试的过程，早点想一想自己的能力和兴趣到底在哪些方面，而且很多事情只有尝试了才知道到底适不适合。

虽然多次有去业界工作的机会，但是魏坤琳都拒绝了，他很自知：“我不想去。虽然去业界挣钱比较多，但我觉得学术挺适合我的，我也很喜欢学术。”

他觉得在目前的领域内进行科学研究非常有趣且有意义，而且压力也不大，研究经费也不缺，一点儿都不“苦大仇深”。“做研究，你何必显得那么苦呢？这个态度是会传给学生的。你开心的话，你的学生也会开心，有什么难的？”

要说到缺什么，魏坤琳直呼：“学生，我缺学生，我有太多事情要做，学生远远不够。”

说魏坤琳是个以工作为重的人一点儿都不夸张，除了陪家人外，他周末基本上都待在实验室工作。

“钱我不缺，缺不缺钱是相对的，我的物质欲望比较低，这种生活需要多少钱？如果说要度假，我明天就在东南亚某个海滩上躺着了。当然我没干过这事。”魏坤琳笑着说，他喜欢教师这个职业。“老师这个职业相对自由。我喜欢运动控制的研究，会持续地创造出东西来。”

从讲台到网络，从网络到电视，很多人都在说魏坤琳火的节奏。每次别人拿他和娱乐圈混着谈时，他就强调：“你要记住我是个老师。好多人说，你火了，我直接告诉他，我还是我，我再怎么火，我对学术和科研的爱好都超过了对那些东西的爱好。我最大的向往就是自由，我从小就知道自己要的是什么。”

魏坤琳把自己上电视、走红，以及之后引发的一系列现象与事件视为一次非常有趣的心理学实验。“在这个实验里，我不仅是观察者，同时也是实验的参与者。”

我无法投进所有的球

他，是一个篮球明星，NBA的舞台上闪耀着他的光彩。有人称他是弹无虚发、攻无不克的天才神投手，也有人说他是有良师辅佐，还有人说是因为他后天勤奋。而他自己却说：我之所以能取得成就，是因为我认为“我无法投进所有的球”。

那年，还是一个高中生的他，就在父亲的教导下展露出了超人的篮球天赋，进攻、抢断、扣篮、三分球样样在行，他俨然已经是校队里的球星了。

那是一年一度的篮球赛事，虽然级别不高，但一直受到NBA（美国男子职业篮球联赛）猎头们的关注，优秀者可以直接进入NBA打球。每个参赛的小球员自然都格外重视。父亲拍着他的肩膀说：“儿子，比赛重要，享受比赛也同样重要。你行的！”他点点头，显得信心十足。

比赛开始了。他穿上飞人乔丹专属的23号球衣，一出手就是一个三分球，观众席上一片欢呼。他向观众席上的父亲打了个“全胜”的手势，父亲只是似笑非笑地点了点头。

比赛过了十分钟后，他共投了九球，全部命中，但只领先对手二分。在场上，四个队友都甘当绿叶，尽可能地把投球的机会都让给他，因为大家都认为他能投进所有的球，当然他也是这么要求自己的。

比赛进入第二节，对方调整了部署，将他作为防守的重点。第二节结束的时候，他只获得了三次投球的机会，庆幸的是依然全部命中。虽然场上的观众还在对他交口称赞，但他看着落后三分的记分牌，心里掠过一丝沮丧。“不行，不光要马上赶上，还要大比分赢他们！”他想着，心里和自己较起了劲。

第三节开始后，他在队友的配合下，不停地抢断、躲闪、传球，趁着对方乱了阵脚的时候，他投出了一个三分球，篮球划着弧线朝篮筐落了下去，“嘣”的一声，篮球重重地砸在了篮板上，弹了出去，没中！场上的一阵惋惜声传进了他的耳朵，他的心随之往下一沉。随后的几分钟内，他屡投不中，观众席上有些骚动了。“满分王，满分王，我是满分王，没有我投不进的球……”他在心里暗暗地念叨着，但接下来的几次投球还是没中。他望着高高的篮筐，以落后十分的成绩结束了第三节。

休息的时候，父亲赶到他的身边，语重心长地说：“儿子，记着，你不是满分王，你无法投进所有的球！要学会享受投球的过程……”父亲后面说了什么，他没有听进去，他只听见了“你无法投进所有的球”。

最后一节开始了，他和队友相互配合，断球，运球，传球，投篮，一次又一次，但是他没有在意是几次，自己进了几球，他只在意那一道道弧线的完美。终场的哨声响了，队友们跑过来将他抱住，笑着喊道：“赢了，赢了，你是好样的！”

他，就是篮球明星科比·布莱恩特，一个全场个人八十一分最高分（现役）的保持者，NBA最有价值球员。他说，他没有高深的成功秘诀，只不过他在自己卧室的墙上写着“我无法投进所有的球”并铭记在心罢了。

“我无法投进所有的球”，再朴实不过的一句话却点明了一切：放下包袱，轻松上阵，享受过程，往往才能走向成功。

改变从自己开始

在伦敦闻名世界的威斯敏斯特教堂地下室的墓碑林中，有一块名扬世界的无名墓碑。

其实这只是一块很普通的墓碑，粗糙的花岗石质地，造型也很一般，同周围那些质地上乘、做工优良的亨利三世到乔治二世等二十多位英国前国王墓碑，以及牛顿、达尔文、狄更斯等名人的墓碑比较起来，它显得微不足道，不值一提。并且它没有姓名，没有生卒年月，甚至上面连墓主的介绍文字也没有。

但是，就是这样一块无名氏墓碑，却成为名扬全球的著名墓碑。每一个到过威斯敏斯特教堂的人，他们可以不去看那些曾经显赫一世的英国前国王，可以不去看那诸如狄更斯、达尔文等世界名人们，但却没有人不来看一看这一块普通的墓碑，他们都被这块墓碑深深地震撼着，准确地说，他们被这块墓碑上的碑文深深地震撼着。

在这块墓碑上，刻着这样的一段话：

当我年轻的时候，我的想象力从没有受到过限制，我梦想改变这个世界。

当我成熟以后，我发现我不能改变这个世界，我将目光缩短了些，决定只改变我的国家。

当我进入暮年后，我发现我不能改变我的国家，我的最后愿望仅仅是改变一下我的家庭。但是，这也不可能。

当我躺在床上，行将就木时，我突然意识到：如果一开始我仅仅去改变我自己，然后作为一个榜样，我可能改变我的家庭；在家人的帮助和鼓励下，我可能为国家做一些事情。然后谁知道呢？我甚至可能改变这个世界。

据说，许多世界政要和名人看到这篇碑文时都感慨不已。有人说这是一篇人生的教义，有人说这是灵魂的一种自省。当年轻的曼德拉看到这篇碑文时，顿时有醍醐灌顶之感，声称自己从中找到了改变南非甚至整个世界的金钥匙。回到南非后，这个志向远大、原本赞同以暴治暴填平种族歧视鸿沟的黑人青年，一下子改变了自己的思想和处世风格，他从改变自己、改变自己的家庭和亲朋好友着手，经历了几十年，终于改变了他的国家。

一个客人在机场坐上一辆出租车，这辆车地板上铺了羊毛地毯，地毯边上缀着鲜艳的花边；玻璃隔板上镶着名画的复制品，车窗一尘不染。客人惊讶地对司机说：“从没搭过这样漂亮的出租车。”

“谢谢你的夸奖。”司机笑着回答。

“你是怎么想到装饰你的出租车的？”客人问道。

“车不是我的，”他说，“是公司的。多年前我本来在公司做清洁工人，每辆出租车晚上回来时都像垃圾堆。地板上尽是烟蒂和垃圾，座位或车门把手甚至有花生酱、口香糖之类黏黏的东西。我当时想，如果有一辆保持清洁的车给乘客坐，乘客也许会多为别人着想一点。

“领到出租车牌照后，我就按自己的想法把车收拾成了这样。每位乘客下车后，我都要察看一下，一定替下一位乘客把车整理得十分整洁。我的出租车回公司时仍然一尘不染。

“从开车到现在，客人从来没有让我失望过。没有一根烟蒂要我捡拾，也没有花生酱或冰激凌蛋筒，更没有一点儿垃圾。先生，我觉得，人人都欣赏美的东西。如果我们的城市里多种些花草树木，把建筑物弄得漂亮点，我敢打赌，一定会有更多的人愿意把垃圾送进垃圾箱。”

改变别人是事倍功半，改变自己是事半功倍，一味地要求他人倒不如更多地反躬自问。人生在世，选择哪种生活方式并不重要，重要的是适不适合自己，只有适合自己的才是最好的。每个人都是不一样的，况且，人无完人，何必去学习模仿别人的做法，找准自己的位置，做好自己，你就是最棒的。

接受成长的邀请

任何发生在你身边的事情，都是成长的邀请。

有一个小孩，他的母亲是喜剧演员。有一天，母亲嗓子哑了，在台上说不出话来，台下的观众发出一片嘘声。小孩在幕后看着母亲被一群人起哄，想到自己平时经常听母亲唱歌，耳濡目染久了，也会哼一些，于是他就壮起胆子跑到台上，替母亲表演。

虽然是第一次登台，但他毫不怯场，唱起了家喻户晓的歌曲《杰克·琼斯》。没想到，一曲歌罢，他竟把全场的观众镇住了，观众发出叫好声，纷纷往舞台上丢钱。于是他又连唱了几首名曲，成了当晚最耀眼的小明星。

后来，他用肥裤子、破礼帽、小胡子、大头鞋，再加上一根从来都不舍得离手的拐杖，创造出一种独特而又戏剧化的表演方式。他就是天才的电影喜剧大师卓别林。

七十岁生日当天，这位年届古稀的艺术家，在历经沧桑之后，内心无比宁静平和，写下了这首家喻户晓的诗《当我真正开始爱自己》："当我开始爱自己，我不再渴求不同的人生，我知道任何发生在我身边的事情，都是对我成长的邀请。如今，我称之为'成熟'。"

尼采曾说："在生活的价值体系里，财富和权势都是末，心灵的舒展才是本。"当你开始发现生活的激情时，你才能充分认识自己，才能找到适合自己的一切，如兴趣爱好、职业方向、事业梦想、人生伴侣等，并领悟到人生真谛和活着的意义。

二十五岁时，我离开一家世界五百强的外企，成为一家媒体的主编。我主动跟老板申请开发大型活动这部分的业务。至今还记得第一次去向投资人讲解活动策划的场面，面对满满一屋子的人，我紧张得声音发抖，那时候不会想到，三年后，我会站在清华大学EMBA班的讲台上，为各商业领域的大咖学员讲国学课程。三十岁之前的我，已然过得精彩纷呈。

我经常会被问道："凭什么你可以有这样的成绩？"

每次我都坦然作答："因为我活得够世俗。"

我的成长比别人更艰险，我经历了比别人更刺骨的尴尬与摔打，所以，今天我才有底气告诉你，哪些弯路可以绕开。三十岁前，我曾经告诉自己：情调、品位，这些灵魂的工程，留待四十岁后去慢慢享用。在此之前，我会用好世俗的规则。

我了解世俗的规则，也懂得世俗外的享受，深切地明白，如果没有足够的力量赢得生活，那一切优雅的享用都将转瞬即逝。美是一种力量，我不欣赏任何软绵绵的优雅，因为我知道，我能驾驭的，才是我拥有的。

我们都需要修炼，在尘世的烟火中，修炼出一颗颗通透的心。我一直梦想成为这样一种人：可以很世俗，却又似在世俗之外。

希望你也可以，活成自己梦想的样子。虽然在此之前，我们要像俗人一样，活得足够努力。

坚持是点亮梦想的灯

在崇尚“成名要趁早”的演艺圈，对于三十四岁的金池来说，能够在《中国好声音》节目中凭借一首《夜夜夜夜》让全国观众记住，并从此走红歌坛，简直就是一个奇迹。

1996年，金池从福建福安师范学校毕业后，曾在家乡的一所农村小学当老师，由于心里割舍不下对音乐的热爱，1999年她毅然辞职来到广州发展。在这里，金池展现了她音乐方面的天赋，先后录制完成了《牵挂》《很久以前》《平安夜》等十首原创歌曲，并将推出自己的第一张个人专辑《占领》。

刚步入歌坛就得到那么多人的肯定，金池可谓是心高气傲，对未来、对音乐充满了憧憬，她似乎看见鲜花和掌声在向她招手。

然而，就在金池准备大显身手的时候，不幸降临到了她的头上。金池在一次前往外地拍摄MTV的途中遭遇重大车祸，同事都受了伤，她自己也掉了两颗门牙。这场车祸直接导致金池与公司签下的合同和代言无法履行，新专辑的发行自然就中断了。

不仅如此，在车祸中金池的声带受了损伤，失去了原来的声音，还因为专辑没有出成，她欠下了三十多万元的外债。为了帮她还债，父母只得把老房子抵押了出去，一家人整天在债主的催债声中度日。金池面临着人生的第一道坎。

而正在这时，传来了她因原创歌曲《很久以前》入围上海亚洲音乐节“十佳优秀歌手”，并将代表中国赴日本参赛的好消息。看着年迈的父母，想到那几十万元债务，金池意识到了自己身上的重担，她毅然选择了放弃，决定先把所欠的债务还清。

此时的金池，什么都不会，唯一的还债方式就是唱歌，她选择去酒吧当驻唱歌手。为生活所迫，她有时一个晚上要跑四五个场，直唱到嗓子彻底嘶哑。白天发不出声音了，就去医院针灸，晚上继续跑场。

虽然身在酒吧，但金池仍然没有忘记自己的音乐梦。有空时，她会调出自己以前演唱的视频来看。但面对当时的处境，她内心深处又有一种无助感，她甚至觉得那个梦想渐行渐远了，因而经常为此伤心落泪。

这一切，她的父亲看在眼里。有一天，父亲对她说：“孩子，我不懂什么大道理，但我告诉你一个生活经验。我们的家乡有一种松树，长在地势较高的地方，因为温度低，生长速度很慢。但是，这种松树一旦成材了，韧性非常好，经久耐用，人们在建房的时候，都会用它做大梁。”

金池反复品味着父亲的话，突然间她豁然开朗了。是呀，松树之所以能成为大梁，是因为经受住了雨雪风霜的考验。明白了这个道理后，从此，金池暗下决心：磨砺自己的人生，为梦想积蓄力量。

有了目标，金池暗暗在做着改变，但她对自己的要求跟以前不一样了。在酒吧唱歌，很多歌手为迎合听众，会把自己的优点磨掉，也会迷失自己，金池时时刻刻提醒自己：不要养成坏习惯。她把每次跑场都当成正式的比赛来对待，从声音、姿势、台风等方面严格要求自己。

祸福相依。金池在酒吧唱歌的八年，虽然很苦很累，但却让她的人生得到了历练，那些艰辛的岁月和经历累积的成熟、沉稳是她的一笔财富，造就了她那粗犷中略带沙哑，清晰而又深沉的独特嗓音。正因为如此，当《中国好声音》节目组在网上听到一首她翻唱的MV后，立即被她独特的嗓音所吸引，辗转找到了她，使她迎来了人生的又一个转折点，从而一举成名。

金池红了，在《中国好声音》成名后，她又参加了《直通春晚》，还签了经纪公司，发了个人专辑，最近又在电视剧《宝贝》中演唱片尾曲《太难》，金池俨然成了家喻户晓的明星，她那沉稳的台风和沙哑的声音逐渐受到观众的喜爱，被人们称为“历经沧桑的情感歌者”。

对于这一切，三十四岁的金池表现得十分淡定：“不管红不红，我还有机会唱歌，感到太幸运了。这足以证明我那么多年的坚持是值得的，不放弃让我实现了音乐梦。”是啊，坚持是点亮梦想的灯，正是对音乐的坚持，成就了今天的金池。其实，生活中的很多事不也都是这样吗？坚持住，不放弃，静下心去做好每一件事，在厚积薄发中，成功自然水到渠成。

第三章
夜空中最亮的星

对待自己也要温柔一点。你只不过是宇宙的孩子，与植物、星辰没什么两样，你有权利生活在这个世界上。

——麦克斯·埃尔曼

梦想点亮现实

全系都知道，我们宿舍的佟年是铁杆足球迷，对西班牙队更是情有独钟。

大二时，系里开设了第二外国语课。为了“小特”，佟年毫不犹豫地选择了西班牙语。“小特”是佟年最喜欢的西班牙球员的昵称，可惜并不是什么大牌，估计这辈子都难有机会跨出国门远渡重洋到中国比赛。佟年却毫不在意我们的泼冷水，一脸坚持地说什么“一想到能听懂‘小特’的语言，心里就特幸福”，仰着头虔诚地对着墙上“小特”的巨照发呆。

佟年很努力，一学期下来，真成了班里的“西语狂人”。放假时，我们都兴高采烈地忙着会友出游，她却捧着一堆西语补习班的资料挑选合适的课程。

偶像的力量，还真不可忽视！

新学期开始，我们重返校园，可佟年却失踪了。再见到佟年是开学两周后。

“怎么才来，不会是偷渡到西班牙刚被遣送回来吧？”我们打趣地说。

“我是从西班牙回来，但不是遣送。”佟年得意地摇摇头。

“无图无真相！”我们继续调侃她。

佟年诡异一笑，从包里掏出个金边的相册。古老的教堂，热烈的斗牛场，旁若无人的行为艺术家，还有——“小特”！照片中，佟年站在高大的“小特”边上咧着嘴傻笑。经我这个高手鉴定，这照片绝不是PS（精修处理）的。

“你该不会是买彩票一夜暴富了吧！”大家惊呼。

佟年故弄玄虚地摇摇头，说：“本美女的西班牙之行分文未花。”原本佟年确实想报个西语班来个突飞猛进，可价格太贵！一天中午，她发现食堂边的广告栏里，贴了许多韩国留学生假期寻找中文语伴的广告，也想照葫芦画瓢找个西班牙语伴互惠互利。

后来，某网站左下角有个快沉下去的帖子引起了佟年的注意：寻道友。点开一看，里面用醒目的红色字体写着“寻找一道旅游的北京朋友”。楼主叫伊莎，是位四十多岁的西班牙大婶，打算 7 月中旬到北京自助旅游，要找个懂西语和英语的北京姑娘陪同。佟年不禁手舞足蹈，赶紧加了她的MSN，操着生硬的西语毛遂自荐。

陪伊莎游玩的几天里，佟年的天然呆发挥到了极致。

她笑呵呵地说着学生半价优惠，坚持景点门票自掏腰包；吃饭、打车也绝对AA制；她还主动把伊莎带到她家的四合院，体验老北京生活，弄得伊莎颇感不好意思。可佟年爽朗一笑："只要您教我西语，一切OK！"伊莎一口答应，为在遥远的国度，有人如此喜爱她的母语而骄傲。佟年却老老实实地说出了希望有朝一日，用西语和"小特"交谈的花痴梦想，惹得伊莎哈哈直笑。

半个月的时光一转眼就过去了。临行前，伊莎塞给佟年一个大信封。佟年撕开一看，里面有张办签证用的担保书和伊莎的亲笔信。她邀请佟年 8 月中旬到她的家乡做客，以此感谢佟年热情的招待；待一切准备就绪，她会把机票寄过来。信的末尾还有一行小字：我为你的单纯执着所感动，请搜索一下我的名字。

原来，伊莎是一位政府官员，而她的丈夫是一位出色的外科医生，受聘于多家足球队。就这样，佟年去了西班牙，见到了魂牵梦萦的偶像。

大四那年，她破格和西语系的学生们一起参加了专业西语考试，获得了八级证书。在我们还为学艺不精而难找工作发愁时，佟年已和一家西班牙贸易公司签约，做起了多语种翻译。

人生的每个阶段都会有各种各样稀奇古怪的梦想，有时，只需稍稍坚持，略做改变，就会变成点亮现实的那道光。

贫民窟的百分先生

十几年前，在巴西一个不起眼的干燥土场上，一个出身贫民窟的孩子穿着破足球鞋纵横驰骋，这里是他走向巨星之路的出发点。十几年后，他成了桑巴军团倚重的锋线射手，并且身披曼城战袍征服了英超。这个孩子的名字如今在世界足坛新生代球员中格外醒目，他就是热苏斯。

他的家在贫民窟，他从土场中走来

巴西从不缺年少成名的励志偶像，继内马尔之后，热苏斯就是一个典型代表。“家徒四壁妇愁贫”是热苏斯童年家境的掠影。他生长在圣保罗北郊一个叫佩里的贫民窟里，极其贫寒的生活处境不是童年的唯一打击，在热苏斯的记忆中，只有母亲，没有父亲。在他出生之前，父亲就抛弃了母亲和家中的另外三个孩子，之后在一场摩托车事故中丧生。虽然没有来自家庭的足球启蒙，但热苏斯从小深受巴西浓厚足球氛围的熏陶，是足球给了他童年的快乐，以及乐观向上的精神。贫民窟的邻居回忆道："热苏斯是个安静爱笑的孩子。他有时候会在街上踢球到深夜，就算妈妈喊他回家，他仍然恋恋不舍。他双手捧着足球跑出家门，鼻涕直流，我就把他叫过来，替他擦干净，他绝不会放开手里的球。"

作为热苏斯生命中最重要的人，母亲露西亚让热苏斯从小就感受到了与现实困境勇敢抗争的勇士精神，这位清洁工母亲渴望把热苏斯培养成受人尊敬的人。热苏斯记忆深处永远留着母亲对孩子们说的话："如果你们是黑人，而且家境贫寒，就必须好好学习。"多年后，记者在热苏斯就读过的学校看到了他优秀的成绩单，听到了中学老师的评价："如果热苏斯不踢球，或许他能成为一个优秀的生物学家。"然而，也正是母亲慧眼识珠，较早发现了热苏斯出众的足球天赋，并且以开放的胸怀给热苏斯指引了方向。在四个孩子中，热苏斯是唯一不用在十二岁之后外出打工的，母亲鼓励他要对足球怀有更大的热情。直到今天，母亲仍然是一家之主，她在曼彻斯特陪伴着热苏斯，教导儿子如何理性对待金钱和异性。

在巴西圣保罗郊区的一座军事监狱附近，有一片散着热气的土地，但四周绿树环绕。这里是热苏斯梦想开始的地方。热苏斯最早效力的俱乐部——圣保罗周边少年精英队，就是在这样的场地上训练孩子们的。俱乐部创始人之一马梅德，至今对他见热苏斯的第一印象津津乐道：“他来到这里，穿着夹脚拖鞋，大概八岁吧。首次参加训练赛，他就取得进球，当时连过三名年长的男孩，轻松将球捅进球门。我对自己说：‘这孩子拥有独特的天赋。’”

热苏斯就在这坎坷不平的硬土场上驯服着弹跳极不规律的“精灵”，在速度、盘带与射术各方面练就了扎实的功底。每次踢完球后，他会带着俱乐部分发的免费食物回到家中与家人分享。安静、勤奋、全神贯注是热苏斯从小就具备的特点，他从不缺席任何一次训练和比赛，总是第一个到场，自始至终都不遗余力地珍惜与足球相伴的每一分钟。马梅德表示：“我至少带过十个天赋接近甚至超过热苏斯的孩子，但他们都没能获得成功，原因就是太懒惰。而热苏斯始终是个勤奋的好孩子，只专注足球。”

坚持追梦，但佩里永远在我心中

一名出色的年轻球员走向成功需要什么？强壮的身体、出色的技艺、敏锐的头脑与可贵的机遇，或许这些还不够，热苏斯用亲身经历告诉人们：还需要情感。数年前，在家乡当地锦标赛的一场决赛中，热苏斯的球队遭遇了葡萄牙人青年队，热苏斯拼尽全力打入一球，但最终以1：3告负。在亲历者看来这场失利另有原因：对方球员属于职业俱乐部，都穿着正规的球鞋，而热苏斯和队友们的球鞋没有防滑钉，他们在不熟悉的场地上不停地滑倒。

没人会想到，这件事在热苏斯的心中久久挥之不去。在十六岁加盟职业俱乐部帕尔梅拉斯之后，热苏斯曾经自掏腰包挑选了二百五十双新球鞋，回到之前摸爬滚打的那片土场，送给了小球员们。要知道热苏斯成为职业球员后并没有像人们揣测的那样一跃成为百万富翁，网上流传一张热苏斯穿着队服刷墙的照片，是他在帕尔梅拉斯梯队效力时被拍下的，那个时候他需要在场下出卖体力贴补家用。在热苏斯看来，那些贫困的孩子都是曾经的自己，他告诉记者："对他们而言，最重要的就是坚持追梦，因为梦想有朝一日或许就能成真。"

成为帕尔梅拉斯俱乐部的主力前锋后，热苏斯成了家乡人心目中的平民英雄。但热苏斯始终保持着那份质朴的情怀，从未忘本。他经常回到贫民窟，穿着朴素的服装，看望当地的伙伴与邻居，并与孩子们踢街头足球，仿佛那个童年赤裸上身、光脚踢球的热苏斯从未离开。一位老邻居将热苏斯赠送的帕尔梅拉斯球衣视为至宝，一边用手抚摩着球衣，一边感叹道："今天的他跟当年没什么两样，还是那么安静、简单、真诚。"至今，在热苏斯生长的地方，有一幅醒目的壁画，上面的热苏斯穿着金黄色的巴西队服，手指指着右手臂上的文身：小男孩抱着足球，深情凝望养育自己的贫民窟，那个无可替代的精神家园。壁画旁边用白色字体写着：“我离开了佩里，但佩里永远在我心中。”

百分之百热苏斯，成全了“百分”曼城

真诚与专注，让热苏斯的天赋得到了充分展现，他既能胜任锋线上的多个位置，还能保持很高的进球效率。身披帕尔梅拉斯战袍时，他以三十场比赛十九粒进球的亮眼成绩，在2016年的夏天吸引了多家豪门的注意。曼联、皇马向他抛出橄榄枝，内马尔鼓励他为巴萨而战，传奇巨星罗纳尔多甚至评价：“看到热苏斯，我会想起自己。我打赌，他将会在未来成为巨星，尽管他现在还不到二十岁。”而对他未来的职业生涯起到决定性作用的，是瓜迪奥拉。没人会想到，作为世界上最成功的主教练之一的瓜迪奥拉亲自给十九岁的热苏斯拨打了电话。对此，热苏斯显然心存感激，他回忆道：“他表达了对我的兴趣，他在电话中和我谈到了俱乐部的计划，解释我将在队中占有的重要位置，这让我开心和感动。我决定加盟曼城，瓜帅的电话起到了非常重要的作用。”

2016年8月3日，曼城官方宣布，热苏斯正式和球队签约。双方合同中还声明，在2016年12月之前，热苏斯仍会为帕尔梅拉斯效力，他将在2017年1月正式加盟曼城，合约期至2021年6月。热苏斯在踏入曼彻斯特之前，就为自己选择了球

衣号码——33号，那是他刚被帕尔梅拉斯提拔时身披的号码。而在淡蓝色背景下，33号的身影一出现就不同凡响。热苏斯入主曼城后参加的第二场比赛便获得首发机会，用一记助攻帮助球队在足总杯中3：0战胜水晶宫。紧接着在曼城客场4：0大胜西汉姆联的英超比赛中，首发出场的热苏斯贡献了一粒进球和一次助攻。随后渐入佳境的热苏斯干脆包办了球队的两粒进球，帮助曼城在英超主场2：1战胜斯旺西城。从2017年1月曼城2：2战平热刺的比赛中上演首秀，到2017—2018年赛季曼城客场3：1战胜埃弗顿，其间热苏斯代表曼城出战的四十八场各项比赛中有四十五场不败，其中三十八场获得了胜利，仅有的三场失利，分别是一场国际杯热身赛和两场欧冠比赛。

在热苏斯刚到曼城的时候，瓜迪奥拉向外界这样评价他："他不仅有极佳的天赋，同时也拥有很强的进取心。这就像是一个大西瓜，你必须切开看看才知道里面的好坏。"当世界球迷都熟悉热苏斯之后，瓜迪奥拉向人们道出了他重用热苏斯的理由："如果要强调高位逼抢的话，热苏斯就是世界上最好的前锋，没有比他更好的了。那种强度、那种对中卫防守的洞察，那种从身后或者在运动中对拿球中场的骚扰，热苏斯在这些方面是顶级的。"如今年仅二十一岁的巴西小将，可以让队内的头号射手阿奎罗看起来不再那么耀眼，可以帮助瓜迪奥拉一扫上赛季的颓势，以绝对优势夺得英超冠军。

2016—2017年赛季后半程，热苏斯为曼城出场十一次，打入七粒进球，并有五次助攻入账。而到了2017—2018年赛季，热苏斯一发不可收，他在英超赛场出战二十九次，攻入十一粒进球，并奉献了三次助攻。同时在欧冠赛事中也打入四球。在2018年5月13日的英超收官战中，热苏斯最后时刻打入价值千金的进球，曼城客场1：0战胜南安普顿，成为第一支单赛季拿到一百分的英超球队。百分之百的热苏斯，成全了“百分”曼城，也拓展着自己的巨星之路。全世界的球迷都熟悉了热苏斯进球后打电话的庆祝动作，那是在隔空“连线”自己的母亲，其中的无限温情与感动难以言喻。

他不是内马尔，他是桑巴军团真正的9号

四年前，热苏斯还光着脚在圣保罗的亚尔蒂姆贝里街道上，认真地刷着内马尔的肖像；四年后，他身披大罗曾经的9号战袍，与内马尔并肩出战俄罗斯世界杯。在当今的足球王国巴西，还有比这更励志的故事吗？

热苏斯在年仅十九岁时，就依靠天赋与进取心入选了巴西队备战百年美洲杯的初选大名单，只可惜因签证问题最终遗憾落选。然而在2016年的里约奥运会上，热苏斯光芒四射，用六场三球的惊艳表现给巴西队的奥运梦想镀了金。在俄罗斯世界杯南美区预选赛上，他用七粒进球证明了自己是巴西队实至名归的锋线杀手。世预赛的国家队首秀，他以梅开二度的方

式让世人看到了桑巴军团崛起的希望，巴西队3：0轻取厄瓜多尔。在世预赛最后一战中，他再次梅开二度，让桑切斯暗淡无光，让智利队世界杯梦碎。

人们看惯了内马尔极具观赏性的足球风格与咄咄逼人的场上气势，而安静专注的热苏斯向人们展现了低调的奢华，他质朴与纯真的气息让人耳目一新。或许，在热苏斯心中从来没有追赶内马尔的野心，但未来谁说得准呢？就在2018年3月28日凌晨的一场热身赛中，巴西队在客场对阵盼望已久的对手德国队，热苏斯头槌制胜，巴西队1：0战胜德国。同样没有内马尔，四年前巴西队在家门口遭遇德国队7：1的羞辱；四年后，巴西队在对方主场完成复仇，因为有了热苏斯。那些热爱桑巴足球的人，再次含着眼泪看完比赛，但这次是感恩的热泪，感谢上天不拘一格降人才：经过漫漫长夜，桑巴军团终于得到了锋线上的真命天子，一个可以让巴西锋线无忧的真正9号！

先努力做自己的冠军

在央视的采访视频里，傅园慧说道：“每一个被捧起来的人，最终都会被打下去。”这应该是她不愿意仅仅当个网红的原因之一吧。

里约奥运第二天结束的女子100米仰泳半决赛，傅园慧以58秒95的好成绩获第三，晋级决赛。赛后的一段采访视频让这位95后的姑娘火遍了全世界，微博粉丝一跃超七百万。

虽然追捧傅园慧的少男少女不计其数，但有个别“歪果仁”网友表示不理解：“拿个第三名值得那么高兴吗？”

很显然，他对这位“喜感女神”的过去一无所知。事实上，傅园慧的第一块世界比赛奖牌是十五岁时夺得的世界青年游泳锦标赛女子100米仰泳银牌。同年9月，她就拿到了全国游泳锦标赛女子100米仰泳的冠军。

傅园慧早就在世界舞台上证明过自己。

而在这之后、奥运会之前，因为身体等方面的原因，傅园慧陷入事业的低迷期。尤其在澳洲训练的一年，用她自己的话说："有时候累得睡不着觉、吃不下饭，练着练着就突然想发呆，脑子都不会动了，忍着眼泪去游泳。"

"鬼才知道我过去三个月经历了什么，有时候真的以为自己要死了。那种感觉，生不如死！"——表情包背后的心酸，你是否能够体会？

所以，当她亲口说出"我这一生不可能只是当一个网红而已"这句话的时候，我愿意相信。

她有比网红更牛的实力，当然也配得上比成为网红更绚烂的梦想。

你是不是也想过，自己这一生将会成为怎样的角色？我想过。很小的时候，我梦想成为一个旅行家，踏遍千山万水，走遍天涯海角，用相机、用文字、用一切可能的方式，将全世界最美的风景记录下来，流传世间。

十多年后，这个梦想实现了千分之一。

凭借自己的努力，我终于买了属于自己的相机。每天坐在宽敞明亮的办公室，工作的间隙，就用迷离的神思召唤远方。远方有诗，有候鸟，有风沙，有海浪……

然而，每次从午休的梦中醒来，又灰头土脸地继续工作。

你呢？

你小心翼翼地计划着下一场旅行，兼顾时间、花费、精力、心情……好不容易订下了机票，又因为突然的出差取消了行程。

辞职，不确定人生的下一步将通往何处。换行，不知道自己还能干吗，还能不能保住目前的薪水。到底，哪里才是自己的归宿……

深夜里，你焦虑得睡不着觉，趿着拖鞋望窗外的月光。究竟要成为什么样的角色呢？你也不清楚。反正，不知不觉我们都成了曾经最不想成为的那种人。

梦想呢？情怀呢？品质呢？健康亮丽的生活呢？

比起奥运赛场上的冠军，我们的生活平凡得太多。郭晶晶、傅园慧尚且能够活在众人的喧嚣之外，用实力来证明自己，普通的我们为什么不可以？

当今社会，生活节奏变得越来越单调而繁忙，负面情绪也随着工作压力的加大而滋生，疲劳、睡眠质量差、记忆力减退、反复感冒等，成为都市白领人群最常见的亚健康症状……这一切都在提醒你：你需要认真对待健康，好好调养身体了！

已退役三年的“吊环王子”陈一冰说：“拥有健康的体魄，坚持勇敢地追求梦想，每个人都可以成为自己的‘生命冠军’。”正应了那句老话：身体是革命的本钱。

身体健康是“1”，金钱、地位、财富、事业、家庭、子女等都是“0”。拥有健康就有希望，就拥有未来；失去健康，就失去了一切。

所以，在成为别人眼里的冠军之前，请先努力做自己的冠军。

你惧怕成功吗

对成功的渴望，要比对成功的恐惧更容易鉴别出来，但是如果你在以下任何一个场景中找到你自己的身影的话，你就可能是一个恐惧成功的人。你会不会在一个进展顺利的工作中放慢脚步？当你得到很多认可和赞誉的时候会不会感到焦虑？当你的经理提出要提拔你的时候，你是不是希望自己成为一个隐形人？别人的称赞是否让你感到尴尬，或者让你感到担忧和谨慎？如果你在生活的某一个领域取得了成功，你是否会把另一个领域搞得一团糟？当事情一切进展良好的时候，你是否会认为坏事马上就要上门？如果你在自己的家族中比其他人有更多成功的机会，你是否担心失去跟你亲戚的良好关系？以上这些还只不过是惧怕成功的一部分经验。

简至今还记得她第一次注意到这种反常意图的情景。她进大学的时候主修的专业是英语，但是当她参加了一个集体心理学的课程之后，她马上觉得自己非常喜欢心理学。她发现自己找到了自己真正喜欢的领域。她每周要交一份篇幅为三页的论文，但是她常常要写上满满十页，以至于弄得自己经常来不及上交。为了期末论文，她做了太多的研究工作，以至于她没能按时完成，结果她在这个课程中得了一个“未完成”。教授把她叫到办公室，他对一个优秀学生把成绩搞砸了这件事表达了自己的关心，“我认为你在害怕……”简以为他说的下一个词会是“失败”，但是教授说的却是“成功”。

这让她极为震惊！简不敢相信自己居然害怕把事情做好。虽然她找到了一个自己真正喜欢的科目，但是事情却有点复杂。所参加的课程坚定了她将专业转到心理学的决心，这样她就可以跟一帮新的学生和老师相处，而且会走一条跟原先设想不一样的职业道路。虽然简感受到了内心的召唤，但是却无法自由地追随它，因为这不仅意味着很多改变，而且会让她觉得自己真正擅长于某个领域，这跟她的自我形象不相符合。她认为只有她的哥哥才具有这样的资格。她对成功的惧怕并不为她自己所知，但是却被她的拖延所证实。

且不论成功对这些人意味着什么，为什么总有些人不能够全心全意地追求成功？当你发现自己在破坏自己所渴望的成功的时候，这真是一件令人困惑不解的事情。我们认为，就像简一样，许多拖延者在面对成功的时候，内心往往处于冲突之中。他们害怕成功给他们带来不利的一面，而他们自己对此常常毫不知情。大部分害怕成功的人都想要把事情做好，但是无意识的焦虑却让他们背道而驰。这样的焦虑通常是极为微妙的，并不能直接被感知到。

心理学家苏珊·柯洛妮说：“内心的冲突有时候会以一种无法解释的情绪转变表现出来，以一阵自我怀疑或者负疚感，或者以希望与失望的交替起伏表现出来，就好像依稀的耳语，我们不清楚那些耳语到底是什么，以及究竟谁在那里跟我们说话。”

对我们所有人来说，问题不在于我们是否对成功具有摇摆不定的心理，而在于成功所引起的内心冲突是否强烈到足以阻碍我们通往成功的道路，是否阻碍了我们往前迈进的步伐，是否让我们从滋养生命的冒险中退缩，是否会束缚我们，以至于让我们丧失了自发性、好奇心以及面对挑战的勇气。

荒野是我的盛宴

他是“站在食物链最顶端的人”。他吃过象鼻虫、十字蜘蛛、老鼠、青蛙、生的斑马肉、鳄鱼和羊的睾丸，还曾从大象的粪便里挤出可以饮用的水分。

他的足迹遍布哥斯达黎加的丛林、太平洋上的岛屿以及中国的海南岛。无论是火山、沼泽、冰川还是湖泊，只要给他一把刀和一个水壶，他能够在地球上任何一个角落活下来。

如果你看过探索频道的《荒野求生》，那么，你肯定知道，这个死不了的人就是贝尔。

贝尔是怎样炼成的

以常规的英国绅士标准来衡量，贝尔从来不是好人选：他上的是英国最盛产精英的伊顿公学，却不爱学习，不修边幅，喜欢在夜晚偷偷攀爬图书馆房顶；他用了三年时间练习空手道和合气道，是当时英国最年轻的空手道黑带二段选手，他曾在一次对练中误伤来自尼泊尔的王储同窗迪彭德拉。

后来，贝尔勉强申请了布里斯托尔一所颇烂的大学，研读现代语言学。应付和逃避学习这件苦差事的结果就是：1994年，贝尔决定报名参加英国空军特勤队（英文简称SAS）预备队的遴选。

贝尔参加选拔的过程简而言之就是炼狱。训练内容常常包括急速奔跑、山间短跑冲刺、负重奔跑等，“直到每一个新兵都累得跪在地上呕吐”。进入选拔测试之后，训练才刚刚开始。在荒无人烟的威尔士峰，训练时间长达六个月，夏天被蚊子包围，冬天又浑身湿冷，艰难穿过深没大腿的积雪，有时还会被大风掀倒在地。这一切，都在背负二十三千克或以上负重物的前提下进行，每天都有人被淘汰出局。

贝尔当时只有二十岁，是年龄最小的参选者之一。他失败过一次，并在两年后的第二次遴选中成功。加入英国空军特勤队第21团之后，贝尔继续接受专项训练，包括爆破、海空潜入……正是这些训练，保证了贝尔日后在《军队大逃亡》《荒野求生》等探险类节目中数次死里逃生。

人生是场极致的冒险

1996年年底，贝尔在北非一次自由跳伞训练中不慎受伤。康复后，他向SAS提出退役。在事故发生之后的第八个月，伤情刚有起色的他便从医院偷偷溜出来，坐火车回家取自己的摩托车，然后在绑着金属支架的情况下，在黎明前骑车回到康复中心。

1997年，靠着四处“忽悠”，贝尔筹到一点儿赞助费，成功登上了世界之巅，成为英国成功登顶的最年轻的登山者。

2006年，探索频道邀请贝尔主持《荒野求生》，他的面孔和身手，因此被全球一百八十多个国家的近十二亿观众所熟悉。贝尔的身影遍布在那些世界上最危险的地方。2010年，贝尔计划到中国海南岛中部的丛林探险。但刚到海南岛便遭遇“芭玛台风”，原定通过直升机空降进入核心探险区的方案被迫推翻，贝尔只能坐运猪车进去。搭了几公里路后，他一个猛子扎进大河开始了探险之旅。在那一次探险中，他的早餐是老鼠，午餐是青蛙，晚上睡岩洞。岩洞里有无数只蝙蝠，他需要用烟把这些原住民“请”出去。诡异的是，他还把其中的十五只蝙蝠变成了晚餐。

有评论认为：“贝尔的伟大之处不仅在于他教会了我们在荒野逃生的技能，而且还向我们昭示了人在巨大压力下生命意志的巨大张力和对自由的无限追求。”在贝尔的自传中，他这样写道：“犹如偶然，这种疯狂成了我的生活。不要误会——我太喜欢这一切了。”

我们都在被迫长大

一

高二那年的夏天，我第一次彻夜未眠。

夜里一点多被我妈从床上摇醒，她慌张地说："我带你爸去一下医院，你拿着这个手机，有事了和你联系。"

当时还带着困意的我晕乎乎地答应着，随后就听到救护车的声音，几个陌生人敲开门，拿凳子做担架，将倒在地上的我爸抬走。

我就是在那个瞬间突然清醒，看着我妈和被抽去了意识的我爸消失在电梯里，很久之后，那些只言片语还在空荡荡的屋子上方盘旋。

"你爸在卫生间摔倒了！"

"我本来以为没事的，没想到他一直醒不过来。"

我不敢踏进他摔倒的那个卫生间，也不敢回到床上继续睡觉，只好坐在窗边看立交桥上来来往往的车辆。

夜晚的城市还是很亮，每辆车都在飞速地奔向远方。我望着立交桥哭啊哭，也不知道在哭些什么，然后疯狂地给我能想得到的朋友打电话，可因为是半夜，没有一个人应答。

清晨6点，我妈终于打来电话。“脑出血。”她说，“还在抢救，医生说送来得早，应该能救回来……你先去上学吧。”

我走出房门，感到世界有一种恍惚的不真实感。无论是早餐摊上的叫卖，还是小孩子的追逐打闹，抑或是出来晨练的老年人，都和我隔着一层透明的膜，听不清晰也看不真切。

二

那天之后，似乎一切都改变了。

升入高三，正好班里之前负责开门的同学转入了别的班级，于是我向老师要了班级的钥匙，开始了早出晚归的生活。

其实我并非旁人看上去的那么努力，我只是为了让自己忙起来。当你有目标时，就会忘记一些事情。拿上钥匙后，我便可以顺理成章地最早起床，最晚回宿舍，不用和其他人一起吃饭，也不用向谁袒露心扉。

上大学后，我开始思考我能做的事情、大学四年的打算以及未来的出路。在发现自己写东西好像还可以之后，便抓住各种机会投稿，在深夜里写完一篇又一篇文字，也曾和甲方为一两百块钱而争执。

身边的同学一到寒暑假就会无比欢乐，因为放假等于休息、等于自由、等于更轻松的生活。但对我而言，放假回家就意味着要担负起家庭的责任。

我要去医院，要陪我爸做康复练习，要成为一个能独当一面的人。

后来很多次我都觉得，我的人生早就从坐在窗户边疯狂大哭的那天开始改变了，就好像原先设定好的轨道突然间被调转了方向，驶入一片未知的迷雾。

三

长大不是一个过程，长大是一个瞬间，是你让眼泪带走过去的自己，然后直面或复杂或惨淡人生的那个瞬间。

有一次在水房，隐隐约约地听见一个女生在哭，她抽噎着说：“奶奶怎么会不在了呢？她不是寒假还好好的吗？”

我默然，水龙头里的水“哗哗”地形成一条水柱，就像那些回不去又握不住的时间。

原来我们已经到了父母会生病的年纪，到了长辈们会离开的年纪，也到了不得不一个人去面对世间的种种险恶与挑战的年纪。

小时候一直盼望的长大，原来这般迅速和残酷，还没等我们反应过来，时间就已经悄悄地将过往带走——

我们都在被迫长大。

四

哭得最惨的那天，你一定长大了不少吧。

经历了一个人去面对偌大世界的敌意之后，才有可能站起来，假装天不怕地不怕地向这个世界宣战。

你或许有迷茫，也有辛酸，还有只能独自消化的悲伤和压在日记本里的秘密。

可是不必怕，因为这是成长的必经之路。

如蝴蝶破蛹，如凤凰浴火，成长常常伴随着眼泪和痛苦，或者说，是眼泪和痛苦造就了我们的成长。蝴蝶终究在破蛹之后长出翅膀，垂死的凤凰经历了炽热的火焰方能振作重生。

如果有一天，你遇到了无法承受的事情，也可以痛痛快快地哭一场，让泪水将所有的委屈和恐惧带走，然后对自己说：“没关系，没关系。”

因为今后的人生里，这样糟糕的事情还有很多呢。

改变命运的一块小石头

读初中时，只要有男孩子的地方，就能听到“嚯、嚯”“哈、哈”的操练声。

引火这一切的，是一部叫《少林寺》的电影。第一次看这部电影时，我还在读小学。李连杰在电影里的拳脚功夫，使观众从视觉到心里，都佩服得服服帖帖，尤其像我们这样半大的毛孩儿，个个脑子里都有一个武林高手梦。

习武得拜师父。在那时候的横断山区安宁河谷，你可以拜木匠学打家具，拜泥瓦匠学砌墙，拜石匠学凿石磨子，拜铁匠学打铁，就是没有习武的师父可供你拜。哪怕想习武想疯了，也只能根据电影里的动作加上自己的想象比画。为了学到更多的本事，我们把《少林寺》当武学经典，看了一遍又一遍。我们那时候不知道演员的动作具有表演性，以为那就是武术。只是在模仿的过程中我们也发现了许多问题，比如，电影里和尚觉远的上一个动作跟下一个动作不连贯，在实践中完全照搬他的动作，只配挨打。为了弥补不足，我们往往创造性地发明了许多新动作。

到我上初中时，连女同学都张嘴“降龙十八掌”，闭嘴“九阴白骨爪”。我也瞎练了两三年，我家的土砖头被劈断无数，地里的南瓜、白萝卜也惨遭荼毒。我爸盼星星盼月亮终于把我盼进初中，以为从此天下太平，却没想到没有他的管束，我变本加厉，抱定自学成才的决心，从蹲马步、鲤鱼打挺这样的基本功开始练起。

某日傍晚，我独自于学校操场的草丛中练习鲤鱼打挺。

就在我奋力起身，后背、后肩、后脑依次着地，只待借力“嘣”一下弹起来站直时，突然后脑勺一阵锥子刺穿般的疼痛，让我刚刚撑起来的半个身子，又无力地仰躺下去。当时，我痛得想呕吐，眼睛发花，天旋地转。

等我恢复意识后，我摸摸后脑勺，没有出血，可那疼痛的部位还是痛得钻心，摸都摸不得，指头碰上去像刀切在肉上。我估计地上有刀子或者钉子。在草丛里摸索，摸到一块比鸡蛋稍小一点的石头。刚才我的后脑勺结结实实地撞到这块小石头上了。

此后在长达三个月的时间里，我整天头痛，不能仰面睡觉，视线模糊，看黑板上和书上的文字都是重影。很长一段时间我既不敢跑步，也不能跳，连大声说话都会牵动后脑勺发出钻心的疼痛。我一代宗师的美梦，终结在一块小小的石头上。我的记忆力直线下降，从前看一遍就能记住的内容，之后读三遍都不一定记得住，除非是我感兴趣的。

在闭塞的西部农村，谁都没有意识到，这就是脑震荡。学校离家十几公里，我是住校生，一个星期才回去一次，回去也不敢对父母说。直到大半年后，父母才从我的成绩报告单上直线下滑的成绩上看出端倪。那时候头已不太疼痛了，母亲带我去找乡下的赤脚医生开了一点外伤止痛药，涂搽以后有没有效果记不得，反正一年以后不痛了，视力也逐渐恢复，记忆力却一落千丈，直到现在也没有恢复。

想当初，我能一目两行，过目不忘，不管哪门学科，只要看一遍就能理解，碰上需要背诵的文字，别人还在大声朗读的时候，我已经能背；别人背诵的时候，我就用耳朵复习。我成绩优异，兴趣广泛，无师自通地写了段相声，交给同学表演，在全县比赛中居然获得了二等奖。

我为记忆力的损伤付出了沉重的代价，初中毕业补习，高中毕业也补习。

在记忆力受到损伤后，我唯一的收获是，发现我的想象力越来越好，在屋子里坐得好好的，心思早已在前往峨眉山或武当山的途中，神游万里，精骛八极，来去如风。起初我写诗，后来写散文，再后来写小说，从2005年开始，十年间，我出版长篇小说一部，中短篇小说集五部，总计两百多万字。

记忆力不好对创作的另一个好处是，我背不下别人写的东西，我可以保证我的每一句话都是原创。

正因自知记忆力不好，从初中开始我就养成写日记的习惯，绝大多数是条目式的流水账，也有相对完整和独立成篇的，以备查阅。这些文字不一定要公之于世，也不一定示人。但白纸黑字，字字真实，句句坦率。我之所写，全是我之经历、我之所行、我之所言、我之所想。

数十年来，我多次回忆那个让我记忆力受到重创的下午，也许冥冥中，上苍要让我的记忆力受到一些损伤，使我不得不用文字将生活中诸多有趣、有意思的事情，以及迷惘、痛苦和灾难记录下来，使之既是一份个人资料，也是一群人、一个时代的侧影。

那块小石头，虽然断送了我的记忆力，但使我成了一个记录者和写作者。

拼搏支撑你看到更高处的风景

一

前一阵，网上有个热门话题：为什么大多数人宁愿吃生活的苦，也不愿吃学习的苦？

特雷西亚是这样说的："生活的苦难可以被疲劳麻痹，被娱乐转移，无论如何只要还生存着，行尸走肉也可以得过且过，最终习以为常，可以称之为钝化。学习的痛苦在于，你始终要保持敏锐的触感，保持清醒的认知和丰沛的感情，这不妨叫锐化。简而言之就是：生活的苦，会让人麻木，习以为常；学习的苦，让人保持尖锐的疼痛感。"这个回答，点赞最高。

这让我想起2015年年初，十五岁的堂弟初中二年级没读完就辍学了。他给出的理由是：知识学不会，上学没意思。游荡荒废了大半年后，在家人的劝导下，堂弟去一所中专学校学习临床医学。

今年春节见面，得知他竟然在复习准备参加高考，读大专提升自己，这让我意外又惊喜。

问他为什么又想通了要去读书，堂弟说，去年一年，我在县里医院实习。科室里的医生都是大学毕业，甚至有的护士学历都比我高。虽然我没有受到太多的鄙视，但是面对别人高超的专业技术和扎实的基础，我还是感觉有点儿丢人。如果不继续读书深造，以后根本无法立足。

听了堂弟的话，我很庆幸他还没有被生活的苦所麻痹，他还愿意在尖锐的学习痛苦中勇敢前进。他还明白，在应该奋斗的年纪不能选择安逸。

这对他来说，是难能可贵的。他给了自己一个新的机会，去奋力拼搏一把，改变自己未来的人生轨迹。

二

昊然是我大学时去外校做社团活动认识的朋友。

他从小乡村考进省城的一所大学，学习计算机软件相关专业。在他们村里，流行去广东打工，小昊然的哥哥十七岁就去广州打拼了。

进入大学以后，昊然学习依然勤奋刻苦，大学四年都坚持早起学英语，常常在实验室泡到夜里十一二点才回宿舍。他的头发老是长到耳朵下面都没去剪，不是为了耍酷，而是因为天天泡实验室没时间，并且觉得在实验室也没有什么新鲜人物要见，有没有好形象不重要。大四时，昊然被院系推荐保送本校研究生。研究生的三年，他还是孜孜不倦地努力钻研。后来毕业时，经过导师推荐，他去了一家很不错的公司上班，起步薪水就上万了。

那时，昊然哥哥的薪水也是一万多。看似兄弟二人不相上下，可是，三十三岁、已经打拼十几年的哥哥，与二十六岁、刚刚起步的小昊然，真的一样吗？

有次聊天，昊然说，如果不是读书，如果不是高考，我的人生经历应该是我哥的复制版，可能借着我哥的经验会稍微好一点儿。但现在，我靠自己的努力学习，用了比我哥更少的时间和辛苦，实现了不一样的人生，并且起点还要更高些。

在我们的生活里，高考、大学，可能并不是唯一的出路。但不可否认，这是大多数人最好的、最便捷的出路。

“读书改变命运”，这个理论在当今社会仍然适用，并且越喜欢读书的人，越有更多机会去选择自己想要的生活。

三

读书这条路，为许多人打开了一扇机遇的大门。虽然也会面对艰难困苦，但相比起来，年轻时吃读书的苦，不算苦，那是财富。

那些成长的磨砺、奋斗的汗水，都将化作你的底气和格局，累积成你向上攀爬的阶梯，支撑着你看到更高处的风景。

电影《无问西东》里，王力宏饰演的富家子沈光耀，跪在母亲面前背诵的家训第三条：“祖宗虽远，祭祀不可不诚；子孙虽愚，经书不可不读。”

“子孙虽愚”当然是谦辞，读书学习才是最想要着重强调的。可见，无论贫富，读书学习的重要性都是一样的。

无论任何人，这世上有两样东西是抢不走的：一是藏在心中的梦想，二是读进大脑里的书。

读进脑袋里的书，是我们人生道路上的指路标。你想走向哪里，书知道答案。

读书学习是我们一生要做的修为，这是我们每一个人通向广阔世界最好的路。

人生容不得虚度光阴

才华只是成功的千万个条件中的一个，而且还不是最主要的。有人说，知识比聪明重要，选择比聪明更重要。成功不是依靠学历和才华，它更多地需要我们踏踏实实地努力，需要我们选择正确的方式去做，把智慧应用于成长实践中，成功更需要的是实干。

别让无聊的时光消磨了我们，只要能把握自己的时间，珍惜分分秒秒，踏踏实实地去积累、创造，成功将离我们不再遥远。

他出生在一个平凡的家庭，他是一个普通得不能再普通的人，更有着普通得不能再普通的经历：上学，读书，玩耍，在平淡的岁月中一点点长大，过着和同龄人一样的琐碎日子。与别人稍有不同的是他很喜欢历史，读历史书，看历史故事，有时到了痴迷的程度。上小学时，当别的男孩正拿着玩具满街乱跑的时候，他独自蹲在家里如饥似渴地一本接一本地读着自己喜欢的史书。

光阴如白驹过隙，转瞬即逝。读大学时，大学的学习任务很轻松，面对许多业余时间，很多大学生不知道该如何打发，大多数人都用恋爱、玩网络游戏来填补生活的空白，消磨自己的时间。而他在诸多的同学中，无疑是一个另类。他不谈恋爱，不玩游戏，也很少上街闲逛。功课之余，他最大的乐趣就是一头扎进史书堆中，去和古人对话。

大学毕业后，他顺利地考上了公务员，在惬意的办公室生活中，很多同事在没事时看看报纸、喝喝茶、聊聊天，打发漫长的时光。他和别人不同，他还是将自己闲暇的时间都用在了读史书上，他边看边记录着一些有趣的历史故事。他也很少或不去参加别人的应酬或休闲活动，他是同事们眼中的古董、不合群的另类，但他全然不理会这些，依然全身心地投入阅读历史上刀光剑影、富贵浮云的往事的乐趣中。他不想和别人一样，浪费自己的青春岁月，史书读多了，他就想自己写一本书，用自己的语言诠释一段古老的历史。

就这样，他利用业余时间写出了一本几十万字的书。他把这本书命名为《明朝那些事儿》，以“当年明月”的网名将其发表在网络上，小说一经发表，便迅速在网络上走红，他那独特的历史观和丰富的历史知识，还有那俏皮调侃的语言，受到了无数读者的追捧，各出版社也争相和他签订合约，要出版他的作品。于是，那个当年的小公务员“当年明月”几乎一夜之间就红透了大江南北。这是与他朝夕相处的朋友和同事们所没有想到的，从此大家也不得不对这个“古董”刮目相看了。

有人问“当年明月”是如何成功的，他调侃着说道：“比我有才华的人，没有我努力；比我努力的人，没有我有才华；既比我有才华，又比我努力的人，没有我能熬。在他们消磨时间的时候，我却在不停地努力着。”

在哈佛的图书馆中，处处可以看见告诫学子们珍惜时间的语录，如“我荒废的今日，正是昨日殒身之人祈求的明日”“勿将今日之事拖到明日”等。这些语录不仅提醒着学子们惜时努力，也是哈佛精神的诠释。

浪费时间是可耻的，因为时间是组成生命的材料，每个人的一生都是由一分一秒的时间组成的，从这个意义上说，想要重视生命，实现人生的价值，就要珍惜现在所拥有的时间。

“别忘了，时间就是金钱。假设，一个人一天的工资是十个先令，可是他玩了半天或躺在床上睡了半天觉，他自己觉得他在玩上只花三十六便士而已。错误！他已经失去了他本应该得到的五个先令……千万别忘了，就金钱的本质来说，一定是可以增值的。”这是科学家本杰明·富兰克林说过的经典名言，它简单而直接地揭示了这样一个道理：一个想要有所作为的人，必须认识到时间的价值，懂得珍惜眼前的时间。

第四章
心之所向，素履以往

人的一生，幸福与否，走运与否，都只能享有一次。谁不热爱生活，谁就不配享有生活。

——卡萨诺瓦

强大自己的内心

一

我有一个可爱的小学弟，今年读高二。他说，自己不擅长和别人交流，就算是和熟悉的人对话，说不了多久也会没话可讲。和人聊天，他总是找不到共同话题。

其实，他不是真的没话讲，他有自己的兴趣爱好。拿其中一项来说吧，他很喜欢看动画片。但是，身边的长辈总会对此嗤之以鼻。后来，他就不愿意提起这个爱好了，因为他感觉很丢脸，会让别人觉得自己很幼稚。

他最喜欢看的动画片是《海贼王》。听他说完后，二十八岁的我赶紧把正在播放的《海绵宝宝》给关了。

他说自己每次和陌生人搭话都会手心冒汗，说话颤抖，有时候还会咬着自己的嘴唇，不敢看着别人的眼睛，一直低着头。去公开场合演讲或者做自我介绍，简直要了他的命。他会一直发抖，紧张到语无伦次，他形容那种感觉，就像是上刀山一样壮烈。

他问我，要怎样才能变得自信一点？我很能理解他，毕竟我也内向过。我花了很长时间回答他的问题，因为要思考很久。最后，我终于给出了一个让双方都满意的答案。那就是：自信和强大是一个结果，而不是原因。

二

16岁那年，是我人生最灰暗的时期。由于我只顾着上网打游戏，学习成绩一落千丈，老师和长辈们都对我很失望。

上课时间我总是在睡觉，下课的时候也不爱和同学说话。于是，我混不进任何圈子，找不到任何帮手——成绩好的不带我玩，成绩不好喜欢玩的又总是欺负我。

感觉糟透了！我把生活中遇到的不爽全部发泄在了游戏上。我跑到游戏厅，找技术不好的人挑战，在网络游戏里疯狂厮杀，忽然觉得心情舒坦了不少。

回到现实中，我还是继续被欺负，被罚跑操场，被遣送回家。我开始顶撞老师，向一些不那么厉害的同学还击，还学别人抽烟。在网上看一些犯罪类的电影，学习人家黑社会老大的坐姿和说话方式，练习他们恶狠狠的眼神，学习他们的穿衣风格，故意把牛仔裤划出破洞，甚至半夜来临时，跑到街上大喊大叫。

当我以为自己变得很厉害的时候，我在一条小巷子里被三个低年级的学生打劫了。我的勇气、我的强大、我的信心一下子全没了。我当时很㞞，乖乖地从口袋里掏出了五块钱，递给他们，为了避免挨一顿打。

长大后我才慢慢发现，原来一个人的自信和强大，完全不是靠模仿某个厉害的手段，或者是研究一种叫作“气场”的东西之后，就会形成的。

三

我有一个朋友，是公司的业务员。有一次为了投标的事情，他陪着老板去了一个饭局。老板告诉他，桌上的都是关键人物，让他注意点身份。

饭局上，老板一直在给关键人物们发烟递酒。朋友坐在一旁，没说什么话，有时候吃菜，有时候只顾着玩手机。等到一个关键人物和他喝酒的时候，他不卑不亢，眼睛看着对方，轻轻地笑了笑，然后把酒喝了下去。

再一次见面的时候，那人直接邀请朋友去了办公室，他说：“我看出了你才是真正的老板，那个只顾着发烟的人应该是你的业务员吧。”朋友心中窃喜，但是没有说出来。

那个人说朋友有大将风范，在饭局之前应该是知道自己身份的，还能做到不卑不亢，一定是个有魄力的人，所以把业务交给他很放心。

最后，这个标被朋友所在的公司拿了下来。

四

第一次找工作的时候，我也和文章开头的小学弟一样，手心冒汗，浑身发抖，被老板问了几句就紧张到说不出话，结果当然是被拒绝了。

而今年年初，我去一家理财公司应聘时，由于表现得太过自信和淡定，被老板怀疑为暗访的记者，在我离开时，要求我把写下的东西撕掉。其实，我只是做好了自己，说明了自己的优势，说出了想要的薪资。关于工作方面的事情，全部都是有话直说。

我有个做HR的朋友，她说很多人能力行不行，光看谈吐就可以决定。去应聘不是去给人当仆人，越是不卑不亢，越会多点机会。

所以，想要变得自信和强大，就更看重自己吧。谁都可以看不起你，但是你不可以看不起自己。就算你多了八块腹肌，资产上亿，身高两米，你也不一定会变得强大。就算你个子不高，穿着朴素，并不富裕，你也可以是最好的自己。

真正的自信和强大，来自你的内心。

阳光不会遗忘任何角落

命运对每个人都是公平的，生活也不可能尽如人意。有些人常常顾影自怜，一味哀叹抱怨生活为什么要这样对我？其实，太阳高挂在苍穹，它并不吝啬自己的光芒，不是阳光遗忘了哪个角落，而是角落自己没有开启门扉，让阳光普照！许多时候，我们一厢情愿地夸大了痛苦的浓度，而缩小了快乐的广度。所以我们往往觉得快乐稍纵即逝，痛苦却挥之不去。然而，我们若能沉默地微笑，也许就没有什么荆棘可以刺破我们刚柔相济的铠甲。

世间有许多事情是不可逆转的：烈日给予万物生长的光芒，我们却必须面对许多不见天日的阴霾；圆月带给人类不尽的遐想，我们却必须接受残缺不全的轮回。我们都喜欢风和日丽、晴空万里，我们却必须迎接电闪雷鸣、风雨交加的洗礼。也许，伟大的自然界是在向我们昭示：没有阴云密布的时候，我们就不会去珍惜阳光。

温室里的花朵再美丽，欣赏的人总是有限的。人们更多崇拜和赞颂的是石缝里的小草、险峰上的松柏、寒冬里的蜡梅。人没有受过伤的时候，会惧怕伤口的疼痛；人没有见过血的时候，会恐慌血液的鲜红；但一个遍体鳞伤的人，绝不会忧虑再多一个伤口、再多一滩血迹！伤了痛了，也是一种经历；别样的经历，更能让人生异彩纷呈。风雨之中方显铮骨柔情，磨砺之后才见英雄本色！

一成不变的生活是死寂的，波澜起伏的生活才是壮阔的。追求理想的主旋律上，也需要各种形态的伴音，任何一段插曲，都是生活对我们好心的馈赠。它或许教给我们应变灾难的能力，或许丰富我们承受挫折的经验；或许启迪我们全面地认识世界，或许警示我们辨证地看待问题；或许揭露事情的真假，或许曝光人性的善恶……只要我们能沉默地微笑，无论多么嘈杂的音符都会调出一段和谐的节奏。当曲终人散时，都会在心灵的沃野上，留下一道道让人回味的风景！

沉默的微笑，不是沉沦与堕落，而是坚强与洒脱。诅咒和悲鸣只会让心灵的天空更加灰暗。在沉默的泪花里给自己的灵魂找一个寄托，这不是消极的逃避，这正是积极的养精蓄锐。让灵魂休息一下，养一养它在尘间奔波所受的伤，然后好再为奔波而劳顿。沉默的微笑，在累累伤痕中给自己的未来挖掘一条出路，世界的烦嚣便会像浮云一样飘然而过。

沉默的微笑会融化隔阂的坚冰，会吹开误解的花朵，虚伪和诡诈只不过是一场世俗的阵雨，嘲弄和诽谤只不过是一股腥臊的台风。虽然沉默的微笑，是悲泣心灵的掩护，是忍辱负重的豁达，但是只要不失去生命，便有挺直腰板的机会，便有一次重新开始的行程。那破碎的真情，那伤痛的岁月，将教会我们重新醒悟、重新抉择、坚强自信。

人生之路，倍感艰辛，确实需要风雨之后的铮骨柔情，磨砺之后的化蛹成蝶！

梦想就在前方

梦想，是一个让我觉得非常珍贵的词，但是现如今，我又觉得这个人人可以拥有的东西很奢侈。

最近我陷入了一种非常奇怪的状态，什么都不想干，不想念书，不想上课，不想做作业，甚至都不想复习就去考试，拖延症越来越严重，慢慢地我连小说和漫画都不想看了，拒绝一切要动脑子的事情，假装自己根本不存在脑子这种东西，开始成天看电视剧和电影。

因为不想动脑子懒得思考，所以电视剧和电影什么的都会有些看不懂，看不懂就索性摁下暂停键不看了，打开豆瓣和微博开始刷网页，浏览很多垃圾信息后找到一两个比较有趣的东西，很认真地笑两下，一天就过去了。

慢慢地，我就超过了拖延症的范畴开始变得越来越懒，拖延症只是不想做最需要做的事情，而懒就是什么事情都不想做。

我确实什么都不想做，甚至连饭都不想吃，醒了也不愿意起来，我会一直躺着，躺到再次睡着，在接近黄昏的时候起来，然后我穿半个小时的衣服，洗半个小时的脸。

起来的时候会顺手开电脑，其实我也不知道开电脑干吗，但是不开电脑就完全不知道自己该干吗。

我懒得打游戏，也懒得看任何看起来很长的文章，点开一个又一个的链接，图片的话就看两眼，文章的话就看前两段，视频的话就直接关了。

喝很多很多的奶茶，就感觉不到饿，就不需要吃饭，奶茶盒子清空的速度让我自己都觉得恶心。

爸妈原来还管我，妄想着我能背下单词之类的，后来实在管不过来，对我的要求就仅剩下“半夜两点之前睡”，可我起来之后又懒得睡觉，通常开着QQ和各位基友聊天，聊天内容通常能在不涉及任何有用信息的情况下持续很久，聊天的间隙再点开那些未看完的电影，可还是觉得没趣，又暂停。

不知道自己要干什么，想干什么，能干什么。

拖到天微微亮，撑不住了躺下就睡。

大前天的杯子也懒得洗，各种奶茶的味道混杂在一起，泡红茶的杯子结了褐红色的垢，这些通通都无所谓。

我也懒得出去。

非要别人来叫，才勉强出去吃顿晚饭，吃什么都无所谓，只要甜品够正就好，吃了甜食就很困，吃完就期待有人宣布，“那么聚会结束吧”，其实回去了我也不知道干什么，可我懒得寒暄，懒得说话。

买了超多的指甲油都懒得涂，看着它们慢慢地过期，也懒得化妆，懒得梳头发，因为出去的不多，所以都懒得换衣服，我也不想和别人说，我一件黑色的大衣穿了整整一个寒假什么的……

还有洗面奶用光之后，虽然新的就在抽屉里，可我就是懒得拿出来，所以现在只用清水洗洗脸什么的，也很难开口，大致是超脱了女生这个范围了。

这真是个无比可怕的状态，开学之后我看他们列出来的计划都很雄心勃勃，每个人都超认真超努力的样子，也让我无比违和，果然我就是那种自己不努力，也不喜欢看见别人努力的心胸狭窄分子。

考研资料、厚厚的单词书、公务员的申论、大开本的专业书、竞赛海报……这些让我觉得无比的压抑。

习惯性地在课上看小说，突然就想到一个严峻的问题，大学四年我到底有没有听过课。

仔细想来，我确实什么都不会，我只是参加了很多次考试并且通过了它们，但这并不代表这几年我都在学习，脱离了学习的状态真是件可怕的事情，很难再回到那个认真做事的状态了。

现在无论做什么，我都是一个想法：好麻烦，随便做一下好了。

我已经收拾收拾准备毕业了，这种心情怎么能随便乱讲，和同学排了一下日程表，发现其实离毕业还很遥远。

过去那个为了做好一样东西可以通宵46个小时的自己，和那个作为组长因为不满意团队成员的成果而独自通宵一天一夜重做一份的自己，已经不知道消失到了哪里。

我听他们讲自己的计划和安排，反过来问到我的时候我却只能回答：不知道，没想过。

一步步走到现在是为了什么呢？当时支撑着自己的动力现如今去了哪里呢？

我问我妈，你当初的梦想是什么？我以为她会说做中学老师或是医生，但是答案出乎了我全部的意料，“当一个小提琴家”，真是个华丽的梦想啊。

有一瞬间，我觉得眼前这个中年妇女真是新奇而陌生。

出于好奇，我继续问她在那个年代怎么会想当一个小提琴家。

她说，当年她的邻居是个拉小提琴的男人，优雅又礼貌，她第一次觉得，人生不仅仅是上学、工作、结婚，原来还可以拉小提琴，她实在是太羡慕这种生活了，于是央求那个男人教她小提琴。

可以想见我妈当年是个漂亮的小姑娘，于是那个优雅的青年同意了，可是学了才半年，那人就去了奥地利，我妈的小提琴梦因此碎得一干二净。

幻想和做梦什么的，真是人类的特权呢，不管是怎样的人，都会有一个埋藏在内心深处的梦想，通常都不是什么特别伟大的理由，而是出于一份非常赤诚的向往。

那种羡慕和向往的感情支撑着那个梦想在心里牢牢扎根，并为之去奋斗。

然而有种叫现实的东西却会让梦想褪色。

我问我妈，你后来干吗不继续学小提琴呢，换个老师嘛。我妈说那时候哪有什么小提琴老师，再说她根本买不起小提琴这种昂贵的东西。

我又问她，那你当年考大学的时候为什么不考小提琴专业?

她的回答很奇怪，风险太大了，谁能保证我学得好呢？谁能保证我成为著名小提琴家呢？那岂不是一辈子都毁了。

我说，谁说学小提琴一定要学成世界名家的?

她说，你不懂，学个别的实用的专业，毕业了马上就能赚钱了。

没了梦想的人生很安稳却也很无趣。

虽然人生看起来有无数种可能性，其实大部分时候都像钟摆，从这端到那端，过程貌似充满无限可能，其实只有一个结局。

后来我妈就和小提琴再也没有一丝一毫的关系了，上班做实验，下班看电视。

我很想问她，自从上班之后，你是过了一万天呢，还是过了一天，然后重复了一万遍呢？但是仔细想了想，这话太找抽了，于是没问。

梦想很廉价，人人都可以有，梦想很珍贵，让你为之不停地奋斗。

梦想很神奇，赋予了拥有者一种奇异的色彩，让他们因此而变得与众不同，让他们的生活发生改变。

现在，我出现了过一天、重复一万天的先兆。

我也会想，最初的梦想去了哪里，为什么现在的自己停滞不前。

思考了很久，我想其实没有人真正忘却过自己的梦想，梦想一直在那里，我们总是为了安慰自己，假装不记得，假装不在意，可那种向往的感情始终没有变过，无论过去多少年，谈论起自己最初的梦想的时候，那种闪闪发光的眼神依旧很动人，就连嘴角的笑容都和平时变得不同。

这就是梦想的魅力。

没有梦想的人生还有什么意思呢，只是活着罢了，甚至可以把别人的人生换给你也没什么不同。

在我看来，只有一种人生道路是正确的，那就是沿着自己的梦想一路前行。

在我看来，只有一种方式可以让自己成为人生赢家，那就是有一天达成了自己的梦想。

《悠长假期》里说，上帝会给每个人一个假期，让你停下来思考人生的意义，知道自己想要什么。

我突然觉得，梦想就在前方，只要朝前走就能触碰到。

守住自己的梦想

周末的时候我正准备和几个朋友打游戏，热身的过程中同一个不是很熟的队员发生了一次有趣的谈话。“你是做什么的？”他问我。“哦，我给自己干，我有一个软件公司。”我回答。“真的吗？真令人羡慕！我在×××公司工作，但我一直有个愿望去做动画设计，做独立职业人。这是我的梦想。可我现在陷入了这个错误的行业中了。”

“你还活着，不是吗？”我尽量小声地对他说。他继续说：“你不知道，我已经想这一天想了10年了，可一旦你有了家庭，你很难再干其他的事情了。”

我实在是按捺不住，于是就对他说：“那好，如果你是真的这样想，你也许应该报个动画设计培训班，或者你也可以在家里自学呀。只要你下定决心开始做。”我得到这样一句轻轻的回复：“嗨，这太难了，有了家庭和全职工作，没有时间。我很想这样做，但却不行。”

很无奈，我建议道：“你也许可以考虑几周或几个月的脱产培训，或者干脆辞职。”他看了看我，好像我是要砍掉他的右手。“你疯了吗？那我的收入从哪里来？”

我开始明白，如果谈话继续下去的话，我会和这个还不是很熟的人在第一次见面就争吵起来，我选择只是笑了一下，就走开了。但这事让我有所思考，为什么人们不愿意冒一点风险去追逐自己的梦想？是他们的梦想不值得这样做吗？如果不是，为什么我们要对这样的人愤恨不已呢？我们是否愧对自己没有给梦想一次公平的机会呢？

现在，我明白了，并不是每个人都愿意把全部的时间都投入实现梦想中。但我们也不该因此就从来不向我们梦想的前方迈出一步。我的意思是，就像小孩学走路的第一步，如果你不能破釜沉舟，那也不能就此把梦想扼杀掉呀。

当我们还是小孩子的时候，我们都有过疯狂的主意和梦想。当人们问起“你长大后想干什么”时，你不会说“我想做一份稳定的工作，我想在一家财富100强的公司里当总经理”或者“我想在政府部门里找个铁饭碗”。你希望去做一些能让你兴奋的事情，让你有热情的事情，如军人、科学家、音乐家、舞蹈家、世界小姐等。你根本不会考虑能从中获取多少钱，你只是想去做这些。

可是为什么长大后我们就失去了所有的热情、动力、愿望以及守住我们的梦想的力量了呢？为什么金钱就支配了我们的热情，大多数情况是扼杀了热情？为什么“一份稳定的收入”就能禁锢我们的梦想？为什么我们要停止思考我们热爱的事情？

我们为什么会受这每月稳定工作收入的诱惑，以至于完全忽视了一个真相：追求自己的梦想永远不会太迟。我可以理解人们为什么会这样，人们是“害怕失败”。我们担心失败，这种担心导致了我们给自己编织了一个谎言：有些东西永远是不属于你的。“我没有时间”“我有家庭”“当我有了足够的钱后我会去做的”等，这些都是借口。这样我们就默认了丢掉梦想也没什么，不去做那些你热爱的事情也没什么，日复一日地做那些重复的枯燥的事情也没什么。

就像安东尼·罗宾说的——“唯一你够阻挡你去获取你想要的东西的事情是你一直在告诉自己为什么它不属于你。”

我们在等待什么？等所有的星星都能按你希望的方向连成一线的时刻吗？这样就能保证你一定成功吗？这条路永远是不通的。这个光辉的时刻你永远等不到。形式、环境永远都不会达到你的满意，永远都会有某方面的事情对你有所不利。你不得不横下一条心，冒一回险。一旦我们设立了一个目标，我们不可能等待各方面都完美的时机、各方面都如我们所期待的那种情况。我们需要的是着手去做。我们可以在全职工作之余慢慢地进行。我很喜欢我现在所做的事情，而且我也是做完我的白天的正式工作后做这些的。这不容易，但很有意思，因为我正在实现我梦想的事情，我对我正在开发的软件充满热情。

也许只有我是这样想的，也许我是个怪人。也许我很傻，但我宁愿犯傻，宁愿活在我的梦想里拼搏，也不要找出一堆的借口。金钱的利诱不会带来真正的成功，真正的成功来自于爱和热情。你必须爱你所做的事情，你必须对你所做的事有热情。

失败并不可怕，可怕的是当你60岁时回首往事才发现“也许我应该给自己一次实现梦想的机会，也许我会成功的，也许我应该守住梦想”，但此时已经太晚了。你也许正在走向这个结局。

不要害怕去实现自己的梦想，否则这将是你犯的最大的错误。

用心去选择自己的路

人一辈子都在赶路，有的人在奋力地奔跑，有的人在不紧不慢地踱着方步，也有的人站在原地茫然四顾，不知自己从何处来，又该往何处去，还有的人则干脆坐在地上，赶路对于他们不是人生的目的，而是旅游的一种方式。

人生只有方向，而没有一成不变的路。沿着这个方向，中间要经过许多不同的路，有平坦大道，也有羊肠小路，有的曲折，有的泥泞，甚至还有陷阱、有深渊。也许走到最后，我们都未必能实现心中的理想，但我们也不能因此坐等。只要走，就永远不会有绝路，真正能让我们绝望的，只有自己的心。

人们总喜欢四处寻找出路，其实，很多时候路就在我们的脚下，只是我们总喜欢将目光望向远处，不愿低下自己高贵的头颅。只要是路，就会有人去走。有的人在这条路上取得了成功，但不等于其他人不会遭遇失败。所以，结果如何，全看我们如何去走。

人生之路不是用眼睛来看的，它需要用心去感受。眼睛可以欺骗我们，也可以被一片小小的树叶遮住，心却永远不会。一个人的视线有距离限制，也受天气和周围环境的影响，而心的视线却可以是无限远。心有多宽，路就有多远。

我们都知道“车到山前必有路，船到桥头自然直”的道理，也相信“山穷水尽疑无路，柳暗花明又一村”的哲理。但当问题出来后，却沉浸在烦恼之中不能自拔。只要抽离事外，从另一个角度去看，才知道天无绝人之路。

人们总是试图去开辟一条新路，却不知道，新路与旧路本来就没有什么区别，只是沿途的风景有所不同而已，一样充满坎坷，一样泥泞崎岖。没有人走的路就是新路，实际上它也许存在了很多年；而走的人多了，再新的路也会很快成为一条旧路。所以，路无所谓新旧，也无所谓好坏，全视乎自己的需要和选择。

最多人走的未必就是一条好路，很少人甚至没有人去走的也并非就是很差的路。就像真理，最初总是掌握在少数人的手里一样，很少有人能够认同别人的路比自己的更崎岖，到底应该走哪条路，又或者哪条路更适合自己，谁也不会预先知道。人就是在矛盾和迷惘中走完人生之路，最后却连一个答案也得不到。

在人生的道路上，有很多的岔路，这时候选择显得极为重要，人生的关键之处也就在选择之中，人的追求、梦想也反映在选择之中。人生就是这样，希望越大，失望便越大，不刻意去寻找，反而能得到意外的惊喜。对于我们来说，没有最好的路，只有最适合自己的路。即使再好的路，自己没有那个能力，迟早也会被别人远远地甩在身后。

路是人走出来的，但从来不是我辈凡人走出来的。所谓的新路只是对于我们个人而言，而对于其他人，也许就是一条曾经走过的旧路。任何尝试走出一条自己的路的做法，也不过是在前人的脚印上做的一种选择。对于绝大多数人来说，路是选择出来的。

不同的路，沿途有着不同的风景，最终到达的目标自然也就不同。正因为如此，人在面临选择时，最难的就是下决心，这往往需要一定的运气。人生就是运气、选择、能力和勤奋的综合，运气是与生俱来的，能力则要靠后天的培养，这两者加起来决定我们的选择，而选择决定我们的命运。只有在拥有了运气，加上正确的选择，而本身又具有一定能力的情况下，勤奋才会起作用。

路不好走，是应该怪路本身，还是应该怪我们的鞋子不合脚？这是个问题。无论走什么路，最要紧是有一双合适的鞋，不但合脚，也要适合不同的路况。这个鞋子，既有个人的能力，也有个人的思想和观念在里面。

用心去选择将要走的路，用心去走所选择的路，对于我们的人生是至关重要的。我们可以什么都不相信，但一定要相信自己的心，它只属于我们自己。

梦想地图

梦想这个标签，本没有好坏之分。可是，如果一个笨拙的陶罐，非要贴上水晶瓶的标签，会是什么感觉?

刚认识何洛时，我对她印象不错。虽然她有点儿矮，也有点儿黑，可一笑起来，却有种天真的纯朴在其中。一个乡下来的女孩儿，不知道施华洛世奇，没见过芭比娃娃，甚至不知道什么是KFC，虽然有点蠢，可毕竟是环境的错，我们这些城里的丫头，也不能因此就去轻视她。

每天早晨五点钟，何洛总会悄悄从上铺爬下来，一个人到阶梯教室去用功。其实，我们这种三流大学，没必要这么拼命。出于好心，我说了何洛两次，可是，她总用那蹩脚的普通话红着脸憋出一句：勤能补拙嘛。

何洛是有点儿拙，可门门功课都一百，她就能变成城里的精丫头吗?

而且事实证明，何洛的功课并没有到一百。她天天拿出两个小时去勤奋，期末考试时，和我这个天天睡到红日高升的懒虫比起来，也不过相差了两三分。

直到这时我才知道，她用功的根本不是专业书，而是什么播音基础训练。

何洛吞吞吐吐地用不标准的普通话告诉我，她的理想是当一名播音员。

看着她那矮胖的身材，听着她那方言浓重的普通话，我憋得面孔紫涨才没有爆笑出来。搞什么搞，何洛也太幼稚了吧，就是说一口流利标准的普通话又怎样，长成这造型，还想出镜？

为了让何洛死心，我找机会带何洛去了趟北京广播学院，那里的美女帅哥简直多如过江之鲫，随便挑一个出来都能让人自惭形秽无地自容。

没想到何洛根本就忽视了那差距，她低着头跟在我身后，出了北京广播学院后吐出一句话：将来能找个播音员的男友该多幸福，那些男孩儿的普通话可真好听。我险些跌倒在地上。

何洛根本不相信这个世界上很多丑小鸭是根本没机会变成白天鹅的，所以，她义无反顾、雄赳赳气昂昂地继续操练自己的播音员之梦。

得承认，大学四年，何洛的普通话进步够神速，如果只听声音，不看她那老土的造型，你几乎会以为，她从来就是个城里的姑娘。

可是，这个世界以声取人的并不多，所以，尽管何洛使出了吃奶的力气去争取，可校园播音员的机会，还是轻易被别人拿了去。

她似乎有点儿失落，但很快就调整了自己的情绪，更刻苦地学习播音。大四后半学期，甚至自费去北京广播学院当了几个月的旁听生。

我们人人自危地到处找工作时，何洛奔波在诸多电视台之间找机会。那些以貌取人的场子，不要说何洛只是个三流的大学文凭，就是清华毕业又怎样?

何洛不信那个邪，可我相信，生活早晚会教育她。

果然，没用半年，何洛就蔫了。她心灰意冷地提着行李找到我，所有电视台都跑过了，态度好的，说声人满；态度不好的，看她一眼冷笑两声转身而去，话都不多费一句。

就是潜规则，何洛都不够格。

我什么都没说，暂时收容了何洛。她自己躺了两天，最终黑着眼圈爬起来和我说：我也想清楚了，还是吃饭要紧，我先找个其他工作干着吧。

何洛最终落脚在一家中介公司。中介公司在大北窑，何洛天天四点起床，提了包去倒公交车，到公司口干舌燥说上一天，顶着一头星星疲惫地跑回来。

我无意中发现，她的案头还摆着做了密密麻麻标记的播音教材。

何洛不提当播音员的事了，她翻着教材轻轻笑，有心栽花花不发，无心插柳，柳却成了荫。原来，中介所那个工作，她之所以能够在一帮职高生中PK而出，不是因为她的三流大学学历，而是因为她的普通话标准。

世界上果然没有白费的努力，我拍着何洛的肩膀感慨。她笑嘻嘻地和我说，已经在大北窑附近找到出租房了。

和何洛分开后，我陆续换过好多工作，小公司文员、草台班子业务员，最严重的失业期，甚至还做过几天KFC的侍应生。后来，好不容易进入一家体制内单位，做个小科员，发不了财，但总算有了个铁饭碗。心里很欣慰，翻出何洛的电话打过去，想要叙叙旧，才发现，她早就不在中介公司干了。让人吃惊的是，何洛现在在一家电台做主持人。我半信半疑地在淘宝上拍下一个收音机，午夜的节目中，果然是何洛糯米一样香甜的声音。

那天她朗诵的是舒婷的一首诗，午夜的星光下，轻轻闭上眼睛，耳畔袅袅回荡的，是熟悉的何洛式的希望："对北方最初的向往，缘于一棵木棉。无论旋转多远，都不能使她的红唇触到橡树的肩膀。这是梦想的最后一根羽毛，你可以擎着它飞翔片刻，却不能结庐终身。然而大漠孤烟的精神，永远召唤着……"

我的心忽然不可遏止地柔软下来，眼前闪现着那个矮胖的身影，晨曦中独自在阶梯教室用功的背影；喧嚣的人海中，一次次被拒绝的沮丧和失望，以及午夜的台灯下，一支铅笔在可能永远都实现不了的梦想地图上勾勒。

那天晚上，在梦里，我再次看到了何洛。她笑嘻嘻地坐在一根发光的羽毛上，向上，一直向上，最后，羽毛凋零了，可她的身上，却生出了一双巨大的翅膀。

换一种方式追求梦想

2012年2月，微博上面的一条消息引起了人们的追捧，腾讯公司一名保安经过多轮面试，最终成为腾讯研究院的一名工程师。这条微博在很短的时间内被转发两万多条，很快这条微博被腾讯CEO（首席执行官）马化腾予以证实并转发，而这名保安就是段小磊。

段小磊二十四岁，2011年毕业于洛阳师范学院，拥有计算机和工商管理双学位。毕业后，段小磊带着成为一个IT工程师的梦想来到了北京。可是让段小磊没有想到的是在北京找一份合适的工作并不容易，段小磊几经碰壁后，生活陷入了困境。最后段小磊决定找一份上手快的工作先在北京立足，正好腾讯北京研究院在招保安，于是段小磊就到腾讯北京研究院成了一名保安。

虽然生活算是暂时安定下来了，可是段小磊并没有放弃自己的理想。在工作之余，段小磊都会拿出有关计算机方面的书坚持学习，他知道自己的理想是成为一名IT工程师。可是在努力学习的时候，他并没有忘记自己的本职工作，而是积极用心做好自己的本职工作，在腾讯北京研究院的门口公告栏里时常可以看到段小磊做的一些温馨提醒，比如，“明天会变天，注意加衣服”“今天加班这么晚，回去好好休息”等。

很快腾讯北京研究院的员工就都知道了在研究院的保安里有一个特别的人，而他们也很喜欢和这个保安聊聊天。段小磊并不因为自己是保安而自卑，相反他主动和同事们聊一些有关计算机方面的话题，很快段小磊就熟悉了腾讯研究院的大部分员工。

2012年1月，海蒂负责的一个项目急需一批外聘员工，她早就知道段小磊在看计算机的书，就半开玩笑地问他：“你要不要来帮我们做数据标注的外包工作？”这是一份基础性的工作，主要要求熟练操作电脑，并对数据敏感。令海蒂意外的是，几天后的一个下午，段小磊找到她说已经正式辞职，可以来帮她做数据标注工作了。

经过面试，段小磊顺利成为腾讯的外聘员工，负责一些数据整理和数据运营工作。因为工作涉及对腾讯产品进行外部测试，段小磊便利用休息时间四处找朋友和同学体验产品，还一直活跃在他所组织的测试QQ群上。海蒂对他的工作非常满意，开始有意识将一些产品方面的工作交给他，以便他能通过接触产品设计为自己将来的职业规划铺好路，同时找机会让他参加一些内部培训。

段小磊成功完成了海蒂交给他的工作，让海蒂很满意。于是，她建议段小磊去研究院应聘。而段小磊最终经过几轮面试，成为腾讯研究院的一名工程师。

现在段小磊已经是团队里的风云人物，虽然知道他故事的人越来越多，可是他仍然对自己保持着清醒的认识，知道自己还有很多东西没有学会，还容易犯一些眼高手低的毛病。在段小磊的工位上贴着各种写着工作任务和励志内容的便签条，比如，“多和同事交流，多向前辈请教”“每天浏览行业信息不少于三十分钟”“每天发一条有创新性的微博”“每个月发一篇有深度的博文”等。

在他的微博有很多网友向他提问，是什么让他坚持对梦想的追求？段小磊说：因为有梦吧，也许很多人觉得这是个虚无缥缈的词，但是在我心里它却异常清晰，我也有想过放弃，但是放弃的不是梦想，而是放弃现在努力的方式，用另一种方式去追求梦想。

人人都有梦想，可并不是每一个梦想都能实现。当梦想不能实现、想放弃的时候，我们应该想想我们放弃的不应该是梦想，而是努力的方式。

做最好的自己

两个月前的方一凡，在一家化妆品公司做品牌文案，他离职的原因是发现有人擅自动用了他的电脑。他认为公司给他配备的电脑，就是他的私人工具，不经他同意，别人是不能动的。虽然办公室主任再三解释，那台电脑之前是公用的，里面存了一些公司常用的文档，放在一个专门的文件夹里了。打开这台电脑，也只是取一下这个文件，并没有检查什么。但他一怒之下，过火的话已经说了，说出去的狠话，就像泼出去的污水，已经伤及他人，回头无岸，只好走人。“我好歹也是一个名牌大学生，岂能任由他们这样折腾我？说白了，这家公司里就是一帮俗人，与我的格调相差太远！”方一凡说这句话的时候，隔着电话线，我都感受到了他眼中的不屑。

后经我介绍，方一凡去了另一家化妆品公司做策划。但仅仅两个月后，他又给我打电话，说他准备离职了。我很不解，他现在服务的公司在业内影响很大，公司给他的福利待遇都不错，他为什么又要离职？他刚入职时，还和我说这个老板是他职场上的贵人，肯给他提供这么好的平台，为什么短短两个月之后，他却要闪电离职？

原来，公司参加了业内在上海举办的一场盛会，主办方为每个参展的公司提供了三张世博会的门票。方一凡是这次会议的总统筹，他以为这三张门票应该有他一张。可是，出乎他的预料，直到他坐上开往机场的的士，老板也没有把世博会的门票给他。这就是他决定离职的原因。

对于一个有着多年工作经历的70后职场老人来说，方一凡的行为简直是不可理喻的。你以为你是谁？电脑是公司的，其他同事动动怎么了？老板出钱做活动，主办方把世博会门票给老板，老板为什么一定要给你？你是老板的家人吗？我没有和方一凡理论这些，却很清晰地想起了一段往事。

那年，我入职一家信息传播机构。小潘是坐在角落里那个闷不作声的男孩子，高高大大的。坐在那个角落，显然有些压抑，但小潘从来不抱怨，即使有其他同事抱怨开窗太吵、空调冷气太小的时候，他仍然专心致志地处理自己的数据。坐我边上的同事阿美告诉我，办公室里最好欺负的人就是小潘，什么杂活只要叫到小潘，肯定可以搞定。我悄悄地看看小潘，他正全神贯注地对着电脑屏幕，仿佛置身于自己的世界。

和小潘接触了之后，发现他的谈吐和思维都不错，我开始奇怪他为什么乐意被其他同事呼来唤去。以他的条件，他完全可以高高在上地在办公室做王子，而目前，他是办公室里的仆人，就连倒垃圾这事，他都帮助前台去做。

有一天，小潘正在忙着输入新收集来的一组信息，同事小陈突然要他去给一个客户送资料。就在几分钟前，老板还在催小潘尽快完成数据输入，这个办公室的人都听到了。我想，这下小潘完全有理由拒绝同事的“无理要求”——你又不是我领导，为什么要命令我？然而，我却听到小潘对小陈说：“我用五分钟时间，就可以把数据录入完，然后就把这份资料给送过去。”说着，我看到他主动伸出手从小陈的手中拿过资料。我心里都有些看不起小潘了，做男人做到这么软弱，也够可悲的！

有时候，因为对方是个好人，我们敬佩他，但也有的人，会因为对方是个好人，是好欺负的人，就会真的欺负他。

在那家公司工作的两年多时间里，见证了无数在我看来对小潘不公的事情，我心有不平，小潘却从不在意。很多工作是他做的，功劳都记在了别人的头上；他做的事情总是比别人多一些，难度大一些；他背了无数的黑锅……哪怕是面对老板的责骂，他也从来不顶嘴，不举报其他同事。在他二十六岁生日的时候，我看他的QQ空间里，几乎每个同事都给他送了礼物，虽然是虚拟的，但你可曾看见有谁给不喜欢的同事送礼物？有一天下雨，小潘不小心摔了一跤，一天没有上班，几乎每个同事都打了电话问候。小潘以他的勤劳和包容赢得了大家的友谊，从开始的欺负，到后来大家默默地关心，小潘用了近两年的时间。

后来，他递交了辞呈，说要另寻发展。在临行的晚宴上，大家一起向小潘敬酒。有同事说："小潘，你走了，办公室再也没有人好欺负了。"小潘哈哈大笑，说欺负是另一种爱。在餐厅的角落，小潘揽住我的肩，对我说："兄弟，我知道你一直为我鸣不平，其实没有什么，职场就是这样，退一步，海阔天空！善待身边的同事，却可以快乐地享有公司这个平台。在这个平台里，做个仆人更快乐，因为你会发现，原来自己被这么多人需要！"刹那间，我理解了他所有的包容。原来，他一直是快乐的，是我扭曲了事情的真相。

离开那家公司之后，我进了一家文化传播公司，一做就是五年。有人奇怪我何以在一个民营公司待这么久，在很多人看来，这确实有些不可思议。在广州，一年跳三两次槽，都是很正常的。但那些不断跳槽的人，没有几个是快乐的，他总是从不快乐的岗位跳到更加不快乐的岗位，和方一凡一样，他的眼里没有好的同事，没有好的上司……而唯独没有好好地想想自己是不是在做最好的自己！聪明人有原则，但从不搬石头砸自己的脚，因为他在搬石头之前，总是先摆正自己的位置。

谨以此书献给迷茫中的你，愿你成为一个简单、清澈、温暖而有力量的人，像星星一样努力发光。

心中有光，无惧黑暗

愿你笑得坦荡，眼里都是太阳

黄明哲　主编

红旗出版社

红旗出版社
HONGQI PRESS
推动进步的力量

图书在版编目（CIP）数据

愿你笑得坦荡，眼里都是太阳 / 黄明哲主编. — 北京：红旗出版社，2019.8

（心中有光，无惧黑暗）

ISBN 978-7-5051-4916-8

Ⅰ. ①愿… Ⅱ. ①黄… Ⅲ. ①成功心理—通俗读物 Ⅳ. ①B848.4-49

中国版本图书馆CIP数据核字（2019）第163375号

书　名　愿你笑得坦荡，眼里都是太阳
主　编　黄明哲

出品人	唐中祥	总监制	褚定华
选题策划	华语蓝图	责任编辑	朱小玲　王馥嘉

出版发行	红旗出版社	地　址	北京市北河沿大街甲83号
编辑部	010-57274497	邮政编码	100727
发行部	010-57270296		
印　刷	永清县晔盛亚胶印有限公司		
开　本	880毫米×1168毫米 1/32		
印　张	25		
字　数	620千字		
版　次	2019年 8 月北京第1版		
印　次	2019年12月北京第1次印刷		

ISBN 978-7-5051-4916-8　　定　价　160.00元（全5册）

前言

你明知道蜷缩在床上感觉更温暖，但还是一早就起床；你明知道什么都不做比较轻松，但依旧选择追逐梦想。这就是生活，你必须坚持下去。

旅行，写作，电影，和一个真正赏心悦目的人在一起，平平淡淡，走出一段赏心悦目的路，才是我所希求的东西。但这种稀有的彼此对待，得之我幸，不得我命。我希望我的以后，会选择用旅行来度过时光，用写作来养活自己。这是我觉得我最适合自己的路。

我已忘记，夜里坐在 Hirapolis（希拉波利斯）的露天剧场废墟，星光落满肩头，感到与历史近在咫尺的美丽感受。这些东西，和我少年时代的初衷，我想要重新一一拾起，做一个对的、好的人。不再抱怨，不再算计得失，不再违背心愿又不甘取舍，不再被本质空虚和捉摸不定的东西所控制。

今日翻开旧日不被仔细阅读的一本书，第一眼就看到大海的照片。渐渐地，有那么多的人与事，就相隔久远起来，维系比想象中还要脆弱。因为不知道在这个世间，到底还要走过多少人的肩旁，才能最终正确地停下来，我以为我可以是一个用心的女子，相信爱如拯救，且人与人之间的结局总有一线生机，可以不落窠臼。我梦想“窗台上有花，你画画，我看书，就这样走过了夕阳”。

晴朗，温暖，起风，原来今朝风日依旧温煦美好，终于是走过了一些人和事，我才懂得了我失去的、过错的与错过的，才倍加珍惜而今的点滴真情。没有经过寒冷，便不知道自己原来是得到过温暖的。我也不是一夜之间就长大的。天不够蓝，云不够白，我们却还要心怀希望。

命运依旧是待我以优厚和恩宠，继续给予我健康、亲人、朋友、平安、阳光、空气、食物……这些往往被忽略的，却对生命质量至关重要的财富。即使我仍然难改旧习，对于一些回想起来不值一提的小事常常暴躁，耿耿于怀，以至于情绪跌宕。

生活有望穿秋水的期待，也会有意想不到的欣喜。

相信时间会带我们去远方，相信我们想要的明天终会如约而至。

目 录

第一章
欲戴王冠，必承其重

你可以一辈子不登山，但你心中一定要有座山。它使你总往高处爬，它使你总有个奋斗的方向，它使你任何一刻抬起头，都能看到自己的希望。

——刘墉

永不放弃

在我13岁那年，一个阳光明媚的下午，爸爸告诉了我一句话，这句话至今依然响在耳边。

那时的我又高又瘦，像个清扫棍，站在离家不远的康涅狄格州海边的一座跳台上。我们正举行一场假期跳水比赛，在朋友的鼓励中，我进入了决赛。

另一名进入决赛的选手，她不但跳水技术相当棒，而且已经17岁了，有着维纳斯般的标致身材。我羡慕地注意到，场上所有的掌声都是送给她的，这不禁让我恼火起来。当她从水里游上来时，迎接她的是观众的口哨声和欢呼声，这不只是因为她跳得好。在她面前，我有些自惭形秽，觉得自己不配和她比赛。

这时，就在众目睽睽之下，我的泳衣上身的关键扣子突然绷开了！我没有请裁判给出一点时间去换泳衣，而是以这个意外为借口放弃了比赛。我用手捂着胸前的泳衣，双脚朝下从跳台上跳进了水里，当然也就立刻输掉了比赛。

我爸爸正在一条小船上等着我，把我拉上船后，他没有安慰我什么，而是说："罗莎琳，你一定要记住一句话：放弃者绝不会赢，赢者绝不会放弃！"

此后，在我想证明自己不比身边的男孩子差时，在我从干草棚上跳下来摔断了腿时，我都低声对自己说着这句"放弃者绝不会赢"，这句话伴随着我成长起来。

多年后的一天，我走进了纽约一间小排练室，来这里学习舞蹈，为在一个音乐喜剧里扮演角色做准备。舞蹈训练很难，我感觉自己永远也学不会似的。"这个音乐节奏快，恐怕你的腿太长，跟不上。"教练不耐烦地说。

我气得满脸通红，拿起夹克就往外走。这时，我突然想起了跳水那一天父亲说的话。我把夹克放了回去，站在自己的位置上继续练习，练到我的双脚都麻木了，但我最终掌握了这个舞蹈动作。

和很多简单的道理一样，在我遇到的麻烦越大的时候，就越是感到爸爸这句话的深刻。后来我去了好莱坞，事业刚见起色，就陷入了最可怕的低谷。那时我很长时间都是在扮演一个职业女性，但我觉得自己的未来是在喜剧角色中，可是没一个人给我机会让我走出困境。一天下午，我感觉再也受不了了，就去找导演。"我已经是第19次扮演这个角色了，演恶心了。”我抗议说，“我无法再从这个角色里学到任何东西，就连我每次上台用的桌子都是一样的。”但是导演根本没心思听我的话。

后来我看到了一个扮演喜剧角色的机会，就一次又一次地央求着要演这个自己喜欢的角色。为了让我闭嘴，导演终于给我安排了一次试镜。我按导演的要求，以四种不同的角度来试演这个角色。试镜结束后，我问导演：“我可以演吗？只一次，以我的方式？”

我曾经一连几个星期在更衣室的镜子前以“我的方式”练习过，虽然我不敢肯定自己有机会扮演这个角色。后来导演说：“罗莎琳，你演得还真有些感觉。”于是，他让我在电影《女人们》中扮演西尔维娅，这个角色为我的事业开创了一个全新的时期。

爸爸的这句箴言在我的个人生活中也在一直支撑着我。我以前从不知道“病”是什么滋味，可在我的儿子兰斯出生后，疾病就成了我的常客。在我的健康每况愈下的时候，我老想用酒精和催眠药来麻醉自己。“放弃有什么不好？”我问自己，“我应该认命。”

但是我再一次想起了爸爸的那句话，没有沉沦下去。经过4年的休养，我又回到了正常的、积极的生活中。

后来，我出演过许多部电影。作为肯尼修女基金会的联合主席，我每周还要抽出一些时间去那里工作。在忙碌中，我忘记了自身的烦恼。和那些我在医院里帮助过的患有小儿麻痹的孩子相比，我自己的任何麻烦都显得微不足道。

我始终在心里感谢着爸爸，13岁那年跳进水里时，是他把我拉了上来。没有爸爸那句箴言的指引，我不知有多少次会在生活这片海洋中茫然漂荡。

成功离你有多远

很多时候，我们看到别人脚下的路似乎比我们的更平坦，别人拥有的资源似乎比我们的更多、更好，别人的装备似乎更加精良……总之，我们左顾右盼觉得自己就是不如人，于是我们想，既然这样就不要空折腾了吧！所以我们看到同样的事情别人成功了，就安之若素地认为人家就是比自己强，所以成功在预料之中；如果别人失败了，我们会很庆幸地抚着胸口安慰自己，幸亏我英明，没有做出这样的傻事……我们就这样在一次次的机会面前错失良机，在一次次的挑战和竞争面前拱手相让，在一次次可能获得经验和教训的经历面前绕道而行。我们的确确保了自己不受伤害，不经历失败，但我们也毫无疑问地以自己的思想为桩把自己拴在原地，困于方寸之中。

有这样一个故事：在下雨天，有三个人同时外出办事，一个人腿有残疾，一个人没有雨伞，一个人健康又有雨伞。结果回来的时候，残疾人安全地回来了，没有伞的人也基本没有弄湿衣服便回来了，只有健康又有雨伞的人摔了跤而且弄湿了衣服回来了。因为残疾人觉得自己腿脚不便，所以小心翼翼地走路，没伞的人专走屋檐和树下的路，而只有健康又有雨伞的人得意忘形地跑着、跳着，并自恃有伞在大雨里奔走，所以一不小心栽了跟头……

有的时候我们没有败在自己的短处上，而是败在自己的长处上。

在人生的博弈场上，我们貌似没有别人的天赋，可是我们还有健全的身体；貌似我们缺乏贵人的帮助，可是我们少了对外界的一份依赖；貌似我们缺乏与别人抗衡的禀赋资源，但是这让我们更加地“知后而勇”……没有哪一个成功，早早地竖起旗帜告诉我们可以为之奋斗，很多时候，我们就需要为自己竖起一面旗子，并为之付出不懈的努力。这样奋斗过的人生才不算后悔吧？

人生是一场没有预演的演出，是一个可能没有观众的舞台，是一场甚至不能站在同一条起跑线上的赛跑。我们站在哪里不重要，重要的是我们想要站在哪里，走到哪里。

心之向往应该是快乐所在、幸福之源。从心所欲的生活将是所向披靡的生活。

如果我们崇尚奋斗的人生，那么所有经历的苦难便是一份财富；如果我们崇尚奉献社会，那么得与失自然就不在庸常的界定范围；如果我们立志要站在更高的地方看风景，我们就会不在乎暂时的居陋室、食简食、居人下；如果我们决定要成为一个豁达开朗人，我们怎会为一句话、一个小事锱铢必较，久久无法释怀呢？如果我们的灵魂里种满善的种子，又怎么会收获不到德的馨香？

当然，如果心之所欲是无休无止的贪欲，那么你也会所向披靡地走向你自己设好的地狱之门。

所以，人生为自己竖起一面旗帜很重要。旗帜高扬，前进的脚步就不会踟躅不前；旗帜高扬，生命就不会迷失前进的方向；旗帜高扬，一切的曲折必将成为回望时的风景。

我们总在疑惑成功究竟是什么样的，何时会垂青于自己。

其实，我们只要沿着自己确定的方向，心无旁骛，坚持到底，那么自会有别有洞天的风景在等着你。

要知道，成功不是复制别人，而是做最好的自己。

因此，成功离我们不是很远，只差一个“奋斗”的距离，只差“坚持”这一刻钟而已。

自信来源于自知

很久以前，看过湖南电视台的一个外景拍摄。与其说是外景拍摄，还不如说是对人自信的测试。这组镜头是这样的：由两个工人抬着一块“玻璃”横着行走在人行道上，其实也就是工人做着抬玻璃的样子，手上并没有玻璃。这样原本不宽敞的人行道被工人占用了一大半，所有的行人都不得不绕开工人抬“玻璃”的工作场地走。这样的行走大概持续了好几十分钟，也有人清楚地知道工人也就是在做做样子，手里空空如也，工人之间只是一块空地罢了，可就是不敢完全相信自己的判断，不敢穿过工人之间的空地。

时间一分一秒地过去了，直到半小时后，一个女孩毫不犹豫地从工人之间走了过去。躲在暗处的电视台摄影师迅速地跑到女孩身边问：“你为什么要从工人之间走过呢？”女孩一笑：“因为我知道他们什么也没有抬啊。我相信我这样做是正确的！”

这让我想起初中时候的第一次班会：身材矮小、面色黝黑的班主任走进教室，做了个简单的自我介绍后，他要求每个学生在一张小纸条上写下自己对自己的了解，然后交到他手里。

当时，我们班大部分同学都是从小学一年级开始就是同学，很多还是同村或者是好朋友。

我们把所有的小纸条交到了班主任手里。班主任大概看了后，拿出了一张只有寥寥数语的小纸条。这是徐同学的小纸条，我清清楚楚记得他上面写着——我爱睡懒觉，没有什么朋友。

班主任念了一遍小纸条后说：“请认识徐同学的学生，写下自己心目中的徐同学吧。”

很快，班主任手里收到了一沓小纸条。有的同学说徐同学体育成绩不错，有的同学说徐同学有爱心，有的同学说徐同学孝顺父母，有的同学说徐同学饭量很大……

总体而言，徐同学在大家心目中就是一老好人。徐同学顿时泪流满面。

最后，班主任说：“我不管你们原来学习成绩有多么糟糕，在人心目中是好是坏，都请你们经常了解一下自己。因为，了解了自己才可以相信自己，才可以在任何事情面前做到稳操胜券。”

那一刹那，我们都信心满满，爆发出一阵热烈的欢呼。

我还看到徐同学留有泪痕的脸变得坚强起来。

是啊。自信来源于自知！任何人行走在这个世界的时候，人生经历、家庭背景、社会环境都不会是一模一样的。一个人成长的过程，也就是探索社会秘密的过程，更是寻找自己最佳成功途径的过程。在自己和社会之间，你只找到社会通道还不行，还要找到一把打开人生的钥匙，只有两者合二为一，才是“知己知彼，百战不殆”。你知道自己面对数字很头痛，但喜欢文字；你知道自己体格一般，但手臂修长；你知道自己不能长跑，但短跑有优势；你知道自己不擅长销售，但擅长生产；你知道自己计算机很差，但英语很好；你知道自己不擅长语言交际，但邮件写得很温暖……面对形形色色的社会、各种各样的成功途径、各种各样的人生挫折，你不是一味地绕过去，而是找准一个机会、找准一条路，穿过去，到达成功的彼岸。

面对形形色色的人生挑战就是如此，当我们连自己都不了解自己的时候，我们是难以有自信的，即使有，也是暂时的。

做一个努力的人

有一次，在我参加的一个晚会上，主持人问一个小男孩：你长大以后要做什么样的人？孩子看看我们这些企业家，然后说：做企业家。在场的人忽地笑着鼓起了掌。我也拍了拍手，但听着并不舒服。我想，这孩子对于企业家究竟知道多少呢？他是不是因为当着我们的面才说要当企业家的呢？他是不是受了大人的影响，以为企业家风光，都是有钱的人，才要当企业家的呢？

这一切当然都是一个谜。但不管怎样，作为一个人的人生志向，我认为当什么并不重要；不管是谁，最重要的是从小要立志做一个努力的人。

我小的时候也曾被人问过同样的问题，我的回答不外乎当教师、解放军和科学家之类。时光一晃流走了二十多年，当年的孩子，如今已是四十出头的大人。但仔细想一想，当年我在大人们跟前表白过的志向，实际上一个也没有实现。我身边的其他人差不多也是如此。有的想当教师，后来却成了个体户；想当解放军的，有人竟做了囚犯。我上大学时有两个同窗好友，他们现在都是我国电子行业里才华出众的人，一个成长为“康佳”集团的老总，一个领导着TCL（今日中国雄师）集团。我们三个不期而然地成为中国彩电骨干企业的经营者，可是当年大学毕业时，无论有多大的想象力，我们也不敢想十几年后会成现在的样子。一切都是我们在奋斗中脚踏实地，一步一步努力得来的。与其说我们是有理想的人，不如说我们是一直在努力的人。

并非我们不重视理想，而是因为树雄心壮志易，为理想努力难，人生自古就如此。有谁会想到，十多年前的今天，我曾是一个在街头彷徨、为生存犯愁的人。当时的我，一无所有，前途渺茫，真不知路在何处。然而，我却没有灰心失望，回想起来，支撑着我走过这段坎坷岁月的正是我的意志、品格。当许多人以为我已不行、该不行了的时候，我仍做着从地上爬起来的努力，我坚信人生就像马拉多纳踢球，往往是在快要倒下去的时候“进球”获得生机的。事实也正是如此，就在“山重水复疑无路”的时候，香港一家企业倒闭给了我东山再起的机会，使我能够与掌握世界最新技术的英国科技人员合作，开发技术先进的彩色电视机，从此一举走出困境。

有人说，“努力”与“拥有”是人生一左一右的两道风景。但我认为，人生最美、最不逊色的风景应该是努力。努力是人生的一种精神状态，是对生命的一种赤子之情。努力是拥有之母，拥有是努力之子。一心努力可谓条条大路通罗马，只想获取可谓道路逼仄，天地窄小。所以，与其规定自己一定要成为一个什么样的人物，获得什么东西，不如磨炼自己做一个努力的人。志向再高，没有努力，志向终难坚守；没有远大目标，因为努力，终会找到奋斗的方向。做一个努力的人，可以说是人生最切实际的目标，是人生最大的境界。

许多人因为给自己定的目标太高太功利，因为难以成功而变得灰头土脸，最终灰心失望。究其原因，往往就是因为太关注拥有，而忽略做一个努力的人。对于今天的孩子们，如果只关注他们将来该做个什么样的人物，不把意志、品质作为一个做人的目标提出来，最终我们只能培养出狭隘、自私、脆弱和境界不高的人。遗憾的是，我们在这方面做得并不尽如人意。

让成功证明自己的价值

生活不如意十之八九，因此，我们总是不满意的多。人的满意分为两种，一种对自身的，另一种是对外界的。外界我们控制不了，它常常令我们猝不及防地产生不愉快，如下班时没赶上末班车，上班时堵车，这些外界的不愉快不可避免地会影响我们自己的不满意，是不是我天生的命不好，倒霉事全占了？是不是天生就不行，为什么那么多的不如意？

这时，人就会产生自怨自艾的情绪，这个自怨自艾，能够暂时让自己处于自我的境界，隔离与外界的不愉快事实，产生一种悲愤的情结。简单地说就是，让倒霉的事实转换成内在的一种情绪，不考虑事实本身，而是让自己与情绪感受在一起。

这能够让我们暂时忘记事实本身，而体验一种痛苦的情绪，如果这时，你能够战胜自我，用强有力的内心力量化解之，那么你迎来的就是“太阳依旧升起的明天”，可是有一部分人会沉浸在一种低迷的情绪状态中，自怨自艾，不能自拔。

这是一种很危险的情况，他们会怨天忧人，也会怨恨自己，一般的情况下，长时间处于这种情结的人，并不是因为刚好那些倒霉的事引起的，而是他们以前曾遭受过巨大的心灵创伤，有长时间痛苦的经历，这些倒霉的事儿不过是个引子，他们遇上了，就会联想到以前那些痛苦的经历，这时，就很容易陷入心灵危机。

人一旦遇到这些情况，正确的做法就是接受、承认那些事实，不排斥、不抗拒，既然往事已过，就让它们成为过去，和过去说拜拜，做好现在的自己，做好现在手头应做的事。顺其自然，为所当为，过去的不能改变，那就改变现在和未来。

这时，有人会说，那处于这种低迷的状态，到底怎么办呢？我要说的是，你的这种低迷状态是一种“想”的结果，你的注意力在于思考，而要把“想”的方式转换成“做”的方式，那么你的注意力就转变了，你就会改变当下的感受，而进入另一种感受，这时的低迷情结就中断了，你可以处于另一个维度里，从而就改变了自己。

“做”就是做事的意思，你不停地做事，就没有机会，也没有时间来思考体验那些不好的情绪了。曾有个男生失恋后，处于深深的痛苦中，父母建议他去找一份工作，他找到了一份程序员的工作，为了摆脱痛苦，他全身心地投入到工作中，双休也不休息，后来，被老板赏识，不仅加薪，还被提拔为技术部的主管。这个真实故事中的男生就是通过工作来转移注意力，摆脱失恋痛苦的成功例子。人的一生总是有许多不如意，可是当自己面临不如意时，我们应当坚信，任何问题都是有解决的办法的，有时，需要我们转换一下思路，转变一种方式。

人的生命实际上是一种能量的体现，当我们的这一能量在这一种方式受堵时，就换另一种方式；当我们的能量在这一时空受阻而不通畅时，不妨换一个地方重新开始。我们的不如意、不舒服都是我们的生命能量不顺畅，没有自由流动，我们所要做的就是，遇到、寻找对的地方、对的时间、对的人、对的方式，让我们顺畅起来。

我们没有义务也没有办法让所有人满意，但是我们最应该让自己满意，让自己幸福，而通往幸福的道路，也是我们终生奋斗的历程，我们必须努力做事，让成功证明自己的实力和价值。勤奋夯实做事，会让我们很少陷入心灵危机，会让我们成为现实主义者，当然了，也会让我们更快成功。

朝着梦想一路奋战

一

大学毕业前，我曾做了一个梦。在梦里用泛着铁锈的刀剁着番薯叶子，灰旧的石窠里，半碎的青红叶茎混着糠糊，几头长耳黑花背的大猪正贪婪地吃着。结果凌晨胃肠炎发作，疼醒后冷汗直冒。

裹上衣服捂着肚子叫车去医院，一个人坐在急诊室输液，揉着头发盯着医院的天花板有些自嘲，哎呀，我现在可真狼狈。临近毕业，却没有一丝面对生活的勇气。在过上无忧无虑的生活之前，还有多少忧虑重重的夜晚，把梦想、现实和卑劣的自我熬成一锅涩口的中药。悲观的情绪让我自行堕落，慢慢被这潮流淹没。

拿出手机想给家人打电话却又关上，我数着药店门口墙上发霉的斑点不知道说些什么，越来越沉默。

回宿舍喝完药后去卫生间对着镜子刷牙，有那么几分钟，我一动不动，安安静静看着镜子中的自己。往昔所有的片段，在脑海中一帧一帧地铺展开来。看着还滴着水的刘海，下巴上暗青色的胡楂，突然就被一支感伤的利箭击中，难受得要马上弯下腰，连口都没有漱，带着一嘴的白泡沫，转身回房。

之后，和一个朋友说起这件事，我对她说："很久之前，我记得我总是会通过各种方式去寻找安全感，最后发现其实安全感谁都给不了我，渐渐地我懂了自己该如何去调节自己。我才觉得自己并不像自己想象的那样强大。这一年我必须给自己腾出点时间来，系统地学些东西。"

"真是很老气的对白。"她嗤之以鼻，"你才二十出头，别这么绝望。"

"没绝望，就证明我心理素质够好，碰见那么多奇怪的事，到今天没有精神崩溃，我觉得我神经足够大条。"我回了个哭笑不得的表情，然后想到那天夜晚做的那个奇怪的梦，好像我就是圈养的那头猪一般。

北岛有一首诗："那时我们有梦，关于文学，关于爱情，关于穿越世界的旅行。"虽然我们仍旧怀着痴梦，战战兢兢、前仆后继，混着血与泪，挟着腥与风向前路走去。梦想看起来似乎可望不可即，其实现实还不是仍然围绕着柴米油盐酱醋茶，最后成了那个心安理得地吃着饲料的黑背花猪，总归是为了生存。

那个心怀梦想的我们，最后都学会了低头。

二

市中心家乐福超市后有一家奶茶店，门面连着后面的三个卧室，一间门后堆满了各式各样的书籍刊物。老板是个有些秃顶的台湾大叔，店里生意虽然不好，但也能凑合着过，反正他也只是需要个生活的幌子，并不在意收入。

我曾问他："开奶茶店就是你的梦想吧，你每天一定都很开心吧。"

"不开心。"他说，"因为很累。"

"谁不想梦想成真，有时候，我们需要的不是梦想，而是一个方向，只不过我的方向偏了。"他把冰块放进碎冰器，用力地压着，仿佛要将梦想也一并碾碎。

无论结果如何，梦想破碎的过程中，再也回不到曾经憧憬的生活。平和向上的现状已然能满足他、抚慰他，他又有什么勇气孤注一掷用现在去豪赌一个深不可测的未来。而那些放弃梦想的人，不敢拿现在的安稳去试探未来，最后享受自己选择的路。不管是艰辛还是舒服，都是自己的选择。

可我仍敬佩那些放弃原本安逸的生活，义无反顾奔向另一座城市、为梦想而活的人。哪怕舍弃这点点滴滴筑起的安稳，哪怕要开始一场漫长的两地情书，蜗居在阴暗狭窄的地下小单间里，拿着梦想起步时最微薄的工资，日日夜夜无休止地加班。

我看着他娴熟地做着重复成百上千次的动作，心里暗暗地反驳。

“我20多岁的时候，没有人告诉我30多岁会这么难。”他把做好的奶茶打包递给我，“你还年轻，不试一下，你会后悔。”

“或许吧。”

三

我年少时从未见过高山，未曾想过见过的第一座高山就是生活。当我开始因生活烦恼并踌躇不已，才发现青春的火车就这样快到站了。只是我没想到的是，它在最高速的时候戛然而止，让我撞个头破血流。

人不会永远活着，几十年后一切都成空。越来越多的年轻人急于和别人比比谁走得舒服谁走得远，想让自己变成一个更好的人，可是我们避开了。无论是“人就是要安稳”，还是“敢于直面惨淡的人生”。总之，我们再也没有冲动想用自己的能力与梦想搏一搏，哪怕擦肩。

梦想是什么呢？梦想就是那个有不竭的动力去释放自我的东西。只要有一个机会让你接近它，你便会很轻易地抛弃你所谓的虚幻情怀，用尽全力去抓到它。

只不过现实却打败了很多人，纵然你可以留得住自己，你却留不住你身边的东西。看看身边所有的东西都改变，只剩下自己，那种无法承受的沉重是时间，可没有人能承受那种重量。

一辈子要走的路还很长，热闹的街道里到处塞满着拥挤的梦想。远方即使苟且，也不要放弃，不用迫切想要成为最好的自己。反正夜深才会灯起，人走才茶凉，何必焦急。

四

王尔德说过：人生中有两种悲剧，一种是得不到的想要的东西，另一种是已经得到的。总想追求一些东西，但这往往也意味着你会失去一些什么。我们太年少，所以会把一切想得太过美好。这是不对的。

梦想面前，很多时候犹豫许久，考虑再三，还是没有勇气用现在作为全部的赌注。这个世界唯一的不公平是因为有的人有能力接受不公平，而有的人不能接受不公平，如果人人都有能力接受不公平，那么这个世界就公平了。这是我自己编来欺骗自己一定要笑看风云的借口，有时候自己的奋斗看不见一丝希望，只能靠编一句话来鼓励自己。

在退出这场豪赌前，往往为自己想了一个足以说服自己的借口，比如“现实”。在一次次顽强反抗中开始改变，有的变得安于现状，有的开始怀疑自己，有的会选择忘记过去杀死过去的自己，然后变成这场斗争的失败者。可是，当看到他人用和我们一样的赌注，咬牙发狠不顾一切地赌了一把而赢得盆满钵满。我激赏他们孤注一掷的勇气和过人的能力，并羡慕不已。

学了二十多年的对错，却发现现实只讲输赢，这算不算成长呢?

别人的梦想未必不及你，只不过比你表现得格外精彩些。如果你已经足够幸福了，大概你也不想去纠结那些所谓的梦想了。可是我们现在大概是不幸福的，所以才会如此急切地否定自己。

我们想要的生活无非就是更多的体验这个世界，迎接可能会把我们打倒在地的狂风暴雨。朝着梦想一路奋战，不是为了改变世界，而是为了不让这世界改变我们。

梦想实现的历程不是一条平坦的大道，所以它才格外珍贵。

认真是有力量的

他是个快递小子，二十岁出头，其貌不扬，还戴着厚厚的眼镜，一看就知道刚做这行，竟然穿了西装打着领带，皮鞋也擦得很亮。说话时，脸会微微地红，有些羞涩，不像他的那些同行，穿着休闲装平底鞋，方便楼上楼下地跑，而且个个能说会道……

几乎每天都有一些快递小子敲门，有些是接送快递的物品，但大多是来送名片，宣传业务。现在的快递公司很多，也确实很方便，平常公事私事都离不开他们。所以他们送来的名片，我们都会留下，顺手塞进抽屉里，用的时候随便抽一张，不管张三李四，打个电话，很快就会过来一个穿着球鞋背着大包的男孩子。

那次他是第一次来，也是送名片，他叫肖战。只说了几句话，说自己是哪家公司的，然后认真地用双手放下名片就走了。皮鞋踩在楼道的地板上发出清脆的响声。有同事说，这个傻小子，穿皮鞋送快件，也不怕累。

几天后又见到他。接了他名片的同事有信函要发，兴许肖战的名片在最上面，就给他打了电话。电话打过去，十几分钟的样子，他便过来了。还是穿了皮鞋，说话还是有些紧张。

单子填完，他慎重地看了好几遍才说了谢谢，收费找零。零钱，谨慎地用双手递过去，好像完成一个很庄重的交接仪式。

因为他的厚眼镜、他的西装革履、他的沉默、他的谨慎，我就下意识地记住了他。隔了几天给家人寄东西，就跟同事要了他的电话。

他很快过来，仔细地把东西收好，带走。没隔几天，又过来送过几次快件。

刚做不久的缘故，他确实要认真许多，要确认签收人的身份，又等着接收后打开，看其中的物品是否有误，然后才走。所以他接送一个快件，花的时间比其他人要多一些，由此推算，他赚的钱不会太多。觉得这个行业，真不是他这样的笨小子能做好的。

转眼到了“五一”，放假前一天快中午的时候，听到楼道传来清晰的脚步声，随后有人敲门。竟然是他，肖战。他换了件浅颜色的西装，皮鞋依旧很亮。手里提着一袋红红的橘子，进了门没说话，脸就红了。

“是你啊？”同事说，“有我们的快件吗？”他摇头，把橘子放到茶几上，看起来很不好意思，说：“我的第一份业务，是在这里拿到的。我给大家送点水果，谢谢你们照顾我的工作，也祝大家劳动节快乐。”

这是印象中他说得最长的一句话，好像事先演练过，很流畅。

我们都有些不好意思起来，这么长时间，还没有任何有工作关系的人来给我们送礼物呢，而他，只是一个凭自己努力吃饭的快递小子，也只是无意让他接了几次活，实在谈不上谁照顾谁。他却执意把橘子留下来，并很快道别转身就出了门。

应该是街边小摊上的水果，橘子个头都不大，味道还有一点儿酸涩。可是我们谁也没有说一句挑剔的话。半天，有人说道，这小子，倒笨得挺有人情味的。

也许因为他的橘子、他的人情味，再有快递的信件和物品，整个办公室的人都会打电话找他，还顺带着把他推荐给了其他部门。

肖战朝我们这里跑得明显勤了，有时一天跑四趟。

这样频繁地接触，大家也慢慢熟悉起来。肖战在很热的天气里也要穿着衬衣，大多是白色的，领口扣得很整齐。始终穿皮鞋，从来都不随意。有次同事跟他开玩笑说：“你老穿这么规矩，一点不像送快递的，倒像卖保险的。”

他认真地说：“卖保险都穿那么认真，送快递的怎么就不能？我刚培训时，领导说，去见客户一定要衣衫整洁，这是对对方最起码的尊重，也是对我们职业的尊重。”

同事继续打趣他：“对领导的话你就这么认真听啊？”

听领导的话当然要认真。他根本不介意同事是调侃他，依旧这样认真地解释。

我们又笑，他大概是这行里最听话的员工吧？这么简单的工作，他做得比别人辛苦多了，可这样的辛苦，最后能得到什么呢？他好像做得越来越信心百倍。

但是，肖战的快递生涯一干就是两年。

两年里他除去换了一副眼镜，衣着和言行基本上没有变化。工作态度依旧认真，从来没听到他有什么抱怨。

那天我打电话让他来取东西。我的大学同窗在一所中专任教，“十一”结婚，我有礼物送她。填完单子，肖战核对时冷不丁地说：“啊，是我念书的学校。”他的声音很大，把我吓了一跳。他又说：“我也是在那里毕业的。”

这次我听明白了，不由抬起头来，有些吃惊地看着他。“你也在那里上过学吗？”

可能那个地址让他有些兴奋，一连串地说：“是啊是啊，我是学财会的，2004年刚毕业。”

天哪！这个其貌不扬的快递小子，竟然是个正规学校的中专生。

我忍不住问他：“你有学历也有专业特长，怎么不找其他工作？”

面对这样的询问，他有些不好意思，说：“当时没以为专业适合的工作那么难找，找了几个月才发现实在太难了。我家在农村，挺穷的，家里供我念完书就不错了，哪能再跟他们要钱。正好快递公司招快递员，我就去了。干着干着觉得也挺好的……”

“那你当初学的知识不都浪费了？”我还是替他惋惜。

“不会啊。送快递也需要有好的统筹才会提高效率，比如把客户根据不同的地域、不同的业务类型明细分类，业务多的客户一般送什么、送到哪里、私人的如何送……通常看到客户电话，就知道他的具体位置、大概送什么、需要带多大的箱子……”他嘻嘻地笑，“知识哪有白学的！”

我真对他有些另眼相看了，没想到笨笨的他这么有心，而他的话，也真有着深刻的道理。

转眼又到了“五一”，节前总会有往来的物品，那天给肖战打电话来取东西，电话是他接的，来的却是另外一个更年轻的男孩。说：“我是快递公司的，肖主管要我来拿东西。”

我愣了一下，转念明白过来。说：“肖战当主管了？”

“是啊。”男孩说，“年底就去南宁当分公司的经理了，都宣布了。”

男孩和肖战明显不一样，有些自来熟，话很多，不等我们问，就说：“上次公司会议上宣布的，提升的理由好几条呢：他是公司唯一干得最长的快递员，是唯一有学历的快递员，是唯一坚持穿西装的快递员，是唯一建立客户档案的快递员，是唯一没有接到客户投诉的快递员……”

男孩絮絮叨叨说了半天，才把我要发的物件拿走。因为肖战的事，那天，我心里感到由衷的高兴。

当天下午，肖战的快递公司送来同城快件，是一箱进口的橙子。虽然没有卡片没有留言，我们都知道是他送的。拆开后每人分了几个放到桌上。

橙子很大，色泽鲜艳，味道甜美。隔着这些漂亮的橙子，我却看到了那些小小的橘子。它们，是那些小橘子开出的花吗？

我终于相信了，认真是有力量的，那种力量，足以让小小的青涩橘子开出花来。

机遇改变人生

一个中国农民到韩国旅游，受朋友之托，在韩国一家超市买了四大袋三十斤左右的泡菜。回旅馆的路上，身材魁梧的他，渐渐感到手中的塑料袋越来越重，勒得手生疼。他想把袋子扛在肩上，又怕弄脏新买的西装。正当他左右为难之际，忽然看到了街道两边茂盛的绿化树，顿时计上心来。

他放下袋子，在路边的绿化树上折了一根树枝，准备当作提手来拎沉重的泡菜袋子。不料，正当他暗自高兴时，便被迎面走来的韩国警察逮了个正着。他因损坏树木、破坏环境，被韩国警察毫不客气地罚了50美元。

50美元相当于400多元人民币啊，这在国内，能买大半车的泡菜啊！他心疼得直跺脚。几欲争辩，无奈交流困难，只能认罚作罢。

他交完罚款，肚子里憋了不少气，除了舍不得那50美元，更觉得自己让韩国警察罚了款，是给中国人丢了脸。越想越窝囊，他干脆放下袋子，坐在了路边。

他看着眼前来来往往的人流，发现路人中也有不少人和他一样，气喘吁吁地拎着大大小小的袋子，手掌被勒得甚至发紫了，有的人坚持不住，还停下来揉手或搓手。他们吃力的样子竟让他觉得有点好笑。

为什么不想办法搞个既方便又不勒手的提手来拎东西呢？

回国之后，他不断想起在韩国被罚50美金的事情和那些提着沉重袋子的路人，发明一种方便提手的念头越来越强烈。于是，他干脆放下手头的活计，一头扎进了方便提手的研制中。根据人的手形，他反复设计了好几种款式的提手；为了试验它们的抗拉力，又分别采用了铁质、木质、塑料等几种材料。然而，总是达不到预期的效果，他几乎丧失信心了。但一想到在韩国那令人汗颜的50美元罚款，他又充满了斗志。

几经周折，产品做出来了，他请左邻右舍试用，这不起眼的小东西竟一下子得到了邻居们的青睐。有了它，买米买菜多提几个袋子也不觉得勒手了。后来，他又把方便提手拿到当地的集市上推销，但看的人多，买的人少。

这怎么可以呢？他急得直挠头。这时候妻子提醒他，把提手免费赠给那些拎着重物的人使用。别说，这招还真奏效，所谓眼见为实，方便提手的优点一下子就体现出来了。一时间，大街小巷到处有人打听方便提手的出处。

方便提手出名了，增加了他将这种产品推向市场的信心。但是，他没有忘记自己发明的最终目标市场是韩国。他很快申请了发明专利。接着，为了能让方便提手顺利打进韩国市场，他决定先了解韩国消费者对日常用品的消费心理。

经过反复的调查了解，他发现，韩国人对色彩及形式十分挑剔，处处讲究包装，只要包装精美、做工精良，价格是其次的。于是他决定投其所好，针对提手的颜色进行多样改造，增强视觉效果，又不惜重金聘请了专业包装设计师，对提手按国际化标准进行细致的包装。对于他如此大规模的投资，有不少人投以怀疑的眼光，不相信这个小玩意儿能搞出什么大名堂。可他坚信一个最通俗的道理："舍不得孩子，套不着狼"。

功夫不负有心人，经过前期大量市场调研和商业运作，一周后，他接到了韩国一家大型超市的订单，以每只0.25美元的价格，一次性订购了120万只方便提手！那一刻他欣喜若狂。

这个靠简单的方便提手吸引韩国消费者的人叫韩振远，凭一个不起眼的灵感，一下子从一个普通农民变成了百万富翁。而这个变化，他用了不到一年的时间，而且这仅仅是个开始。

有人问他是如何成功的，他说是用50美元买一根树枝换来的。一根树枝，不仅带动了他的财富，而且改变了他的人生。

机遇就像这根树枝，你在它身上开动脑筋，它就帮你改变人生。

为自己设定一个理想

欧弟小时候有一个幸福的家庭，爸爸是跆拳道教练，开了自己的公司，小时候的欧弟是令同学羡慕的“住别墅的孩子”。爸爸妈妈和姐姐都对欧弟疼爱有加，一家四口其乐融融。然而好景不长，在欧弟高中时，爸爸的公司因为经营不善倒闭了，而且还欠下了千万台币的债务。房子被迫卖掉，一向慈爱的爸爸也很少回家了，偶尔出现在欧弟面前，也是被追债的打得鼻青脸肿，妈妈也终于忍受不住巨大的压力和爸爸离婚了，慢慢走出了欧弟的生活。15岁的欧弟已经长成了一个男子汉，他默默地面对和承受了这一切。

当时的欧弟已经是培德职高表演班的学生，学校离家有四十分钟的车程。爸爸把所有的钱都拿去还债了，哪怕公交车费都没有给欧弟留，那段时间，欧弟每天6点钟就起床，步行三个小时去学校。“但我还是经常迟到，往往走到学校已经快十点钟了，然后坐在那也没了力气，因为也没有吃早餐。”老师最开始误以为欧弟是偷懒，把他叫到办公室去狠狠地批评了一顿。长时间的迟到让老师有了疑问，当老师了解到他因为没钱坐公交车而步行三个小时到学校时，心疼不已，马上掏出钱来给欧弟，而最让老师感动的是，一个月后欧弟把钱一分不少地还上了。坐车没钱，吃饭也成了问题，三餐减成了一餐，饿的时候就喝水填肚子。“吃中饭的时候我就会离开教室，午饭时间一过就装作吃过了回来，因为饭菜的香味诱惑力太大了，后来同学们发现了我其实是没有钱吃饭，他们就开始每个人分一点饭给我吃，最后我的饭分量比谁都多，让我特别特别感动，真的很感谢他们在我最困难的时候帮助我。”

模仿张学友闯进娱乐界，骗朋友请客打牙祭

17岁时欧弟参加了当年台湾地区举办的“四大天王模仿大赛”，取得了张学友组的第一名，从此进入娱乐圈。此时的欧弟已经开始背负起替父还债的重任，他希望自己演出的收入可以尽快地替爸爸把债务还清，可是刚出道的新人能拿到的出场费和报酬都不高，而遭遇的冷落也让欧弟很受伤。“那时候我们组合就叫‘四大天王’，每次出场的时候主持人都会一一介绍说让我们欢迎‘刘德华’‘郭富城’‘黎明’，观众都会疯狂地鼓掌，而每次到了我的时候，‘让我们欢迎

‘张学友’，下面掌声就会明显少很多，我每次都是掌声最少的，因为他们觉得我不像，而且长得没其他三个帅，我就很尴尬地站在旁边，所以每次都特别怕开场的时候。”而正是因为这样，让欧弟有了“一定要把张学友模仿得出神入化”的动力，欧弟在后来当上主持人后，第一个采访的嘉宾就是张学友，而他更是得到了张学友的肯定。“我真的从来没有想过我第一次采访的人会是学友哥，我当着他的面就模仿他，他看完之后说‘很像，真的不错’。后来再碰到时他还叫出了我名字，我当时就感动得哭了。”

沉重的债务把刚出道的欧弟压得喘不过气来，但在舞台上的他是模仿张学友越来越像的搞怪小子，他从来不向周围的人诉苦，压力再大也不向朋友伸手借钱，把苦往肚子里咽，永远把最活力、最开心的一面带给众人，但好人缘的他还是得到了很多朋友的帮助。“有一段时间泡面吃完了，冰箱里肉末都没有了，我就打电话给我一朋友，开始就随便聊，问在哪啊，最近怎么样之类的，他就说在哪个餐厅或者酒吧，要我过去喝酒，我当然很开心啊，就是等着他说这个嘛。去了酒吧之后我们就开始喝酒，因为之前没有吃东西，几杯下去之后就有点晕了，他就问‘怎么，都没有吃点东西吗？’，我就‘嗯嗯啊’地敷衍，他就特爽快地叫了一大盘水饺，我装作没事一样毫不客气地吃光了。接下来几天我就用同样的方法把几个大哥轮流吃了一遍，熬过去一星期，能骗的人都骗光了，哈哈。结果前不久回台湾我还碰到其中一个朋友，他都忘了那事，但我说下次一定要请他吃回来。”

承受不起父亲的一跪，压力大到曾想自杀

正在欧弟演艺事业慢慢有了起色的时候，收到了服兵役的通知单，而一直有着腰伤的他并不知道，其实他可以免服兵役，于是他退出了组合，离开了舞台，开始了为期两年的部队生活。这代表着他将放弃以前的演艺生活，从曾经万众瞩目的舞台退下是需要很大勇气和承受力的，最重要的是他没有了出场费，没有了劳务费，经济来源断掉就不能替爸爸还债了。然而祸不单行的是，刚进军营的第一年，爸爸又给他带来了第二笔债款。“那天我们班长把我叫出去，说让我做好准备，然后我就看到我爸爸被带进来，身上满是伤，后面还跟着一群讨债的人，我爸爸看到我就扑通跪下了，他说他对不起我，但是他没有别的办法，希望我能替他签下债款。我帮他揉着伤口，我自己都不知道掉下的是汗水还是泪水，我觉得他在我面前不像爸爸，而像一个孩子，需要我去保护。”爸爸的这一跪让欧弟的内心受到了极大的震撼，他感到前所未有的恐慌和无助。

欧弟说那是一段灰暗的日子，整天浑浑噩噩，这所有的一切压过来让他失去了思考的能力和坚持的勇气，他甚至选择了自杀。“我每天都不知道自己在想什么，没有思想，我像木

头人一样，训练完回到宿舍睁着眼睛躺着，一切都不受自己控制一样，我就拿起刀子把手割了，我看着血流在地上一点感觉也没有。”被发现时欧弟已经昏迷了，但幸好抢救及时，再次睁开眼睛时，他已经不再逃避，而是选择勇敢地面对。“我那时候就觉得为什么所有不好的事情都在一个时间发生在我身上，我怎么会那么不幸。其实也不是真的想要自杀，就真的是自己都不知道那段时间干了什么。”欧弟用云淡风轻的语气讲述那刻骨铭心的一段，但在说到爸爸时，还是从眼睛里掠过一些柔软和包容，他说没有什么比看着亲人受苦更痛苦的事了，男人肩上有一副担子，他必须挑起来。

30 岁这一年还清债务，只想为自己买一套房子

2008年，注定是欧弟具有纪念意义的一年。这一年，他30岁；也是这一年，他加入了湖南卫视《天天向上》主持群，让更多观众认识并喜欢他；更重要的是，这一年，他终于还清了所有的债务。当聊到还清债务那一刻的心情时，欧弟长吁了一口气，“我什么都不想干了，这么多年的努力似乎就是为了这一刻，我就想我人生目标都完成了，一下子就失去了所有的动力，我跟公司申请半年假，但那个时候通告已经排满了，我就赖在家里，睡觉，睡得昏天暗地的。”无债一身轻的欧弟似乎真的开始无欲无求，他对生活不再有要求，他从没这么轻松

过。“但是后来宪哥（吴宗宪）告诉我，你必须给自己制造一点欲望和要求，不然你整个人就会垮掉了，会养成惰性，绝对不是一件好事情，所以我现在希望能在海边买一套房子，买一辆中意的跑车，我要为它们奋斗，才会有工作的动力。”

经历了那么多波折，欧弟终于可以为自己设定一个理想，一步一步去实现。

第二章
初心不改，静等风来

时间是往前走的，钟不可能倒着转，所以一切事只要过去，就再也不能回头。这世界上即使看来像回头的事，也都是面对着完成的。我们可以转身，但是不必回头，即使有一天，你发现自己走错了，你也应该转身，大步朝着对的方向去，而不是回头怨自己错了。

——刘墉

若你想变强，首先让自己先变忙

一

上周末和表妹毋苑吃饭，一见面她就大吐苦水。一会儿说生活不容易，一会儿说恋爱不顺利，一会儿又说人心太复杂，好像全世界都联合起来欺负她这个弱女子似的。

毋苑毕业后进了一家企业，工作虽然清闲，收入却只够糊口。平时没事的时候，她就在办公室玩手机，下了班回来就打游戏。一开始还觉得挺舒服，日子久了，很多糟心事就来了。

她有事没事就喜欢找男朋友微信闲聊，对方没空回，她就疑神疑鬼，觉得男友不爱自己；单位的晋升评优，从来就没有她的份，她就觉得是领导有眼无珠、同事故意打压自己；看到别人买名牌包包、高档化妆品，自己也想买，可看看卡里的余额，就只有羡慕的份……

她跟我吐槽："我运气好差，我好孤独，好难过啊……"

我调侃她："你这哪是运气不好，根本就是闲得无聊！你要是哪天真正忙起来，肯定就没空想这些乱七八糟的东西了。"

世上本无事，庸人自扰之。在真正的强者面前，再多的起起落落、风风雨雨都不值一提，因为未来永远都在路上。

二

其实，每个人都有烦恼，这再正常不过了。当烦恼来临时，我们要做的不是沉溺其中，而是寻找解决的方法，尽快把烦恼消解掉。

美学大师朱光潜曾劝告那些多愁善感的人：朋友，闲愁最苦！愁来愁去，人生还是那样一个人生，世界也还是那样一个世界。我劝你多打网球，多弹钢琴，多栽花木，多搬砖弄瓦。假如你不喜欢这些，你就谈谈笑笑、跑跑跳跳，也是好的。

让自己有事可干，让自己真正忙起来，不给闲愁留空间，就是最好的解决之道。

就像我的大学同学苏丽，一毕业就嫁人做了全职太太。起初，她还经常秀恩爱秀清闲；慢慢地，老公开始对她嫌东嫌西，婆婆说她只会花钱不会挣钱，日子越过越不顺心。

就这样，苏丽才决定出来工作。一开始，她经验不足，年龄却不小，受了不少嘲讽和偏见。为了把业绩做上去，她常常熬夜加班，周末还报班学习。如今，她靠自己做到了部门总监，日程越来越满，却觉得比以前快乐多了。她再也不用看人眼色，想买什么东西就买，想做什么事就做。她的圈子变大了，每天都有新鲜事，还交到了更多朋友。

生活就是如此，一旦你变强大了，全世界都会对你和颜悦色；一旦你过得好了，快乐也会随之而来。如果你想改变眼前的困境，就一定要让自己变强；如果你想变强，请首先让自己变忙。

三

如果你对自己的现状还不够满意，如果你对未来还感到迷茫，那么，请收起脆弱和懒散，先让自己忙起来吧。忙着读书，让灵魂更加丰盈；忙着锻炼，让身材更加健美；忙着工作，赚到更多的钱，遇到更棒的人，看到更美的风景。

你腹有诗书、胸有壮志、手有余钱的时候，就会发现，那些纠缠你的烦恼，早已影响不了你；那些苦兮兮的日子，早已一去不复返。

你若无所事事，世界都是凄风苦雨；你若又忙又美，生活自然阳光明媚。

态度决定未来

一个上了年纪的木匠准备退休了，他告诉雇主，他不想再盖房子了，想和他的老伴过一种更加悠闲的生活，他虽然很留恋那份报酬，但他该退休了。

雇主看到好工人要走，感到非常惋惜，就问他能不能再建一栋房子，就算是给他个人帮忙，木匠答应了，可是，木匠的心思已经不在干活上了，不仅手艺退步，而且还偷工减料。

木匠完工后，雇主来了，他拍拍木匠的肩膀，诚恳地说：房子归你了，这是我送给你的礼物。

木匠感到十分震惊：太丢人了呀！要是他知道他是在为自己建房子，他干活的方式就会完全不同了。

每天你钉一颗钉子，放一块木板，垒一面墙，但往往没有竭心全力，最终，你吃惊地发现：你将不得不住在自己建的房子里。如果可以重来……但你无法回头！

人生就是一项自己做的工程，我们今天做事的态度，决定了明天住的房子。

生活是多样多彩的，有时会在我们出乎意料的时候突然拜访，然而，生活有时也是充满挑战、残酷的，也许它就在我们毫无防备的一瞬间降临。

心态决定成败！

海伦从小双目失明并伴随着耳聋，可她却在令旁人无法相信的重压之下，凭借着自己顽强坚韧的毅力，成为世界上举世闻名的女作家、翻译家，我们都知道，海伦的遭遇是不幸的，可她却创造了一个伟大的神话，我相信海伦成功的背后所付出的不仅仅是艰辛的努力，应该还有积极向上的心态。

现实生活中也许存在着令我们心情沮丧、失意的挑战，在这时，我们不妨拿自己的现实同海伦比较看看，就会发现这些也不算什么了。

我牢牢地记着海伦这位伟大并创造奇迹的女性。

无论在我的学习或生活中，甚至是在面临沉重的压力、挫折下，她已成为我努力奋斗顽强拼搏的偶像，或许考试的成绩不尽理想，可谁不会经历过这些？或许我不会为这个社会做出什么大贡献，可我每天都在认真地遵纪守法。或许陌生的环境令我无所适从，可这是每个人一生中都会经历的考验。心态真的很重要。

当我们用平静的眼光来看待事物、发现事物、对待事物，就会发现很多问题都会迎难而解，我们眼前的路会不断地拓展、加宽。

像那些挫折、困难，它们最怕的是我们坚定的态度。缺点并不可怕，只要我们用欣赏、发展的态度去看待，渐渐地，就会发现它正逐步成为我们的优点、我们的长处，就好比一个天平上左右两边的砝码，左边是现在的生活，右边是我们的心态，想要使天平的左右两边平衡，就得不断地向右边加平正的心态，不断地改变自我。

平淡、无聊、时光的流失、生活的无趣、前途的渺茫充斥着我现在的生活。看不到前面的路在哪里！有时候自己都对生活感到了恐惧和无助，这就是人所面对的选择，你必须鼓起勇气走下去，也许你现在面对的就是黎明前最黑暗的时候，你选择什么样的生活就具有什么样的生活方式，在困难面前或许就是机遇最容易出现的时候，就看你用什么样的态度去面对你面前的问题。态度决定一切，自己决定自己的人生和未来，相信自己没有错，美好的未来就把握在你的手里。

做一条有梦想的咸鱼

约三个月前，我被拉进了小学群。多年未见的小学同学一下子又聚在一起，开始延续那段最美好的时光。但集体奔三的我们，无论如何不敢再自称无忧无虑。

他们曾经是我最熟悉的一群人，如今，大家顺理成章从父辈手中接过了普通和平凡的标签，因袭传统、波澜不惊地生活着。从始至终，握在我们手中的，都不是一柄柄金灿灿的汤匙，而是一块块硬邦邦的咸鱼干。但就是这样一群人，我时常能从他们身上感受到一种叫作梦想的力量。

一

黄鹂小姐是这个群的发起人，也是群主。

现在，她是两个孩子的母亲，生活的重心在家庭和孩子之间周旋辗转。有次聊天，她说想要在市里买套房子，不想一辈子困在这个小县城的城中村。她一门心思望子成龙、望女成凤，想让两个孩子获得最好的教育，所以当这个宏大的目标出现在她平静的生活里时，我能明显感觉出她的兴奋和挣扎。最后，她跟我说：最起码，心里得有个目标不是吗？哪怕够不到，也要踮起脚尖伸直手臂够一够。

我和黄鹂小姐是发小，关系一向很好。大二寒假那年，我们几个在村边放孔明灯，点着后刚升起来不到十秒，灯就挂在树杈子上。几个人随后哈哈大笑。

现在想来，我们就像那只孔明灯一样，努力挣脱地心的引力，想要往更高更远的地方飞。但现实世界里，总会有这样那样的枝枝丫丫、磕磕绊绊挡在中间，让你不断受挫，不断跌倒，不断重新来过。

人和孔明灯不同的地方就在于：灯被点着了，破了一个窟窿就永远无法再飞起来；人不一样，只要你在一次次跌倒受挫之后能重新站起来，你就能不断获得更加强大的生命力量。

黄鹂小姐是个再平凡不过的女生，但她试过各种办法让自己的生活不沦为一潭死水。支撑她的，没有来自家庭的后盾，没有来自生活的惊喜，没有来自朋友的鼎力。她所能依靠和仰仗的，只有那一丝信念。她说，每一个根植于内心的梦想，都值得我们据理力争。

二

橡树先生是我的老大哥，也是我最要好的哥们儿。

当初我俩当着全班人打架，我还和另外一个同学把他摁在学校花池边上脱了他的裤子，坏小子们就这样稀里糊涂长大了。

中专毕业后，他做起了建筑装修。前两天，我看他发朋友圈，照片是一张大楼的骨架图，他配了一句话：这架子搭得规矩。他没有说，买一套这房子该多好。

有时候我在想，像橡树先生这样肯出力气、踏实能干的男人，每天上下班，偶尔和同学举个场子打打扑克喝点小酒，到县城里唱唱歌吃顿烤串儿，看到搭建得干净利落的工地忍不住发出一声感叹，同时爱自己的媳妇和孩子，这样的生活未尝不美好。

如果一个人看到一间房子、一辆车子、一件好看的衣服，就满脑子想的是不劳而获、占为己有，那这样的人生一定是非常无趣的。

橡树先生说，在家里盖一间平房要二十万，像样点的就更贵。从买摩托，到装修新房，到结婚生子，再到每一件大家具的添置，以及最近在原来房子的基础上起的二层小楼，这些都是他梦想的一部分。就像当初他跟我说的那样：只要用劲儿干，别人有的咱都能有。

他这种稳扎稳打、步步为营的寻梦之路时常让人惊艳和感慨，并非所有的梦想都是用来让自己变得富有的，梦想是照进现实，用来丰满生活的重要部分。有了梦想的平凡生活，就像有了阳光的森林，就像有了花朵的庭院，就像有了承诺的爱情，它或许只是多了一丁点儿的不同，却能扭转颓势，峰回路转。

三

树洞先生从上海回来以后，就一直在老家工作。

上周他在群里发照片，跟几个哥们儿在家里打牙祭，他酿了一坛蝎子酒，说可以治疗风湿。

我俩同岁，每次我问他为什么还不结婚的时候，他总是含糊其词地跟我说：咱穷，谁会要啊？

他绝不是一个破罐子破摔的人。为了给老爹治病，他前后花出去二十多万，但我从未听见过他有一句抱怨。他常挂在嘴边的话是：哥，来家喝酒啊，菜都准备好了。在他身上，你能看到生活热气腾腾的样子。

今年“双十一”大战，我们在群里嚷嚷，树洞先生却让我帮他打听北京一家快递公司招不招人。不怕苦不怕累，现在的情况，得多赚一些钱。

后来，我常常在想：树洞先生的梦想是什么？可能就是赚大钱吧，让家人健康，将来娶个媳妇儿，装修一下房子，然后本本分分过自己的生活。

其实，有许多梦想都不是为了让自己变得多么体面和富贵，但梦想的存在可以支撑我们在惨淡的时光中甘之如饴，为我们身边的人创造现世安稳和岁月静好。

四

白云小姐和柿子先生呢？两人双双外出打工，他们的梦想可能小到如果能在某个下雨天不用上工，躲在屋子里吃一顿火锅享受片刻的惬意就好了。

石榴先生呢，他在镇子旁边开了家理发店，他的梦想也许是周围十里八村的人都到他的理发店理发。芋头先生呢，他和我一样是北漂一族。昨天，他说他和女朋友订婚了，他的梦想也许是在北京买一套小房子，当一个成功的创业者。生活不会拖累每一个梦想。事实上，真正的梦想通常都是在无比艰辛和枯燥乏味的日常中完成的。

梦想也不会挑剔拥有者，不会因为你手里拿着的是咸鱼干而他手中握着的是金汤匙就上下其手。总有什么值得我们去改变和做得更好的，也总有什么能让我们心怀梦想负重前行。

一个真正热爱生活的人，绝不会一味抱怨而放弃美的愿景和梦想的召唤。从一根竹笋、一颗蚕蛹、一朵花苞开始，我们终将和梦想殊途同归。

我听说，山雨来时，大风满楼；我听说，彩虹之下，阡陌纵横；我听说，松涛絮语，千仞绝壁；我也听说，就算手握咸鱼，心中也要怀揣梦想。

那就做一条有梦想的咸鱼吧，人如果没有理想，那跟咸鱼有什么分别?

人生需有试错的勇气

吴媛是我们公司的红人，但大家一直很奇怪，论身高，她算不上高挑，论样貌，也不算出众；平时，也不见她跟老板走得多近，可不知道她用什么方式，总是能得到器重，连着三年的升职加薪都有她的份儿。

前几天，她带我一起去见个客户，并没有什么要紧的事，只是日常的关系维护。落座之后，咖啡端上来，彼此寒暄两句，客户无意中说起最近忙着跟人谈一个合作项目。待对方说完，吴媛瞅准时机又不失风度地追问，已经签完合同了吗？有没有可能交给我们公司来做。

客户犹豫了一下，说："已经有了一家意向单位，谈得差不多了，所以很抱歉，这次可能不行了。"吴媛没有放弃，继续说："我只想知道，如何才能把不行变成行。"

跟客户吃完自助餐后，吴媛没有回家，开车一路回了公司，连夜写出了一份详细的计划案，第二天一早又带着我去了客户那儿。对方依然热情有礼地接待了我们，但看过方案之后还是有些为难地说："可能这次会有点难度……"

几乎一宿未睡的吴嫄脸上带着一贯的微笑，让人难以察觉有一丝倦容。她语气坚定地接过话茬："没关系，我们今天就是来解决这些问题的。你只需要告诉我，怎么才能成。即使最后还是没能合作，至少我争取过了。"

经过反复商讨、修改方案，最后，吴嫄竟然后来者居上，从众多竞争对手手中把这个单子抢了过来。

签完合同那天，她请我吃饭，算是小小地庆祝一下。我问起她哪来的魄力和韧劲能如此执着，她说："不管是你想要得到一样东西，还是实现一个梦想，总会出现这样那样的困难和阻挠，有多少人的第一反应是既然大局将定，那就放弃吧，下次有机会再说。可是，哪有那么正好的机会。我只不过是比别人多问了一句'还有可能改变吗'，只要有一点点希望，我就想试试。"

"本来胜算就不大，非要逞能，万一失败了，多丢人。"我脱口而出。

"敢于尝试，这是年轻的资本，有什么可丢人的。你没听过那句话吗？生命中最痛苦的事，不是失败，而是我本可以，但却没有。"吴嫄说，她只是不希望自己为不曾尽力而后悔。

于是，我明白了，为什么受到器重的总是她。

看我一脸景仰的表情，吴嫄端起酒杯跟我碰了一下，说，其实她的胆量也不是生来就有的。在她的大学时代，内心也曾自卑过。学校组织排球比赛，她明明在中学时专门练过，可觉得自己个子不高，怕被笑话，就没敢报名。可班里的女生太少，实在很难凑齐一支排球队，班长找她谈了两次，她终于勉强同意做个替补。她在比赛的最后几分钟上场，竟连得了好几分，同学们喝彩声一浪一浪的，她像突然间顿悟，自己明明是可以的，为什么之前一直畏畏缩缩？

其实这样的例子，在我们的生活中真是太多了。你想养一盆绿植，可是从来没养过，想想有些困难，还是算了吧；你想要考研，可一想到没日没夜地复习之后还是可能不会成功，就放弃了；你想要跑步，可是担心自己没有科学的方法，跑几天也减不了肥，于是就作罢了；领导给你一项新的工作，你从来没干过，生怕出错，又推掉了……

所有可能让你变得更好的努力，在一开始就被你扼杀了。如果你一直没有尝试迈出第一步，怎么可能掌握栽培绿植的方法，怎么可能享受到跑步之后大汗淋漓的酣畅……难道害怕自己没有经验，害怕中途突然出现的变故，害怕事到最后依然不尽如人意的结局，或者仅仅是怕输、怕被嘲笑，就不敢尝试了吗？

其实，同样有太多类似的例子告诉我们，很多时候，那些困难真的没有想象中那么难。就像吴嫄告诉我的："我无数次地跟自己说，再试一次，如果这个关过不去，再放弃吧。可是，每个关就这么闯过来了。最难的，只是需要你迈出尝试的第一步。”

想起之前看到杨澜在书中写到她对迈克尔·乔丹的采访，这位被誉为“飞人”的伟大运动员说：“我起码有9000次投球不中，我输过不下300场比赛，有26次人们期待我投入制胜一球而我却失误了。我的一生中失败一个接着一个，这就是为什么我能够成功。我从未害怕过失败，我可以接受失败，但我不能接受没有尝试。”他还说，面对所有的伤痛和困境，他的法宝就是从小父母教育他的那句话：“谁都会遇到倒霉事，你的任务是想办法把坏事变成好事。”

而这，其实也是我们每个人毕生的功课。

我们每个人都有自己的梦想，都有想要达成的目标，都有希望成为的样子，但在这个过程中，总会出现各种干扰。与其畏缩不前，何不趁青春年少，大胆一试？许多事情，不是因为做不到才让人失去了信心，而是因为失去了信心，才变得难以做到。

你与成功之间的距离，有时候可能就在于你比别人多尝试了那一次。

坦然面对自己的选择

你有没有遇到过类似的事？在18岁的时候，刚考上大学的自己，无论是“终于解放了，我要纵歌天下”，还是觉得压力巨大奋斗不息，总之背上行李奔赴京城，懵懵懂懂要开启一流大学四年游的时候，你的美女初中同学在中专毕业之后，嫁了一个大十岁的成功商人，已经生下了第一个孩子。同学聚会上得知这个消息的你，当时是怎么想呢？是不是无限唏嘘感慨，有些千头万绪无从说起的感觉。

但感慨过后，你回到京城，继续努力学习，背单词，写论文，搞社团，风生水起，不亦乐乎，总觉得未来有一个光明亮堂无极限的前途在召唤着你、等候着你，好像大学一毕业，你就会过上理想中的乌托邦的日子，工作，娱乐，踩起高跟，挺起胸膛，精英白领，威风凛凛。

后来你带着零挂科的光芒毕业了，发现考公务员总是死在边边上，就差那么临门一脚，发现考事业单位连考题都在告诉你："我们实在连装样子都懒得装了，你随便考考吧，我们有人选了。"发现小私企才不管你是什么名牌大学毕业的，"只要来我们这，工资就这样，保险就不买，你爱在不在，不想在滚蛋。"

没有关系的你摸爬滚打了几年，某日午夜梦回，发现自己还在最低层嗷嗷叫着，拿着微薄的工资，有时候连吃饭都只能啃老。空拿着各种光辉闪闪镶金边的证书，工作中自己的专业一毫米都用不上，出成绩都是领导的功劳，出错误都是自己的失职。

再次同学聚会，你带着一脸疲倦的素颜挤着公交车慢慢赶到，发现嫁有钱人的同学衣着靓丽、妆容适宜、珠光宝气，聊天的内容是自己又生了二胎。虽然罚款17万，但总算是儿女双全，人生圆满，区区17万岂能入我法眼。

你看着人家因为年轻就生孩子，所以身材曲线几乎毫不受影响；看着人家因为不需要工作，所以毫不操劳而美貌白皙的皮肤；看着人家没读几年书，却可以大谈特谈育儿经，听上去还那么有道理。十点了，你说"要去赶公交车"，人家说"好吧，散吧，我要去那边开车"，路上有与你一样苦逼的朋友告诉你，她看见人家开的貌似奥迪一款很贵的车，你忽然有点不明白，自己辛苦地打拼，到底为了什么。

你甚至会领悟到，这个社会给了美女多少优待。

终究还是看脸吧，你想。

或者你有没有遇到过这样的事？大学毕业之后，家在省城的你作为家乡宝，回到了家乡。因为在省城竞争大、压力大、关系户多、城市边远，你的专业不是很用得上，你一直没能找到你觉得和你匹配的工作岗位。而你的一个朋友，研究生毕业之后，去了周边小镇的一个学院当老师，有编制，配宿舍，收入不错（反正比你高），还算清闲，想上进了可以自己再辛苦辛苦考个博士。

只要你们聊天，他必定在跟你抱怨如何怎样想回省城，想来父母和朋友身边，一个人如何孤单无聊。你虽然理解他这种对编制、对工资弃之可惜的矛盾心情，但你连编制都没有。在各种小企业的压榨下，虽然身在温暖的家，心却漂泊天涯。每天不知道是什么把自己从床上叫醒，拖着沉重的身躯宁愿去上坟，却只能去上班，这种情况下，你还要安慰电话那边的人。

是啊，你理解他的矛盾，所以你轻声细语劝慰他："实在不行就回来呗，凭你的能力应该也没问题，或者在闲暇时间复习一下，考考公务员考回来也是不错的。"他立刻就反驳你："公务员那都是靠关系，我一点关系都没有，考都懒得去考。再说了，我现在的工作吧，感觉也还可以，工资还不错，能让生活挺滋润，就是没有家人和朋友，孤单了一点，有时候实在是无聊。"

那你还能说什么呢？你理解他，他设身处地地理解了你哪怕一毫厘吗？他不过真的就是孤单无聊，抓你来打发一下时间而已。

无论有什么缺失，他们确实是过得比你好吧。

我知道，这种日子，你实在不想再过下去了。只是你走哪条路，兜兜转转地都会绕到这一步。

如果现在给你一个选择，你可以回到18岁那一年，虽然你不是美女，但如果你致力于找个大十来岁，还有点小钱的人嫁了，应该还不算太难，后面就过上你向往的相夫教子、挥金如土的生活。如果无聊了可以出去找点儿工作，这时候工作就只是一种调剂，你不需要它养活你，所以根本不会受谁的气。无非就是男人老了点儿，反正生了孩子，重心就在孩子上了，好像也不需要太在意。又不用辛苦地复习高考，又不用汗流浃背地跑招聘会，又不用低头哈腰地跟领导赔笑。

如果你回到了那一年，你会做出这样的选择吗？放弃大学，哪怕它只是象牙塔；放弃书本，哪怕百无一用是书生；放弃奋斗，哪怕蝼蚁只能是蝼蚁。

我对美女同学的生活选择，并不持批判态度，我觉得那也是一种好的人生选择，只要她过得幸福。我是说，到了我身上，既然我能学得进去，既然我喜欢读书，既然我还想进修，哪怕回到那一年，我也不会如此选择。只是我可能需要调整一下脚步和节奏，让我再来到今时今日的时候，能够比这一次，顺畅一些。

如果再给你一个选择，省城的公务员事业单位关系复杂竞争大，但周围小乡小县的相对比较容易，只是去了就是远离父母和朋友，远离熟悉的生活。如果在大城市里自己打拼，眼前五光十色诱惑遍地，可能咬咬牙也就挺下去。可是如果到了一个人生地不熟，按我朋友说，就是你要十样东西有九样买不着的地方，过惯了城市生活的你，怎么一个人去适应？有编制哦，有稳定的收入哦。你会选择吗？

这个诱惑就大了，应该是有人会选这个的，只是对于我来说，因为身边就有失独老人，对那种撕心裂肺深有体会。所以作为独生女，看着父母渐渐老去，还是比较想留在父母身边，让他们安心，所谓子欲养而亲不待，我一直觉得这是世间最大遗憾。所以我会继续摸爬滚打，希望有一天能得偿所愿，而不是为了一时安逸，提前离开，过上温水煮青蛙，舒服又焦虑的日子。

所以在那些午夜难眠的日子里，想起朋友生活的安逸、前途的清晰，我也会唉声叹气。虽然还想不明白自己到底想要什么，但不想要什么，还是很明确的。

现在的生活，不过是一步步走来时，一次次选择的堆积。虽然这些步伐、这些选择还没有堆积到能支撑美好生活，但抱怨一天再用六天继续，暴躁一个星期再用三个星期期许，低落一个月再用十一个月清醒，哭泣一夜再用一个白天努力，我们能做的，无非这些而已。

当然，如果发现自己一步步走来，走岔了路，做错了选择，那么悬崖勒马及时回头也是可以的。趁着年华未老，赶紧找个依靠，或者换个路子，找找看有没有曲径通幽。

无论哪种，都要记得，现在的生活，都是当初自己的选择；现在的选择，都会影响未来的生活。

丢失自己的时候，遇见别人的故事的时候，问问自己，那是不是自己想要的？是，就换方向、换思维、换路线向别人取经，塑造自己的故事；不是，那就不要多想，羡慕嫉妒恨各种情绪轮转过后，自己走。

记得就好，慢慢走，慢慢选，找到什么是自己想要，哪怕现在身在泥沼，也许有一天，自己选择的路上，会有自己更好的格调。

总有一段路是要靠自己完成的

一

最近，身边不少朋友辞职了。

问他们原因，大多数人的回答都是：那份工作太委屈了——

我的工作特别辛苦，每天都要加班，工资还特别低；我上一份工作，老板特奇葩，三天两头发火，对大家特别严厉；我的那份工作太枯燥了，每天都在重复着机械的事情，看不到自己的前景在哪里……

很多人都觉得自己的工作特别委屈，特别想辞职。但是，也许我们每个人做的工作内容不一样、辛苦程度不一样、面对的压力和困难不一样，但每个人的工作都各有各的苦。

经常有人告诉我，说自己要找一份喜欢的工作。所以，当工作不符合自己期待的时候，很多人的第一反应是，我要换一份工作。可是，再换一份工作，情况真的会变好吗？就没烦恼了吗？

不一定。

二

朋友大新原先在某公司做销售，但他不是很喜欢，特别羡慕电视台的工作，于是历尽艰辛去了自己喜欢的电视台。

可去了之后才发现，要绞尽脑汁策划节目的内容，经常在烈日当空或是大雨滂沱时外出采访，熬夜参与后期制作更是常态。

半年下来，曾经他眼中发着光的工作，也逐渐暗淡了下来。

曾看过这样一句话：你的认知是需要一个过程的，所以我觉得，用喜欢不喜欢来选择工作，对90%的人来讲，挺危险的。因为恐怕，你以为你喜欢的事情，你去做了以后会发现你没那么喜欢。

所以，对待一份工作，不能单纯地用喜欢或者不喜欢来评判。更应该的是多维度去考量这份工作，是否能给你带来满意的薪资、你能否在这份工作中获得成长、这份工作是否有一个好的前景等。

三

有这样一句话：工作真正的意义，是你安身立命的资本，是你实现自我价值的平台，是让你有钱吃饭、养娃、孝顺父母，是让你夜半醒来不害怕。

确实是这样，任何工作没有喜欢不喜欢，只有能干不能干。

身在职场，委屈常有。要想熬过工作的苦，你得有两项能力，一个是要懂得坚持，另一个是要学会调整心态。

曾经看过一个故事。一个人在寒冬的夜里坐出租车回家，一上车发现这辆车与别的出租车不一样，很温馨，里面还挂着香包和装饰。

他刚坐下，司机就问他冷不冷，车上有暖手宝。车一启动，司机担心他饿，就拿出零食问他要不要吃，还掏出杂志给他打发时间，把他当成了来家里做客的朋友一样精心对待。

他很诧异，便问司机为什么会有这样的举动。司机说："其实，我以前也是一个很喜欢抱怨的人，直到有一天我听到一档广播节目里说：'如果你想改变生活，首先就应改变自己。如果你觉得世界太黑暗，那么所有发生的事都会让你不开心。'于是我转变了自己的心态，停止了抱怨，学着做好每一个细节，善待每一位客人。

“以前我的生意很一般，还经常遭人投诉，从那以后，我的业务越来越火爆，很多人要出远门都会来预订我的车。我的世界变得明亮起来，仿佛身边的每一个人都是我的贵人。”

四

心态的“态”，拆解开来看，就是心大一点。在生活和工作中，一定会遇到很多委屈和不甘，如果事事都要计较，真的太累了，还容易阻碍你前进。

只要心大一点，把所有的心思放在提升自己上，你就会发现，相比于工作中受到的委屈，收获的快乐反而是你最宝贵的财富。

每个人活在世上都有自己的生活和使命，都要承担属于你的那份苦和难，没有谁比谁更容易或者更轻松。

当你在工作中想要放弃，或者感到很难的时候，请告诉自己：没有一份工作是容易的，生命中总有一段路是要你自己走完的。

与其抱怨工作的苦，不如调整好自己的心态。当你逐渐学会了坚持和强大自己，你终究能穿过漆黑的夜，走过坎坷的路，渡过湍急的河，收获你想要的人生。

努力，变成更好的人

每个人都有梦想，或大或小，或近或远。可是，为什么有的人能梦想成真，有的人却迷失在了半路上？

一

玛丽打电话告诉我她自己的蛋糕店就要开张时，我在心里由衷地为她高兴。因为，并不是每个人都能将梦想保持多年，并且最终实现。从高中跟她做同桌时起，我就知道她喜欢烘焙。我在电话里说：“玛丽，你真幸运，想做的事就能做成，真让人羡慕！”

她说，其实并不容易。上大学那会儿，她从生活费里抠出钱去学做糕点，但父母不愿意她鼓捣那些面糊糊，这个小梦想也就这样搁浅了。毕业后，她顺利地进了一家文化公司，成了你在写字楼里常能见到的那种光鲜白领，头发梳得干练油亮，职业装整洁笔挺。可一下班，她立马换了个人，套上围裙，挽起袖管，一头就扎进了面团里。她不光做常见的口味，还很有创意地将自己喜欢的口味进行各种混搭，常常给人出奇不意的惊喜口感。父母看她是真喜欢这行，也就退让了，同意她开一家很小的小店，先试试看。

“你知道我是怎么撑到今天的吗？”玛丽说，“在无数个想要放弃的时候，我都在心里想，我还有个梦想没实现呢。太好了！我得想办法去实现它。然后，就觉得浑身充满了干劲儿。如果没有这个信念，估计这个店也开不起来吧。”

二

白宇，理工男一枚，学的是自动化，大学毕业后做了工程设计的工作，心中的梦想却是搞摄影。他拍得一手好照片，最喜欢在大马路上拍行色匆匆的人。“我常常在想，那一个个早出晚归、步履匆忙的人，衣饰不同、表情各异、神态有别，背后会是各自怎样精彩的故事……”

几年下来，他积攒了好几千张照片。他的作品多次登上报纸、杂志、网站，也拿过一些大大小小的奖项。不久前，还在一个朋友的帮助下，办了个摄影展。虽然规模真的很小，但也算有模有样。

“梦想成真的感觉爽吗？”我问他。“还成。接下来希望能有更多机会去其他城市拍一拍，或者尝试一些别的主题吧。”白宇似乎蓝图在胸。

我跟他打趣说：“你这还有完没完啊？”

他说：“总是觉得有事儿做，说明我有想法、有激情、肯努力，说明我心态不老，还对生活怀有憧憬，还对这个世界抱有好奇，这有什么不好？”

三

不久前去爬华山，因为刚下过雪，路面结冰湿滑，走得格外小心翼翼。时间也就这么被耽搁了，最后只好西峰上、北峰下，其他几峰都没能登临，心中怅然若失。

下山路上，遇见几个遭遇相同状况的年轻大学生，却是一路有说有笑，很开心地拍着沿途雪景。其中一个小伙子说：“从小就在小说中看华山论剑，说华山险峻，‘自古一条道’，就很想亲临实地亲身感受。今天来了，见到这么壮美的景色，已经实现了心中所愿，为什么不开心？”

“可是，并没有登上最高峰啊。”我毫不掩饰自己的失落。

小伙子说：“那多好啊。如果这次就把所有风景都看遍，可能下次我就不会有这么大兴趣了。留点遗憾，说不定我明年就会再来。或许是在春天，或者夏天，那会儿肯定会是完全不同的景致。”

越过山丘，才知道是否有人等候；也是越过山丘，才会发现远方还有更多的山峦。我们不能奢望每一座都能登顶，但只要一直走一直走，总能不断攀上新高度、看到新风景。

四

不管是始终未偿夙愿，还是不断有新的目标，心中怀揣梦想总是值得尊敬、令人感动的事。

只是，我们也常常听人说：我想考某某学校的研究生，但是复习资料好多，我怕自己不行；我想出国游学，但我的英语真的很烂，只好放弃了；我想有一个更苗条更健康的身材，但健身好累，我常常会偷懒；我已经很久不写东西了，此前我一直觉得自己能当作家的……

心想事成，只是一种美好的祈愿。现实的压力、鸡毛蒜皮的琐事、周遭的变故，包括人的自我成长，都会挤压梦想的空间。我们是从什么时候开始，一点点对困难妥协，慢慢放弃了自己的目标？

虽然，不管如何坚持、如何努力，我们也未必都能完全实现最初的梦想。但我很喜欢这样一句话：“也许梦想存在的意义并不仅仅只是为了拿来实现的，而是有一件事情在远远的地方提醒我们，我们还可以去努力变成更好的人。”

这样的快乐不是钱能够带来的

2003年，34岁的成都女教师谢晓君带着3岁的女儿，到四川省甘孜藏族自治州康定县塔公乡的西康福利学校支教。2006年8月，一座位置更偏远、条件更艰苦、康定县第一所寄宿制学校——木雅祖庆学校创办了。谢晓君主动前往当起了藏族娃娃们的老师、家长甚至保姆。2007年2月，她把工作关系转到康定县，并表示“一辈子待在这儿”。

到雪山脚下去

“是这里的纯净吸引了我。天永远这么蓝，孩子是那么尊敬老师，对知识的渴望是那么强烈……我爱上了这个地方，爱上了这里的孩子。”

康定县塔公乡多饶干目村，距成都约500公里，海拔4100

米。在终年积雪的雅姆雪山的怀抱中，在一个山势平坦的山坡上，四排活动房屋和一顶白色帐篷依山而建，这就是木雅祖庆学校简单的校舍。

时针指向清晨六点，牧民家的牦牛都还在睡觉，最下边一排房子窄窄的窗户里已经透出了灯光。女教师寝室的门刚一开，夹着雪花的寒风就一股脑儿地钻了进去。

草原冬季的风吹得皮肤生疼。屋子里的5位女教师本想刷牙，可凉水在昨晚又被冻成了冰疙瘩，只得作罢。她们逐一走出门来，谢晓君不得不缩紧了脖子，下意识地用手扯住红色羽绒服的衣领，这让身高不过1.60米的她显得更瘦小。

吃过馒头和稀饭，谢晓君径直朝最上排的活动房走去。零下十七八摄氏度的低温，冰霜早就将浅草地裹得坚硬滑溜，每一次下脚都得很小心。

六点半，早自习的课铃刚响过，谢晓君就站在了教室里。三年级（一）班和特殊班的70多个孩子是她的学生。“格拉！格拉！（藏语：老师好）”娃娃们走过她身边，都轻声地问候。当山坡下早起的牧民打开牦牛圈的栅栏时，木雅祖庆教室里的琅琅读书声，已被大风带出去好远了。

2006年8月1日，作为康定县第一所寄宿制学校，为贫困失学娃娃而创办的木雅祖庆学校诞生在这山坳里。一年多过去，它已经成为康定县最大的寄宿制学校，600个7岁到20岁的牧民子女在这里学习小学课程。塔公草原地广人稀，像城里孩子那样每天上下学是根本不可能的，与其说是学校，不如说木雅祖庆是一个家，娃娃们的吃喝拉撒睡，老师们都得照料。谢晓君和62位教职员工是老师，是家长，更是保姆。

学校的老师里，谢晓君是最特殊的。1991年她从家乡大竹考入四川音乐学院，1995年毕业后分到成都石室联中任音乐老师。2003年，她带着年仅3岁的女儿来到塔公的西康福利学校支教，当起了孤儿们的老师。2006年，谢晓君又主动来到了条件更为艰苦的木雅祖庆学校。

三年级（一）班和特殊班的好多孩子都还不知道，与自己朝夕相处的谢老师其实是学音乐出身。从联中到西康福利学校，再到木雅祖庆学校，谢晓君前后担任过生物老师、数学老师、图书管理员和生活老师。每一次变动，谢晓君都得从头学起。

从成都到塔公，谢晓君不知多少次被人问起，为什么放弃成都的一切到雪山来。“是这里的纯净吸引了我。天永远这么蓝，孩子是那么尊敬老师，对知识的渴望是那么强烈……我爱上了这个地方，爱上了这里的孩子。”

最初让她来到塔公的不是别人，正是自己的丈夫——西康福利学校的负责人胡忠。

福利学校修建在清澈的塔公河边，学校占地50多亩，包括一个操场、一个篮球场和一个钢架阳光棚。这里是甘孜州13个县的汉、藏、彝、羌四个民族143名孤儿的校园，也是他们完全意义上的家。一日三餐，老师和孤儿都是在一起吃的，饭菜没有任何差别。吃完饭，孩子们会自觉地将碗筷清洗干净。

西康福利学校是甘孜州第一所全免费、寄宿制的民办福利学校。早在1997年学校创办之前，胡忠就了解到塔公教育资源极其匮乏的情况，“当时就有了想到塔公当一名志愿者的念头”。

辞去化学教师一职，胡忠以志愿者身份到西康福利学校当了名数学老师，300多元生活补助是他每月的报酬。临别那天，谢晓君一路流着泪把丈夫送到康定折多山口。

谢晓君家住九里堤，胡忠离开后，她常常在晚上十一二点长途话费便宜的时候，跑到附近的公用电话亭给丈夫打电话。所有的假期，谢晓君都会去塔公。跟福利学校的孤儿们接触越来越多，谢晓君产生了无比强烈的愿望：到塔公去！

从头再来——音乐老师教汉语

“城市里的物质、人事，很多复杂的事情就像蚕茧一样束缚着我，而塔公完全不同，在这里心灵可以被释放。”

谢晓君弹得一手好钢琴，可学校最需要的不是音乐老师。生物老师、数学老师、图书管理员和生活老师，3年时间里，谢晓君尝试了四种角色，顶替离开了的支教老师。她说：“这里没有孩子来适应你，只有老师适应孩子，只要对孩子有用，我就去学。”

2006年8月1日，木雅祖庆学校在比塔公乡海拔还高200米的多饶干目村成立，没有一丁点儿犹豫，谢晓君报了名。学校实行藏语为主汉语为辅的双语教学。“学校很缺汉语老师，我又不是一个专业的语文老师，必须重新学。”谢晓君托母亲从成都买来很多语文教案自学，把小学语文课程学了好几遍。

牧民的孩子们大多听不懂汉语，年龄差异也很大。37个超龄的孩子被编成“特殊班”，和三年级（一）班的40多个娃娃一起成了谢晓君的学生。学生们听不懂她的话，谢晓君就用手比画，好不容易教会了拼音，汉字、词语又成了障碍。谢晓君想尽一切办法用孩子们熟悉的事物组词造句，草原、雪山、牦牛、帐篷、酥油……接着是反复诵读、记忆。课堂上，谢晓君必须不停地说话来制造“语境”，一堂课下来她能喝下整整一暖壶水。

4个月的时间里，这些特殊的学生学完了两本教材，谢晓君一周的课时也达到了36节。令她欣慰的是，特殊班的孩子现在也能背诵唐诗了。

这样的快乐不是钱能够带来的

“课程很多，上课是我现在全部的生活，但我很快乐，这样的快乐不是钱能够带来的……我会在这里待一辈子。”

木雅祖庆学校没有围墙，从活动房教室的任何一个窗口，都可以看到不远处巍峨的雅姆雪山。不少教室的窗户关不上，寒风一个劲儿地朝教室里灌，尽管身上穿着学校统一发放的羽绒服，在最冷的清晨和傍晚，有的孩子还是冻得瑟瑟发抖。

“一年级的新生以为只要睡醒了就要上课，经常有七八岁的娃娃凌晨三四点醒了，就直接跑到教室等老师。”好多娃娃因此而被冻感冒。谢晓君很是感慨：“他们有着太多的优秀品质，尽管条件这么艰苦，但他们真的拥有一笔很宝贵的财富——纯净。”

这里的娃娃们身上没有一分钱的零花钱，也没有零食吃，学校发给的衣服和老师亲手修剪的发型都是一样的，没有任何东西可攀比。他们之间不会吵架更不会打架，年长的孩子很自然地照顾着比自己小的同学，同学之间的关系更像兄弟姐妹。

每年6月、7月、8月是当地天气最好的时节，太阳和月亮时常同时悬挂于天际，多饶干目到处是绿得就快要顺着山坡流下来的草地，雪山积雪融化而成的溪水朝下游的藏寨欢快地流淌而去。这般如画景致就在眼前，没有人能坐得住，老师们会带着娃娃把课堂移到草地上，娃娃们或坐或趴，围成一圈儿，拿着课本大声朗诵着课文。当然，他们都得很小心，要是不小心一屁股坐上湿牛粪堆儿，就够让生活老师忙活好一阵子了，孩子自己也就没裤子穿没衣裳换了。

孩子们习惯用最简单的方式表达对老师的崇敬：听老师的话。“布置的作业，交代的事情，孩子们都会不折不扣地完成，包括改变好多生活习惯。”不少孩子初入学时没有上厕所的习惯，谢晓君和同事们一个个地教，现在即便是在零下20摄氏度的寒冬深夜，娃娃们也会穿上拖鞋和秋裤，朝60米外的厕所跑。

自然条件虽严酷，但对孩子们威胁最大的是塔公大草原的狼，它们就生活在雅姆雪山的雪线附近，从那里步行到木雅祖庆学校不过两个多小时。

尽管环境如此恶劣，谢晓君却觉得与天真无邪的娃娃们待在一起很快乐，她说："课程很多，上课是我现在全部的生活，但我很快乐，这样的快乐不是钱能够带来的。"

"明年，学校还将招收600名新生，教学楼工程也将动工，未来会越来越好，更多的草原孩子可以上学了……我会在这里待一辈子。"说这话时，谢晓君就像身后巍峨的雅姆雪山，高大雄伟，庄严圣洁。

第三章
征途未完，提灯前行

如果有人嫉妒你，优雅地保持距离，不要用挑衅的姿态；你看麻雀总是嫉恨老鹰，老鹰从不介怀，只是远远地飞翔开；如果他非要走近你，冷静地等待，要相信很多事必须要发生，你控制不了，但因果会知道。

——扎西拉姆·多多

走出去都是路

“出路出路，走出去才有路。”这是我妈常说的一句话，每当我面临困难及有畏难情绪的时候，我妈就用这句话来鼓励我。

很多人有一样的困惑和吐槽，比如在自己的小家乡多么压抑，感觉自己的一生不甘心这样度过，自己的工作多么不满意，不知道该离开还是拔地而起去反击。你问我，我也不知道你应该怎么选择，人生是自己的，谁也无法代替你做选择。

有一个和我熟识的快递员，我之前与他合作了三年。最开始合作的时候，他负责收件和送件，我搬家的时候，他帮我安排过两次公司的面包车，有时候他送件会顺路把我塞在他的三蹦子里当货物送回我家。他时常跟我提起在老家农村种地的生活，以及进城之前父母的担忧及村里人为他描绘的可怕的城里人的世界。那时候的他，工资不高、工作辛苦、老婆怀孕、孩子马上就要出生了，住在北京很郊区的地方。

一定有很多人想说：“这还在北京混个什么劲儿啊！”但他每天都乐呵呵的，就算把快递送错了也乐呵呵的。某天，他突然递给我一堆其他公司的快递单跟我说：“我开了家快递公司，你看得上我就用我家的吧。”我有点惊愕，有一种“哎哟喂，张老板好，今天还能三蹦子顺我吗”的感慨。之后我却很少见他来，我以为是他孩子出生了休假去了。再然后，我就只能见到单子见不到他了。

某天，我问起他们公司的快递员，小伙子说老板去上海了，在上海开了家新公司。我很杞人忧天地问他：“那上海的市场不激烈吗？新快递怎么驻足啊！”小伙子嘿嘿一笑说：“我们老板肯定有办法呗！他都过去好几个月了，据说干得很不错呢！”“那老婆孩子呢？孩子不是刚生还很小吗？”“过去了，一起去上海了！”

那个瞬间，我回头看了一眼办公室里坐着的各种愁眉苦脸的同事，并且举起手机屏幕照了一下我自己的脸，一股“人生已经如此的艰难，有些事情就不要拆穿”的气息冉冉升起。并不是说都跳槽出去开公司才厉害，在公司瞪着眼睛看屏幕就是没发展，我是想说，只有勇气才能让自己做出改变。

我们每个人都觉得自己越活越内向，越来越自闭，越长大越孤单，以至于滋生了“换个新环境，我这种性格估计也不会跟其他人相处融洽，所以还是待着忍忍凑合过算了”的思想感情。

与其说自己自闭，其实就是懒，不想突破自己好不容易建立起来的安全区域。于是大家都活在了对别人的羡慕嫉妒恨与吐槽抱怨生活不得志中，搞得刚毕业的学生都活得跟30岁一样。

《拒绝平庸》里有一句话：很多时候我们为什么嫉妒别人的成功？正是因为知道做成一件事不容易又不愿意去做，然后又对自己的懒惰和无能产生愤怒，只能靠嫉妒和诋毁来平衡。

其实走出去不一定非要走到什么地方去，而是更强调改变自己不满意的现状。有人问我："那你常说要坚持，天天跑出去怎么坚持？"其实要坚持的是一种信仰，而不是一个地方，如果你觉得一个地方让你活得特别难受，工作得特别憋屈，除了吐槽和压抑没别的想法，那就要考虑走出去。就像歌词里说的："梦想失败了，那就换一个梦想。"不能说外面都是大好前程，但肯定你会认识新的人，有新的机会，甚至改头换面重新做人。

很多人觉得在一个公司做不下去了，需要思考下是不是自己能力有问题。职场上的合适不合适，有很多可能性和干扰因素，不仅仅是能力的事，谁说他在这里干不好，去别的地方也不行呢？想想，真的是这样，职场上总能见到在一个地方待不下去而在另一个地方就如鱼得水的人。有时候走出去不仅仅是找到新机会，更重要的是找到合适自己的位置，树立起人生新的自信与欢乐。

别在同一个地方折磨自己太久，别跟自己长时间过不去。出路出路，走出去了都是路。

从一粒米成功

提起台湾首富王永庆，几乎无人不晓。他把台湾塑胶集团推进到世界化工业的前50名。而在创业初期，他做的还只是卖米的小本生意。

王永庆早年因家贫读不起书，只好去做买卖。16岁的王永庆从老家来到嘉义开一家米店。那时，小小的嘉义已有米店近30家，竞争非常激烈。当时仅有200元资金的王永庆，只能在一条偏僻的巷子里承租一个很小的铺面。他的米店开办最晚，规模最小，更谈不上知名度了，没有任何优势。在新开张的那段日子里，生意冷冷清清，门可罗雀。

刚开始，王永庆曾背着米挨家挨户去推销，一天下来，人不仅累得够呛，效果也不太好。谁会去买一个小商贩上门推销的米呢？可怎样才能打开销路呢？王永庆决定从每一粒米上打开突破口。那时候的台湾，农民还处在手工作业状态，由于稻谷收割与加工的技术落后，很多小石子之类的杂物很容易掺杂在米里。人们在做饭之前，都要淘好几次米，很不方便。但大家都已见怪不怪，习以为常。

王永庆却从这司空见惯中找到了切入点。他和两个弟弟一齐动手，一点一点地将夹杂在米里的秕糠、沙石之类的杂物捡出来，然后再卖。一时间，小镇上的主妇们都说，王永庆卖的米质量好，省去了淘米的麻烦。这样，一传十，十传百，米店的生意日渐红火起来。

王永庆并没有就此满足，他还是要在米上下大功夫。那时候，顾客都是上门买米，自己运送回家。这对年轻人来说不算什么，但对一些上了年纪的人，就是一个大大的不便了。而年轻人又无暇顾及家务，买米的顾客以老年人居多。王永庆注意到这一细节，于是主动送米上门。这一方便顾客的服务措施同样大受欢迎。当时还没有“送货上门”一说，增加这一服务项目等于是一项创举。

王永庆送米，并非送到顾客家门口了事，还要将米倒进米缸里。如果米缸里还有陈米，他就将旧米倒出来，把米缸擦干净，再把新米倒进去，然后将旧米放回上层，这样，陈米就不至于因存放过久而变质。王永庆这一精细的服务令顾客深受感动，赢得了很多的顾客。

如果给新顾客送米，王永庆就细心记下这户人家米缸的容量，并且问明家里有多少人吃饭，几个大人、几个小孩，每人饭量如何，据此估计该户人家下次买米的大概时间，记在本子上。到时候，不等顾客上门，他就主动将相应数量的米送到客户家里。

王永庆精细、务实的服务，使嘉义人都知道在米市马路尽头的巷子里，有一个卖好米并送货上门的王永庆。有了知名度后，王永庆的生意更加红火起来。这样，经过一年多的资金积累和客户积累，王永庆便自己办了个碾米厂，在最繁华热闹的临街处租了一处比原来大好几倍的房子，临街做铺面，里间做碾米厂。

就这样，王永庆从小小的米店生意开始了他后来问鼎台湾首富的事业。

王永庆成功的例子说明，不要以为创造就非得轰轰烈烈、惊天动地，把一粒米这样细小的工作做好同样也是一种创造。

奋斗的滋味

一

冬雨是旁人羡慕的对象。

她过着朝九晚五的日子，上班准点打卡，下班准时回家，生活无忧无虑。

晚上悠闲自在，她便宅在家中，一集集追着热剧，打发着闲暇时光。

每到周末，冬雨更是清闲，逛街购物、唱歌吃饭，她的朋友圈全被生活秀所占据。

身边的朋友都对冬雨艳慕不已，认为她活出了大家向往的生活。

有一次，我对冬雨说，看你多幸福，小日子过得美滋滋的，不用为生活奔波劳碌，也不用为工作忙得焦头烂额。

冬雨却说：“你们都以为我无忧无虑，可这种随遇而安的生活，你知道有多无趣吗？”

我反问：“你朋友圈晒的，难道不是你的生活乐趣？”

冬雨默默地点头说：“因为心中百无聊赖，才会用娱乐消磨时间，看似这生活挺风光，其实我内心一点儿都不踏实，感觉不到生活的充实。”

我怔怔地倾听着。

冬雨继续说：“其实，我挺羡慕朋友圈里那些努力打拼的人，他们晒的是：勤奋工作后取得的成绩，刻苦学习后拿到手的证书，奋力进取后收获的喜悦。这些，才是最弥足珍贵的呀！”

我恍然大悟，这才理解冬雨的苦衷，心中不免感叹：“未曾尝过奋斗的滋味，怎能体会人生的珍贵。”

二

世上最珍贵的，莫过于拥有幸福的人生。可幸福，哪里来呢？

幸福是奋斗出来的。

记得大学刚毕业，同学刘一凡只身一人前往北京打拼。

初到大城市，她一个瘦弱的女孩，拖着硕大的行李箱，辗转好几处地方，才寻到合适的租住地。

安顿好生活，当面对陌生冰冷的环境，她对未来充满着惶恐不安。多少次在深夜，她想念远隔千里的父母，潸然泪下。

工作前两年，为了精通市场业务，她每天跑到市场一线调研，很晚才回家。平时，她很少参加社交应酬，只将所有的精力都用在学习上。

工作之余，她自学广告媒体，别人休息娱乐时，她读书沉淀自己。这种日子，一坚持就是好几年。

由于工作能力出众，五年后，她成为了公司的市场总监。工资翻了好几倍，同事都对她钦佩不已。

但她不满足于现状，依然为了梦想努力打拼。利用周末时间，她自费学习企业管理课程，提高自身的管理水平。

在积蓄了一番能量后，她有机会去了更大的平台发展。

刘一凡感慨道：正是这一路毫不松懈的奋斗，为自己打拼出精彩人生。

正是不断超越自我，内心变得强大，信心越发坚定，生活也因此充满期待。

奋斗的人生必定精彩纷呈，所以，我们更要努力地去拼搏。

尼采说：每一个不曾起舞的日子，都是对生命的辜负。

三

认识一位学美术的朋友，从小到大坚持学习绘画，数十年如一日，终于考上了一所美术学院。

他的理想是，有朝一日举办个人画展，成为一名优秀的画家。

大学四年，他从没睡过一个懒觉；在画架前，常常一坐就是好几个小时，沉迷在画中的人物风景里；他还常去各地的美术馆观赏名家画作；一个人背着画板就去风景写生……

大学毕业，参加工作。他仍不放弃绘画创作，每天挤出时间打磨作品。他力求做到更好，对待一幅画作精益求精。

他带着自己满意的画作，去参选比赛。结果公布，他没有收获奖项，心中不免失落，但他没有灰心，仍继续潜心创作。

直到有一天，他的绘画才能被一位投资人发现。投资人愿意为他投资，以他的名字创立美术培训中心，帮助更多美术爱好者提高绘画水平。

如今，朋友的美术培训中心赢得了良好的口碑，慕名前来学习绘画的人络绎不绝。

虽然，成为优秀画家，举办个人画展的梦想，暂时还未实现。但朋友在美术培训行业，做得风生水起，这也是一种人生价值的体现。

他相信，只要我们仍在奋斗，人生就充满意义。

虽然奋斗并不能保证我们百分之百实现理想，但奋斗一定会让我们成为更好的自己。

四

人生的精彩之处，不仅在于取得怎样的成就，更在于拼搏奋斗的过程。

奋斗的沿途，也许有痛苦、有失望，但最终我们将会迎来希望。

奋斗的路上，我们可以遇到志同道合的朋友，收获一个更好的自己。我们的人生，也因为充实的生活富有了色彩。

青春不是用来挥霍的，而是要去奋斗的。

这个高速发展的时代，是奋斗者最好的时代，我们需要随时保持自我学习的能力，朝着前方努力奔跑，越过山丘和沟壑，收获更为精彩的人生。

奋斗的滋味，苦中有甜，甜中带乐。这幸福的甘甜，让我们甘之如饴，回味无穷。

趁年轻，我们要勇于尝试，去挑战自己。努力奋斗，是献给青春最好的礼物，是对生命最好的馈赠。

只有品尝过奋斗的滋味，才能体会人生的珍贵。

人依然还在努力，那么这样的你为什么还不去奋斗。从来不怕大器晚成，怕的是一生平庸。

二

他孩子打我孩子一下，他傲慢地开口说："不就一巴掌，赔你一万块。"我有足够资格拿出五万甚至十万让我孩子打回去。

之前在网上流传起来的这句话，乍听之下会觉得好笑，可是在这句话之下隐藏着的是什么本质呢？试想一下，如果你有钱，那么当别人这么侮辱你、侮辱你的孩子时，你完全有资格有资本可以拿出更多的钱来还回去，这并不是教育小孩子暴力和虚荣，而是不愿意让自己的孩子或者自己承受如此大的委屈和伤害。不然假设一下你没钱的情境呢，当别人这么说之后，你顶多会发怒地吼回去"有钱了不起啊"，然后在背地里孩子看不见的地方偷偷哭泣，当然你也可以选择让孩子打回去，可是那时候的你要承担接下来的什么索赔，你又没钱又没势，拿什么和人家斗。

你努力创造更好的生活之后，你孩子出生的环境也是良好的，他可以接受好的教育，见识更多的精彩，可以不会因为没钱而忍受饥饿和寒冷，早早地见识了社会的黑暗，他能有更多的机会做他想做的事情，而你也有能力满足他的一切合理要求。事实证明，家庭优越的孩子比家庭贫苦的孩子要更加自信，成长得也更健康。当然，如果你的教育有问题或者太过溺爱造成他嚣张跋扈，那就另说了。

三

我怕未来连病都不敢生，连梦都不舍得醒。

有钱不是万能的，没钱却是万万不能的。也许你会说钱算什么，都是肤浅，甚至背地里痛骂那些“宁愿坐在宝马里哭，也不坐在自行车上笑”的女生虚荣。可是你知道吗？你没钱也许不可怕，你不努力不知进取才可怕。

你想象一下未来的吃穿住，再加上可能的生病意外，你难道不怕未来生病了却都不敢去医院怕花钱吗？你就不怕万一你真的需要手术光是手术费就要把你逼得无路可走吗？每天新闻上有多少穷苦人家的父母因为自己的孩子生病却没钱医治，只能拼命赚钱或者乞讨，甚至严重到想去卖血卖肾，这都是被生活所逼、被钱所逼啊！

有时候面对着苍白的现实眼里全是痛苦，于是宁愿躲在无人的黑夜，躲在美好的梦里，怕一觉醒来一切又回到痛苦中，你又要面对这一切苦难。这样的生活、这样的无助，是你想要的未来吗？

四

怕酒杯碰在一起全是破碎的梦。

多年后，当几个老友聚在一起，你们喝酒畅谈，酒后讨论起各自多年的梦想，各自唏嘘，各自凝噎。酒杯碰在一起，是破碎的梦，酒杯摔到地上，是破碎的痛。

你想起你当年的梦想，想起你曾激昂的愿望，想起你曾在华灯初上的夜晚对着这寂寥的空气吼着你要进五百强、你要成为一个优秀的律师、你要在娱乐圈风生云起、你要……

可是一切真的只是梦想，你没有去努力没有去奋斗，没有把梦想实现，日后提起，全是惆怅。这样的未来，是你想要的吗？

五

怕让父母失望，怕让自己后悔。

最近大火的一句话不外乎“你还年轻，怕什么来不及”。是啊，我们还年轻，怕什么来不及，可是亲爱的，我们是怕父母等不及，等不到看到我们成材的一天，等不到为我们自豪的一天，等不到我们为他们撑起一片天的一天。

小时候我们渴望长大，像大人一样可以决定自己的生活，可是后来当我们真的长大了，我们却发现长大的世界和我们想的不一样，而且随着我们长大的同时，随之而来的是对现实的无奈。我们开始意识到，我们长大了，父母也老了，我们开始恐慌害怕，怕他们看不到我们变优秀的那一天，怕自己无法为他们创造一个安心的晚年，怕他们老了之后还在为我们担忧。

如果我们现在不去努力，等以后都没有能力去带父母各地旅游散心，品尝各地美食。我们努力的意义是让他们可以衣食无忧，可以尽情享受生活的美好，而不是在晚年还替我们的生活工作担心，还要把自己的养老钱拿出来给你。所以我们成功的速度一定要超过父母老去的速度。

六

怕委曲求全卑躬屈膝活得没有尊严。

被领导骂得狗血喷头不敢还嘴不敢吭声，同学聚会看着别人事业有成而自卑地缩在角落，看见喜欢的东西不舍得买，每天为了省钱而拼命挤上已经没地方可站的公交、地铁，每天啃着面包、泡面幻想这是美味的大餐。这些悲催的生活将是不努力的你的局面。

我们所努力的目的不过是为了不寄人篱下、不看人白眼，可以骄傲地做自己想做的事，不为了一个工作、一个人情而忍气吞声，不被人看轻，活得有尊严有底气。堂堂正正地拍着胸膛，自豪地说，这就是我，这就是我想要的生活。

七

想见到或者有资格和喜欢的人并驾齐驱，想谈一场势均力敌的恋爱。

这句话一直激励着我前行：我努力为的是有一天当站在我爱的人身边，不管他富甲一方还是一无所有，我都可以张开手坦然拥抱他。

最好的感情是相配的，你不会因为比他差而自卑，也不会因为比他好而骄傲，因为你们同样优秀，优秀并不是指能做出多大的成就，而是你们各自独立，各自在感情上依附却不在生活上依附。不用怕他/她离开也不用怕他/她抛弃，因为离开他/她你照样能够好好地活着。

倘使情侣之间一方平凡另一方非常耀眼，也许一开始只是被别人不看好，而他们因为感情深厚而彼此不离不弃，但当时间长了之后就会发现，他们之间存在着很多无法逾越的鸿沟、很多不志同道合的观念，于是乎矛盾越来越多，开始生厌开始吵架，直至最后的分手。

八

也许努力是为了证明灵魂还活着，我们还没放弃自己。

回忆你过往的几年，你得到了什么，又失去了什么，我们活着又是为了什么，生活的意义又在哪里，浑浑噩噩是一天，充足去行动去享受生活也是一天，一天过去我们又收获了什么。

也许我们努力着、尝试着去进步，是为了让自己感觉到存在的意义，让自己在这个世界上还有事可做、有生活去追，证明自己的灵魂还没有完全枯萎，证明自己并没有被打倒。

吃了还是会饿，但我们还是要吃饭；睡了依然会困，但我们还是要睡觉；学了不一定有用，但我们还是要学习；活着最终也会死，但我们还是要活着。也许这就是生活存在的意义，你的灵魂在指引着你成为一个更好的人，摒弃不知进取、游手好闲的你。

九

我们为什么要努力？我听过最好的答案是：因为我们只有一辈子。

也许所有“我们为什么要努力？”的答案，都比不上这个答案，因为我们只有一辈子，我们的人生只有一次！

时光不会重来，时间不会倒逝，那些你错过的风景、错过的路、错过的人，都成了无法回头的回忆。当日后提起，满满的全是遗憾。

我们的人生只有一次，很多事情现在不做以后真的更没有精力和时间去做了，我们总习惯拖延，习惯告诉自己时间还很长，可是当下的每一天才是弥足珍贵的。何不在自己最年轻、最有拼劲的几年里去努力达到自己想要的，以后的道路也会更好走得多。

人生说长不长，说短不短，那些你以为还有的时间其实也在你眼皮子底下偷偷溜走了。我们的人生只有一次，我们要在有限的时间里让自己的生命发挥出无限的价值，才不枉来这人世间一场。

你问努力真的有用吗，你问坚持一定会成功吗，我肯定不能确切地回答“是”。可是我可以很明确地说，当你真正努力了之后，你所谓的结果如何也就不再那么重要了，因为在努力的过程中你已经打败了那个坐享天成、不知进取的自己，已经发现了一个更积极向上、更优秀的自己。

努力，只为遇见更好的自己。

每个人都在尝试中成长

“你说，你不爱种花，因为害怕看见花瓣一片片地凋落。是的，为了避免一切结束，你避免了所有的开始。”看到这句话时，她哭了。这些年，为了避免结束，她拒绝了太多的开始。

卸下伪装的面具，面对真实的自己，她不得不承认，骨子里的自己是一个极其自卑的人。她害怕去挑战未知的东西，害怕面对不熟悉的事物，害怕丢掉狭隘的自尊，害怕独自体会失败。所以，很长的时间里，她都像柔弱的小猫一样，蜷缩在自己的世界里，贪图着安逸，维持着那份安全感。

考大学那年，她发挥失常，成绩比平时低了四五十分。这样的结果，她并不甘心，可在面临复读与否的问题时，她坚定地拒绝了复读。她故作轻松地对周围的人说：没关系，读哪所大学都一样，现在找工作又不是单看毕业院校的名气。她这么说，旁人也便这么信了。其实，她在背地里哭了好几次，为自己的失败流泪，为自己的懦弱流泪。她实在害怕，怕复读之后，自己再次发挥失常，到那时，那骄傲的自尊该放在哪里？

18岁，她义无反顾地去了不熟悉的远方，读了一个不知名的大学、一个不喜欢的专业。填报志愿的时候，不少人都疑惑：咦，你那么喜欢英文，为什么不读英语专业？她说：英语现在已经是辅助专业了，读不读都无所谓的，学其他专业的同时，也能自学英语。这样的解释，听起来恰到好处，可谁也不知道，她其实是害怕失败。考语言专业必须得通过口语测试，如果没通过，那么这点儿唯一的尊严都会变得一文不值。

因为害怕失败，她与心中的目的地背道而驰，渐行渐远。

20岁，她再一次选择了逃避。这一次的逃避，给她的心灵留下了难以弥补的遗憾。

她喜欢上了一个男孩，他性格开朗，阳光帅气，有理想有抱负，从读大一开始就已经给自己未来的人生做规划了。每次跟他相处，她都觉得周身充满了正能量，是他身上散发出的气场感染了她，让她有一种想要变得更好的渴望。

她是那么想跟他在一起，让今后的每一天都变得璀璨耀眼。可是，她不敢说出那句话，她怕！怕自己不够漂亮，配不上高大帅气的他，跟他站在一起时无法够得上“般配”两个字；怕自己家境平平，无法融入他和他那优越的家庭。她想，等自己变得足够优秀时，或许就可以坦露自己的心声了。

《傲慢与偏见》里说：将感情埋藏得太深，有时是件坏事。如果一个女人掩饰了对自己所爱的男子的感情，她也许就失去了得到他的机会。

有时候错过一时，便错过了一世。爱情这回事，当时没有抓住，过后就只有后悔，没有谁会一直在原地等你。当她毕业后，有了光鲜体面的工作，觉得自己足够优秀时，他已经漂洋过海，在海的那一端找到了自己的真爱。

她嘲笑自己的懦弱和傻气，他始终都不知道自己的心思，又怎么会想到与自己共度余生？现在的自己，虽已比过去优秀，可输了他，赢了全世界又如何？如今，自己也不过是他最亲爱的路人。

待年岁一天天渐长，突然有一天，她觉得自己对生活失去了兴趣。在过往的岁月里，错失了太多想得到而不敢去争取的人和事。人生的轨迹与理想中的模样大相径庭，留下了太多的懊悔。

因为害怕，所以逃避；因为逃避，所以失去。或许，是违背心愿做了自己不想做的事；或许，是隐藏了深埋在心底的感情，错过了最爱的人；或许，是畏惧改变而得过且过，放纵了生活，待许久之后回过头看，发现生活已经完全走样。当年出发时的起点，已经与现在不在同一条轨道上。这一切是什么时候转变的，竟然毫无知觉。

其实，你怕什么呢？人生最大的一种痛，不是失败，而是没有经历自己想要经历的一切。有些事，尝试了，努力了，就算没有达到预期的结果，也可以坦然地说，我真的尽力了。

想想看，毛毛虫把自己裹在千万丝缕中，从沉睡到初醒，张开眼睛，无尽的黑暗充斥着整个世界。没有明媚的阳光，没有嫩绿的树叶，看不到春华秋实，看不到碧草蓝天。蜕变的痛苦焦灼着它的身体，它试着挣脱黑暗的牢笼，挣脱灵魂的枷锁。它用柔软的头，一次又一次地冲撞厚厚的蚕蛹，一次，两次，百次，千次。在不断的尝试中，它变得强大，最终冲开丝茧，起舞翩跹。

不要因为害怕结束，就拒绝所有的开始，没有人会知道明天要面对的是什么。你想要破茧成蝶，就得勇敢地尝试，每个人都是在尝试中成长的，绝无例外。

不放弃，便有希望

一

转眼间十几年过去了。当初学围棋时，先生送我一幅字画，如今挂在书房中央，上面写着：人生如棋，落子无悔。

先生告诫我：不管境况有多糟糕，也都要全力以赴。

记得那年，受《围棋少年》的影响，我央求着爸妈要学棋。开始时，学得很顺，断续学了一年，通过了业余2段考试。尽管如此，但还是被先生责备。

当时，我很懒，不愿看谱，几乎想到哪就走到哪。棋风飘忽，不懂布局，气势容易被人打散。先生说我缺少灵性。但尽管如此，还是很关心我，不断地让我做死活题。

因为懒，所以喜欢执白子，这样可以走模仿棋。在升段赛的第三局，不幸轮到我执黑子。但由于急功近利，使得棋面蓄气不足，以致于中期乏力，对手将我打得支离破碎。

那盘棋让我捉襟见肘，赛后先生耐着性子跟我讲解。最后，我恍然大悟：当时棋面旗鼓相当，但我缺乏应变能力，一步步钻入圈套。

先生了解我不擅长布局，所以让我勤练死活题培养应变意识，但我却置之不理。我没有习惯去找最优解，反而埋怨棋面太糟糕。

人生如同棋局，你可千万别掉以轻心。

二

没有完美的人生，谁都会遭遇坎坷。当遭逢坏局面时，你应该积极面对，寻找解决办法，而不是让焦虑压垮自己。

朋友本科学的是临床学，可他并不喜欢，在学校玩网游，耽误了几年青春。每次见他挂科，父母也没少责备。但他总是说，做医生太累，没前途。

在实习那年，母亲不幸中风偏瘫，为了治疗，家里拿出了大部分积蓄。仿佛一夜之间，朋友长大了。他幡然悔悟，主动去找工作。

可是，工作也不是说找就找，在招聘会上，他拿着几近空白的简历，不知该投向何方。眼见同学都找到心仪的工作，而自己却没着落，巨大的落差感让他很悲伤。

但是，当他想到偏瘫的母亲，念及满怀期望的父亲，心一狠，硬着头皮承受面试官无情的蹂躏。

辅导员对他说：有些事，不是硬着头皮就能解决。你该认真思考自己适合哪一行业，而不是像无头苍蝇，到处乱飞。找到人生的最优解，而不是无脑乱画。

朋友把目光投向游戏产业，花了两天时间逛遍相关论坛，选择了几家公司，并对其产品写了一份体验报告，以及对游戏产品的理解。

面试时，他镇定自若地与产品经理交流想法，条理清晰地阐述他的看法。签完录用信后，他在朋友圈签名上写了那么一段话：尽管握着一手烂牌，也要认真打完。

其实很多时候，你手中的烂牌并非上天的刁难，而是对你过错的惩罚。生活给你烂牌的意义，不是让你撕掉它，而是给你改过自新，让你来一次逆袭的机会。

当你熬过漫长的冬季，跨过生活的阻拦，猛然回首，你会看到阳光明媚，春暖花开。

三

小丫在销售部实习，长得不漂亮，出身也并不鲜亮，但她很有拼劲儿。在公司时，每天利用空闲时间准备注会考试。

虽然环境糟糕，但她活得很乐观。曾有人问她为何那么拼命。她说想在深圳买一套房。别人笑而不语，内心嘲笑她异想天开。条件那么差，野心却那么大。

当时工资也不高，但她没有放弃花钱去学习。每一天的成长，都让她感觉到喜悦。周末有空，就去市场扫货，回家自己改衣服。那时钱不多，但日子过得很丰满。跑步，看书，跑步，不知疲倦。

卡夫卡曾说：生活中没有侥幸，生活将以铁一般的逻辑，粉碎任何人发自内心的背叛和疏离倾向。

无论现在处境有多糟糕，但你别害怕，更不要放弃对生命的希望。毫无背景不是你堕落的理由，而更应该是你前进的动力。

每当你前进一步，都将会收获一份胜利的成就。

我们大多数人都很普通，拥有的牌都不会太好。但上天既然给了我们一双手，就意味着给了我们翻盘的希望。

既然没有获得幸运，那也别轻易放弃任何一个坏局面。你要想办法把死局盘活，把糟糕的生活过得更有诗意。

四

你该花时间思考如何打好一张烂牌，而不是抱怨命运，或者干脆撕牌。当做出积极的选择时，你也会变得更优秀，生活同样会反馈于你不一样的精彩。

我曾遇到一位大叔，十六岁那年父亲去世，母亲车祸卧病在床。为了生计，他不得不背井离乡，远赴外地打工。曾因言语不通，被人骗过不少钱。但尽管如此，他咬牙挺了过来。

生活在他脸上刻下了岁月的痕迹，却没有让他心灵疲惫。在艰难之际，他没有心存侥幸，更没有破罐子破摔，而是选择坚强迎接生命的挫折。

就命运而言，休论公道。有人命好，有人命歹。怕什么困难无穷，进一寸有一寸的欢喜。

至今，我依然怀念围棋先生。虽然我不是他最优秀的弟子，但依然感激他对我的教诲。

先生曾说，人生恰似棋盘，利用得好，那就不存在废子。可一旦放任，就算妙子也会沦为废子。

我们正当年轻，虽然欠缺宏大的布局观念，但你应该学会最基本的挫折意识。

放心，生活不会将你置于死地，总会留有生路。而你所要做的，就是寻找最优解，把烂棋做活。

不放弃，便有希望。进一寸，便有欢喜。

生命中最简单而又最困难的事情，是永远无法得知下一个困难是什么。在你选择的路上，不惧困难地坚持！

我从未放弃过自己

今天我收到了来自大洋彼岸的一张明信片，看到这个熟悉的字迹，又依稀想起曾经那个渺小的自己，现在想起来也不知道当初的自己经历了什么，竟然可以坐在曾经想也不敢想的教室里。

一

初中的时候我算是学习还不错的学生，中考考得也比较满意，考上了家乡的重点学校。虽然也不算是那种招人眼红的“别人家的孩子”，但如果能够老老实实平平稳稳地度过高中三年的话，不用特别奋发图强悬梁刺股，最后至少应该还是能够考上一个大学。

只可惜世界上的很多事情都是一厢情愿，你永远也猜不到生活的下一页是什么情节。还没来得及等到一个漫长的暑假结束，因为爸爸的工作调动，我们一起搬去了东南某省的一个地级市，是一个我学完了初中地理也还不知道的地方。我插班进了当地的一所普通高中，从此开始了我终生难忘的一段生活。

三字经上说："人之初，性本善。"但是我不这么觉得，人的三观还没形成的幼年直到青少年时期，还不知道该怎么约束自己的行为，那个时候会把人所能释放出的最大的恶意，都毫无顾忌地释放出来，并且还当作是一种完全无所谓的玩笑。刚进这所中学没多久，我就被全班人一起孤立，人总是排斥和自己不同的人，排斥外来者，更何况我连当地的方言都听不懂。学校离我家不是很远，但是中午的时候爸妈都在厂里，我就每天早上带午饭去学校，而经常发生的事情就是——上午的课间操结束之后我回到教室，看到我的餐盒底朝天地扣在我的凳子上，周围没人说话，但我知道很多双眼睛在看着我，还发出哧哧的笑声。

我知道，我要是哭或者去告状的话，只会被欺负得更惨，爸妈每天加班到很晚，也从来没发现我的状态异常，我每天只是背着沉重的书包一个人看书做题，尽可能去屏蔽周围的一切。

一开始的时候也不是没有人替我说话。刚转到这个班上来的时候，班主任安排的我当时的同桌是班上的团支书，是一个扎着马尾说话慢悠悠的女生，只有跟她说话的时候我不需要战战兢兢。

后来有一天，我带到学校的午饭又一次在课间操的时候就被扣在凳子上，我已经习惯了，正打算收拾，同桌突然上来一把把我的手打开，大喊一声："别收拾了！"我被这个小个子女生所能爆发出的这个音量吓了一跳，整个教室里鸦雀无声。随后她叽里呱啦地说了一大长串当地的方言，大意是你们有没有出息，欺负一个没有力气还手的人之类的，但是很显然不是跟我说的，是说给周围围观的肇事者听的。但是她讲完之后没人接茬，空气安静得很尴尬，班上一个带头闹事的阿飞说，哎，你不就是班主任的狗腿子吗？你也想跟她（指我）一样吗？

团支书有没有给老师打过别人的小报告我不知道，我知道的是那之后她比我被欺负得更惨，第二天的课间操我的餐盒没有被打翻，是因为这一群阿飞揪着她的头发，把她拎到学校的不知道哪个角落里挨打，后来她很快就转校了。从那之后更不会有人敢跟我说话，我好像成了这个教室里的透明人。

二

我的成绩以肉眼可见的速度直线下滑，不是说学习这一件事，当时我对整个生活都失去了信心，不知道自己活着的意义是什么，不管老师还是同学都对我熟视无睹，只有那几个阿飞会看心情欺负我一下，而我的爸妈根本不知道在我身上发生了什么，当时还没有对“霸凌”这个词的认知，其实不仅他们，我自己也没有，就是浑浑噩噩地过每一天，希望这一天快点结束，回家了就没人来找我麻烦，我也不需要跟谁说话，然后被无视。

高一下学期的时候我认识了白梵，也是转校来的，在我们楼下的班。我跟她认识是某一天的放学以后，我为了躲那几个阿飞，就先到后勤部的杂物间里躲着，不知道为什么那天杂物间竟然没关门。我推门进去的时候，白梵正在里面就着窗边抽烟，我顿时一愣，转身想跑，白梵叫住了我，她说话带点儿口音，但是已经是我在这里听到的最标准清晰的普通话。

“你跑什么啊？”白梵懒洋洋地靠在窗边问我，我不知道该怎么回答，通常情况下接在这句话后面的是更加凶猛的欺侮，白梵不是个善茬，这我看得出来，她跟那些一直欺负我的阿飞们有一种一模一样的感觉。

我还没来得及说什么，杂物间的门就被一下子踹开了，我班上那几个阿飞站在门口，我脑子里“嗡”的一声。站在最前面的太妹说：“哎，你啊！”

我脑子里一片空白，那个太妹走上前来，说：“听说你挺横的啊。”我才反应过来她是在跟白梵说话，白梵没吭声，但是就连我也感觉到了今天这一架是在所难免了，只是他们一群人，白梵势单力薄，我不确定我是不是该帮一个不知道对我怀着善意还是恶意的陌生人，还是现在先溜出去，报警对白梵是不是最好，正在犹豫的时候，带头的太妹说："你有种别走，等我们找人过来。"白梵往地上弹了下烟灰，没说话。

然后白梵就真的原地不动地等他们急匆匆地跑出去喊人过来，我问她说："你真的不用去喊人吗？"她白了我一眼，说："他们不会再回来的。"

当下我就忘了自己应该对白梵怀着恐惧还是疏离，取而代之的简直就是一种敬意。我盯着白梵看了一会儿，说："你教我抽烟吧。"白梵没笑我，也没有要给我拿烟的意思，她停顿了一会儿直接把自己还剩没几口的烟塞给我，一脸嘲讽的表情。

结果当然是我被呛得半死，白梵笑得抽筋。我好不容易把呛出来的眼泪憋回去，有点儿丧地看着她笑，觉得自己这辈子是真没出息了，连一个太妹都当不成，她就一直笑一直笑，笑完了，然后白梵特别严肃地对我说了一句我终生难忘的话："你还能好，别因为跟这些人待得时间长了，就扔了自己。"

三

后来，白梵成了我在这所中学里唯一的朋友，她的确不是善茬，但也不是一个喜欢惹事的太妹，她的家人刚调到当地做二把手，白梵跟着转学来了这里，但其实没打算长待，一直是在准备出国读高中。白梵讲的这句话总是在我的耳边徘徊不去，当时的我早就已经不知道自己原本应该是什么样子了，但是白梵却特别笃定地跟我说“别扔了自己”。

“别扔了自己”字字掷地有声，我不能在这个人生最重要的时刻里扔了自己。我捡回了荒废很久的功课，虽然当时已经是高一下学期过半，有太多重要的知识都被我遗漏了，但是还好，现在补救还是为时不晚。

我想过转学的事情，但最后还是没办，一方面是因为多亏白梵，我可以过上安生日子了，这让我觉得自己当初因为这样一群人，差点毁了自己的未来，实在是很不值得、很傻的事情；另一方面也是因为我不去在乎自己和周边环境是否格格不入，这不是一所好中学，不能给我一个很好的学习环境，那我就靠自己的努力来补救。

我不会再因为要去学校而害怕第二天的天亮，每天早上都拿着词汇书在路上边走边背单词，冬天的时候伸不出手就在脑海里努力地回忆前一天背过的单词，要求自己每天都必须背两页词汇。英语本来是我的强项，但是很长时间没怎么像样地学习，我对高中的词汇已经很陌生了，一开始的时候翻开词汇书，翻上几页都没几个见过的单词。但是我并没因此而感觉到挫败，每一个不认识的单词都是一个新的开始，而站在一个新的开始，我只需要去想怎么把今天规定的单词背完、练习题做完就可以了。

理科不是我的强项，再加上原本自己就落后了太多，所以分科的时候就选择了文科，把高中剩下的两年扎扎实实地熬完。文科的重点是从课本知识出发的基础，再加上发散性的拓展思维，课本的基础知识要追上不是很困难，只是需要逼自己一把。

我可以把政治、历史、地理的课本装进脑子里，合上书就把书中的内容从第一页回想到最后一页，可是很多人都做不到这一点，就在抱怨政史地的题目不会做。我看到这样的人只会觉得好笑，他们看起来是聪明和勤奋，其实说白了就还是在找捷径，没把基础知识掌握得烂熟于心就想会做题，对文科来说这是不可能的事情。虽然政史地经常不会考课本上的题，尤其是历史和地理，但是分析问题、组织答案的方式都是从课本上来的，想靠感觉就得高分根本不可能。

升高二之后不用再被理科拖后腿，我这样苦苦折磨了自己好几个月，成绩一直稳步上升，升到了我们年级的前三十名。在这样一所平均实力不强的学校里考到这个名次，对于以前的我来说可能已经很不错了，毕竟当时我只想上一所好一些的一本就可以了，但是白梵的话始终像鞭子一样驱赶着我，要让我跟这个污浊的环境彻底决裂，看自己还能向上爬到什么高度。

高二下学期期末的时候，白梵终于办妥了一切手续准备转学出国了，不会再有人和我一起躺在放学之后空无一人的操场上聊天，我没有再提问她背过那些我根本没见过，也用不上的英语单词，她也没法再监督我做够今天的数学习题量。我又回到了曾经的孤独，但是心里却是平静而坚定的，因为我知道不论我们身在什么地方，都知道自己该向着哪里去。

送她去机场的时候，我憋了好久，没说出什么话，只嗫嚅了一句："戒烟吧，耳洞别再打在耳骨上了。"我知道她大概不会听我的，但是我们都会过得很好。

白梵有时会寄明信片来，有时候就寄丢了，这些明信片陪伴着我走过艰难却充实的高三，考年级第一第二对我毫无意义，我要的不是分数也不是眼前的排名，而是更遥远的未来。我没扔掉自己，这些真实地洒下过汗水的时光，也不会抛弃曾经那么拼命的我。

如果你也向往着北大，不论今天的你是在哪里，过着怎样的生活，都要记得不要扔掉自己和宝贵的梦想，总有一天它们都会让你发光。

新生活从选定方向开始

比塞尔是西撒哈拉沙漠中的一颗明珠，每年有数以万计的旅游者来到这儿。可是在肯·莱文发现它之前，这里还是一个封闭而落后的地方。这儿的人没有一个走出过大漠，据说不是他们不愿离开这块贫瘠的土地，而是尝试过很多次都没有走出去。

肯·莱文当然不相信这种说法。他用手语向这儿的人问原因，结果每个人的回答都一样：从这儿无论向哪个方向走，最后还是转回到出发的地方。为了证实这种说法，他做了一次试验，从比塞尔村向北走，结果三天半就走了出来。

比塞尔人为什么走不出来呢？肯·莱文非常纳闷，最后，他只得雇一个比塞尔人，让他带路，看看到底是为什么？他们带了半个月的水，牵了两峰骆驼，肯·莱文收起指南针等现代设备，只拄一根木棍跟在后面。

十天过去了，他们走了大约八百英里的路程，第十一天的早晨，他们果然又回到了比塞尔。

这一次肯·莱文终于明白了，比塞尔人之所以走不出大漠，是因为他们根本就不认识北斗星。在一望无际的沙漠里，一个人如果凭着感觉往前走，他会走出许多大小不一的圆圈，最后的足迹十有八九是一把卷尺的形状。比塞尔村处在浩瀚的沙漠中间，方圆上千公里没有一点参照物，若不认识北斗星又没有指南针，想走出沙漠，确实是不可能的。

肯·莱文在离开比塞尔时，带了一位叫阿古特尔的青年，就是上次和他合作的人。他告诉这位汉子：你白天休息，只在夜晚朝着北面那颗星走，就能走出沙漠。阿古特尔照着去做了，三天之后果然来到了大漠的边缘。阿古特尔因此成为比塞尔的开拓者，他的铜像被竖在小城的中央。铜像的底座上刻着一行字：新生活是从选定方向开始的。

一个人无论他现在多大年龄，他真正的人生之旅，是从设定目标的那一天开始的，只有设定了目标，人生才有了真实的意义。

有个年轻人去采访朱利斯·法兰克博士。法兰克博士是市立大学的心理学教授，虽然已经70高龄了，却葆有相当年轻的体态。

“我在好多好多年前遇到过一个中国老人，”法兰克博士解释道，“那是二次大战期间，我在远东地区的俘虏集中营里。那里的情况很糟，简直无法忍受，食物短缺，没有干净的水，放眼所及全是患痢疾、疟疾等疾病的人。有些战俘在烈日下无法忍受身体和心理上的折磨，对他们来说，死已经变成最好的解脱。我自己也想过一死了之，但是有一天，一个人的出现扭转了我的求生意念——一个中国老人。”

年轻人非常专注地听着法兰克博士诉说那天的遭遇。

“那天我坐在囚犯放风的广场上，身心俱疲。我心里正想着，要爬上通了电的围篱自杀是多么容易的事。一会儿之后，我发现身旁坐了一个中国老人，我因为太虚弱了，还恍惚地以为是自己的幻觉。毕竟，在日本的战俘营区里，怎么可能突然出现一个中国人？

“他转过头来问了我一个问题，一个非常简单的问题，却救了我的命。”

年轻人马上提出自己的疑惑：“是什么样的问题可以救人一命呢？”

“他问的问题是，”法兰克博士继续说，“‘你从这里出去之后，第一件想做的事情是什么？’这是我从来没想过的问题，我从来不敢想。但是我心里却有答案：我要再看看我的太太和孩子们。突然间，我认为自己必须活下去，那件事情值得我活着回去做。那个问题救了我一命，因为它给了我某个我已经失去的东西——活下去的理由！从那时起，活下去变得不再那么困难了，因为我知道，我每多活一天，就离战争结束近一点，也离我的梦想近一点。中国老人的问题不只救了我的命，它还教了我从来没学过，却是最重要的一课。”

“是什么？”年轻人问。

“目标的力量。”

“目标？”

“是的，目标，企图，值得奋斗的事。目标给了我们生活的目的和意义。当然，我们也可以没有目标地活着，但是要真正地活着、快乐地活着，我们就必须有生存的目标。伟大的艾德米勒·拜尔德说：‘没有目标，日子便会结束，像碎片般地消失。’

“目标创造出目的和意义。有了目标，我们才知道要往哪里去，去追求些什么。没有目标，生活就会失去方向，而人也成了行尸走肉。人们生活的动机往往来自于两样东西：不是要远离痛苦，就是追求欢愉。目标可以让我们把心思紧系在追求欢愉上，而缺乏目标则会让我们专注于避免痛苦。同时，目标甚至可以让我们更能够忍受痛苦。”

“我有点不太懂，”年轻人犹豫地说，“目标怎么让人更能够忍受痛苦呢？”

“嗯，我想想该怎么说……好！想象你肚子痛，每几分钟就会来一次剧烈的疼痛，痛到你会忍不住呻吟起来，这时你有什么感觉？”

“太可怕了，我可以想象。”

“如果疼痛越来越严重，而且间隔的时间越来越短，你有什么感觉？你会紧张还是兴奋？”

“这是什么问题，痛得要死怎么可能还兴奋得起来，除非你是被虐待狂。”

“不，这是个怀孕的女人！这女人忍受着痛苦，她知道最后她会生下一个孩子来。在这种情况下，这女人甚至可能还期待痛苦越来越频繁，因为她知道阵痛越频繁，表示她就快要生了。这种疼痛的背后含有具体意义的目标，因此使得疼痛可以被忍受。

“同样的道理，如果你已经有个目标在那儿，你就更能忍受达到目标之前的那段痛苦期。毫无疑问，当时我因为有了活下去的目标，所以使我更有韧性，否则我可能早就撑不下去了。我看见一个非常消沉的战俘，于是我问他同一个问题：‘当你活着走出这里时，你第一件想做的事是什么？’他听了我的问题之后，渐渐地脸上的表情变了，他因为想到自己的目标而两眼闪闪发亮。他要为未来奋斗，当他努力地活过每一天的时候，他知道离自己的目标更近了。

“我再告诉你另一件事。看着一个人的改变这么大，而你知道你说的话对他有很大的帮助，那种感觉真是太棒！所以我又把这当成自己的目标，我要每天都尽可能地帮助更多的人。

“战争结束之后，我在哈佛大学从事一项很有趣的研究。我问1953年那届的毕业学生，他们的生活是否有什么企图或目标，你猜有多少学生有特定的目标？”

“50%。”年轻人猜道。

“错了！事实上是低于3%！”法兰克博士说，“你相信吗？100个人里面只有不到3个人对他们的生活有一点想法。我们持续追踪这些学生达25年之久，结果发现，那有目标的3%毕业生比其他97%的人，拥有更稳定的婚姻状况，健康状况良好，同时，财务情况也比较正常。当然，毫无疑问，我发现他们比其他人有更快乐的生活。”

“你为什么认为有目标会让人们比较快乐？”年轻人问。

“因为我们不只从食物中得到精力，尤其重要的是从心里的一股热诚来获得精力，而这股热诚则是来自于目标，对事物有所企求，有所期待。为什么有这么多人不快乐？一个非常重要的原因就是因为他们的生活没有意义，没有目标。早晨没有起床的动力，没有目标的激励，也没有梦想。他们因此在生命旅途上迷失了方向和自我。

“如果我们有目标要去追求的话，生活的压力和张力就会消失，我们就会像障碍赛跑一样，为了达到目标，而不惜冲过一道道关卡和障碍。

“目标提供我们快乐的基础。人们总以为舒适和豪华富裕是快乐的基本要求，然而事实上，真正会让我们感觉快乐的却是某些能激起我们热情的东西。这就是快乐的最大秘密——缺乏意义和目标的生活是无法创造出持久的快乐的。而这就是我所说的‘目标的力量’。目标赋予我们生命的意义和目的。有了目标，我们才会把注意力集中在追求喜悦，而不是在避免痛苦上。”

谨以此书，献给人生旅途中迷茫、彷徨的你、我、他。

愿我们有梦有远方，面朝大海，终会等到春暖花开。

心中有光，无惧黑暗

愿时光安然，岁月静好

黄明哲　主编

红旗出版社

图书在版编目（CIP）数据

愿时光安然，岁月静好 / 黄明哲主编. — 北京：红旗出版社，2019.8

（心中有光，无惧黑暗）

ISBN 978-7-5051-4916-8

Ⅰ. ①愿… Ⅱ. ①黄… Ⅲ. ①成功心理—通俗读物 Ⅳ. ①B848.4-49

中国版本图书馆CIP数据核字（2019）第163363号

书　名　愿时光安然，岁月静好
主　编　黄明哲

出 品 人　唐中祥　　　总 监 制　褚定华
选题策划　华语蓝图　　责任编辑　朱小玲　王馥嘉

出版发行　红旗出版社　　地　　址　北京市北河沿大街甲83号
编 辑 部　010-57274497　　邮政编码　100727
发 行 部　010-57270296
印　　刷　永清县晔盛亚胶印有限公司
开　　本　880毫米×1168毫米　1/32
印　　张　25
字　　数　620千字
版　　次　2019年 8 月北京第1版
印　　次　2019年12月北京第1次印刷

ISBN 978-7-5051-4916-8　　定　　价　160. 00元（全5册）

前　言

每个人的生命中，都有最艰难的那一年，将人生变得美好而辽阔。

梦想是天边的星星，每天你都看到它在头顶闪耀，但伸手却碰不着。为了离它更近，你不断向天际奔跑，不断跑，跑过一条又一条河，一座又一座山……却总发现前面还有一座山还有一条河。你灰心丧气流泪，因为没人知道要跑多远，甚至不知道路对不对，只能一直跑啊跑啊跑啊跑啊跑……那，那就擦干眼泪，跑吧。

哪怕所有的色彩都被光阴褪去，尘封的往事依旧静静地留在心底，绚烂无声；哪怕世界在它眼里只有黑白两色，天蓝云白在它眼中只有明暗，它献给主人的仍然是一颗彩色的心，毫无保留。当那些过往的美好悄悄走过，记得珍惜；更不要忘记，用力去珍惜身边那双单纯透明的眼睛。

成长的过程是一个破茧成蝶的过程。年少的轻狂、白日放歌、纵意，随着尝遍世间毒草而克制、温润、收敛。不再向似水流年索取，而是向光阴贡献渐次低温的心，那些稍纵即逝的美都被记得，那些暴烈的邪恶渐次被遗忘。与生活化干戈为玉帛，任意东西，风烟俱净，不问因果。

陈升唱的："也许有天我拥有满天太阳，却一样在幽暗的夜里醒来。"是啊，曾经只热爱驰骋，往事洒满山谷。如今只想做一片草原：一岁一枯荣，春风吹又生。俗世中的事再怎么样，不过如此。所谓顽强，倒不过是脆弱的另一极端。要如草原般无限广袤，柔韧，承接苍虹与惊雷，骤雨或疾雪，清风或雾霜，明昼与黑夜。

这一年，你见过许多险恶，听过很多黑暗，历经无尽沧桑，却仍然相信友情、向往爱情、坚信承诺。

世界上只有一种英雄主义，那就是认清生活的真相之后依然热爱生活。谢谢你，一直默默守护着那个真诚、善良、乐观向上的自己。

在孤独而平凡的岁月中，你变得柔软又充满力量，依旧愿意相信美好的事情即将发生，依旧对生活怀有满腔的热情。

你懂得对旧事旧物释怀，收回错付的真心，把爱和信任交给更值得相守的人。你坚信幸福或许会迟到，但一定不会不到。

谢谢你，选择过不凑合的人生；谢谢你，不怕曾走过的弯路；谢谢你，愿意相信自己会被岁月温柔以待，永远相信明天会更好。努力成为你想成为的人！

目　录

第三章 梦想启程，未来可期

第四章 人生海海，劈浪前行

第一章
一个故事一盏灯

遇到的挫折，就把它当作是人生小说的一个章节。越多挫折，你人生的章节越丰富。将来你就是一个有故事可以说的人。

——方文山

人生第一桶金

那是在15年前，我到这个城市出差，谈完生意，我去商场给同事买些礼物。平时，我逛商场时喜欢随身带一些硬币，因为商场附近有时会有乞讨的人，给上一两枚硬币我心里会踏实些。这天也是这样，口袋里依旧有些硬币，于是我就将十几枚硬币散给一帮乞讨的小乞丐。

就在这时，我看见一个男孩高举着一块牌子看着我，无疑，他想引起我的注意。我朝他走过去，看到他大约十三四岁，衣着破旧却很干净，头发也梳得整齐。他不像别人手里拿个搪瓷缸，他的牌子一面画着一个男孩在擦鞋，一面写着："我想要一只擦鞋箱。"那时我正在做投资生意，反正还有时间，我便问男孩需要多少钱，男孩说："125元。"我摇摇头，说他要的擦鞋箱太昂贵了。男孩说不贵，还说他已经去过批发市场4次，都看过了，要买专用箱子、凳子、清洁油、软毛刷和十几种鞋油，没有125元就达不到他的要求。男孩操着方言，说得有板有眼。

我问他现在手里有多少钱，男孩想都没想，说已经有35元，还差90元。我认真地看着男孩，确定他不是个小骗子，便掏出钱夹，拿出90元，说："这90元给你，算是我的投资。有个条件，从你接过钱的这一刻起，我们就是合伙人了。我在这个城市待5天，5天内你不仅要把90元还给我，我还要1元的利息。如果你答应这个条件，这90元现在就归你。"男孩兴奋地看着我，满口答应。男孩还告诉我，他读六年级，每星期只去上3天课，另外几天要放牛、放羊和帮母亲种地，可他的成绩从没有滑下过前三名，所以，他是最棒的。我问他为什么要买擦鞋箱，他说："因为家里穷，我要趁着暑假出来，攒够学费。"

我以一种欣赏的眼光看着男孩，然后陪他去批发市场选购了擦鞋箱和其他各种擦鞋用具。

男孩背着箱子，准备在商场门口摆下摊位。我摇摇头，说："作为你的合伙人，为了收回自己的成本，有义务提醒你选择合适的经营地点。"商场内部有免费擦鞋器，很多人都知道。男孩认真地想了想，问："选在对面的酒店怎么样？"我想："这里是旅游城市，每天都有一车一车的人住进那家酒店，他们旅途劳顿，第二天出行时，肯定需要把鞋擦得干干净净。"想到这些，我就答应了他。

于是，男孩在酒店门口附近落脚了，他把擦鞋箱放到了离门口稍远的地方，他看看左右无人，对我说："为什么不让我现在就付清1元利息？你也应该知道我的服务水平。”我“扑哧”一声笑了，这小家伙真是鬼得很，他是要给我擦鞋，用擦鞋的收费抵那1元的利息。我欣赏他的精明，便坐到他的板凳上，说：“你要是擦得不好，就证明你在说谎，而我投资给一个不诚实的人，就证明我的投资失败。”男孩的头晃得像拨浪鼓，说他是最棒的，他在家里练习擦皮鞋练了一个月。

要知道，农村并没有多少人有几双好皮鞋，他是一家一家地让他们把皮鞋拿出来，细心地擦净擦亮的。几分钟后，看着皮鞋光可鉴人，我满意地点头。我从口袋里拿出红笔，在他的左右脸颊上写下两个大字：“最棒。”男孩乐了。正在这时，有一辆中巴载着一车游客过来了，他连忙背着擦鞋箱跑过去，指着自己的脸对那些陆续下车的旅客说：“这是顾客对我的奖赏，你想试试吗？我会把你的皮鞋变成镜子的。”就这样，男孩忙碌起来了……

第二天，我来到酒店，看到男孩早早来守摊了，他兴奋地告诉我，他昨天赚到了50元，除去给我18元，吃饭花了3元，他净赚29元。我拍拍他的头，夸他干得不错。他说昨晚没睡地道桥，而是睡了大通铺，但没交5元的铺位钱。我疑惑了，怎么会不付床铺钱？这时，男孩得意地笑了：“我帮老板和老板娘擦了十来双鞋子，今晚我还不用掏钱住店。” 5天过得很快，我要离开这个城市了，这5天里，男孩每天还18元，还够了90元。

男孩知道我在北京一家投资公司做经理，说是等他大学毕业，会去北京找我，说着他伸出小黑手，我也伸出了手，两只手紧紧握到一起……

弹指一挥间，竟是15年。我离开了当初的投资公司，自己开了一家贸易公司。这天，我正在办公室里忙得焦头烂额，公司因为意外损失了一大批货物，资金周转面临困难，四方都在催债。刚放下电话，秘书进来了，说有个年轻人约我中午吃饭，我头也不抬地问是谁，秘书拿出一枚钥匙链，放到我桌上，看着这钥匙链，我愣住了，那上面有一个玻璃小熊，小熊的脑门上刻着三个字“我最棒”。我想起来了，这钥匙链，是15年前我和那个擦鞋少年临别握手时，塞进他掌心的礼物。到了中午，我走进酒店，预订好的座位上站起一个西装革履、英气逼人的年轻人。他含蓄地微笑，朝我微微弯一下腰。从他脸上，我略微找到了当年擦鞋少年的影子。喝茶时，他拿出一张500万元的支票，说：“我想投资到你们公司，5年之内利润抵回。”500万元，真是雪中送炭！

年轻人笑吟吟地说：“15年前，你教会了我以按揭的方式生存。从那个擦鞋箱起，我完成了一次又一次的积累。现在，我有了自己的公司，这500万元投进去，我有权利要求一笔额外利息。”我抬起头，问他要多少，他不动声色地回答：“1元。”我靠到椅背上，脸上露出微笑。90元，回报500万元，这无疑是我投资生涯中最成功的案例。

人生远比电影精彩

在世界影史上，“越狱”一直是备受欢迎的题材。

不仅因为它本身具有的故事属性和传奇色彩，还因为它总能跟人性与命运扯上关系。

那部诞生于1994年，被《阿甘正传》斩落马下的《肖申克的救赎》，至今还霸占着豆瓣电影250部最佳影片第一名；还有大多数国内观众美剧启蒙的《越狱》，米帅也因此路人皆知；更不用提《空中监狱》《守法公民》《导火线》《金蝉脱壳》……

甚至还有那部《这个杀手不太冷》中的让·雷诺主演的喜剧《你丫闭嘴》。

不过，几乎所有的越狱题材电影，都出自编剧的奇思妙想。充斥着各种情节的设置和巧合，让它们看上去都不那么真实。

今天，我要说的这部，却与众不同。

有人说它甚至超越神片《肖申克的救赎》，也有人说它太过真实而偏离了越狱题材。

喏，就是这部——《巴比龙》。

看到标题的第一眼你们一定在想，巴比龙到底是条什么龙？

别误会，电影跟龙其实没什么关系，跟四大文明古国之一的巴比龙更是八竿子打不着。

“巴比龙（papillon）”是男主角亨利在监狱里的外号，法语意思为“蝴蝶”，因为他身上有一枚蝴蝶文身。蝴蝶象征着自由，而整个故事讲述的也是被诬陷的巴比龙对自由的无限追求。

比起《肖申克的救赎》，《巴比龙》缺少了精心布置的悬念和高科技质感，但它却更加硬核，更加耐看，只因为两个字——真实。

电影翻拍自1973年同名电影，均改编自法国人亨利·查理尔的半自传小说。

20世纪30年代，亨利·查理尔遭人诬陷，被判处无期徒刑，随后被流放到位于法属圭亚那的恶魔岛监狱。

历经多次失败，亨利终于成功越狱，他从法属圭亚那一路逃到了哥伦比亚，几乎横跨南美洲，这个距离放在那时候，已经算是越狱奇迹了。

成功后，他把自己的传奇经历写成了自传体小说出版，不仅在法国畅销榜榜首保持了21周，至今已被翻译成30种语言，出售超过1300万册。

因为这本小说，他甚至获得了自由之身。

今天我们要说的《巴比龙》，由查理·汉纳姆饰演，为了出演本片，湖南哥（因其英文名为Hunnam，读出来与中文的湖南相似，故而得名）可没少吃苦头。

从开篇健美的身材到最后的形容枯槁，判若两人，国内跟他有一拼的，就数前段时间出演《影》的邓超了。

整个《巴比龙》的故事，其实并不复杂，讲述了含冤入狱的囚犯巴比龙多次策划越狱的故事。

巴比龙本就不是一个遵纪守法的公民，平时开开锁，偷偷东西，准备攒够家当娶女友回家。

不想莫名其妙被扣上了“谋杀”的帽子并抓进监狱，法庭判处他无期徒刑，当时是20世纪30年代，正值法国的殖民扩张时期。

因此，巴比龙没能在法国本土服刑，而是和成百上千名囚犯一起，被流放到法属圭亚那的恶魔岛上服苦役，彼时，这个地方还是个集中营般的存在。

监狱的现实比他想象的更加残酷。

巴比龙知道自己是被冤枉的，所以从第一天起，他就盘算着如何逃跑。

跟《肖申克的救赎》不同的是，《巴比龙》中的越狱堪称简单、粗暴、快——找队友弄钱、买船、开溜。

巴比龙很快完成了第一步，他物色到了一个弱不禁风的狱友，名叫德加。德加因为伪造国防债券被捕入狱，入狱前是个百万富翁。所以犯人们都想着弄死他，然后抢他的钱。

而德加对逃跑似乎没什么兴趣，因为他觉得自己老婆一直在为自己四处奔走，外加一流律师的辩护，通过上诉洗脱罪名应该易如反掌。

不过不久之后，在狱中的德加知道了老婆和律师在一起的消息，他终于同意和巴比龙一起越狱。

协议达成，计划开始，流放的生活却风声鹤唳。有的狱友为了逃跑，故意割伤自己的大腿混进医院，然后伺机开溜，不想没过几天却被抓回来直接斩首；有的狱友晚上睡觉前还好好的，一夜过去却被人开膛破肚，原因竟然是他将钱藏在自己的内脏里；有的人图谋不轨，直接买通狱警准备在浴室弄死巴比龙和德加；有的人体力不支，干苦力干到一半直接累死。

因为这种种原因，几乎没人能熬到刑期结束，也没人敢动越狱的念头。

客观上，这里四面环海，海里还有鲨鱼，逃出去没有交通工具也是死路一条。

主观上，一旦没逃脱被抓回，第一次会被关禁闭两年，第二次关禁闭五年，然后送到恶魔岛终身监禁。

即便如此，巴比龙还是不信邪，第一次越狱机会很快就来了。

被斩首的逃狱者尸体需要处理，典狱长选了巴比龙和德加去。半路上，德加精神崩溃被狱警用鞭子抽打，巴比龙气不过，一砖头放倒了狱警，一不做二不休，干脆开溜。

去到河对岸，身无分文的巴比龙被典狱长买通的皮条客押了回来，第一次越狱彻底宣告失败。

并且，他将面临长达两年的小黑屋监禁，其间食物减半，保持安静，不能说一句话，简直是精神折磨。

熬过来的巴比龙，准备第二次越狱。

有了第一次被押回来的经验，第二次越狱计划看上去相当周密。

他装疯卖傻地组成了一只越狱小分队：大胡子负责弄船，小弱负责吸引看管的注意，德加负责出钱，他负责整个计划的执行。

到了典狱长宴请名流的这天，守卫空虚，越狱计划开始执行。

小弱到看上他的看守处用美男计偷到了门的钥匙，德加用下了镇静剂的酒蒙翻了其他看守，胡子弄到了船，德加摔断了腿，不过还好，虽然海上下雨船上漏水，却总算逃了出来。

风暴过后，活下来的三人被冲到一座小岛上，岛上的修女愿意收留他们，看起来他们仿佛越狱成功，要在岛上度过余生了。

不想，修女原是个有心机的，她说的话不过是为了稳住他们，然后叫来狱警领赏，就这样，巴比龙和德加又被抓了回去。

第二次越狱宣告失败，他们还面临着五年的小黑屋监禁和恶魔岛的终身流放。

被关了五年的巴比龙，出狱后已经没有了人样，还要被送到真正四面环海的这座小岛。

岛上，巴比龙邂逅了老朋友德加，德加似乎已经习惯了这里的生活，他每天吃饭画画，生活过得井井有条，还跟巴比龙讲了许多岛上为人处世的规律。

这次要越狱，看来已经不可能了，但巴比龙偏偏就是那只蝴蝶，他摸清了海里潮汐的规律，并确信潮汐会带着他漂到陆地。

德加选择了留下来，而执着的巴比龙依旧坚持用椰子壳做成筏子，跳进了大海，独自奔向了自己一直向往的自由。

虽然《巴比龙》的整个故事看上去有诸多巧合之处，比如两次在海上漂流最终都能活着来到陆地。

但人生远比电影精彩，这些事是实实在在曾经发生过的。

事实上，真正的巴比龙不止越狱三次，而是在逃亡的过程中，先后在多个国家越狱八次，才最终在委内瑞拉获得了自由之身。

想飞的鸟儿，笼子是关不住的。

《巴比龙》也用长达两个小时的篇幅，来为我们讲述这个堪称励志的故事。

很多观众奇怪，为什么囚犯越狱的电影能看出励志片的影子？

因为不论是《肖申克的救赎》还是《巴比龙》，主人公都是被冤枉的，故而大多数对司法不公的怨愤，转换成了主人公越狱成功后的快感，蒙冤入狱的男主角们总是弱者形象，而布满漏洞被坏人利用的司法及强权则是真正的大反派。

故而整部电影，其实是以励志的口吻在讲述故事，就连镜头语言，都透露出颇具质感的纪录片风格。

这种赏心悦目，一般很难在越狱题材的影片中见到，这也是《巴比龙》如此特殊的原因之一。

它将海拍得那么美，是因为海在片中不仅是囚禁巴比龙的帮凶，还代表了他所向往的自由。

所以，《巴比龙》最硬的主旨，是永远不死的自由主义精神。

不顾死亡和黑暗，不顾未知与迷途，在所有与自由对立的事物面前，毅然决然地选择自由，正是这种坚韧，让他获得了最终的成功。

影片后半部分其实已经跟“越狱”的主题关系不大，而将笔墨主要放在巴比龙越狱不成功的凄惨和悲切上，头发花白，形容枯槁，双目无神……与之前那个体格健硕的巴比龙对比越鲜明，对自由精神的刻画则越是入木三分。

强者自救，圣者渡人。

然而强者毕竟是少数，在自由面前，更多的人们纷纷选择禁锢，从头至尾一直陪伴着巴比龙，甚至在他禁闭时帮他的德加，在越狱将要成功的最后一步，也是最艰难的一步，选择了放弃。

德加留下的理由，看起来更像是一种恐惧。

然而这种恐惧却又可以理解，当一个人被摧残数十年，他的自由意志到底还能剩多少？谁也说不准。

所以，巴比龙终究是那个男主，也终究是全片那个拥有最强大自由精神的唯一个体，当他成功越狱，拿着自传寻求出版时，我们会不自觉地想起留在岛上的德加。

他到底怎么样了？

作为影片的留白，导演当然不会告知我们德加最后的命运。

但倘若我们每个人，都能像巴比龙追逐自由一样，去追逐自己向往的东西，运气就都会站在我们这一边，这也是影片所要讲述的某种普世真理。

说到底，一些做不成的事，终究还是我们不那么“想”做罢了。

也许什么时候敢于像巴比龙一样纵身一跃，什么时候我们才能体会到他独自飘向自由时的狂喜吧。

马云和他的三次高考

与许多功成名就的高龄青年不同，马云的大学之旅异常艰辛。可以说，从小到大，马云不仅没有上过一流大学，而且连小学、中学都是三四流的，更具悲剧性的是，马云考过三次大学，两次落榜。

马云第一次参加高考，数学只得了1分，全军败北。他垂头丧气，准备去做临时工。他和他又高又帅的表弟去一家宾馆应聘，结果宾馆只录用了他的表弟，拒绝了他。之后马云当过秘书，也做过搬运工，后来通过父亲的关系，马云到杂志社蹬三轮车送书。一次偶然的机会他来到了浙江舞蹈家协会，为协会主席抄写文件，就是在舞蹈协会，他第一次读到了路遥的代表作《平凡的世界》。

从故事中，马云体悟到：人生的道路虽然漫长，但关键之处只有几步。在人生的道路上，没有一个人的道路是笔直的、没有岔道的。既然生活的道路如此曲折，人们就应该坦然面对、遇事不惊、克服一切困难，以自己的勇敢笑对人生。就在那一刻，马云下定决心：参加第二次高考。

然而幸运之神并没有在第二次高考时眷顾马云。这一次，马云的数学考了19分，总分离录取线差140分，而且这次的高考成绩，让原本对马云上大学还抱有一线希望的父母都觉得他不用再参加高考了。

高考失意的马云，每天骑着破旧的自行车穿梭在杭州的大街小巷。当时一部从日本引进的电视剧《排球女将》深入人心，剧中小鹿纯子的笑容和执着影响了马云，马云不顾家人的极力反对，毅然开始了第三次高考的复习准备。由于无法说服家人，马云只得白天上班，晚上念夜校。每周日，马云为了激励自己好好学习，会特地早起赶一个小时的路到浙江大学图书馆读书。

就在马云参加第三次高考的前三天，一直失望于马云数学成绩的余老师对马云说了一句话：“马云，你的数学一塌糊涂，如果你能考及格，我的‘余’字就倒着写。”老师的这句话惹恼了马云。

马云在余老师话语落下的第三天，准时参加了他人生中的第三次高考。考数学的那天早上，马云一直在背10个基本数学公式。考试时，马云就用这10个基本数学公式一个一个地套。从考场出来，和同学对完答案，马云知道，自己肯定及格了。结果，那次数学他考了79分。 79分的成绩在别人眼中是比较可怜的，但按马云的话说，“是运用了独门武功才过去的”。那时候他把每种题型都背了一遍。

将数学题用文科方法解答，也许除了马云之外，再也找不到第二个人。据说当时高考数学的选择题，马云也做得非常有技巧，因为他把选择题的题型也做了分类，最后歪打正着，那次考试终于及格，让许多同学刮目相看。

不过即使是马云数学考了79分，也依然不够大学本科分数线——他的综合成绩离本科线还差5分。自助者天助。或许是马云永不放弃的精神感动了上苍，大学连考三年的马云由于同专业招生人数未满，历经辛苦之后终于跌跌撞撞、摇摇晃晃地进入杭州师范学院本科，被调配进入外语本科专业，捡了个不大不小的便宜。

也不知那位余老师当初与马云打那个赌，究竟是出于善意的鞭策，还是对马云的“不争气”实在忍无可忍，不过这一次马云真的走出了泥潭，走向了通往大学的光明之路。

对于别人的反对和质疑，马云表现得非常大度和宽容，他说：“对于我们这类人，欣赏我们的非常欣赏，讨厌我们的极其讨厌。我不希望大家都喜欢我，这也不可能。当人们都反对我时，不是一件坏事。我讨厌中庸。”正是对“度”把握不同，承受度存在差异，导致了每个人的不同人生。对此，马云说：“可能你的承受度是2000万元，他的承受度是3000万元，而我是2个亿。”

其实你离成功只差三厘米

每个人的人生都渴望成功，而成功往往都要经历一段熬的过程，区别只是熬的长短，更有甚者，是有的人熬过去了，有的人在半路倒下了。当你千辛万苦完成了一个项目、一个人生的小目标的时候，回过头来，你会发现，其实一切不过是一个厚积薄发的过程而已。

人这一辈子，谁不得有那么几回被苦难教会怎样做人。那种被生活一巴掌连着一巴掌打得满地找牙的感觉特别不好，但是你要记住，无论境况多糟糕，只要不认怂，生活就没办法打倒你。

再艰难的困境，走下去就是柳暗花明。关键是，你要挺住，不要停。

一

看过一则新闻，一个年轻的导演在成名前自杀了，他承受的苦难我们可能并不能完全理解，但更多的是惋惜他离成功只差了三厘米。

胡迁，不著名导演，很有艺术天分，但几次筹划自己的电影，都因无人赏识、资金不足而胎死腹中。他出版过两本书，受到业界的好评，但稿费微薄。总之，典型的怀才不遇，穷困潦倒。

他在微博里写道：这一年，出了两本书，拍了一部艺术片，新写了一本书，总共拿了两万的版权稿费。电影一分钱没有，女朋友也跑了。今天蚂蚁微贷都还不上，还不上就借不出……

穷还是其次，可怕的是，那部“一分钱也没有”的电影，还让他和制片方争执不休，矛盾重重，这件事最终压倒了他。

2017年10月12日，胡迁整理好头发和笔记，用楼道里一根挂了很久的绳子套住头，自缢身亡。这个身高1米89的29岁帅气大男生，被装在袋子里，躺在一个阴暗房间的角落。后面的墙上是许多用来冷冻身体的铁格子。

然而……

2018年2月，胡迁的遗作《大象席地而坐》获柏林电影节论坛单元最佳影片奖。电影节官方称赞这部作品“视觉效果震撼”“是大师级的”。可是，胡迁不会知道了。

得知影片获奖那天，出版社的编辑在群里深深扼腕：太遗憾了，这个傻子，他再多撑五个月，天就亮了啊。是啊，天马上就亮了啊。偏偏他就倒在了太阳升起前的一分钟。

其实我知道他临走前的感觉——可能无数人都曾有过这样的时刻吧：孤立无援，糟糕透顶，像是被深埋地下，四周好像全是拒绝、刁难和封死了的墙壁。

你觉得自己就快要死了？但是，无数人的经验告诉我们：这困境，一定会过去。

你只要坚持住，迟早会不知从哪里伸出一只温暖的手，说，跟我来吧。然后，天就亮了。

二

褚时健种橙子获得了巨大的成功，有个姓杨的老板也想效仿他，就在褚时健的果园旁边承包了土地，褚时健干什么他干什么，褚时健去哪儿买肥料他去哪儿买。结果呢，褚时健的橙子又大又好，而他种的橙子却非常一般！

杨老板一直很纳闷儿，自己和褚时健的差别到底在哪儿呢？有一次，他去一家养鸡场买鸡粪，碰巧褚时健也去买。他就特意观察诸时健是怎么挑鸡粪的。只见，褚时健走到鸡粪堆旁，抓起一把捏一捏，再仔细闻一闻，放下，再抓起一把捏一捏，闻一闻，如此反复挑选了很长时间。杨老板也想去学，可看着黑乎乎的鸡粪，他只感到一阵阵反胃，怎么也下不去手！杨老板感慨道：“我对自己是真狠不下那个心啊！”

工作该怎么做才能取得成就？很多人都知道，差别在于，有的人对自己够“狠”，而这所谓的“狠”就是和成功的差距，只差那三厘米，对自己要求没那么严格，今天为了一次休息可以放弃，明天为了一次应酬可以耽误，日积月累，便会沦为庸人！

三

最难的时候，你是怎么熬过来的？有人说靠吃东西，一个月胖了十五斤。有人说靠写东西，把坏情绪都写在本子上，让它去承担。有人单曲循环一首外国民谣，直到每个单词都能准确拼出来。有人读书，有人画画，有人听相声，有人打游戏，有人疯狂健身，有人疯狂工作……

但是更多人，其实没有任何技巧，就是笨笨地熬。就是每一天都强迫自己去做该做的事，该上班上班，该学习学习，该投简历投简历，该发传单发传单。就是粗糙地、迟钝地、麻木地坚持，不停止，不放弃，就算泪流满面，也闷着头固执向前。然后，那些艰难，不知何时，就过去了。

你有没有这样的感觉：在工作中，总是想要干出一番大事业，又总是无法坚持去提升自己。在生活里，总是浑浑噩噩过日子，又总是不能改掉自己凑合将就的坏毛病。在个人成长中，你很想要变得更美更瘦更优秀，可你又总是舍不得对自己下狠手，你总是叫苦叫累，又轻易向自己妥协。

当你在生活和工作压力越来越大的情况下，你会越来越清楚，唯有做到自律，才可以真正地帮到自己。

安德雷耶夫就曾说，一个人最大的胜利就是战胜自己。而自律的生活刚开始确实很磨人，它会时常挑战你的心理和身体极限，让你随时有想要放弃的念头。

可当你挨过那段最痛苦的自律时光，当你在工作中越来越严谨，出错率越来越少，业绩就会越来越好。当你在生活中越来越追求品质，就会越来越感到生活的有趣和丰富。在平日里，当你尝到了运动和读书等兴趣爱好给你带来的好处时，你就会逐渐爱上那个一直自律的自己。

亚里士多德说："人是被习惯所塑造的，优异的成绩来自于良好的习惯，而非一时的冲动。"而当你把自律行为当作一种好习惯不断坚持、不断突破、不断超越以后，你会发现，今天的自己比过去又上了一个新的台阶和高度，而这样的你也势必会越来越优秀！

"最难的三厘米"，这句话来源于竹子法则，相信大家都懂，但又有多少人熬过了人生的那三厘米。竹子用了四年的时间，仅仅长了三厘米，从第五年开始，以每天三十厘米的速度疯狂地生长，仅仅用了六周的时间就长到了十五米。其实，在前面的四年，竹子将根在土壤里延伸了数百平米。做人做事亦是如此，不要担心你此时此刻的付出得不到回报，因为这些付出都是为了扎根。

人生需要储备！多少人，没能熬过那三厘米！

或许你的感情，一次又一次地失望；痛苦，一遍又一遍地敲门；烦恼，一夜又一夜地翻滚；但还好，你还有一个又一个的明天。

信念提升价值

有一个女孩，在一家工程公司做秘书。

每个人都知道，秘书工作没有什么技术含量。每天大致是接听电话，收发传真，打印复印一些文件，然后端茶送水，给领导拎拎包。

这位女孩也喜欢文字，偶尔也写一些文章。当她通过朋友认识我后，表现得很热情，经常发邮件给我，希望我能帮助她走上写作的道路。

“即使不要稿费也可以，我希望快点转行。”当时她的愿望显得很迫切。因为她似乎已经意识到，秘书不是一个有前景的职业，尤其是在这样一个小公司，况且她没有任何专业背景，她对自己的职场晋升没有丝毫信心。

于是，我告诉她一些写作方法，并鼓励她慢慢来。不久，我看到了她写的东西。因为是第一次写书稿，效果当然不理想。

我告诉她应该如何修改，她点头称是。

可遗憾的是，接下来，她的本职工作很忙，很少有时间来写作了。直到一年后的今天，她还是在原来的岗位，做原来的事情。偶尔很忙，偶尔很闲。未完成的书稿也一直搁置在那里。

也许当她进入写作的时候，发现写作并不是她想象的那么容易，一部书稿就将她打败。她有借口不再坚持写下去，因为有时候她确实很忙，因为她的确没有任何出版的经验，写书对她来说，难度太大了。因此，她还是做一些早已经让自己厌倦，又没有前途的琐碎事情。一年前的困惑始终没有让她摆脱掉。

她没有勇气辞掉自己的工作，专心写作。在对本职工作没有信心的情况下，又三天打鱼两天晒网地从事第二职业，并希望得到转行的机会。当她觉得秘书工作虽然没有前途，但确实很轻松的时候，她又感到对写作没有信心，失去了开始的斗志。

很难想象，她最终从一个秘书转行做一个作者是什么时候。或许，三年、十年、二十年后，当她的热情都被琐碎的杂务磨灭的时候，当她容颜老去，老板将她辞掉后，她会再次想到转行。

一个没有信念，或者不坚持信念的人，只能平庸地过一生；而一个坚持自己信念的人，永远也不会被困难击倒。因为信念的力量是惊人的，它可以改变恶劣的现状，形成令人难以置信的圆满结局。

随着《哈里·波特》风靡全球，它的作者和编剧乔安妮·凯瑟琳·罗琳成了英国最富有的女人，她所拥有的财富甚至比英国女王的还要多。她曾有一段穷困落魄的历史，她的成功恰恰在于她坚持自己的信念。

罗琳从小就热爱英国文学，热爱写作和讲故事，而且她从来没有放弃过。大学时，她主修法语。毕业后，她只身前往葡萄牙发展，随即和当地的一位记者坠入情网，并结婚。

无奈的是，这段婚姻来得快去得也快。婚后，丈夫的本来面目暴露无遗，他殴打她，并不顾她的哀求将她赶出家门。

不久，罗琳便带着3个月大的女儿杰西卡回到了英国，栖身于爱丁堡一间没有暖气的小公寓里。

丈夫离她而去，工作没有了，居无定所，身无分文，再加上嗷嗷待哺的女儿，罗琳一下子变得穷困潦倒。她不得不靠救济金生活，经常是女儿吃饱了，她还饿着肚子。

但是，家庭和事业的失败并没有打消罗琳写作的积极性，用她自己的话说："或许是为了完成多年的梦想，或许是为了排遣心中的不快，也或许是为了每晚能把自己编的故事讲给女儿听。"她成天不停地写呀写，有时为了省钱省电，她甚至待在咖啡馆里写上一天。

就这样，在女儿的哭叫声中，她的第一本《哈利·波特》诞生了，并创造了出版界奇迹，她的作品被翻译成35种语言在115个国家和地区发行，引起了全世界的轰动。

罗琳从来没有远离过自己的信念，并用她的智慧与执着赢得了巨大的财富。即使她的生活艰难，她也坚信有一天，她必定会达到事业的顶峰。

每个人都希望有一天能飞黄腾达，都希望能登上人生之巅，享受随之而来的丰硕果实。遗憾的是，人们往往坚守不住自己的信念。总觉得顶峰是那样高不可攀，想象一下就已经足够了。

记得大学的时候，班上有一个男生，吉他弹得很不错。他经常开玩笑说，如果毕业后自己做一个流浪歌手，会很高兴。

只是，毕业后，他的父亲为避免他受找工作之苦，很快给他找了一份临时工作，他接受了。不久，当同学们都在为自己的生活奋斗的时候，他结了婚，生了孩子。

聚会的时候，同学们开玩笑地对他说，街头少了一个优秀的流浪歌手。对此，他唯有苦笑。或许当初的他只是随口说说，当他走进现实生活的时候，他发现要实现自己的理想是那么艰难。

有很多人，终生不甘平凡，却又无力改变平凡。

行动大于一切

约翰·列侬说，当我们正在为生活疲于奔命的时候，生活已经离我们而去。

每个人都想被生活温柔相待，但生活却总在刁难我们，让我们忧虑重重。烦恼层出不穷，按下了葫芦起来瓢，解决一个问题又出现另一个，让人有些应接不暇，力不从心。这是大多数人生活里的常态。

每个人都有自己的不容易，我们被生活推着走，被动地生活，让我们疲于应付。每个人都想着能够掌控生活，在生活中占据主动。做好这三件事，让我们告别生存，拥抱生活。

确立目标，过滤掉无意义的努力

“如果一艘船不知道该驶向哪一个港口，那么任何地方吹来的风都不会是顺风。”这是《塔木德经》中说的一句话。

茫茫大海中，有一处灯塔，航船才不会迷路，才会开足马力奔向灯塔前进；漫漫人生路，有明确的目标，才会让我们知道，该向哪个方向全力以赴。

美国作家奥格·曼狄诺说：“一颗种子可以孕育出一大片森林。”有了目标，生活才有了方向，有了奔头和希望，才会激发出人无限的潜力和战斗力。

43年前的唐山大地震中，一对夫妻被坍塌的废墟压在底下，惊吓和饥渴让他们虚弱无力，丈夫摸到了一把菜刀，用刀砍他们周围的石板，想挖出一条生路。“当当当”的砍凿声，让妻子充满了希望，觉得离出去的目标越来越近了。

菜刀砍在坚硬的水泥板上，只砍下了一些灰尘，可丈夫并没有告诉妻子，仍不停地砍着，嘴里说着“快了，快出去了”……三天后，夫妻俩被救了出来。在这三天里，出去的目标，激发了他们的斗志，最终让他们活了下来。

有了生活的目标，我们才明白，为了掌控我们的生活，什么样子的努力是有意义的，什么样的努力是无意义的，要放弃掉。

做好规划，遥不可及的未来就藏在每一个当下

“有的人在一步步忙着死，而有的人在一步步忙着活。”这是《肖申克的救赎》主人公安迪诠释的一个道理。

被冤入狱，到一步步部署着逃离监狱，并用一个莫须有的身份为自己“洗白”，还拥有了巨额财富。安迪精细策划，用了20年，在监狱里挖了一个洞逃出来。这其中的核心就是规划，缜密的规划。

当你有了规划，人生才不会迷茫。有了人生的规划，我们不仅清楚自己现在所处的位置，更清楚自己下一步所要迈出的方向。

饭是一口一口吃的，路是一步一步走的，我们未来生活的模样，就藏在我们当下的生活中。所以，从现在开始规划我们生活的主线，一步一步走下去，就能逐渐掌控我们自己的生活。

规划可以将未来遥不可及的目标拉近到我们面前，可以让我们完成很多看似根本不可能完成的事情，离掌控生活越来越近。

行动力强，有力地远离疲于奔命的生活

现实生活中，每个人头脑中都会冒出很多金点子，头一天晚上想干这个，规划一番，觉得前途一片光明，而到了第二天起床后，就纷纷抛诸脑后，依旧挤着上班高峰的公交车、地铁去上班，又麻木地混一天。

目标再美、规划再好，没有行动力，一切都白费。

诗人汪国真说：“没有比人更高的山，没有比脚更长

的路。”

行动了，才会有成功的可能；不行动，只能算你自己的冥想。即使行动时发现方向错了，那又有什么要紧呢？

有人曾说：“你是个小雪球，你拿不准自己应该朝哪里滚，但是你不妨先滚起来，反正到处都是雪，滚到哪里都能让你变大。你也许绕远了，或者后来发现方向错了，但是你终究强大了，最后变成了一个大雪球。变大了以后，再往你想去的地方滚，总会快一些！”

所以，先行动起来吧，如果你想做一件事，全世界都会为你让路。

目标明确，规划完备，行动力强，这样的我们足够优秀。

日复一日，我们会走上一条让自己不断精进的路。每一次的上路，都会为我们积蓄更多掌控生活的底气和能力，于是，生活会漾起笑脸，对你温柔以待。

梦想，需要接近地气

一个15岁的男孩，为了逼迫父母出钱赞助自己学习音乐当歌星，于是割腕自杀、离家出走，最后，流落到收容站，彻底中断了学业。

还有一个45岁的中年男人，在繁华城市的城乡接合部，住十平方米不到的出租屋，每天为了生存，苦苦挣扎。他与那个男孩唯一不同的是，每天早晨，在熙熙攘攘的锅碗瓢盆交响曲中，他臂膀上搭一条白毛巾，端着帕瓦罗蒂的姿势，高歌一曲《我的太阳》。

同那个15岁的少年一样，中年男人40多年来，心中始终都藏匿着一个瑰丽的音乐梦。所不同的是，这一路走来，他的音乐梦融化成血液流淌在琐碎平凡的日子里。而那个少年的音乐梦，却马上就要被个人的固执和莽撞所戕害。

更大的不同之处还在于，中年男人的音乐梦只是为歌而歌。而那个少年，他的终极目的可能不是音乐，而是舞台之上炫目的烟火以及舞台下沸腾的粉丝和无边的名利。

一个15岁的少年尚有机会从弥天大梦中醒来，而这个世界上还有一些人，中了梦想的毒太深，等到迷途知返的时候，才知道积重已然难返。

我认识一个流浪歌手，年过三十，一直矢志不渝地在皇城根下做着北漂，全部的生活来源皆出自女友拮据的工资和寡居妈妈那点可怜的退休金。女友想结婚，哪怕裸婚，只要他有个正常的职业即可。妈妈想看到儿孙绕膝，哪怕他一事无成，只要他能够懂得脚踏实地便是幸福。女友与母亲的这点最简单最基本的要求，流浪歌手却都不能满足。他一再叫嚣：我距离成功只有半步之遥了，为什么你们就没有耐心等待？

在所有梦想狂人的眼里，只要他愿意等，梦想总有一天会施予怜悯和恩宠。可梦想不是慈善家。永远不会因为哪个表现得过分可怜就悲天悯人地给予关怀。它需要的从来都是板上钉钉的成功份额，比如才华和勤奋。

但奢谈梦想的同时，首先应该区分开梦想和渴望的不同。世间所有人都热望名闻利养，可名闻利养远不是梦想。真正的梦想是无关名利的一份美好，当事人从中能得到的，不只是形式上的愉悦，更是灵魂上的满足。

还记得多年以前，央视报道过一个来自西安某山区一个女人的故事。那个30岁的女人从小到大的梦想就是走出大山，像个职业女子那样去生活。可彼时的她，有需要照顾的老公，有嗷嗷待哺的孩子，还有大片的需要打理的农田。走出大山的梦，对于一个没有受过太多教育的山里女人来说，不仅遥不可及，而且也不现实。

十年之后，我再次看到了这个女人。此刻的她，满脸都是骄傲和满足。她没有走出大山，却在距离村子几十公里远的县城做了一名售货员。成为都市白领的梦散了，但取而代之的却是更贴近生活更具现实感的圆梦的风景——她终于看到了山外的风景，也终于有了自强自立的平台。

所有梦想都像高高飞在天空的风筝，是一直仰头看着风筝越飞越远，还是尽可能地拉回奢望的线，让梦想接近地面，具有踏踏实实的烟火感？这是所有人都有可能面对的人生命题。毋庸置疑的是，梦想只有接近地气，才能更具有生气和活力。这份勃勃生机的营养与厚重，只有地气能给，也只有脚踏实地才能行得通。

第二章
念念不忘，必有回响

如果你想获得想要的东西，那就得让自己配得上它。信任、成功和钦佩都是靠努力获得的。

——查理·芒格

勇于给自己喝倒彩

偶尔的一次失败，对强者是一种激励，对弱者却是一种打击。经历过连续的失败，却永远保持乐观的乔治·费多，无疑是强者中的强者。

乔治·费多年轻的时候立志要做一名出色的剧作家，开始他的作品总是得不到剧团的赏识，就连一些不知名的小剧场也不愿意排演他的剧本。面对一次次的失利，乔治·费多始终保持着微笑，拿着自己最得意的作品继续寻找下一个合作剧团。

令乔治·费多兴奋的是在自己的努力下，终于有一家小剧场同意排演他的剧本。然而，观众面对一个完全陌生的剧作者，并没有表现出太大的兴趣，只是低廉的门票才保证了一半以上的上座率。演出开始了，观众们面对糟糕透顶的剧本，毫无表情的演出，不时发出刺耳的聒噪。演出进行到一半的时候，喝倒彩声此起彼伏，远远盖过了演员的声音。演出结束后，观众叫骂着摇着头不满地散去，空旷的剧场只留下羞愧难当的乔治·费多。垂头丧气的乔治·费多，瘫软在舞台上，几乎丧失了继续创作的信心。

坚强的乔治·费多并没有因此而放弃，很快调整好自己的心态，继续开始新的创作。

乔治·费多一生中创作了大量的滑稽喜剧，作为法国著名的戏剧家受到了人们的欢迎和热爱，尤其他的代表作《马克西姆家的姑娘》，更是在整个法国引起了强烈轰动。《马克西姆家的姑娘》的上演，引发了滑稽喜剧的热潮。然而，就是这样一部伟大的喜剧，试演的时候也曾遭遇了巨大的失败。

《马克西姆家的姑娘》的首场演出是在一个很小的剧院里，和乔治·费多以前的很多剧本一样，观众并不认可，观众席上嘘声一片，甚至不时传来一些叫骂声。乔治·费多按捺不住自己内心的愤慨，跑到观众最多、嘘声最高的地方，和观众一起发出强烈的嘘声，偶尔也会随着观众的叫骂，骂上几句。朋友目睹了乔治·费多的失态，把他拉到一边说："乔治，你疯了吗？"乔治·费多拍了拍朋友的手微笑着说："我没有疯，只有这样我才能最真实地听到别人的辱骂声，只有这样我才能坚定信心搞好创作，只有这样我才能写出更好的剧本。"

勇于给自己喝倒彩，勇于微笑地面对一次次的失败，才是生活的强者，才能最终取得巨大的成功。

品尝人生之苦

人生由喜怒哀乐、酸甜苦辣交织而成，我们很多人只觉得人生应该是喜和甜的，一旦追求不到就觉得人生暗淡无光。其实，我们更应该知道，我们需要去品尝人生的苦、人生的酸。伤痛也是人生，体验伤痛也是我们活着的证明。

有一位老人，他的名字叫褚时健。

1928年褚时健出生在一个农民的家庭。1955年27岁的褚时健担任了云南玉溪地区行署人事科科长。31岁时被打成右派，带着妻子和唯一的女儿下农场参加劳动改造。“文革”结束后，1979年褚时健接手玉溪卷烟厂，出任厂长。当时的玉溪卷烟厂是一家濒临倒闭的破烂小厂。那年他51岁，扛下了这份重任。

而我们现在有很多二三十岁的人已经不想工作，害怕压力、害怕承担、怕苦怕累。到40岁已经觉得这一生的奋斗结束了。褚时健的奋斗故事51岁才刚刚开始。

褚时健和他的团队经过18年的努力，把当年濒临倒闭的玉溪卷烟厂打造成后来亚洲最大的卷烟厂、中国的名牌企业——红塔山集团。褚时健也成为中国烟草大王，成为了地方财政的支柱，18年的时间共为国家创税收991亿元。

而就在褚时健红透全中国，走到人生巅峰时，在1999年却因为经济问题被判无期徒刑（后来改判有期徒刑17年），那年的褚时健已经71岁。当从一个红透半边天的国企红人，执政了18年的红塔集团的全国风云人物一下子变成阶下囚，这对人生的打击可以说是灭顶之灾。接下来的打击对一个老人才是致命的，妻子和女儿早在3年前已经先行入狱，唯一的女儿在狱中自杀身亡。

这场人生的游戏是何等的残酷，一般人想到的是，此时这位风烛残年的老人在晚年遇到这样的不幸，只能在狱中悲凉地苟延残喘度过余生了。

3年后，褚时健因为严重的糖尿病，在狱中几次晕倒，后被保外就医。经过几个月的调理后，褚时健上了哀劳山种田，后来他承包了2400亩的荒地种橙子。那年他74岁。

王石感慨地说：我得知他保外就医后，就专程到云南山区探访他。他居然承包了2400亩山地种橙子，橙子挂果要6年，他那时已经是75岁的老人了，你想象一下，一个75岁的老人，戴着一个大墨镜，穿着破圆领衫，兴致勃勃地跟我谈论橙子6年后挂果是什么情景。所以王石说：人生最大的震憾在哀劳山上，是穿着破圆领衫、戴着大墨镜、戴着草帽、兴致勃勃地谈论6年后橙子挂果的75岁褚时健。

6年后，褚时健已经是81岁的高龄。

后来有人问深圳万科集团董事长王石：你最尊敬的企业家是谁？王石沉吟了一下，说出了一个人的名字。不是全球巨富巴菲特、比尔·盖茨或李嘉诚，也不是房地产界的某位成功人士，而是一个老人，一个跌倒过并且跌得很惨的人。

这些看起来无法跨越的困难并没有阻挡褚时健，他带着妻子进驻荒山，昔日的企业家成为一个地道的农民。几年的时间，他用努力和汗水把荒山变成果园，而且他种的冰糖脐橙在云南1公斤8块钱你都买不到，原来这些产品一采摘就运往深圳、北京、上海等大城市，效益惊人。因为褚时健卖的是励志橙。

王石再去探望褚时健时，他看到了一个面色黝黑但健康开朗的农民老伯伯。他向王石介绍的都是果园、气温、果苗的长势。言谈之间，他自然地谈到了一个核心的问题：2400亩的荒山如何管理？他使用了以前的方法，采用和果农互利的办法。他给每棵树都定了标准，产量上他定个数，说收多少果子就收多少，因为太多会影响果子的质量。这样一来，果农一见到差点儿的果子就主动摘掉，从不以次充好。他制定了激励机制：一个农民只要任务完成，就能领上4000元钱，年终奖金2000多元钱，一个农民一年能领到1万多元钱，一户三个人，就能收入三四万元钱，比到外面打工挣钱还多。

他管理烟厂时，想到烟厂上班的人挤破头；现在管理果园，想到果园干活的人也挤破头。这个已经85岁的老人，把跌倒当成了爬起，面对人生的波澜，他流过泪，也曾黯然神伤。

经过评估，当时褚时健的身家又已过亿。他那种面对任何人生的磨难所展示出来的淡定，让他作为企业家的气质和胸怀呼之欲出。

王石说："如果我在他那个年纪遇到挫折，我一定不会像他那样，而是在一个岛上，远离城市，离群独居。"

王石的感慨，褚时健并没有听到。他在红塔集团时带的三个徒弟，现在已是红河烟厂、曲靖烟厂、云南中烟集团的掌门人，对他来说，他在曾经最辉煌时跌倒，但在跌倒后又一次创造神话，这就足够了。

褚时健这个最富争议的人物，给了我们衡量一个人成功的标志的答案。

为什么要终身学习

一

最近看了一部感触颇深的纪录片—— *Becoming Warren Buffett*（《成为沃伦·巴菲特》）。

这是HBO今年拍摄的关于巴菲特最新的纪录片，是目前为止我觉得拍得最好也是最接近他真实生活的纪录片。

这部纪录片里，巴菲特坦然褪去自己身上众多的光环，展露了自己最真实的一面。影片里的大部分镜头都献给了巴菲特的家人，回忆他的过去，以及记录平常的生活。

比如说巴菲特每天早上上班时，会开车路过麦当劳买一份早餐，带到办公室后享用。他的桌子上也一定摆放着一杯他钟爱一生的可口可乐。

他在上班路上打趣地说道：“如果今天公司股票价格涨

了，我就买4块2的套餐；如果股价不好，哈，那我就买3块8的。”

二

关于巴菲特读书之多这一点，他的合伙人查理·芒格曾经评价过：“我这辈子遇到的来自各行各业的聪明人，没有一个不每天阅读的——没有，一个都没有。而沃伦读书之多，可能会让你感到吃惊，他是一本长了两条腿的书。”

终生阅读和学习的巴菲特，即使在84岁的高龄，还掌管着全世界最大的投资公司，保持着敏锐的大脑和思维，以及对工作和生活的热爱。

巴菲特说他不惧怕死亡，他觉得自己这一生度过得无比充实和幸福。他每天都会兴致勃勃地起床，期待着今天发生的新鲜事，对他的工作乐在其中。

那些想着快速致富的人，看完这部纪录片可能要失望了。巴菲特并没有提供什么点石成金的致富秘诀。

与之相反，这部纪录片给我们展示的真相是——成功不仅是枯燥的，甚至还是有点孤独的。

一个人只有严于律己，长年累月地专注于做好一件事情，并且坚持终生读书学习，才能享有随之而来的成功、荣誉和财富。

成为世界首富其实并没有什么特别的捷径，巴菲特只是通过一生的专注和终生学习，达到了现在的高度。

这也是这部纪录片想要传递的信息。

三

很多人会说，我生活中需要什么知识，现学现用不就好了，学习不就是为了应付考试和工作吗？

那我们为什么还要终身学习呢？

因为功利性学习的范围是非常狭隘的，收获也是非常有限的，但是终身学习的回报却是不可估量的。

爱因斯坦曾经说过，复利是这个世界上的第八大奇迹，那些理解并使用它的人将最终获得巨大的财富。那些不理解它的人会付出巨大代价。

巴菲特就是利用了复利的力量。在管理伯克希尔·哈撒韦公司50年的时间里，他通过复利让每年21.6%的增长，变成了现如今高达1826163%的资产增值。

而复利的效果不仅可以应用在财富的积累，更体现在知识的积累。

当你在时间的长河中坚持不懈地终身学习，你的知识将会在复利的作用下持续地累积和增长，最终的收获和回报会远远超出你的想象。

而实现终身学习的最佳途径，就是阅读大量优秀的书籍。

四

读书不仅是获取知识的手段，更能够培养出一个优秀的人格。这是甚至比获取知识更要有意义的一件事。

而当你阅读了一定量的优秀书籍后，你会发现历史上很多伟大和成功的人，都有着很多彼此呼应的励志故事、人生观和价值观。这些感受会在潜移默化中影响着阅读的你。

读过《富兰克林传》的人都知道，富兰克林借由《穷理查年鉴》传播了许多有用和影响深远的建议。

他赞扬的美德包括勤奋、负责和节俭。这位美国开国之父的书籍和观点，在随后的两个世纪里，影响了千千万万的人。

而当你再读到《品格之路》这本书时，你会发现书中写到的影响世界的伟人和思想家——如最杰出的美国总统之一德怀特·艾森豪威尔，第二次世界大战“胜利的组织者”乔治·马歇尔，为终结种族歧视奔走一生的斗士菲利普·伦道夫与贝亚德·拉斯廷……都或多或少地体现了富兰克林倡导的价值观。

书中写到一个故事揭示了艾森豪威尔自律的行为是如何养成的。他的品行深受他的父亲和他的家庭的影响。

艾森豪威尔的父亲是德国移民后裔，是一个普通的小业主，但是做人做事认真负责，节俭而又自律。

因为经历过破产的痛苦，他规定自己和公司的员工每个月必须将薪水的10%存起来，以防范意外情况。要知道那个时候美国家庭的储蓄习惯很糟糕，但是艾森豪威尔的父亲却对资金和储蓄有着严格的自律。

正是靠着这一点，他才让自己的家庭过上了虽然不富裕，但是体面和有尊严的生活，也保障了自己孩子和员工的生活。

这种自律的行为深深影响了艾森豪威尔，使他能够通过严于律己晋升为一个严格而又优秀的军官，最终成为了一个伟大的美国总统。

博览群书的你会发现，从富兰克林到艾森豪威尔，再到巴菲特，无论身处哪个时代，这些成功和伟大的人都有着类似的优秀品质和人格的共鸣。

五

当你用心阅读了大量的书籍后，会更加深刻地感受到——一个成功和优秀的人的背后，必然有一个伟大的人格。

而在他们身上那些普世而又优秀的品格，如勤奋、节俭和自律，会通过书本的传承，耳濡目染地影响着你，在阅读中提高你的心智水平，让你收获更高的人生境界和品格上的财富。

很多时候，我们所说的社会阶级上的固化和差异，并不仅仅是财富上的差距，更多的是每个人眼界和选择的不同。而读书和终身学习，是我们每个人用最低的成本，提高自己的知识、眼界和人格的最佳途径。

我们也许没有办法决定我们的出生和阶层，但是我们每个人都可以通过读书和终身学习，为自己塑造一个优秀的人格，实现个人的提高和阶级的突破。

而一旦拥有了优秀的人格，你会更加坚定一个普世的信念：“如果你想获得你想要的东西，那就得让自己配得上它。信任、成功和钦佩都是靠努力获得的。”

在这个信念面前，所有投机取巧的捷径和不劳而获的想法都会在你的眼中褪去光芒，衬托出你个人努力的熠熠光辉。

这也许是为什么我们要终身读书和学习的最好答案。

一个人的单枪匹马

一个人可以走过最长的路，哪怕孤独。毕业一年以后再去回首我的大学生涯，我仍然对这一段岁月心怀感激。感谢那时候奋斗的自己，也感谢那段苦涩与快乐交织的日子，让我学会了人生最宝贵的一笔财富：对你而言最好的奋斗，是一个人的单枪匹马。

一

刚上大学的时候，我对于自己的大学的全部感受是既充满着十万分的好奇，心底也透着那份淡淡的不甘。因为自己的失误，高考数学答题卡的五个填空题没有填写在答题卡上，所以白白丢掉了20分。而这门考试过后的情绪也直接影响到了自己后面的英语考试。最后尘埃落定，当看到高考总分只有500多分的时候，我憋着一股委屈，没有哭，来到了现在的大学。

我的大学是一所很普通很普通的本科院校，不是“985”，也不是“211”。所以刚进去的时候我有点难以接受。不过这时候感谢一个人的出现，她的出现让我彻底改变了这种看法：原来就算在二流的大学里，我一样可以获得一流的人生。

楠姐是我在新老生交流会上认识的一位学姐，会计专业，人长得文文静静，永远保持着一份自信的笑容，和她在一起你总会不自觉地想和她靠近，好像她有一种吸引人的力量。那天她坐在我们中间，鬼使神差，那个时候已经万念俱灰的我，被这股暖流深深地吸引，鼓起勇气去坐在她身边，试探性地说出了自己的境遇和苦恼。她听我讲完，然后微微一笑，问了我三个问题：

你甘心现在的生活吗？

你目前的状况可以改变吗？

你想清楚自己以后要什么了吗？

从她那里，我知道了她的故事，高考失利，来到了目前的学校。在来到学校以后，没有因为高考的结果影响自己的大学生活。每天积极地去好好生活，每天早早起床去操场跑步，按时吃早饭，背英语单词，在别人上课睡觉、聊天、看视频的空当，她依然坚持专心听每一节课。然后有时间就去图书馆，她说在那里有一种安心的感觉。

不过她也付出了许多，平时吃饭是她一个人，去图书馆是她一个人，去上晚自习也是她一个人，如果运气好点，晚上的时候有了月亮就会有影子，不至于太孤单。她告诉我，最难的时候，就是自己一个人晚上11点多背着书包走出图书馆，穿过体育场的时候，自己一个人的身影被拉得好长好长。偶尔也能看到树影底下情侣缠绵的身影，她摇摇头，回了寝室。她说，我也是女生，我也渴望爱情。

再听到她的消息是她考上了东财国际商学院的“2+2”计划，去了东财上学，实现了自己的飞跃。从一个不起眼的学校到了一个会计专业一流的大学去学习会计学。是的，当一个人不满足于现状，清楚地知道自己想要什么，所需要做的就是默默无闻地努力，然后等待一个机会，楠姐等到了她的机会，当听说有这个项目时，她报名了，而她前期所有的努力都派上了用场，真的是皇天不负有心人。走的时候，她送我了一本书《风雨哈佛路》，并在扉页写了一句话给我：你愿意想要的生活，你都可以争取得到。

我没有追问她曾经受了多少苦，但我知道一定是很多。大学里的奋斗最不会辜负一个人，只要你愿意去付出，不管你在什么学校，不管你的身边是怎样的一种环境，你愿意的话，你会千方百计地得到成功。只不过有一条绕不过去的路，那就是一个人单枪匹马地奋斗。

二

一个人的时候偶尔也会羡慕那些成群结队的青年男女，在你还在图书馆、培训班累得像狗一样的时候，他们却过着最肆意的生活，可是这不是我想过的生活，我想要过的是：不轻易后悔的人生，值得回忆的人生。

我最喜欢一个人走在图书馆回来的路上，晚上大概11点多，我抬头仰望着天空当中繁星点点，然后长舒一口气，匆匆离开。

也许有人会说，你怎么这么不合群？其实，我理解你的意思，你合群的生活大概是这种样子：早上等所有人都全部收拾好了才匆匆去上课，可是总被那个容易赖床的家伙拖后腿，不但没有赶上吃早饭，连上课也迟到了。中午为了迁就大家，放弃了自己最想去吃的麻辣烫，而是陪大家去吃了自己很讨厌的三鲜面。下午的时候没有课，你本来想去图书馆安安静静地看会儿书的，但是室友喊你一起去逛街，你不好意思拒绝，所以你一起去了，然后漫无目的地逛着，什么也没买，因为你才刚去采购过。晚上的时候你发誓，一定要背一下明天要考的英语单词，但最后还是没有经得住室友的怂恿，一起玩扑克玩到了晚上11点多，第二天一个单词也写不出来。就这样，你是“合群”了，但是你过得很累，活得不舒心。

其实在我的眼里，真正所谓的合群，其实应该是保持适当距离的合群，留有个人空间的合群，而不是出卖自我的合群。因为真正的成长，从来都是你自己一个人的事情。

在大学的时光里，我学会了一个人逛街，一个人吃饭，一个人承受孤单。只有在心无旁骛的时间里，你才会走得最远。在这样一个人奋斗的日子里，我努力让自己变得强大，变得优秀，变得配得上最好的生活。

这个世界总是充满诱惑，但是却又不让我们轻易得到成功。这也刚好印证了一句话：成功如果那么容易，又有哪点值得珍惜？所以不容易得到，我们才更应该努力，更应该珍惜。

有梦你就去使劲追，有喜欢的东西你就努力争取，单枪匹马又如何！你要坚信，好的人生，上不封顶！

拼在当下

姚晨带着另类的光彩脱颖而出，站在了舞台最中央。在她身上，你看不到传统女明星的经典奋斗轨迹，她的“拼”更像是一个人的战斗。对姚晨来说，“拼”显然不是一个体力活，时刻机警备战亦不是她的人生姿态。“拼在当下”，对姚晨来说是顺势而至，是尽力而为。在这个“最好的也是最坏的时代”，姚晨的“拼”更加优雅、也更加形而上。能踏实、职业地“吃好每一个当下砸到头上的果子”，这是姚晨的“拼”，亦是她“幸运”的冰山一角之下潜藏的根基。

“吃好每一个当下砸到头上的果子”——拼的是人生姿态

5年前，《武林外传》里的郭芙蓉“排山倒海”地拥有了第一批拥趸，他们爱称她为大姚。此前，鲜有女演员这么放开地演戏；3年前，《潜伏》里的翠萍，用独特的表演征服了那些甚至不看电视剧的人，而银幕外的姚晨更是敢把自己的素颜照贴上网络，同时不忘自嘲。此前，鲜有女明星这么真实地做自己。2011年，这个大嘴女生真正走向演艺生涯的巅峰，她是拥有巨大话语权的“微博女王”。此前，鲜有女明星被人称为“公民”。

是的，时代变了。不同于传统意义上靠德艺双馨行走江湖的老戏骨，也不同于把人生当成缤纷秀场的“新戏霸”。在“微博时代”，姚晨为女明星赋予了全新的定义，也肩负起了更多的责任。姚晨红了，她红得不靠绯闻不靠话题，甚至不完全靠角色，她红得顺应时代又剑走偏锋。姚晨在化妆间对着镜子里的记者说：“我在微博上关注最真实的生活，这是老天派给我的一份工作，他选择了我，我有责任去这样做。这是一个最好的时代，也是一个最坏的时代。无论怎样，这是我们的时代，我们得爱它。”

姚晨总说自己懒：“我们团队的人很郁闷，他们老说你看人家那谁拍了什么杂志，那谁又参加了什么活动，可我们永远都是在给你推掉各种活动，不合适吧？”姚晨调侃自己说：“比如人家问，大姚说说你成名前辛酸的经历吧。我想了半天真没有什么辛酸的经历啊。我不会刻意去摘什么东西，但有什么果子砸我头上的话，我还是会认真地把它吃了。”这席话让人想起北影老师对她的评价：“很多人觉得姚晨没心机不聪明，但她扎实，这恰恰就是她的心机和聪明。她不是那种你给什么她听什么的人，她会用脑子想。”说起姚晨形而上的“拼”，编剧宁财神也有话说：“2002年第一次见到姚晨，瘦小，不好看，你看她毫不出奇吧，但她的表演又很有说服力。她走内心的路子，在演技上特别钻。”

姚晨不强求、不拧巴，她懂得顺势。就像冯小刚说的：“姚晨不是急赤白脸、野心十足的那类演员，她顺其自然，相信水到渠成。”

“不当花瓶”——拼的是人生容量

对姚晨而言，2011年算得上成长蜕变密度最大的一年。她是笃信爱情的动物，2011年年初的婚变，平静的生活掀起轩然大波。现在再说起，尽管内心波澜仍在，但面对外界，姚晨已经强大而平静：“前一段感情，我们更像一起长大的两个玩伴儿，说话比较肆无忌惮。但任何一种关系，都要有分寸，不懂分寸就会互相伤害。”好在她仍然相信爱情，亦在慢慢恢复体察幸福的能力，她说：“变故锻造了我。如果对你来说最糟糕的事情都已经经历了，那还有什么好怕的呢？”

在那段最难熬的“失望之冬”，她疗伤的办法是充实自己，把自己放到一个更宽广的世界中去。2010年6月，她欣然接受联合国难民署中国区代言人的邀请。受命后姚晨探访了马尼拉城市难民，2011年年初又探访了泰国的梅拉难民营。“没想到的是，这次探访让我收获了很多温暖，自己也放开了很多。”打开了国际平台，很多女星要做的第一件事就是努力学英语。聊到此处，大姚感慨地长叹一口气：“是啊，学英语太重要了，看望难民时，他们还是希望能跟你更直接地沟通，我原来是一个懒人，但现在是现实推着我往前走。”

姚晨是个学习能力和学习欲望都非常强的人，宁财神说：“姚晨善于积极寻找规则，比如怎么把戏演好，她的团队应该找什么类型的人……她在努力学习所有这些事情。”作为“千万粉丝”的“微博女王”，2011年她学着如何善用微博平台、如何正确行使话语权，学着充实自己、收放自如。她有一帮媒体精英的朋友，现在的阅读口味更是倾向目标读者定位为男士的时政类杂志。“在我之前，中国可能没有一个演员这么频繁地掺和到公共话题中，怎么做才是最正确的，都要靠自己琢磨。我一直提醒自己要客观，不能愤青、激进。”

任何人都会觉得自己的时代是最好的时代，也是最坏的时代，但无论如何它是属于我们的时代，我们必须毫无选择地爱它。我们要把心态调整到“接受状态”——好与不好，幸与不幸，我们接受一切。

“拼”可能从字面上理解，有一种为了生活而打拼的意思，但“拼”也有好多种解读，现在每个人都活得特别累，所以你过好当下的每一天就特别重要，这也算是这个时代的一种“拼”。

成长是有代价的，但是你无法跟它计较得失。每个人都要向善、向好、豁达，那样生活才会有光。

顺“棋”自然，执子无悔

侯逸凡，江苏兴化人，1994年出生。国际象棋特级大师，中国女子国际象棋队队员。2010年获得世界女子国际象棋锦标赛冠军，成为历史上最年轻的世界棋后。2017年12月荣获有“全球本科生诺贝尔奖”之称的罗德奖学金。

中国体坛有不少学霸，侯逸凡尤其厉害。2017年12月，全球最难申请奖学金——罗德奖学金公布2017年中国四位罗德学者，23岁的她赫然在列，成为罗德学者后，侯逸凡将入读牛津大学。

而前一年，刚刚22岁的侯逸凡已经四度加冕世界棋后桂冠，在国际象棋历史上书写下了一段属于自己的传奇。

兼顾“棋后”+“学霸”双重身份，侯逸凡可以说什么都没有耽误，但她不喜欢被称为天才。

“我可以把它当作一种鞭策，一种鼓励。这就像你的名字一样，它只是你的一个代号，或许是别人称呼你的一种方式。我觉得国际象棋，天赋是一方面，但是‘天才’有点过于夸大了，最主要的还是训练度、机遇以及一定的运气。所有的因素综合起来，切合到一个点上，才能够变成今天的我。”

学棋之路顺利得让父母没有机会后悔

侯逸凡5岁那年，一次跟小伙伴们玩耍时，看到大一点的小朋友们玩跳棋，她新奇地问：“这是什么呀？教教我玩吧。”令人惊讶的是，侯逸凡很快就学会了，并将大孩子全部打败。

“我真正意义上学的棋就是国际象棋，跳棋是在那之前小朋友们之间的玩耍。”回忆起与国际象棋结缘，侯逸凡这么说。

读书还是下棋？恐怕是很多棋童家长都纠结过的问题。但侯逸凡的父母却没有苦恼。“因为她一直太顺利了，根本没有让我们动摇或者后悔的机会。”

5岁开始接触国际象棋的侯逸凡，学了一年就拿到所在年龄组全国少儿冠军，两年以后，她在家乡兴化已经难寻对手。7岁那年，为了投奔名师童渊铭，父母将女儿送到齐鲁棋院。“当时想反正只是小学阶段，出去尝试尝试，不行就回来上学，影响不大。”

没想到的是，侯逸凡根本不需要“回头路”，仅仅用了两年，她就进入国家队，从此一路开挂……

其父坦言："如果当中遇到稍微大一点的挫折，我们应该也不会这么坚定。但后来她真的很爱国际象棋，自己又非常努力勤奋，一直处于上升曲线，我们也就很坚定地跟她一起坚持下来。"

坚持学业为领略不同的风景

为了追逐职业棋手之梦，很多棋童早早放弃学业，但侯逸凡却不愿意彻底放手。虽然下棋占据她很大一部分生活，但她仍会留出时间学习，只要一有空闲，就会去上课。2012年，18岁的侯逸凡就读北京大学国际关系学院。

入学北大，侯逸凡开始了与棋手截然不同的大学生活。选择国际关系专业，其中重要原因是："世界犹如一盘大棋局，国际关系中的复杂博弈与国际象棋的许多道理，具有一定相通性。"她希望能在两套知识体系交汇碰撞中，收获不一样的思想火花。

和很多运动员退役后才进大学"混文凭"不同，侯逸凡非常认真地对待自己的学业，甚至比赛时也不忘兼顾。参赛让她周游列国，可以见识各地风土人情，这成了她专业学习的有利条件。每次出国比赛前，侯逸凡都会预先了解当地政治和历史背景，不再只停留在单纯的旅游观光层面。

侯逸凡不像其他同年龄棋手，她承认自己和同龄人个性有根本差异：“其他棋手在国际象棋之外基本抛弃了世界，但是我选择拥抱它。”即使在旅行和比赛期间，侯逸凡依然继续读书和学习，包括自然科学、政治学和商业领域。对于她来说，国际象棋是进入更广阔世界的窗户。

坚持梦想

2010年，美国当地时间5月25日晚上7点39分，一部名为《超蛙战士》的3D动画片，在好莱坞柯达剧院举行了北美首映典礼。这不是美国、日本等动漫大国制作的电影，而是一部完全由一位中国人历时六年，花费5000万元人民币呕心沥血精心设计的杰作。它打破了中国没有自己3D电影的历史，并且成为了中国首部在北美上映的3D电影。

在首映典礼上，众多的掌声中，一名中国人自信地站在了主席台上，脸上露出了久违的笑容。他就是中国动漫电影制作大户，河马动画设计股份有限公司董事长徐克。徐克，原来是学金融出身的，曾经有个让人羡慕的工作。但是为了拯救高度沉迷于日本动漫的儿子，为了开发中国人自己的3D动漫，他毅然放弃了复星集团投行部总经理的职位，转行改做动画电影。很多人都不理解他的做法，说他疯了，从令人羡慕的金融界，半路出家去了一无所知的动画电影界。

动漫业对于一个学金融出身的人来说，无疑是一个新领域，而且风马牛不相及。刚开始的时候，河马动画的创业之路，也就理所当然地充满崎岖和坎坷。首先河马动画没有大方向，更缺少资金和人才，只好做些手机上的四格漫画，之后帮一些网站做小动画、小外包之类的服务来支撑公司的运转。好几次，河马动画都到了濒临破产的边缘，最后是徐克卖车、炒股、到处借钱才勉强躲过一劫。

面对此种惨景，徐克也曾经徘徊过、动摇过，但是他仍然相信直觉，他相信以后的3D动漫会很有市场，尤其是中国还没有真正意义上的3D动漫产业。于是他选择了坚持，他看好的东西，就会不顾一切地去想办法实现。

因为做动漫这行要有非常高的创新意识，因此他选人的标准也和一般人不大一样。在他的团队里，有很多奇人。一个医学界的手术科医生，因为共同的爱好，成为了河马动画的一员。很难想象，一个之前拿手术刀的医生，现在却在河马动画的实验室里设计机器人模型。还有一个也是医学界的脑科医生，他很聪明，指挥百号人打仗，心里不哆嗦，临危不惧，后来也加入了河马动画的团队，现在也成了他得力的团队合作人之一。在公司里，游戏军团里的一半高管，从虚拟世界全被他调到公司，做现实版高管了。

正是靠着这些志同道合、热情、有活力、有实力的年轻人锐意进取、创新合作，全心全意致力于开发与传播中国3D技术及产品，致力于中国动漫文化的传播与普及，才走出一条全新之路。六年磨一剑，终于让中国的动漫电影有资格在北美市场上映，河马动画成功了。谈到河马动画成功的秘诀时，徐克总会不忘说上一句：“有梦想，别忘了要坚持下去，别轻言放弃，总有一天会成功！”

只要开始了就不会晚

跟朋友们吃饭聊天，谈起在做和想做的事。我的计划是：好好赚钱，然后安心写字。木子笑着说："我的想法跟你恰好相反，我想好好学中医，多听一些课程，多做一些实践。"

我们很开心的是，每个人都有自己想做的事，朝着自己喜欢的方向走去。在这样的时刻，更加清晰地感受到：你想做的事情，不管什么时候开始，都不嫌晚。

两三年前，木子刚开始迷中医的时候，我也觉得匪夷所思：这个比我大十多岁的女同学，半路出家学中医，是不是也太奇怪了？常规一点的思路，难道不应该是后悔连天吗？"哎呀，太可惜了，我居然没有在大学时学中医。"而且，改行这件事，不是应该发生在年轻时候吗？都人到中年了，应该进入一个平和稳定的状态了，还折腾什么呢？

当时她淡然地说，目前自己只是中医粉丝，非常喜欢，所以要开始学习，至于其他，并没有想太多、太远，而是一边学习，一边思考，不正好吗?

好多事情，因为我们想太多，想太远，反而就止步不前了。

这几年，她一边组织中医学习沙龙，一边去参加各种课程学习。她的热情和行动，给我很多鼓舞。

想要做一件事，永远都不要怕晚。只要你开始做了，就不晚。而若是你不开始，仅仅停留在思考、犹豫甚至焦虑的状态，那就永远都是零。

我妹妹安吉24岁那年开始学跳舞。当时，她大学毕业，在一个大学里工作，而且也结婚了。所以听说她要学跳舞，我自然是惊讶的。

听说跳舞是童子功，还来得及吗？骨头都硬了，身体还能柔软地伸展吗？一个女孩子，都工作结婚了，好好地工作、生活，以后要生孩子、照顾家庭，跳舞这种事也太异想天开了吧……她遇到的疑问，应该不止我一个人提出过。

她简单跟我解释过，自己学习的是肚皮舞，不需要童子功，只要基础学扎实就可以；她小时候就喜欢跳舞，但那时没有环境和条件，现在有了，把学跳舞作为一个兴趣，不是挺好的吗？跳舞可以锻炼身体，延展身心，还能扩大社交圈，她认识了一帮兴趣相投的好朋友，非常开心。

没想到，她就真的跳了十年。这些年里，她从初学到精进，从一个普通的舞者到教练，参加过大小的舞蹈比赛斩获很多奖项，开了舞蹈工作室……听起来像天方夜谭，但这些的确都风轻云淡地发生在我们的生活里。

她还在大学工作，生了可爱的小孩，除此之外，她还学习瑜伽，带着爱美女生减肥，还带着孩子们学习少儿英语（她是英语专业八级）……这么想一想，这个小时候好吃懒做的小胖妞，还真是挺让人钦佩的。

她刚开始做舞蹈工作室的时候，父母是略有担忧的。要知道，当时肚皮舞已经开始流行，她做得当然不算早，行吗？她说："虽然我做得不算是最早的，但是我能做好。"

答案已经显而易见。这是个非常奇怪的现象，当你打算做一件你喜欢、甚至想了很久的事情时，总会有人告诉你："你来不及了，已经晚了……"

20岁时，你想要开始学习一项运动，有人说："晚了，你的骨骼已经发育完毕了，你现在来不及了。"可是，我在滑冰场里，看到头发花白的阿姨穿着冰鞋，跌跌撞撞地穿梭在年轻人中，感觉帅极了！

30岁的人，说她要开始学写东西，又不无担忧："还来得及吗，是不是晚了？"我相信写作是不分年龄的一件事，只要你想，60岁拿起笔开始写都没问题。关键是，你得开始。哪怕是写日记，都算是进步，对吗？

想想76岁才拿起画笔的摩西奶奶，80岁举办画展这件事，是不是很酷？我觉得是。她说，人生永远没有太晚的开始。

你做什么都有人说晚了，于是你就不做了？

你高二时发现成绩不够好，可能上不了重点大学，你觉得晚了，所以自暴自弃，最终连一所普通本科都没去成。而我有一个初中同学，调皮捣蛋得令老师们头疼，成绩也非常一般，到初三下半年，他开了窍一样拼命学习，居然在众人的目瞪口呆中考上了重点高中！

你大学时发现自己选错了专业，可是已经来不及了，于是就浑浑噩噩，在游戏里浪费着青春，挨到毕业，勉强找一份工作，没过多久，又发现自己再次错过了改变人生的机会——啊，又晚了！

你在一段感情里发现了一些问题，如鲠在喉，非常难受，可是你们已经谈婚论嫁，来不及再去沟通、梳理了吧？于是就假装什么都没发生，一直拖到婚姻里，拖到有一天图穷匕首见，自食恶果。

励志的故事有很多，但你若认真去看，抛去那些炫目的光环，那大多都是一个普通人在用自己的坚持、努力和认真，写就整个传奇。

你想做的事情，只要开始了就不会晚，真的。

你想要做的改变，只要开始了，就会往好的方向走。

你原本就在自己心不甘情不愿的境地，往前走一步，离它远一点，这难道不好吗？

第三章
梦想启程，未来可期

生活总是让我们遍体鳞伤，但到后来，那些受伤的地方一定会变成我们最强壮的地方。

——海明威

写给未来的自己

亲爱的自己，你好！当光阴迈着一成不变的脚步，不疾不缓地走着，走过一个个春夏秋冬，走过一个个月阴日晴；当年龄成为时间流逝的证据，当春华和秋实都成为历史之后，未来的你，披满雪花坐在昨天的记忆中，怀想脸上每一道沟壑所深藏的故事，该是一种怎样的心境？此刻的你，读着这封从遥远的过去发来的信，又是怎样的一种心情呢？

人们总说时间会处理掉一切，甚至那些无法相信的箴言，时间也会淡化掉许多，包括那些年少的狂妄与懵懂，以及爱的萌动。未来的你，现在侧眼回头，你是否发觉有些东西不是说忘就能忘的，比如青春的开拓，为梦想买单的奋进，与亲情、友情、爱情相伴一路走来的坚实。现在的你是否还在留恋“雪孩子”的童话？是否还在固执地钟情于冬天？

“值得回忆的哀乐事常是湿的。”此刻的你，读着这封信，是否看到了大学时代的自己：刚进入大学的茫然与新奇；独自站在图书馆广场以青春的名义为自己许下的誓言；纷扬的白雪里，踩下歪歪扭扭的足迹；在校园这片智慧的沃土上，你是否从那个无忧无虑的女孩，一步一步艰难地走向成熟？然而人生中充满许多离别，每次离别都伴随着一种阵痛，而这种阵痛或许就叫成长吧！我相信，大学四年的时光，它珍藏在你内心最柔软的角落里，流淌在你的血液里，和愚蠢又美好的少年一起回忆，永远无法分割开来。

走过的路程似乎是一个圆，长途跋涉后又回到起点，于是很多时候在做相同的事，就是寻找目标。当青春年少的那份激情减退，当“初生牛犊不怕虎”的精神萎靡，当勇于开拓创新的思维僵化，未来的你，是否还像以前那样执着于追求？哪怕没有坚硬的翅膀，哪怕没有人为自己鼓掌，依然为了目标而不离不弃。

未来的你，也许已经没有了青春年少的容颜，没有了异想天开的天真，没有太多的时间去沉浸在梦的世界里。但是，你应该拥有成熟娴静的气质，拥有沉稳豁达的思想，拥有更多的能力去爱身边远远近近的人。未来的你，也应该是一个优雅与智慧并存的女子吧，毕竟，过去的你一直有着这样的参照标准：做一个明媚的女子，不倾城，不倾国，以优雅的身姿去摸爬滚打！未来的你，是否还有坚持看书的习惯，不一定要博览群书，不一定每天要看一本书，但至少仍像过去的你一样，或多或少地去阅读、去充实自己，不要把太多的时间浪费在与他人攀比事业上所拥有的成就、嫁给了怎样的老公、孩子又是如何优秀，应该学会沉淀自己，让自己做个淡然的女子。

未来的你，是否还能像过去的你一样每天微笑，没有虚伪的坚强？不管生活经历怎样的沧海桑田，要学会用微笑的力量去化解一切爱恨纠葛，纵使生活中充满不如意，都不要去抱怨。因为一路走来的风景，感动是属于你自己的，横冲直撞、遍体鳞伤的遭遇，只是推动你走向幸福的力量。

未来的你，还应怀着感恩之心，行走在人生的旅途中。感恩家人，给了你奋进的动力；感恩对手，使你变得更加强大；感恩磨难，教会了你坚强；感恩朋友，给了你许多无法衡量的感动。

虽然你现在一事无成，但我对未来的你有信心，我相信，那颗满载梦想的心会有释放的一天，不要让它在重负之下萎缩，也不要因此有太多压力，在通往成功的道路上，我会更努力、更快乐地微笑着去和未来的你相逢。

假如命运亏待了你

姑姑和人合伙开了一间美容院，在她四十一岁这年。这是她第N次创业了。自从三十岁那年她和姑父双双下岗以后，姑姑卖过服装、开过饭馆、推销过化妆品，结果无一例外以亏本告终。人们都说，奸商奸商，无奸不商，像姑姑这么善良老实的人，做生意怎么赚得到钱？连她本人也不忘自嘲地说："我这个人，天生就不是块做生意的料。"

如此折腾了几年之后，姑姑原本攥在手里的一点点存款全部打了水漂，还欠下一屁股债。生意最惨淡的时候，是和人一起在县城开服装店，店开在新的步行街里，一串儿四个门面连着，看上去气派得很。当时姑姑是借了高利贷，准备去打翻身仗的，谁知人算不如天算，步行街人气始终不旺，生意也跟着一落千丈。

那年暑假我去看她，偌大的服装店只有她一个人守着，为了节省开支，连卖服装的小妹也不请了。中午吃饭时，小表妹也在，我突然懂了事，推说不饿，三个人只叫了两份盒饭。姑姑还是保持着热情的天性，一个劲地往我饭盒里夹肉丝，自己光吃青椒了。

服装店没撑多久，还是关门了。姑姑还算平静地接受了这个现实，为了还债，更为了一双儿女，她去了好姐妹开的超市里打工，说是售货员，其实收银、推销什么都做。超市货物运来时，姑姑帮着搬上搬下地卸货，有时做饭的人回家去了，她也帮着料理一大群人的伙食。其实她的本职只是售货，可姑姑说："都是很好的姐妹，能搭把手就搭把手，计较那么多干吗。"姐妹为人和气，见了她还是和以往一样亲热，但工资并没给她多开，过年的时候发给她和其他员工的红包也是一视同仁，都是一百块。

姑姑的腰椎病就是那时候落下的。毕竟，有些货物，像酒水饮料什么的，着实不轻，三十岁以前，她过的是养尊处优的少奶奶生活，哪里干过这样的重活。每次卸货之后，腰都会酸痛好几天，有时胳膊都抬不起来。

为了小表弟上学方便，姑姑一直住在镇上。她在镇上是没房子的，还是从前的姐妹出于好心，借给她一间房子暂住。我去她住的地方看过，一间房子搁着两张床，吃饭睡觉都在这间房子里，平常她和姑父带着小表弟住，表妹回来了也住这儿，看着未免有几分心酸。屋角摆着个简易衣橱，拉开一看，好家伙，满满一衣橱的衣服裙子，都熨得服服帖帖、挂得整整齐齐的。再看看姑姑，小风衣披着，紧身裤穿着，摩登的样子一丝不改，真像是陋室中的一颗明珠。我这才发现，原来自己的心酸是太过矫情，到哪个山唱哪首歌，人家瞧着姑姑是落魄了，她其实过得好着呢。

再后来，姑姑连生了两场大病，先后摘除了子宫和阑尾。人看上去憔悴了不少，脸色远远没有年轻时那样光彩照人了，只是穿着打扮，仍然丝毫不松懈。我问起她的病，她就撩起衣襟给我看她小腹上的两道疤。两道粉红色的疤痕凸现在她雪白的肚皮上，看上去略有些面目狰狞，我看了一眼就掉转过了头，她却开玩笑说："这要再生个什么病，医生都没地方可以下刀了。"

谁都以为姑姑会在超市里一直干下去，直到干不动为止。没想到事隔多年以后，她拿出多年来和姑父打工积攒的辛苦钱，又一次投身商海。当然，这次她保守多了，只是美容院的小股东，而且兼职店面看管人，每月能拿固定工资，不至于一亏到底。开美容院这个行当还真适合姑姑，她打小就爱美，不管处于什么样的境地，都把自己收拾得光鲜体面，小镇上的人一度拿她当时尚风向标，说起她来都爱叹息自古红颜多薄命。

姑姑薄命吗？兴许是的。从三十岁以后，命运从来都不曾厚待过她。病痛穷困就像那两道面目狰狞的疤痕，印在了她的身上。可是姑姑既不怨天尤人，也不妄自菲薄，而是带着那两道疤痕坦然地、面带微笑地活下去。

最近姑姑加了我的微信，她仅仅读过初中，使用起微信来却并不生疏。我经常看她在朋友圈里上传一些美容、养生的内容，想象着在老家美容院里温言细语为顾客服务的姑姑，心头时常会响起她劝我的话："媚媚，人这一生啊，说长不长，说短不短，别计较那么多，什么事情都要想开点，吃点亏不用放在心上。"

姑姑已经四十一岁了，这两年苍老了很多，可是在我心中依然那么美丽。姑姑的故事常常让我想起《倾城之恋》中的白流苏：你们以为我完了，我还早着呢。

我还想说说一个朋友的故事。阿施是我采访中认识的，地地道道的广东本地人，人生得高挑秀丽，还温柔得很，说起话来总是和声细语的，配上动人的微笑，真让人有如沐春风的感觉。

我采访阿施的时候，正是她人生的巅峰。那年是虎年，她的本命年，正好我们要找十对属虎的新郎新娘采访，阿施就是这十位新娘中的一位。当时她向我描述新婚燕尔的生活，言语间不时流露出初为人妻的甜蜜。我记得她发给我的照片，穿着白色的婚纱，赤足踩在海滩上，对着老公一脸灿烂的笑，她的身后，是碧蓝的大海。

长久以来，阿施给我的印象，就像这张照片一样，美得不染人间烟火。我有时想，天使落入了凡间，或许就是她这个样子。直到我也做了母亲，两个人比以前亲近了些，有次吃饭时聊起家庭，她忽然问我："你知道我家里的事吧？"我茫然地摇了摇头。阿施想了想，终于开口说："我老公出了场车祸，很严重的车祸。"我一下子蒙了。

变故发生在一年前，那时阿施刚生了宝宝不久，孩子还只有两个月，老公就因疲劳驾驶出了场车祸，车撞得完全变了形，人也撞得七零八碎，骨头飞了一地，有些都捡不回来了。老公在ICU里住了小半年，这期间阿施的妈妈也生病了，查出来居然是癌症，阿施的爸爸要上班，家里家外都是阿施一个人在忙，怀里还有个嗷嗷待哺的小娃娃。最痛心的是，婆婆不但不帮阿施，还指责阿施没照顾好她儿子。

再难熬的日子也会挺过去，等到阿施向我诉说的时候，事情已经过去了一年，老公还在住院，正在缓慢康复中，可以不用拐杖独立走一段路了。妈妈的病没有恶化，生活能够自理。宝宝也长大了。

"我都不知道自己是怎么熬过来的。"说到这些，阿施眼圈有些发红，很快又恢复了微笑。她说，最艰难的时候，都想过要放弃了，那些日子里，儿子就是她生命中唯一的光。

我看着面前的阿施，她还是那么靓丽温柔，我根本想象不到，在她身上曾经发生过这么大的不幸。我和她认识以来，似乎一直都是她在关心我工作上有什么烦恼，采访时想要找本地人，都是找她帮忙，在过去的一年里，这种状况也没有什么变化，每次我在QQ上和她说话，她都是事无巨细地一一解答。

在她的空间里，我常常看她晒一些旅行、聚会以及和朋友吃饭的照片，照片中阿施看上去开开心心的，只是比以前瘦了些，我何曾想到，在她产后暴瘦的背后，有着这样的变故。长久以来，阿施就像一轮小太阳，向身边的人散发着光和热，这些人中就包括我，可是我居然不知道，小太阳的内心早已经燃烧成了灰烬，曾经面临着完全冷却的困境。

“其实也没什么啦，也许是老天以前对我太好了，所以要考验一下我。”阿施说，在过去的一年里，她使出了全身的力气去努力生活，努力照顾好每一个家人，把自己打扮得漂漂亮亮的，儿子生日时让人上门拍亲子照，把全家都安顿好了，还抽空去了次泰国，最后她发现，原来一直习惯被人照顾的她，也可以这么能干。

说到未来，阿施对老公的彻底康复并不是特别有信心，她唯一可以确定的是，不管处于什么样的境地，都要让自己的生活保持“正常”的样子。“如果我都倒下了，一家人还怎么支撑下去。”阿施掏出手机给我看她的亲子照，照片上，她抱着儿子，两个人都在笑，比起海滩上的那张照片，她的笑容不再那么无忧无虑，而是多了一些沉甸甸的内容。我怎么觉得，这些沉甸甸的内容，令她的美更有质感了呢。

如果你还想听的话，我还可以说出很多这样的故事，我奶奶的故事、胡遂老师的故事、小邬师姐的故事、保安小王的故事、我自己的故事。是的，我之所以会说这些故事，归根结底，是为了在他们的故事中，找到支撑我前行的力量。这些年来，我一直过得很不开心，有时我问自己：“你为什么这么不开心呢？”抱怨成了我的常态，只要是和我走得近的人，都听过我的抱怨。我总是想不明白，凭什么我这么努力，却一直得不到回报？凭什么人家可以轻松自在，我却要这么辛苦？凭什么不公平、不走运的事，都要落在我的头上？

我一直认为，命运亏待了我，到底是不是这样呢？答案已经不重要了，当你听完姑姑和阿施的故事，就会发现，即使命运亏待了你，即使生活辜负了你，你也要做到，不辜负自己、不放弃自己。那么多人在用力生活着，那么多人背负着伤疤，仍然不忘微笑，我如果再不打起精神活下去，又怎么对得起老天赐予我的生命。

一定要全力以赴

有一天看到陈道明老师的一段节目评论视频。节目的主题是击鼓与杂技的多元结合。设计很有创意，传承之余掺杂进现代表演方法，观赏性和艺术价值都很高。参演人数多，动作难度大。

表演结束轮到点评团点评的时候，有一位年轻人说了这样一句话："这样的表演对这些孩子将来的生活并无益处。"接下来陈老师反驳时说的几句话让我赞同之余又记忆犹新："你们一定要努力，但千万不要着急。""每一张脸都是不一样的，你们都是独一无二。"

这让我忽然想起小时候的一件事。

我从小就数学成绩不好，天生对数字不敏感，没天赋。通过刷题勉强维持到高中，可是因为课业难度增大，数学成绩直线下滑。记忆中分数最低的时候，总分150，我考了35分。

在分数至上的高中时代，班主任又恰好是数学老师，最喜欢说的一句话就是“学好数理化，走遍天下都不怕”。

所以我理所当然被边缘化：座位从开学时按成绩排的第二排，后来就已经到了倒数排。身处理科重点班，数理化成绩不好几乎要了我的命。从好学生到差学生，从云端掉落的落差，让我拼了命地学数学，整天泡在题海里不肯出来。

不愿意与同学交流，更不愿意与父母沟通。上学下学形单影只，学校里也没什么朋友，走在路上都在背公式。并不懂什么行之有效的学习方法，以为和以前一样背些公式，多做些题就万事大吉。

结果可想而知，新知识摄入让我应接不暇，题海战术又疲于应付，之前积累的知识库存很快见底，新的知识又无法形成系统。成绩不见提高，身体却垮得很快，周身气场负能量满满，用我妈的话说，就是目光呆滞、双眼无神、形容枯槁，整个人行尸走肉一般。

但说实话，即使求学坎坷，我也从来没想过放弃。我想得很清楚，无论过程怎样，我要拼过一把才知道自己行不行。以这个很英勇悲壮的姿态，坚持到分班考试，我孤注一掷选择了文科。但是在我们那个“三十八线”都占不上的小地方，文科的同义词是无能。

周围亲朋好友都普遍认为，不学数理化，出来没工作。而且我数学并非强项，其他科目又与其他人拉不开太大差距，学文科除了自以为是的“天赋”外，并没有什么优势。但我依然坚持了我的选择，也为之付出了代价——复读一年。

第一次高考失利，觉着天空灰暗，世界末日，然后在进入社会和沉心复读的选择中纠结了一个暑假。在决定复读前那天晚上，我在本子上写下了这句话：“你一定要努力，坚决不能放弃，千万不要心急。”

时至今日再回头看看，那一年说长不长，收获的东西却能惠及一生。第二次高考后，我幸运地考上了一所不错的大学的传媒系，如今也做着与之相关的我喜欢的行业。当年那样近乎绝望的拼命努力，让我学会了吃苦和忍耐，前途茫茫的复读，让我学会了坚持和等待。

如果我当年再心急一些，选择进入社会，或许已经踏上了不一样的道路。所以我如今依旧笃定一个真理：你不要对不起自己，上天就不会辜负你。你一定要努力，但千万不要心急，你想要的和该收获的，时光都会给你，所有的付出都会为你铺上一条花路。

同样给我类似体验的，还有来自我朋友芦苇身上的一件事。芦苇当年在刚毕业那家公司工作的时候，遇到的困难并不少。上司的刁难、同事的嘲讽和工作的困难都是常事。相恋两年，男朋友的毅然离开才是对她最大的打击。因为外务合作，工作需要较好的英语口语。为了赶上差距，她每晚都要上夜校，回家还要加班赶工作。那时候睡觉说梦话都是在背单词，通宵达旦做方案是再正常不过的事，哪天如果不用加班才让人啧啧惊叹。

甚至她很快就从失恋分手的伤痛中走了出来——工作并没有给她伤春悲秋的机会。可是她一点儿都不急。我有时候心疼她，工资不涨，职位不升；我急得乱跳，她却淡定自若。她一点儿都不急，她说该来的总会来的，只要做好迎接的准备就好。

果然，不久后，她就升了职加了薪，离梦想越来越近。社会是很残酷，而且也很功利，可是它逻辑简单。你值多少，它就会给你多少。而我们穷尽一生，不正是在拼命地提高自己的价值吗？没有量变的积累就没有质变的飞跃。

你努力提升自己，它也不会轻易辜负你，不要心急，该来的总归会来找你，而且你急也没用。不要总抱怨你不升职不加薪，要看看自己的努力值不值更好的。总有人比你能力强，却比你更努力。每一个人都是独一无二的，全世界只有一个你，不论大小，你总有你的独特价值。

我不会告诉你，只要你努力，就能立刻逆袭。我只想告诉你，只要你努力，我们都能做一个独一无二的、平凡却可贵的自己。千错万错，你的付出不会有错。所以，年轻人啊，你一定一定要很努力，但千万千万别心急。

在灾难中缔造传奇

在这世界上，最悲惨的并不是遭遇灾难，而是一生都无法走出灾难的阴影；在这世界上，最幸运的并不是在灾难中能够逃生，而是能在灾难中学习到生存的智慧，从而成就自己的一生。

四十多年前，一场惊天动地的大地震，夺去了唐山无数人的生命。地震过后，年仅8岁的他呆坐在地上，望着眼前的废墟，很久都没说一句话。幸存下来的哥哥姐姐们，一边哭着一边抱着他安慰着。在此不久之前，大地震残暴地夺走了他父母的生命，他也一下子从最被父母宠爱的孩子，和哥哥姐姐们一样变成了孤儿。

逝者已然离去，生者还得继续生活。经过政府的大力救援，地震中的灾民都得到了妥善的安置。然而，地震将一座城市彻底摧毁了。虽然有政府的大力支持，但这些身心疲惫的幸存者想要在废墟上重建家园，其生活的艰辛可想而知。

失去了父母的他，和哥哥姐姐们，日子过得更是艰难。在随后的几年里，幸存下来的几个兄弟姐妹都在拼命赚钱养家，共渡难关。而年纪最小性格内向的他，在地震之后，为了给家里分担压力，便瞒着大家四处捡垃圾赚钱。这时的唐山，已经开始了恢复建设，谁都不忍心让自己的孩子去捡垃圾，一些不懂事的孩子，有时还会故意嘲笑捡垃圾的同龄人。性格刚强的他强忍着别人的嘲笑，加倍努力地四处搜捡废品，两只手在捡垃圾的过程中被划满了伤口。

后来，细心的哥哥发现了他手上的伤口，在追问之下，他才告诉大家这些日子自己一直在捡垃圾，并把捡垃圾积攒下来的钱交给了哥哥姐姐们。他拿出钱的那一刻，全家人都心酸不已地抱在一起失声痛哭。后来，哥哥姐姐们问他，从小就最内向最害羞的他，怎么能有勇气在众目睽睽之下捡起了垃圾。他仰起头对哥哥姐姐们说道："那么多躺在地下的人，连捡垃圾的机会都没有了，我还有什么面子放不下的？"

弟弟的话，让大家都吃了一惊。这时，他们才发现地震给他带来的改变，远比他们知道的要多。后来，哥哥姐姐们惊奇地发现，他像彻底换了一个人似的。只要是能改变家里生活条件的工作，他都去干，根本不在乎所谓的面子。后来，政府照顾地震中的孤儿，特意把他安排到了工厂去当学徒。进了工厂之后，最苦最累的活儿他都干过，凡是不懂的地方都虚心向人请教。虽然，在工作中因为自己太稚嫩的原因，多少遭到了一些白眼和冷嘲热讽，可他也丝毫不放在心上，放下面子下苦功夫练就了一身好技术。

他的刻苦踏实、勤奋能干，很快就吸引了一个女孩儿的目光。女孩儿被他身上这种精神深深打动了。后来，两个人喜结连理。婚后，他的干劲儿更足了，工作也越来越顺利。1989年，他在妻子的大力支持下，开始了创业。他靠做早点、卖豆腐、养猪的家庭副业积累了一定的资金。接着，他将辛苦积攒起来的资本都投入了废钢的生意中。

然而，踌躇满志的他，说什么也没想到自己很快就栽了个大跟头。因为对废钢行业不是太了解，加上其他一些原因，他的投资很快就都赔了进去。这时，以前借给他钱的债主们也纷纷找上门来，刚刚好起来的家境一下子又紧张起来。就在这最关键的时刻，妻子坚定地站在了他的身边，鼓励他冷静分析一下形势，只要想好了，不管怎样都坚持做下去。

有了妻子的支持，他开始仔细琢磨起了废钢生意的前景。经过慎重考虑之后，他认为这个行业是有非常大的市场的，最后还是决定继续做这个行业。于是，他和妻子还上债主们的债之后，重新做起了家庭副业来积累资金，然后将起早贪黑赚来的钱，全部投在废钢生意上。

他的大胆举动让和他做生意的人都有些吃惊。有些好心人劝他，没必要把所有的钱都投在这个生意上，这样风险太大。他告诉对方，自己的本钱太少，不全部投入根本就做不起这个生意。更重要的是，在地震过后，他明白了一件事情——家园在被彻底摧毁之后都能再建设起来，这世界上还有什么输不起的吗？

因为他头脑灵活，做人守信，所以生意很快就有了起色。短短的几年里，他的生意越做越大，很快就成了当地知名的企业家。接着，夫妻两个人又不断扩大经营，很快就成了同行中的佼佼者。

后来，他又在天津建了新厂，利用天津的地理优势将生意越做越大。钱赚得越来越多，可他仍旧是保持着本色。吃饭时很随意地在小饭馆里就解决了；手下的员工们私下里都亲切地叫他“六哥”；最喜欢的休闲方式就是回老家和“发小”们一起打牌。赚来的钱，除了用在生意发展上之外，其他的大多用在了慈善事业上。他默默地捐款铺桥、修路、建学校，却从来不让人知道。因此，很多人因为他的善举得到了方便，却都不知道捐款人是谁！

时间一长，朋友们渐渐知道了他大量捐款的事情。有人便提醒他，自己还是应该多留点儿钱，以备将来生意上周转应急之用。他感谢了对方的好意，接着指着窗外动情地说道：“我有钱了，是这些员工的董事长；我没钱了，还是他们的‘六哥’！财富是流动的，我不过暂时是个财富的保管者罢了。我在当年的大地震中能活下来，就是因为有那么多好心人的帮助！别人帮助了我，我再帮助了别人，这样就形成了一个良性循环。内心充满感恩的我就没有太多的欲望，自己也活得轻松，何乐而不为？”

他的话，让朋友感动不已，异常钦佩地看着他，久久无语。

2008年5月12日，一场突如其来的大地震牵动了所有中国人的心。不久之后，他和妻子含着热泪参加了中央电视台的赈灾晚会，看着台上刚刚从灾区赶来的同胞，被深深感动的他当场捐献出了一亿元的巨款！他的善举，也带动了越来越多的人投入这场感人的救助中去。

他就是张祥青，荣程钢铁集团董事长，一个唐山大地震的孤儿，一个为汶川大地震尽全力提供帮助的企业家。

人生在世，谁也无法避免灾难的发生。这灾难可能是天灾，也可能是人祸，我们不能左右灾难，却能选择是否在灾难中学习到生存的智慧。一个人若是从灾难中学会了抛弃世俗的虚荣，学会了乐观豁达以及感恩的心态，那么无论对个人还是对社会，都是不幸中的万幸。中华民族是世界上最坚忍的民族，我们的民族之所以屹立千年不倒，就是因为我们的国人善于在灾难中学习，在灾难中奋起！

迟到是你自己的事

那年她刚从大学毕业，分配在一个离家较远的公司上班。每天清晨7时，公司的专车会准时等候在一个地方接送她和她的同事们。

一个骤然寒冷的清晨，她关闭了闹钟尖锐的铃声后，又稍微懒了一会儿暖被窝——像在学校的时候一样。她尽可能最大限度地拖延了一些时光，用来怀念以往不必为生活奔波的寒假日子。那一个清晨，她比平时迟了五分钟起床。可是就是这区区五分钟却让她付出了代价。

那天当她匆忙奔到专车等候的地点时，时间已是7点5分，班车开走了。站在空荡荡的马路边，她茫然若失。一种无助和受挫的感觉向她袭来。

就在她懊悔沮丧的时候，突然看到了公司的那辆蓝色轿车停在不远处的一幢大楼前。她想起了曾有同事指给她看过，那是上司的车，她想真是天无绝人之路。她向那车走去，在稍稍一犹豫后打开车门，悄悄地坐了进去，并为自己的聪明而得意。

为上司开车的是一位慈祥温和的老司机。他从反光镜里已看她多时了。这时，他转过头来对她说：“你不应该坐这车。”

“可是我的运气真好。”她如释重负地说。

这时，她的上司拿着公文包飞快地走来。待他在前面习惯的位置上坐定后，她才告诉她的上司说班车开走了，想搭他的车子。她以为这一切合情合理，因此说话的语气充满了轻松随意。

上司愣了一下，但很快明白了一切后，他坚决地说：“不行，你没有资格坐这车。”然后用无可辩驳的语气命令，“请你下去！”

她一下子愣住了——这不仅是因为从小到大还没有谁对她这样严厉过，还因为在这之前，她没有想过坐这车是需要一种身份的。当时就凭这两条，以她过去的个性一定会重重地关上车门，以显示她对小车的不屑一顾，而后拂袖而去的。可是那一刻，她想起了迟到在公司的制度里将对她意味着什么，而且她那时非常看重这份工作。于是，一向聪明伶俐但缺乏生活经验的她，变得从来没有过的软弱。她用近乎乞求的语气对上司说：“我会迟到的。”

“迟到是你自己的事。”上司冷淡的语气没有一丝一毫的回旋余地。

她把求助的目光投向司机。可是老司机看着前方一言不发。委屈的泪水终于在她的眼眶里打转。然后，她在绝望之余，为他们的不近人情而固执地陷入了沉默的对抗。

他们在车上僵持了一会儿。最后，让她没有想到的是，他的上司打开车门走了出去。坐在车后座的她，目瞪口呆地看着有些年迈的上司拿着公文包向前走去。他在凛冽的寒风中拦下了一辆出租车，飞驰而去。泪水终于顺着她的脸颊流淌下来。

老司机轻轻地叹了一口气："他就是这样一个严格的人。时间长了，你就会了解他了。他其实也是为你好。"

老司机给她说了自己的故事。他说他也迟到过，那还是在公司创业阶段。"那天他一分钟也没有等我，也不要听我的解释。从那以后，我再也没有迟到过。"他说。

她默默地记下了老司机的话，悄悄地拭去泪水，下了车。那天她走出出租车踏进公司大门的时候，上班的钟点正好敲响。她悄悄而有力地将自己的双手紧握在一起，心里第一次为自己充满了无法言语的感动，还有骄傲。

从这一天开始，她长大了许多。

别再说自己努力

一

和朋友聚会的时候，总会问起最近在做什么，很多人的回答都是：嘿，瞎忙呗。

这时如果追问一句，忙些什么？

大概会有两种答案，一种是有条不紊地和你介绍他的生活和工作，安排了哪些会议，参加了什么活动，完成了多少工作。瞎忙只是谦虚的说法。

而有一些，支支吾吾半天，最后说，没干啥，真的是瞎忙。

有人曾经和我感叹过，你每天真的好忙啊。我反问道，这个社会，谁不忙？

每个人都忙，忙着上课，忙着工作，忙着应付领导，忙着恋爱结婚，好像没有谁会甘愿停在原地，也没有谁愿意被人轻易超过。

于是，就会有人感叹，你看那个谁谁谁，整天那么忙，真的是好努力哦！

忙和努力，不知道什么时候就被画上了等号，只要你表现出一副忙碌的样子，别人就会赞许地点头，你肯定会成功的。

同样，如果你偶尔偷个懒，或者无所事事的样子，那么也会有人跳出来指责你不思进取。

曾经有一段时间，我请了长假去旅行，朋友就曾不解地说，你这么做了甩手掌柜，就不怕被人超过？现在就这么贪图安逸，将来肯定有吃苦受罪的时候。

但在我看来，忙或许是一件好事，但忙不到点子上，忙不出效率，那还不如暂时停下来歇歇。

前两天，我在朋友圈看到一条动态，有人说，现代社会，人们都被逼得开始不敢停下脚步了，好像享受生活是一种罪过。

好多文章都在说，努力吧，忙起来吧，别让大把的时光浪费在你的懈怠里。那些比你优秀的人都比你努力，你还有什么资格偷懒？

但是，让自己忙起来，真的就是努力吗？

我看未必。一个会忙的人，是一个不把忙碌当资本的人。

二

我有一个同事，每天看起来很忙，着着急急来上班，时刻都是绷紧了弦的状态，一刻不得闲。

开会的时候，他会认真准备大量资料，总是第一个积极发言，有任何的活动都参加，几乎每天都加班，总是感叹时间不够用。

但是在项目组里，他的工作完成度却是最低的，但他也不气馁，他总是说，我笨嘛，笨鸟先飞，不懂我就问，不会的就认真学，总有一天会好起来的。

实际上，他的问题不是先飞先努力，而是根本没有努力到点子上，会议准备的资料大多烦琐无用，不懂归纳和筛选，每次的发言也累赘和重复，不会清晰地表达观点。

每当有人给他指出这些问题的时候，他都唯唯诺诺说下次注意，可总是下次依然再犯，这样的忙，至多只是营造了一种苦哈哈的形象，做的却是无用功。

有一次公司年会，多喝了几杯的他向我发起了牢骚，说自己已经过了而立之年，可事业和感情都不顺遂，工作心有余力不足，明明已经够努力，怎么总是没有应有的回报呢?

我看着他一脸的失意，劝慰了几句，他其实只是还不了解，表面上的忙碌只是做了重复性的工作，用一种拼命努力的姿态，来掩盖能力和思维上的缺失。

思维没有调整，能力没有提升，再怎么努力，也都犹如隔靴搔痒，毫无作用。

归根结底，这样的忙碌，只是感动了自己，最终也拖累了自己。

一个会忙的人，应该是有的放矢的人，知道在什么时间做什么事情，知道如何合理安排日常的工作和生活，并且在忙碌的基础上，找到自己的短板进行弥补，这才是忙碌的成效。

非常著名的木桶理论讲的就是这样的事，光是想着把木桶越砌越高，却不考虑弥补漏洞和短板，最后的结果就是既不稳固，也不会盛更多的水。

一个会忙的人，是一个不断精进自己的人。

三

还有一些人，既忙不到点子上，又忙得特别盲目。

明明在年初的时候定下了十几条小目标，信誓旦旦一定要在年内完成，然后或许也真的坚持了一段时间，可到了年底才发现，一条都没有实现。

每每想起，都会说，平时实在是太忙了，根本没时间。

其实，很多人的忙，只是不会利用自己碎片化的时间。

具体的大数据不用多谈，总之我们一周会有将近70个小时的时间来做除了睡觉、工作、吃饭之外的事情。

等于一天你有10个小时，是完全可以自由支配的，这10个小时里，除去路途、交际、突发状况等不可抗拒因素，每天会剩下将近6个小时。

而在这6个小时中，很多人都在刷网页、发呆、无所事事中度过了。但一个活得高效的人，会充分利用这6个小时来做许多事情。

广告号称是最忙碌的工作之一，我是广告人，几乎每天加班，一年有100多天都在出差中，忙对我而言，早已习以为常。

但我依然能保证自己每天读书1个小时，写作2个小时，喝茶1个小时，还上过插花课、茶艺课等。

有太多人问过我如何做到的，实际上很简单，就是充分利用自己的碎片化时间。

见客户的路上，看几篇文章，上厕所的间隙，想想新的选题，吃饭的过程中，听听别人的故事，只要一有时间，就打开手机备忘录开始码字，然后晚上回到家再进行整理。

你先要明白自己的目标是什么，然后将目标进行拆分，细化到每一个可利用相对短暂的时间去完成的小目标，然后再一点点去补充和完善，最终达到目的。

举一个很简单的例子，我想要8个月写出一本10万字的书，那么将目标细化，1个月写将近1.3万字，一周写3250字，如果周末休息，一天写650字。

怎么样？听起来是不是就没有那么吓人了？

碎片化时间的利用没那么多套路，就是将目标细化，然后再将你平时发呆、闲逛、偷懒的时间，用在兢兢业业完成每天的任务上，就这么简单。

一个会忙的人，是一个会合理安排时间、利用时间的人。

四

最后，我想谈谈忙的思维。

我曾经是一个特别喜欢说自己忙的人，每天在朋友圈更新，今天加班到几点，今天见了多少客户，今天完成了多少工作。

然后看着其他人点赞评论，感叹我的努力，我觉得自己的这种忙很值得。

直到有一天一位前辈直言不讳地说，你把自己的忙碌当成了什么？炫耀成功的资本？还是证明自己努力的工具？

真是当头一棒，打醒了我。

忙碌的过程应该是无声的、寂静的、不用公之于众的，领导不会想知道你有多忙，他只要结果，别人不会想知道你有多忙，只看你有多优秀。

羡慕你的人，自然会因为你忙，觉得你很出色，嫉妒你的人，则会因为你忙，觉得你惺惺作态。

而且，总是感叹自己很累很忙，要么是没有忙出自己想要的成效，要么是没有将这种忙当作自己的习惯。

一个努力的人，不会每天张口闭口说自己多么努力，因为他已经习惯了努力，同样，一个忙碌的人，也已经习惯了忙碌，并不觉得它有多么值得诉说，因为那就是他的生活。

比起说自己忙，其实更应该让自己忙，踏实做事，一步一个脚印每天都在进步地忙。

忙碌的思维，来自自我看待生活的态度，如果你是一个喜欢安逸的人，但不得已做一份工作整天忙碌，那么你就渴望通过别人的肯定来鼓舞自己继续。

但如果你做着一份喜欢的工作，并且享受这种忙碌的状态，那么它就是你生活的一部分，没有必要拿出来供人瞻仰，否则会让人觉得你此地无银三百两。

社会里有一种很微妙的价值观，忙就等于努力，努力就会成功。这个等式被人们拿来信奉为正能量，但这恰恰却是毒鸡汤，带着洒狗血的意味。

忙是努力的必要但不充分的条件，努力更不一定会成功，它充其量只能让你变得更加精进，把本来有概率的成功，归结到努力上，又把努力的多样性，放在一个“忙”字上，明显是浓浓的套路。

总是感叹自己忙，潜台词无非想表达自己很努力：我都这么努力了，最后不成功，不是自己的错了吧？那是老天不公。

但实际上，一个会忙的人，从不多谈努力和成功，他们只在意在这种忙碌里能够获得怎样的体验。

而这种体验，与成功无关，忙的归属也好，忙的方式也好，忙的思维也好，归根结底，都是你的选择。

而既然你做了这种选择，那么就要为它付出代价，而无论怎样的努力，都应该是高效的、有用的、利己的。

一个会忙的人，是不说自己忙但踏实做事的人。别再说自己努力，你那只是瞎忙。

冠军背后的故事

父亲孙全洪用两个词描述了儿子孙杨：聪明、懂事。在父亲眼里，儿子孙杨一直都比较聪明，在决定上体育专业之前，他在学校的成绩一直不错。有一次孙杨在武汉比赛，孙全洪说："他很小的时候，有一次我出了一个歇后语：大热天盖被子，让他猜一个地方名。结果他马上说'捂汗（武汉）'。这孩子还是比较聪明的，这几天还跟我提起了这件事。""我也见过身边很多例子，男孩子到了十五六岁，就到了一个叛逆期。一般这个时候不愿意和父母交流。在这点上我们孙杨很好，他非常愿意和我们沟通。他和我们的关系一直很亲密，什么事情都愿意和我们讲。"

进入公众视野以来，孙杨给人的印象是哭了好几次，孙全洪说："我印象比较深刻的有两次，一次是2008年绍兴全国游泳冠军赛，当时他觉得练得不错，能和张琳拼拼了，但是没想到张琳发挥得太好，他和张琳差距拉得很大，他挂着银牌哭得一塌糊涂。另一次是去年的亚运会，400米他是奔着朴泰桓去的，但是没想到差了一点点，后来1500米夺冠，他喜极而泣。他是个单纯的孩子，哭可能是他的一种情感上的宣泄，这点我能理解。”

最近两年，孙全洪感觉到儿子越来越成熟了：“有一次张院长（张亚东）跟我说，‘你儿子最大的优点，就是心理健康’。自2009年罗马世锦赛后，教练布置任务，他不光想着完成任务，还想着要超额完成。我也相信他会逐渐成熟起来。”

“有一次我邀请同事去看我儿子训练，众所周知，他的训练要游2万米，结果同事看了一会儿就不敢看了，想想我也心疼。”孙全洪说，“2003年儿子被选拔到游泳队的时候，我们也没有要求孙杨一定要得什么奖，只是告诉儿子‘做什么事，都一定要做到最好’，却没想到儿子会有今天这样的成绩，我们也很欣慰！”

尽管在母亲杨明的眼里，儿子永远是个孩子，不过杨明还是明显地感觉到，自己的儿子已经慢慢地长大了。

2006年开始，孙杨的成绩突飞猛进，得到了前往澳大利亚留学和训练的机会，杨明也陪同前去，但不住在同一家宾馆，不能一起坐车来回，母子俩各自到达训练场馆，杨明坐在一边看他训练，晚上再通个电话。回忆起那段日子，杨明泣不成声：“就是这样孙杨也非常高兴，他觉得妈妈在就好。

“他手受伤了，伤口进水肿得厉害，痛得抬不起来，他还坚持一天游2万米。我怕他练下去手会废掉，叫他偷懒。他特别生气，发短信说，你是我妈妈，居然不理解我，还叫我偷懒，我偷懒能有今天的成绩吗？亏你还是大学体育老师！

“他现在游泳越来越会用脑筋，会分析自己在哪些地方需要改进，特别是从澳大利亚回来后，我们能明显感觉到，他为人处世越来越自信，像个男子汉了。”

杨明还透露了孙杨的一个秘密：“他在家里总和我说，妈妈，你看我现在的成绩，奥运会前三名也不是没可能吧？其实我知道，他做梦都想着，有一天能成为中国男子游泳第一个奥运冠军。”

伦敦时间7月27日晚上，孙杨对杨明说：“妈妈，你明天一定要早点进比赛场馆，我越早看到你越好。”于是第二天7点15分，杨明就到了伦敦水上运动中心门口，“人家还没开门，8点才能进去。别的孩子可能父母在场会紧张，孙杨从小训练就要我看着他才踏实”。

伦敦时间8月1日，男子4×200米自由泳接力决赛中，孙杨是最后一棒，全国观众都看到了他从接棒时的第五名追赶到终点的第三名、脱力倒在泳池边的一幕。当晚，孙杨在微博上安慰大家：“请大家放心。”如今回家了，孙杨才吐真言：“妈妈，个人项目还好，集体项目的时候，我的腿真的在抖。因为我是在池边等着，而且我们又一直落后，我好想快点跳下去。但是一入水就好了，不紧张了。”

杭州遭遇强台风“海葵”的袭击，孙杨被困在从北京回杭州的高铁上，22点30分才冒雨抵达杭州。第二天傍晚18点15分，孙杨一头扎进杭州陈经纶体校的游泳馆，要训练1个小时。“游泳运动员要保持水感，每天都得下水，他昨天困在火车上没活动，今天我就带他来练一下。”杨明说。孙杨特别黏两个人，一个是妈妈杨明，另一个是朱颖教练。回家不到24小时，他已经滔滔不绝讲了很多奥运会比赛的事。

夺得广州亚运会1500米金牌的刹那，孙杨的眼睛不由自主地朝看台上望去，他知道，妈妈正在那里为他欢呼。就像菲尔普斯在取得好成绩后，总在第一时间寻找自己的母亲，对于孙杨来说，妈妈同样是他成长道路上最重要的人。孙杨的爸爸妈妈都是排球运动员出身，现在在杭州的一所高校里当老师。提起孙杨的妈妈杨明，所有认识的人都竖大拇指：“从来没见过如此模范的妈妈。”

从孙杨进游泳队开始，十几年如一日，杨明每天都会熬上七八个小时的汤，晚上给在基地训练的儿子送去。“每次我都是看着孙杨把汤喝完了才走。”杨明说。2005年，浙江游泳队的基地搬到了钱塘江对岸的萧山，杨明还专门买了一辆车，每天过江给儿子送汤。

只要条件允许，孙杨的每一场比赛，杨明都会到现场给儿子加油助威。2008年北京奥运会前，孙杨在北京集训。杨明就在游泳队驻地外车站旁边的宾馆里整整住了一个月时间，只为能在儿子每天乘车去训练和训练归来时，看儿子一眼，说上一句话。

从孙杨小时候开始，爸爸妈妈就经常陪伴他到世界各地比赛，有爸爸妈妈在，孙杨总会觉得有更多的力量。这次奥运会孙杨的爸爸妈妈早早地来到了体育场，等待着比赛的开始。为了有好运气，杨明还特地穿了一件红色的衣服，为的是在看台上更加显眼。

“孙杨小时侯可皮了，顽皮得不得了。”刚从广州回到杭州的孙杨启蒙教练娄红梅，说起这个跟着自己练了五六年的孩子，第一句话就提到了“皮”，“你别看他这次比赛哭鼻子，其实他在体校这么多年，拿了这么多第一，我还真没见他哭过一次”。

“他会趁人不注意，把在队里帮忙的孙姐突然推到池子里；他会偷偷跑到我面前打小报告，告诉我哪个小朋友又空翻少了，哪个小朋友今天又偷懒了；他还会神神秘秘地跟我说，在家里妈妈就是一只母老虎。”娄红梅说。

但这个看着让人头痛都来不及的皮小子，老师们却一个个疼到了心坎里，因为“你别看孙杨很皮，但他其实很懂事”。娄红梅说：“一群小孩子训练，有的人会偷懒，但孙杨压根不会想到要去偷懒，他只要有一点力气都会拼光，所以从10岁开始，他在同年龄组400米比赛中一直都是拿第一的。”

孙杨训练中很懂事，生活中也很懂事。“那时候训练，孙杨是兼职的，白天在行知小学读书，放学了才来训练，训练很辛苦，孙妈妈为了给孙杨补充维生素C，经常会榨西芹汁给他喝。”娄红梅说，“这个东西可不好喝了，但孙杨每次都捏着鼻子喝光光，一点不含糊”。

朱颖教练说：“他让很多孩子懂得了荣誉和责任，他是细心阳光的‘孙萌萌’。”

杭州陈经纶体校的朱颖教练也有后怕，如果当年她没有坚持把孙杨叫回来，中国泳坛就没这个人才了。

1997年，朱颖听说一家幼儿园有个6岁的小男孩，个子特别高，床都睡不下。她把这个叫孙杨的小男孩带到体校学游泳。练了一个月，小男孩就不游了。第二年暑假，朱颖给孙杨妈妈打了个电话，劝她带孙杨测骨龄。结果，预测出来孙杨将会有196厘米高（现在孙杨身高198厘米）。孙杨妈妈下了决心：“本来不想让他搞运动，我和他爸爸都是运动员出身，知道很苦。但如果他长这么高，不搞一点体育，那身材就很难看啊。”

孙杨妈妈带着7岁的孙杨回到游泳池。“他每天下午4点半放学，我骑20多分钟自行车把他送到体校。5点开始练，我就站在露天游泳池的大铁网外面，扒在网上看他有没有进步。到了10月，天气冷了，我穿着羽绒服扒在铁丝网上，冻得打哆嗦。7点半他游完出来，骑车回到家就快8点了，他爸爸已经做好饭，赶紧吃完再让他写作业。一年只有大年初一能休息。说实话，这不仅是练小孩，也是练家长，坚持下来实在太难了。”

那时候孙杨很“皮”，朱颖教练跟他讲过好话，也吓唬过他“找你妈妈”，还让他在池子里喝过水，收效都不大。朱颖找孙杨谈了一次话：“孙杨，你天赋比别人高，只要好好练习，有一天你一定能站上最高的领奖台，让国旗为你而升起，国歌为你而响起，到那时候，朱老师多骄傲啊，心里说‘这是我带的孩子呀！’”说着说着，朱颖动了真情，眼泪涌了出来。孙杨从此懂事多了。

在伦敦奥运会上一战成名后，网友给孙杨取了个外号“孙萌萌”。“萌”来自日本漫画用语，意为可爱。“他是挺可爱的，又细心又阳光。”朱颖记得，孙杨小时候会“观察这个教练爱喝什么饮料，那个教练爱喝什么茶，然后从家里带给大家喝”。到了澳大利亚，孙杨发现外籍教练有糖尿病，不能喝饮料，于是每次进入训练场馆前，他都买一瓶水带给外籍教练。就连这次回杭州，比孙杨早几天回国的朱颖和他父母一起接他回家，他家里因为很久没人了，只有两瓶水，朱颖告辞时，他都催着父母快点拿给朱颖带走。

“孙萌萌”最广为人知的举动，是在伦敦接受中央电视台采访时，看到演播室里摆着几个奥运会吉祥物玩偶，便毫不客气地全都抱进自己怀里。很多观众一边笑一边想，他一个大男孩要这么多玩偶干吗？答案在杭州揭晓了。他给亲戚、教练、同学、队友、队医和食堂师傅带了满满一皮箱礼物，其中就包括他四处“搜刮”到的吉祥物玩偶。

“孙杨还是一个单纯的大男孩，对社会的人情世故不太懂，开心不开心都写在脸上。他也很好哄，不开心了，我说上几句好话，表扬他几句，给他‘顺顺毛’，他又高兴了。”朱颖一边说一边乐。

朱颖也思索过，那么多人在伦敦拿金牌，为什么孙杨最受关注？“也许是因为金牌、银牌、铜牌他全拿了，还加一个破世界纪录了，成绩太突出。一个男孩子能取得这样的成绩，特别给中国男人争脸。人们从他身上看到，在一向被视为西方人天下的泳池里，中国男人一点都不比别人差。这种英雄气概让人们振奋，让很多家长有信心送孩子学游泳，让很多孩子懂得了荣誉和责任。”

冠军路上的见证者——澳大利亚游泳教练丹尼斯说：孙杨是哈克特的接班人。

从2010年开始，孙杨和几位中国游泳队男女队员前往澳大利亚进行特训。这特训起始于中国男子泳坛前“一哥”张琳。那年哈克特决定和自己合作了21年的教练丹尼斯分开，而张琳在丹尼斯麾下的训练成效，让中国游泳运动管理中心确信，值得把孙杨托付给丹尼斯。孙杨能够一夜崛起，这些澳洲教练是绕不开的人物。

2012年5月上旬，晴了不过几天，澳大利亚黄金海岸又开始下雨。2日下午训练刚刚进入半程，气温直线下降到13摄氏度，泳池边有人已经穿上了羽绒服。孙杨和几十名各国游泳选手依旧在池水中训练。他的教练朱志根拿着秒表，池边还有他的澳大利亚教练丹尼斯·科特莱尔。没有人打伞，这么多年来，水已经成为他们生活中的一部分。

此时距孙杨第三次来澳洲特训已两周。北半球刚入初夏，黄金海岸的气温却在10摄氏度徘徊。这里没有国内设施完善的室内泳池，和多数澳大利亚游泳馆一样，著名的迈阿密俱乐部泳池也是露天的。俱乐部健身房墙壁上铭刻着辉煌的历史，还有伟大冠军哈克特的照片。这位现任澳大利亚游泳队队长，曾经在奥运会中连续两届获得1500米自由泳金牌，近十年内统治了1500米自由泳项目。4块俱乐部的冠军榜牌中，3块已快被占满，另一块正等待着未来的天才。在丹尼斯看来，这个人就是孙杨。

虽然该俱乐部的规矩是只铭刻本俱乐部的会员冠军，但丹尼斯说，孙杨也出自迈阿密俱乐部。他最喜欢对孙杨说的一句话就是："You are really very good！（你真的很好！）"

2001年哈克特在日本福冈世锦赛创造的1500米世界纪录依旧保持，这是快速泳衣时代唯一未被打破的世界纪录。破掉这个纪录，改朝换代，多么伟大而奢侈的梦想！这正是孙杨来澳洲的目的。为了突破极限，付出一切代价都是值得的，这包括一个年轻人最美好的青春时光及背后很多人的支持。

某种程度上，为梦想而受苦受罪是件多酷的事儿啊！“澳洲的风吹在身上，冷得直打哆嗦，而最痛苦的莫过于跳出水池上洗手间这一段。”孙杨说。如果生活的苦已经落实到这样的细节，那很多问题其实已经有了答案。看看这个过着与同龄人完全不同生活的年轻人，正如菲尔普斯说的那样，他的生活只有游泳、吃饭、睡觉。

孙杨开始被媒体关注是从“隔壁”的泳道开始的。两年前，央视准备拍摄一部奥运冠军刘子歌的片子，她的教练对央视编导张朝阳说，你们应该关注隔壁泳道的那小伙子，那是未来的希望之星和世界冠军。

这样的预言在澳洲的特训中一点点变得清晰起来。每天清晨4点半，孙杨和教练、队医就起床了。简单吃点儿东西，5点驾车前往迈阿密俱乐部泳池。训练通常会在5点半正式开始，8点多结束，下午则是4点到7点。对于孙杨来说，这种凌晨的训练比国内多了很多新鲜和心理上的刺激。

相对于上午的寒冷，下午可能是暴晒。孙杨不喜欢抹防晒油，到澳洲一个月不到，皮肤已经被晒脱了皮，肤色从过去的白色变成了黝黑。每天约4组，每组10个400米，如此的训练量还不能让丹尼斯完全满意。对于孙杨他总是赞不绝口，“比哈克特更聪明”“对水更有感觉”。

其实，未来的冠军真的非常刻苦。在澳洲他右肩积水时，他还在练习用左臂划水。这个年轻人总能不折不扣地完成教练的任务，为此还在电话中批评担忧的母亲。澳洲特训期间不能够像国内一样天天训练，因为俱乐部工作人员有休息时间，必须严格遵守。于是每到周三、周六的下午和周日泳池关闭的前一天很自然成为高强度训练日。至于休息日，那是海边时间，但绝非休息和晒太阳，而是教练朱志根带着弟子去海边继续训练，体验水感的放松课。

从2003年孙杨正式跟随朱志根训练，师徒已经合作9年了。朱志根自己就是长距离游泳选手出身，而孙杨的体质也更适合长距离游泳。“我们运动员最大的优势是能吃苦。”朱志根说。从孙杨身上，丹尼斯同样看到中国游泳运动员显而易见的斗志、敬业和胜利的意志。“我遇到的中国游泳运动员，不是全部，但大部分训练都非常刻苦。”孙杨觉得，“天才和勤奋相比，天才只占百分之三十，最主要的还是勤奋”。

2010年2月19日到2012年3月3日，孙杨前往澳大利亚的三次特训效果显著。2011年的上海国际泳联世锦赛上，孙杨一举打破了哈克特保持10年之久的1500米自由泳世界纪录。2012年1月下旬，在昆士兰州挑战赛上，孙杨共参加三项比赛。在400米和100米两项上都轻松夺冠。万事俱备，只等待伦敦之夏的到来。“我当时相信，只要发挥正常水平，我完全具备夺冠的实力。”孙杨说。

菲尔普斯，池水中的王者，15枚奥运金牌得主。泳池是他的奥林匹亚，食物则是他和人间的纽带。NBC（美国全国广播公司）甚至专门讨论他在奥运期间的食谱：煎蛋三明治，鸡蛋，薯条，通心粉，火腿奶酪。不过这些能每天提供12000卡热量的食物显然很难被一个中国胃全盘接受。体育局和某些营养学家，过去一直认为中国式的饮食难以提供足够的营养，那么在夺冠后，中国第一位男子游泳奥运冠军的菜单的确值得探讨。

冠军妈妈的汤曾被广泛宣传，不过孙杨家第一号厨子是父亲。在澳洲特训期间，新加入的“厨师”还包括教练朱志根和队医巴震，这两位也都是浙江人。毫无疑问，杭州菜对金牌亦有贡献。孙杨的母亲说，儿子多年的食物一直是鱼和牛肉。

除了一颗试图证明自己的心，这肉身也是战胜过去偶像朴泰桓的最有力武器。孙杨身高不但超过朴泰桓的1.81米，臂长超过朴泰桓近10厘米，臂展甚至超过26厘米。朴泰桓虽然精悍强壮，但从目前的水上和陆地直线速度竞技成绩来看，身高还是一寸高，一寸强。孙杨在池中每一划似乎都比多数选手慢，却更有效率。

对这一点，丹尼斯看得很清楚。“当格兰特（哈克特）离开时，我还没有这种感觉。然后，张琳来了，给了我一张空白的画布。”而孙杨，则是丹尼斯眼里可以创作出杰作的天才对象。在澳洲时，他认为孙杨还比哈克特“多了一些更加自然的技巧，更加平衡一些”。丹尼斯认识到这个年轻人一项关键的潜力所在：平衡感。“孙杨没有哈克特那么强壮，但他的平衡感更好一点。”丹尼斯说，“孙杨的划水更有效率。”

如果说孙杨的教练朱志根多年来为孙杨打足了各方面坚实的基础，那么丹尼斯在竞技的前夜，则用热情和丰富的冠军经验来鼓舞年轻人去实现梦想。他会热情地给予掌声和鼓励，跟着孙杨在池边奔走。每次达到训练标准，他会与孙杨在池中热烈握手。“有一天孙杨很高兴地对我说，爸爸，今天教练跟我握了两次手。”这些都刻在父亲孙全洪的记忆中。正如孙杨自己说的，他正处在一个“被小朋友叫叔叔却很不服气的尴尬年龄”。这时一个男孩需要一个男人的鼓励，激励他变成自己希望成为的那个男人。

“2012年5月21日，两届奥运会男子1500米自由泳金牌得主、统治男子1500米自由泳长达十年之久、我的榜样——哈克特今天下午特地来泳池看我，超级开心！备受鼓舞。”孙杨说，“我记得他当时说，非常看好我在奥运会的成绩，说我能够再次打破世界纪录。”孙杨很平淡，也很自信，“如果状态好，打破纪录也许是一年后，也许是两年，我想应该不用等到里约奥运那个时间。”

在丹尼斯的心目中，孙杨就是另一个哈克特。他甚至明确地对中国记者甘慧说：“孙杨将是哈克特的接班人。”除了朱志根，丹尼斯是另一个知道孙杨吃了多少苦的人，所以在获得冠军后，孙杨也冲向了正在一旁的当时担任澳大利亚队教练的丹尼斯，来了一个大大的拥抱。

自从2003年进入国家队朱志根教练组那天起，大师兄吴鹏就成为孙杨仰慕的对象。2007年墨尔本游泳世锦赛是孙杨参加的第一次世界大赛。最让孙杨震撼的，是吴鹏竟然敢于向菲尔普斯叫板，并且收获银牌，从此孙杨萌生了要当世界冠军的雄心壮志。

如果说吴鹏是孙杨启蒙时期的标杆，那么北京奥运会亚军张琳则是孙杨发展时期的追赶目标。对于张琳，孙杨曾经一度有过“既生瑜何生亮”的感慨。2008年北京奥运会前的绍兴全国冠军赛，他觉得可以与张琳拼一把，结果被张琳甩得很远。站在领奖台上，挂着银牌的孙杨哭得一塌糊涂。

孙杨小时候很爱哭，训练时经常会累得哭起来。2010年广州亚运会，孙杨比了三个单项，哭了三次。400米自由泳，他不敌韩国奥运冠军朴泰桓，出水后泣不成声；男子4×200米自由泳接力夺金后，他再次洒下热泪；等到1500米自由泳以明显优势捧得桂冠，他又一次涕泪横流。

2011年上海国际泳联世锦赛，孙杨在400米自由泳由于轻敌和战术失误再次输给朴泰桓，这一次，他没有哭，很多人从此说，孙杨成熟了。

毕业之后的差距

大学毕业之后同学之间的差距是怎么拉开的？根本原因是什么？首先我认为，人的一生是否成功一定不是大学四年的学习能够决定的。大学里区分我们的是成绩好坏、参加活动积极与否，但这些并不能决定某个同学未来能取得什么样的成就。大学毕业时，我们都只有二十几岁，如果人类的寿命是80岁，那么我们还有接近60年的时间去改变、奋斗、证明自己，大学毕业其实是我们证明自己的开始。

有些同学在大学学习很好，但是毕业后却慢慢变得平庸；有些同学在大学成绩一般，但是毕业后却勇往直前，不断取得新的成就。那么毕业以后人与人的差距是怎么拉开的呢？我认为主要有以下五个方面的原因。

第一，工作岗位的不同。我们每个人从事的工作是不同的，比如有的同学在私营企业就职，有的同学在国营企业就职，有的同学在研究机构就职，有的同学留在大学成为老师。每个工作岗位的要求都是不一样的，如果一个工作岗位对我们的能力提出了挑战，那么我们的提升就会比别的同学更快。

比如我在北大任职期间，主要提升的是表达、和学生打交道以及教课方面的能力。我在大学的时候不怎么说话，但在北大当了老师后就不得不开始锻炼自己的表达能力。相应的，我在外交部工作的同学，他们的言辞、融会贯通、外交辞令的表达就成为他们的长项。再比如我另一个同学在美国大学当教授，他的英语表达和英语研究能力就要远超于我。

所以，根据工作内容的不同，我们会锻炼出自己独有的能力。我认为我们找工作的时候应该考虑两个前提条件：第一个，这份工作对你具有一定的挑战性；第二个，你必须付出更多的努力才能做得更完美。

另外，在工作中我们应该一直带着自己的思考，不断给自己提出新的挑战。比如，我做新东方，由于新东方不断壮大，各种突发的事件变得越来越多，这就锻炼了我处理各种事情和带动新东方发展的能力。

第二，交往朋友的不同。我们在大学毕业后会交往不同的人，同时也会带来不同的发展。所谓“读万卷书，交天下友”。“交天下友”可以让你通过朋友的水平高低，来判断自己水平的高低。有人说你最亲密的五个朋友的平均能力就是你的能力。

当我们交往到更有能力的人，我们的能力自然就会比其他同学提升更快。尤其当朋友中有社会资源、人脉资源以及创业资源比较丰富的人，你跟着他们一起做事，你的提升速度就会更快。所以交往朋友的不同，也会成为我们大学毕业后与其他同学拉开差距的直接原因。

第三，个人学习能力的不同。有很多大学生毕业后投入工作中，对自己的工作熟练后，每天就做重复性的工作，这样进步就会变得越来越慢。很多人说工作已经很累了，下班后应该要好好休息或者去做运动、参加活动，因此他们放弃了读书，而人不读书进步就会变慢。有人工作之后就不再去钻研所学的专业知识，不再去汲取新的知识和能量，久而久之他们就变得目光狭窄、思维陈旧。和那些还在每天坚持学习、提升自己专业知识、扩大自己的眼界的人相比，你会不断掉队，短时间可能看不出来，但长期来看，差距会越来越大。

所以大学毕业以后的自觉学习能力，包括读书、研究、游走、让自己眼光心胸博大等，对我们的成长是至关重要的。

第四，个人机遇的不同。大家都知道，人有时候是需要贵人相助的，如果张良没有遇到刘邦，那他在历史上就不一定会有如此的地位。个人才能的发挥是需要伯乐的。本来大家都在同一水平线上，但某个人遇到了一个可以提携他、有资源、有权势的领导，就会迅速提升，把你远远甩在后面。

还有一种机遇，就是通过自己的努力、学习、交往创造的新机遇。比如说你的同学通过自己的努力考出了很高的托福和GRE成绩，最后被国外知名大学录取，而你由于没有考试、不求上进，最后只能原地踏步。久而久之，上进的同学机遇会越来越多。这就是保持学习能力的重要性，因为机会是留给有准备的人的。

第五，个性和性格的不同。我们常常发现这样一种现象，在学校成绩优异的乖乖女、潇洒男，由于学习成绩好，在学校的时候被老师和同学欣赏，很引人注目，像明星一样耀眼，但进入社会后却无法很好应对社会，这是因为他们的个性只适合于书本学习。

在社会上我们也会发现那些学习成绩不怎么好的同学，进入社会却很吃得开，因为他们个性奔放、无所畏惧，敢于尝试，富有冒险精神。这样的同学在学习时不一定能体现他们的高智商，但在社会上却体现了极高的情商，所以他们毕业后取得成功的速度往往也会较快，这就是个性或者性格在背后起到的重大作用，有一句话叫“性格决定命运”。

大学时期大家的差距其实并不是那么大，无非就是你考80分、我考60分的差距，但是因为以上种种原因，进入社会后人和人的差距会被拉得越来越大。因此，我们要避免在差距中变成落后分子，尽可能保持领先。

总结一下，变得优秀就是要对自己提出挑战，尽可能去结交对自己来说有用的、能让自己学到东西的朋友，平时要不断努力学习，努力进取，多多阅读；要尽可能寻找不同的机遇和能带给自己机遇的人，在社会上要果断勇猛，富有冒险精神，这样成功的可能性会更大。

战胜困难

2014年巴西世界杯结束了，在德国与阿根廷的决赛中，梅西没能带领阿根廷夺冠，让不少阿迷们有些遗憾。但是不管怎么样，梅西的励志故事一直在激励着很多人。

从带领巴萨在2008—2009年赛季取得西甲、国王杯、欧冠三冠王，到击败C罗夺得2009年欧洲金球奖，再到国际足联掌门人布拉特给裁判们下达命令，但凡对梅西野蛮犯规的，都“格杀勿论”……种种荣誉和特殊待遇都足以说明，80后足球天才梅西是站在当代世界足球之巅的巨星。

患侏儒症却没钱治病

现在的梅西是一个手捧金球的巨人，但有谁能想到，10年前的他差点因为侏儒症结束自己的足球生涯。和家乡罗萨里奥的其他孩子一样，梅西从小就酷爱足球；但也和家里的亲人一样，梅西天生矮小瘦弱……虽然一直是纽维尔老伙计队少年队中最棒的球员，但到12岁时，梅西身高还不到150厘米，根据医生的检查，他患有先天性侏儒症，在11岁时已经停止生长。

梅西的侏儒症并非不可医治，但是注射生长激素每月花费高达900美元，母队纽维尔老伙计不愿意为一个前途未卜的孩子支付这笔费用，一度觊觎梅西的河床得知他的顽疾后也打消了挖角的念头。

“我记得，而且永远都不会忘记拿到诊断结果的那一天。当时天特别冷，我们在街上，梅西没有任何表情，非同一般的冷静，我知道他比任何人都清楚，家里没有任何能力让他治疗。”父亲豪尔赫回忆说，“作为父亲，我最清楚梅西的病源于营养不良。阿根廷盛产世界上最好的牛肉，拥有世界上最好的奶酪，但那不属于我们。梅西是吃着土豆和胡萝卜长大的，是喝着那些没有油沫的汤后去踢球的。他从不抱怨，年纪轻轻就比谁都懂事，这一点没有人比我更清楚。”

2000年9月，凭着精湛的球技，年仅13岁，身高只有140厘米的他加入了巴塞罗那青年队。首场比赛，他就凭借娴熟的脚法，过人的盘带突破能力，折服了看台上的万千观众。看台上，掌声雷动，尖叫四起！父亲更是激动得热泪横流。然而惊喜之后，父亲心中便是无边的荒凉与绝望。140厘米的身高，注定了儿子与足球无缘。他的脚法越是完美，越是带给父亲深深的遗憾与疼痛！

永远感恩巴萨的雪中送炭

关键时刻，梅西遇到了自己生命中的贵人图尔尼尼，一个长年为巴萨在南美物色小球员的球探。“我花了不少时间说服巴萨俱乐部，我也向梅西的家人承诺不会改动他的国籍。”回忆往昔，图尔尼尼这位名不见经传的球探颇为得意，“这是我人生最得意的一场赌博。”在图尔尼尼的帮助下，梅西举家迁至巴塞罗那，当时的巴萨体育主管雷克萨奇在看了梅西的训练和比赛后，毫不犹豫地与其签约，并安排俱乐部为其治病，这一刻开始，梅西的巨星之路才终于打开。

就这样，他一边训练，一边接受治疗。2003年，他的身高终于达到170厘米。虽然在足球运动员当中，这样的身高仍然偏矮，但是对他来说已经足够了！

凭着顽强的意志与不懈的努力，梅西，终于改变了自己的不幸命运，也成就了世界足坛的一个传说！

2006年，出征世界杯，成为当年最年轻的世界杯球员；2008—2009年赛季，率领球队连夺西甲、国王杯和欧冠三个冠军，成就了西班牙球队史无前例的三冠王；2009年，获得“世界足球先生”称号……直到2013年获得职业生涯第四座金球奖奖杯，他终于成了绿茵场上一颗灿烂无比的明星，成了名副其实的超级巨星。

每当全球亿万球迷为梅西这位足球巨星尖叫呐喊时，很少有人知道他有那么一段悲凉的年少往事。如果梅西当年对足球有一丝一毫的动摇，那么现在，他不过是个可怜的侏儒，在某个城市某个不知名的灰暗角落，依靠人们的怜悯，艰难地谋生。

很多时候，面对困难，我们唯一的选择就是迎上去，战胜它。有时，仅仅后退一小步，我们就成了再也没有机会翻身的“侏儒”，而咬着牙忍着泪一步一步顶上去，终有一天，我们会迎来生命的阳光，成为名副其实的“球王”。

用梅西迷写给他们心目中王者的一首诗来作结尾：

在世纪的轮回里，
人们见证着一个又一个小跳蚤的奇迹。
他变着帽子戏法，
在绿茵场上，潇洒地舞动着辉煌的战绩，
享受的是生命，
穿梭的是时空。
历史的上空，
一个巨人的背影缓缓擎起，
从阿根廷出发。
演绎着，这个时代不老的青春……

第四章
人生海海，劈浪前行

心有雷霆面若静湖，这是生命的厚度，是沧桑堆积起来的。

——麦家

活出自己的精彩

命运在她出生时就夺去了她的左臂，却不妨碍她善良乐观、努力坚强，活出自己最精彩的模样。

她是中宣部推出的“出彩90后”，集共青团中央三项最高个人荣誉“中国青年五四奖章”“全国向上向善好青年”“中国大学生自强之星”于一身的杰出青年楷模；她是《新闻联播》《焦点访谈》专访中的“90后创客美女校长”，本硕国家奖学金获得者、CCTV1“中国杰出青年代表”“感动吉林十大杰出人物”“长春市十大杰出青年”“长春市五一劳动奖章”等都是对她的肯定。

她就是书山学府教育培训学校、艺凡艺术教育培训学校校长张超凡。“想要就去争取，我们天生就是战士，我用右手也可以撑起一片晴空。”这就是张超凡时刻激励自己的话。

1992年，张超凡出生时左臂缺失，这对于一个工薪家庭犹如晴天霹雳。这个缺陷，让张超凡从小就感到，自己跟别人不一样。她一度被镜子中那个左右不对称的自己吓哭，不但如此，幼年的超凡因体弱多病常年在医院治疗，手、脚甚至连头顶都被扎满了大大小小的针眼，再逢父母双双下岗，家庭一度陷入窘境。

面对生活的不易，张超凡擦干了所有的眼泪对自己说："张超凡，你不能输！你必须得活出个样儿来，成为所有爱你的人的骄傲！"

于是，超凡开始尝试着勇敢地去挑战生活中的一道道难题。为了锻炼平衡能力她选择了速滑这个运动项目。每天5000米的长跑、200个仰卧起坐、100个蹲起、6—8小时的冰上高强度训练，成为了一个身高仅有135厘米的小女孩每天的必修课。就这样熬过了酷暑与寒冬，张超凡通过异乎寻常的努力站在了吉林省速滑大赛（少儿组）冠军的领奖台上！

运动场上的汗水往往让人奋发。"再困难的事，别人做一遍我就做十遍！"她用短短30天的时间学会了蛙泳、仰泳和自由泳；创造了1分钟55个仰卧起坐的校纪录；随后又挑战了用一只手骑自行车、舞剑、打篮球、做瑜伽，即便身体"不完整"，也要勇敢、坚强。

学生时代的张超凡乐观坚强、品学兼优、文体兼备，不但是"吉林省速滑大赛冠军"，更是"中华魂全国书画大赛双金奖"的获得者。

2011年她以高出艺考分数线255分、全国总分第一名的成绩考入北京工商大学。大学期间，连续四年综合排名全院第一名，获得中华人民共和国教育部颁发的“2011—2012年国家奖学金”、2012年“北京市三好学生”、2013年“首都大学生诚信楷模”暨“第二届诚信中国节宣介大使”、2014年“我的梦、中国梦全国演讲大赛”一等奖（第一名）、2015年“北京市优秀毕业生”等荣誉。

2015年即将大学毕业的她，本可以本校保研，可面对东北优秀人才大幅度外流，导致经济极度下滑的现象，她毅然选择了回家乡创业，并跨校跨专业考研。23岁的她响应国家“大众创业，万众创新”的号召，结合自身专业特长创办了东北三省首家国学书画院。创业初期，她四处招募教师、多方组建团队、到处募集资金，学校终于建好了，却发现招生成了最大的难题。

有人在背后悄悄议论：“这个残疾小姑娘连自己估计都需要被照顾，又怎么能教孩子呢？”张超凡说：“比缺乏信任更现实的是每天早上一睁开眼，光是学校的房租、人员的开支、银行的贷款就压得我喘不过气。”再加上考研的压力，张超凡每天睡眠时间不足5个小时，她像陀螺一样不停地旋转，她对自己说：“张超凡，眼下这条路是你自己选的，无论如何你都应该勇敢地走下去，并且要走得漂亮！”她屏蔽所有外界质疑的声音，从一个学生开始教、两个学生开始教，掏出一颗真心做教育。学生们有了好成绩，家长们骄傲地将成绩传到网上，还积极为她转发招生消息。

通过口碑传播和她不懈的坚持，如今学校已拥有3500平方米的教学区，年收入过百万，累计培养近1000名学生考入了中央美术学院、鲁迅美术学院、吉林大学、东北师范大学、吉林艺术学院等名校。热心公益的她还在2016年创办了“超凡公益梦想课堂”，免费培养了山区240多名怀揣艺术梦想的低保户、特困学子、自闭症儿童，累计教学时长超过800小时，帮助他们实现艺术梦想。她每年设置30万元的“超凡公益梦想助学金”，帮助肢体残疾、家庭特困特优的学生完成绘画艺考的学习，其中一位患有自闭症的女孩就通过艺考进入理想大学，如今的这个自闭症女孩已经加入“超凡公益梦想课堂”作为志愿者奉献自己的力量，实现了人生的转折。

与此同时，张超凡以初试、复试及总分第一的考研成绩进入吉林艺术学院学习，并获得由中华人民共和国教育部颁发的“2015—2016年硕士研究生国家奖学金”，2016年由共青团中央授予的“全国向上向善好青年”“中国大学生自强之星”等荣誉称号。

作为全国演讲大赛冠军和“最美北京人十佳宣讲员”“我的梦·中国梦优秀宣讲员”的张超凡，她用6年时间深入贫困山区、部队、高校进行了500多场公益励志演讲，感人至深的宣讲覆盖了21万人，尽她自己最大的努力在全社会弘扬社会主义核心价值观，演讲《不勇敢，无以致青春》作为共青团中央双微头条新闻得到线上79万次阅读量，并在2016年凭借清新脱俗的表现被选入团中央“中国好青年分享团”进行四省万人巡讲活动，传播向上向善向美的正能量。

张超凡的微博也成为她讲述好故事、发出好声音、产生好影响的平台。有一位80后的辣妈微博私信张超凡，说自己有一个先天小手畸形的6个月大的儿子，痛苦不堪。超凡根据自己的经历，在微博上发布《写给1500位折翼天使妈妈们》，讲述了自己从怯懦到坚强的故事，当晚文章转发上万次、阅读量破百万。

从《中国诗词大会》《开讲啦》《一站到底》中的“维纳斯女战神”，到中央电视台《焦点访谈》《新闻联播》《新闻直播间》《人民日报》等数百家媒体眼中的“90后励志女神”，张超凡希望借助主流媒体，让自己的成长故事激励更多人乐观坚强、战胜苦难、积极向上。她也将奋斗的点滴感悟融于文字，2017年2月，由她编著的18万字青春励志畅销书《生活总会厚待努力的人》由人民日报出版社出版，上市30天就登上“亚洲好书榜”第三位，话题“生活总会厚待努力的人”讨论量298.3万次、累计阅读量超1200万，向社会更大范围传递了正能量。

顽强拼搏、勇于创新、乐观进取是张超凡在大家眼中的印象，她用90后青年独有的勇气和冲劲，书写着一个又一个创业的神话。作为一名年轻党员、长春市最年轻的人大代表、长春市形象大使，她将人民的幸福当成责任，积极建言献策、奉献社会力量。她将爱与信仰化作生命的翅膀，用坚韧的精神温暖了社会，用内心无限的光芒将爱的种子播撒到祖国的四面八方！

最后的赢家

回想创业历程，“盆栽小胖”是付文杰对自己的最初定位。

2008年9月，18岁的付文杰独自一人扛着行李踏进大学校门。靠减免学费才完成中学学业的他，格外能吃苦。背起行囊，离家求学的那一刻，他在父母面前立下豪言：“自己养活自己，不向家里要一分钱。”

自食其力，说着容易，做起来难。要挣钱？怎么起步？转机，在付文杰上大一下学期悄然来临。

2009年3月，539路公交车终点站，一位卖盆景的阿姨搬着几大筐货往车门下挪，额头上渗出细密的汗珠。付文杰主动上前搭把手，帮阿姨把盆栽搬下车，并送到店里。

热心爽快的付文杰，此后一有时间，就主动跑到店里帮阿姨招揽生意。阿姨见他热心憨厚，就把自己多年卖盆景积累的小窍门一五一十地教给了他。

苦于创业无处着手的付文杰，有一天看着校门口忙得不亦乐乎的摆摊小贩，突然灵感迸发：我为什么不试试摆摊卖盆栽呢？说干就干，他马上揣着身上仅有的200多元钱，来到花卉批发市场，50多盆小盆栽，拉开了他的创业序幕。

可盆栽还真不是那么好卖的。第一天，只卖出了3盆，他心急如焚。晚上，他溜到其他摊贩门前，偷学别人做生意的技巧，发现做生意首先要靠人气。于是，他邀请几位同学前来捧场做“托儿”。他还琢磨：校门的进出口都是人流汇集的地方，干脆在两个地方都分别摆上摊，大家“货比三家”后不管选哪家，我都是最后的赢家。果然，调整营销策略后，第二天就卖了400多元。乘势而上，他赶紧用这笔钱补了100盆盆栽，半个月净赚了1000元，这便是付文杰的“第一桶金”。

遇挫：生意失败去当“扁担”

付文杰有这样一个座右铭：成功始于觉醒，态度决定命运。细心加野心，坚定了他创业的决心。

小打小闹恐怕难成气候，付文杰决定组建一个团队，召集有创业意向的同学一起打拼。2009年5月，团队成立，付文杰给起了个响亮大气的名字：俊杰创业者联盟。

一个月后，火炉武汉开始发威，热浪滚滚，学校的跳蚤市场如期开放，黄家湖大学城近10万人的大学生消费群体吸引了付文杰的目光。大家一商议，决定抓住机会售卖大学生日常用品。电风扇、凉席、蚊帐等夏日用品很快摆上摊位，薄利多销，几番买卖下来，盈利超过万元。

暑假，他在武汉组织团队开办补习班、做家教、在火车站附近卖报……创业之初，付文杰通过各种渠道拓展事业。9月，新生入校，他再次抓住商机，销售新生生活用品。钱生钱，利滚利，通过低风险的“再造血”，团队资产很快达到5万元。

就在他雄心勃勃准备大展拳脚的时候，遭遇了创业中的第一次滑铁卢。2009年11月，付文杰大胆决策，多方筹借6万元在校外绿化地上建了40多间活动板房，租给附近村民经营。三个月过去，就在成本刚刚收回即将盈利的时候，活动板房却被政府强令拆除。因为那里是湿地公园的一部分，需要进行还绿规划。

面对这个晴天霹雳，付文杰几乎崩溃：不仅每月2万元的租金泡汤，他还得为每位租户支付2000元违约金。事情尘埃落定后，他口袋里仅剩下三个钢镚，一顿饭钱都不够。“怎么办？就这样放弃吗？——不，我不甘心，我要重新站起来。”

打理好心情，第二天，他就到汉正街担起了“扁担”。100斤的包裹，扛100米，5块钱。肩膀磨破了，鲜血渗到衬衣上，斑斑点点的红；脚底起泡了，每走一步都钻心的疼；晚上回宿舍擦药绑绷带，室友看了都心疼。但付文杰不怕苦，第二天清晨继续早早起来赶到汉正街。

平时有课不能走太远，他就在学校附近做家教、卖报纸、送外卖。早上同学们还在蒙头大睡，他就已经伴着初冬的晨雾，蹬着自行车，走街串户地送报纸了；中午，同学们躺在床上睡着香甜的午觉，他又顶着风雪奔波在送外卖的路上；晚上，同学们已经进入梦乡了，他还就着宿舍走廊里昏黄的路灯，温习白天的功课……就这样，付文杰在脚踏实地的苦干中，不断反思教训，汲取经验，蓄力前行。

带劲：6 天净赚 16 万元

2010年3月，付文杰谨记教训，东山再起。在亲朋好友的支持下，他注册成立了时代俊杰商贸有限公司；然后，依靠团队成员的力量，大力开展业务。卖天堂伞、卖男士衬衣，只要能赚钱的，他们都做。经历过失败的人，格外懂得珍惜。

知人善任的付文杰，在创业团队管理中，游刃有余。读工科，经管知识贫乏，他就自学充电，泡图书馆。经过一段时间的积累，付文杰相继开办了超超文印店、情雨茶餐厅和贴身衣橱内衣店等。良好的服务态度、过硬的产品质量为他们打开了市场，赢得了口碑，也在学校周边有了名气，很多老师也成了他们的固定客源。

付文杰始终坚信，先做人后做事，任何时候做人的姿态都决定着成就的高低。良好的社会人际关系、诚信经营的品德让他在商业运作中收益颇丰。

不断成长，超越自我

顺境和逆境在人的一生中是呈正态分布的，走过低谷也要爬坡，到过巅峰也会下坡。如果仅仅是在路上摔了一跤，便不能把那一刻称之为人生低谷。职场失意、创业失败、生老病死、悲欢离合、突如其来的各种变故……

但凡提到人生低谷，大多是段祸不单行的晦涩日子，绝对是最难熬的。似乎整个世界都将你抛弃，只剩下孤独与噩梦，无时无刻纠缠着你。可谓是身心俱疲，还不知从哪里突破，那么试着做好下面三件事。

接纳自己，拥抱挫折

李安导演在成名前做了6年家庭“煮男”，他在这6年期间看了大量书籍和电影，埋头狂写剧本，特别是写出了改变自己命运的两个剧本《推手》和《喜宴》，这段“煮男”的经历也成为日后他另一部代表作《饮食男女》的灵感来源。

没有谁是随随便便成功的，那段不为人知的低谷期的积累，才是决定一个人在高峰期能达到什么样高度的关键因素。因此，身处低谷期，全然地接纳自己，坦然地面对它，我知道这很难，也很难熬。

但，人生的低谷，犹如弹簧，压得越低，反弹动力越足，不到最后一刻，你永远都不知道自己能弹多高。黑夜再漫长，总有天亮的那一刻。

自我激励，展望未来

王阳明心理学强调在事上磨，当我们把挫折当成自我生命的修行，其实它就已经对我们不会造成伤害了。心理学家威廉·詹姆士说：“播下一个行动，你将收获一种习惯；播下一种习惯，你将收获一种性格；播下一种性格，你将收获一种命运。”

即使做不了人类之光，也在有限的生命里，去寻找无穷的可能性吧。

虽然吾生有涯，而知无涯，但，请别焦虑，胡适老先生说得特别好：怕什么真理无穷，进一寸有一寸的欢喜！

一直很喜欢一位作家说的：“我们这一生的最大理想，不就是把自己过好吗？不再重复上一代的模式、不必依赖任何人的施舍，按自己的喜好不断修正自己，将原生家庭、成长挫折、社会现实对自己的影响降到最低，最终活成自己喜欢的模样。”

打破思维，完美蜕变

心理学有一个思维模型叫作终身成长思维，终身成长思维强调的是，面对任何问题与挫折，都以成长的心态去面对。主观与客观之间有一道沟，掉下去了就是挫折，爬上来了就是成长。

吉姆·帕森斯从圣地亚哥大学古典戏剧硕士毕业后，当了9年龙套演员，从酬劳少得可怜的广告和舞台剧开始做起，参加过无数次试镜，哪怕是最小的角色他都竭力去争取，最终在《生活大爆炸》饰演谢耳朵时完美蜕变。

人总是要逼着自己去成长的：不是逼着自己去优秀，就是默认自己去堕落。生而为人，无论在生活中还是职场中，总会遇到困境，百般思量，千种纠结，都不如做好当下的事情，然后，顺其自然。当你安之若素、平心静气时，柳暗花明也会很快不期而遇。

可以慢，但不能停

大二时，我被分配到新生班级给辅导员帮忙。

我第一次注意到学妹，是因为新生中秋晚会。她走到讲台上，很用力地介绍：“我叫×××，来自甘肃会宁。能来上大学我很开心，不过我挺想家的……”

那时她有些微胖，脸色偏黄，短发，戴眼镜，深情得有些不自然，说完就主动隐匿到角落里。

我隐隐觉得她与别的学生不同。看她神情难过，忍不住叫住她，让她跟我去宿舍聊聊。

那一天学妹告诉我，她家有四个孩子，父母老实本分，一辈子勤勤恳恳地过日子，种地、做工、放羊、喂猪，供养他们念书。姐姐已经出嫁，妹妹在读大专，弟弟快升高中了，她是家里不太被赞成上大学的那个，父母渐渐老了，想将她留在身边，毕业了，找份安稳的工作，也能随时看顾家里。但学妹不想那样过一辈子，她想去看看外面的世界。

父亲无力支持的学费，成了牵绊她走远的障碍，但她并未妥协。入学前的暑假，学妹一直在饭店里打工挣钱。一天十小时，上菜、撤桌、招呼客人，忙得昏天黑地。

她指着手掌上刚刚要结痂的几个地方跟我说：“端盘子也磨手心，刚出泡的时候，我拿针挑破了，里面的水儿一出来，肉接触到空气挺疼的。”

两个月，赚了4500块钱。她一天也没有休息，又一个人拿着录取通知书去教育局申请助学贷款。她心里憋着一口气，就想出去看看，哪怕就一眼。

但刚入学第一个月，学妹就有点迷茫了。她觉得自己和周围的世界有些脱节。她不知道宿舍姑娘说的服装、化妆品品牌，也不知道最新最火的游戏、动漫，她觉得自己不知道怎么融入其中。

我听着学妹的叙述，有些动容，找出纸和笔，对她说：“你写出想做的事情，一件一件实现它们。记住，不要去跟随别人，最重要的是找到自己的节奏。”

她趴在我书桌上开始写字，并跟我说：“学姐，大学期间我要拿奖学金、赚生活费、买电脑，还要坚持写东西。”我看着她笑了笑，知道她已经好了许多。

为了实现想做的事情，学妹的生活开始忙碌起来。周末去兼职，做过家教，发过传单，还做过推销员。有次在去食堂的路上碰见她，看她比入学那会儿黑了、瘦了，但脸上多了一分从容。

大学的时间过得很快，期终考试很快到来。她成绩排名年级前三，很顺利地申请到了当年的国家级奖学金。

寒假之前见她，她已经联系好了一家韩国烤肉店去当服务员。她笑着对我说："寒假时间挺长的，我想赚点钱，给爸妈和弟弟妹妹买点东西再回家。"

我知道，我永远没有办法体会学妹的生活。她来自全国最贫困的县区，需要自己负担学费和生活费，回家之后还要帮家人劳动，洗衣做饭、放羊喂鸡、打扫院子。但对于生活的辛劳，她从不抱怨，只是说自己终于可以自食其力，她要让家里的日子好起来。

后来，我去北京实习，渐渐少了学妹的消息，偶尔回学校才能再见她一面。她已经越变越好，虽然又瘦了，但气色不错，打扮入时。我为她感到高兴。

她说："学姐，大学最后一年我要去房地产公司实习。"

我有些疑惑，问："你不是想做记者吗？"

她眼圈微红，停了一会儿，说："家里情况不太好，有一些借款需要还。弟弟妹妹也需要花钱。我想先去房地产公司赚些钱，帮帮家里。尽了责任，再想自己。"

我心里微酸，有些心疼她。学妹明明和我差不多的年纪，却不能在最好的年华去放纵追逐自己想要的东西。梦想，对她来讲是一件昂贵的奢侈品。

我没有立场否定她的选择，只能在她需要时伸出援手。

2014年年末，学妹突然打电话给我。她激动地说："学姐，我终于攒够钱了，还清了家里三万多的外债和助学贷款，也供得起弟弟妹妹的生活费。我决定辞职，明年就找跟新闻有关的工作。学姐，你能给我推荐一下工作方向吗？"

听到这个消息我比她还高兴。这些钱对刚毕业的学妹来说，并不是小数目。她是加了多少班，拼了多少力才做到的啊！

学妹回家前我们见了一面。从车站见到她，我有些惊喜。那天学妹穿着一件乳白色的棉服，头发已经扎起来，很精神，面带笑意，出了站就上前抱我。那天我们聊到很晚，凌晨才睡去。她躺在我身边，睡得那么好。也许，是因为她知道，她有不用惧怕未来的能力。

没几天，我接到了学妹的电话，她说去报社实习的事儿得朝后推一推。"母亲的膝盖受伤了，劳损，大概需要动手术，需要人照顾。弟弟明年高考，也需要我辅导一段时间。"

我听她说完心里有些难受。学妹也有自己的人生要过啊！她很自然地对我说："学姐，再过半年我就能做自己想做的事儿了。你知道我有多么羡慕你吗？你想去西藏，努力赚够路费就行，但我还要考虑下学期的生活；你想去北京做杂志，连老师推荐的报社实习都可以推掉，立刻赶去北京，我实习还得想想家里。但我一点儿都不嫉妒你，因为我知道，只要自己努力，接下来的日子我也可以像你们一样。”

她说得我热泪盈眶，隔着时空痛哭起来。

西北的风沙，吹过她干瘪的家境，但给了她丰盈而坚韧的精神，那些经受过的苦难，使她变得坚强而独立。

家庭的背景不会阻碍你努力的程度，自身的相貌不能决定你变好的决心，只要你愿意努力，总有一条路可以到达你想去的远方，成为你想成为的自己。

我知道学妹会越来越好。

不要害怕被质疑

小时候有个朋友叫赵敏，她什么都很出色，唯独唱歌不好听。

有一次班里搞春晚活动，有人提议谁被球砸中谁就要唱首歌。一直忐忑不安的赵敏没能侥幸躲过，被球砸中了。我们几个好朋友都为她捏了一把汗。

果不其然，她一开嗓，那五音不全的走调，立刻让起哄的男生哈哈大笑，说她空有着漂亮的外表，那锯木头般参差不齐的嗓音，简直对人是种折磨。

她很受挫，没想到自己的形象会因为这个小小的问题被损害。她伤心懊恼，难道自己真的在唱歌这方面无药可救了吗？

她不甘心，专门让父亲去外面报了一个补习班，从最基本的开嗓学习，逐步地学习音阶的提高，咬字的清晰，包括唱歌怎么呼吸吐气。几个月下来，她已经掌握了自己擅长发挥的音域，在每天清晨的练习和导师的指导下，突飞猛进。

后来校庆活动，当老师问有谁自告奋勇去报名校歌的演唱比赛时，她不再怯懦、退后，而是第一个举起了手。当她的歌声响起，大家哗然，全班不约而同响起雷鸣般的掌声。

后来一路升到高中，快要毕业的时候，其他人正愁没有特长来为自己增加亮点，她突然无比感谢曾经的那片嘲笑声，让她可以有机会深扎那片领域，成为高出别人一筹的加分项。

因为被质疑，才会不甘心，拼劲全力往上爬，拼了命冲破那个盲区，从而一跃越过众人，反而逆袭成为最优秀的那个。有时，人在极度受挫的状态下，会更为清醒，选择重振旗鼓，集中精神为自己迈上更高的台阶倾注全力。

很久以前，迫于想要成功的我写了几篇生活启事随笔给了一个出版社。

哪知对方看了我洋洋洒洒的作品后，来了一句，你的故事不是很感动人，但文中的感悟倒还行，这些都是网上抄来的吧。我一时觉得自尊心受到了打击，人格受到了侮辱，只有我知道，那些事情虽然不足以感动人，却是我亲身经历过的，那些感悟是我一个字一个字靠体会总结出来的，难道作为一个写作经验不足的作者，写出的精华语段都只能是抄来的吗？

很奇怪的是，就在被质疑之后，我反而被注入了一剂强心针，就像是一只从温水里跳出来的青蛙，开始寻找能让自己的体温再次沸腾的水源。

我把那些喜欢看，却懒于学习的文章重新拾起，从内容故事到感悟，从标题到每段的控制行数，从语句措辞到点睛，每个细节去逐一分析，分析后又改写。一段时间后终于我的第一篇观点文发表了出来。前段时间，我在微信上发了篇文章，有个陌生的头像点了赞，我一打开，心里一悦，是那个曾经质疑我的出版社编辑。突然这一刻，我感谢他当初的批评，逼着我不惜一切努力去突破自己，证明自己的价值；感谢他的质疑，逼着我重新审视自己的定位，重新扬帆起航，走得越来越远。

经不起别人的质疑和否定，注定飞不高，在人生中只能是沦为输家。

有时，质疑会让你陷入自卑，让你怀疑能力是否配得上野心，但是如果你能把这股质疑成功转化为激励你攀缘而上、永不服输的藤蔓，你总有一天会成为战场上的王者。

我们每个人都会受到来自四面八方的质疑，甚至是否定，关键在于我们怎么去对待这些周遭的不同声音，是接纳改进，还是排斥原地踏步？这都决定着我们以后的成败。

如果你被质疑困于囹圄，缴械投降，马上认怂，那等待你的只有不可改变的平庸和越来越多的质疑。人生向来都是有因有果，相辅相成，你用什么样的态度对待质疑，它就会化为什么样的力量萦绕在你周围，对你的磁场就会产生什么样的改变。从某种意义上说，质疑是成功人士的催化剂。

很多时候，别人的一句质疑比任何励志鸡汤更能让你从迷雾中醒来顿悟，从已被麻痹的安好现状里奋起勃发，产生无畏的勇气和力量，不顾一切与命运做一场较量。

不要排斥质疑，因为只有质疑才会激发你最原始的搏击欲望，促使你攀爬逆袭，才会逼你飞得比平常人更高更远。

放大人生格局，成功自会降临

当我们抬起头来，把我们的注意放在精神成长、知识的增长和为他人的服务上，我们就得到快乐；当我们低下头只关注物质的东西，关心得失，关心名利，关心如何能比别人优越，我们得到的就是痛苦、仇恨和嫉妒。

人生的目标很重要，须天天提醒自己，人生的目标是自己进步，同时促进社会改善，这是人生两重性的目标，互为前提，两个目标谁也离不开谁。人生真正的原动力来自于对这两个目标不断学习—反省—行动的深刻理解。对于这种人生目标的设立与实践，不同时代有不同的表达方式，各种宗教信仰都是在实践这一目标，也可以说信仰是人生进步的原动力。你问到快乐的来源，我想，如果你把人生的格局放大一些，站在更高的地方，看人生的目标和意义，那快乐自然会超脱于很多的世俗烦恼而降临于你。

有些人根本不需要付出任何努力，只因为他们原有的资源，比如地缘优势，比如父辈的资本积累，就轻而易举完成了别人数年才能完成的事。我非常理解这种想法，要想走出困扰，我想应该先搞清楚为什么奋斗。

我们奋斗的过程就是我们成长的过程，在这个过程中，我们得到能力的提高、解决问题的思想和办法，培养了我们勤奋、诚实、责任感、团结合作等美德，同时也会发现我们的不足，并及时改正。如果没经历这些，那可能就错失了人生最宝贵的收获——精神的成长和进步，而那些表面的物质层面的目标，只是一个训练的过程。

这就像考试，考试前你是不知道题目和答案的，通过考试发现自己的不足，成为自己进步和成长的机会，而如果在考试前老师把答案告诉了你，那考试还有什么意义呢?

如果我们只从物质层面，从名和利的角度去看，世界是不公平的，有人天生就拥有比别人多的优势和资源，比如美貌、家世、地位等，这些是客观存在的，但如果局限在这个层面看待自己的人生，那就会给自己带来负面的力量。俗话说的“人比人气死人”，就是从物质层面去看问题，这只能让我们产生嫉妒、仇恨，消耗我们快乐、智慧和人生奋斗的力量。

相信命运给我们安排的每一个困难和考验的背后都有着独特的智慧，愿你能明察。

从爱你的亲人、爱你的家庭开始，爱你所处的社区，爱你服务的机构，爱你的国家、民族，一直到热爱全人类，你爱的范围越大，你获得的力量就越大。在这个过程中，你的梦想、社会责任等都会统一起来，从一个纯洁的爱的动机出发，找到美好的归宿。

把生活过成你梦想的样子

一

在这个激烈竞争的社会，不论男女，要想在社会立足，开辟自己的一片小天地，就需要想方设法地让自己变得强大起来。

人生有起有落，做到骄不躁、败不馁，就显得尤为关键。

你要明白，没有人一生是顺风顺水的，你总会遇到种种不如意的事情。只要你在处于人生低谷的时候，不放弃希望，你就能够成功；只要你在春风得意的时候，不骄傲，你的人生就会顺利很多。

在人生得意时，人能很好地把握尺度，但是当人失落时，调节好状态很重要，但对于大多数人来说，也是最难的。

二

不要羡慕别人的成功，因为你不知道他付出了多大的努力，才走出人生的低谷。其实，你也可以很成功，只要你在失败的时候，有勇气去面对一切。

每个人都有处在低谷的时候，有的事我们愿意和别人说，别人也愿意倾听，但是有些事我们不想对别人说，不想让别人知道，或者是根本没有人愿意倾听，这个时候，你就该寻找一个可以宣泄的出口。

当你处于人生低谷时。你可以去看一场电影转移注意力，或者去逛街，买你很想买，但是一直舍不得买的东西；你也可以来一场酣畅淋漓的运动，让烦恼随着汗水蒸发掉。总之，就允许自已暂时放纵一下，逃避一下现实。当情绪得到宣泄之后，再回到工作或是学习上，便不会觉得那么压抑，也不会再胡思乱想了。当你从低谷中走出来的时候，你就已经变强大了。

败不馁，要有从头再来的勇气。看过一个电影，那个两鬓斑白的老人说："生活有时像柠檬汁那样酸楚，但是没有这酸楚，你哪能知道其他东西是甜的呢？"所以，当身处低谷逆境时，不能气馁，只要你还有敢从头开始的勇气，没有人敢说你已经彻彻底底地输了。

人和动物不同的是，人可以思考，人存在思维，因此有信念的人，才比动物高出一等。有信念，有勇气，你的低谷很快就会过去的。当你走出了低谷，你就会明白，曾经的困难和阻碍，是你变强大的动力。

做事要有目标有规划，才能有坚持的方向。从小到大，我们写过无数个目标和计划。现在我们长大了，但是还是需要目标和规划来走未来的路。就像迷航的轮船向着灯塔出发一样，有了目标才能规划好路线，规划好路线我们才可以一步一步踏上征途。所以，无论你的低谷是多么糟糕，只要你的目的和方向明确，低谷也就很容易跨过。当你按着自己的规划，一步一步走出人生的低谷，你会感谢当初的自己目标那么的明确。

三

其实，像“风水轮流转”这种成语，就是在暗示我们，人生有起有伏，所以我们要做好准备，武装自己，不要在胜利的骄傲里迷失，更不要在失败的低谷里一蹶不振。

任何一个低谷，坚持做到上面三件事，你一定能很快走出阴影。

失败没有什么可怕的，低谷也不是你的永远，只要你有勇气去面对，只要你有明确的目标，你迟早会走到你想要的那一条路上，把生活过成你梦想中的样子。

请守护心底的希冀

一个深夜，我从睡梦中惊醒，四周黑漆漆的，夜色如浓雾一般包裹着我。我重新躺下后，便再也无法入睡。我开始睁开眼睛，四下打量着我久居的房间，所有的家具和摆设，在夜色的笼罩下，都呈现出一种与白日里不一样的状态。

我惊讶于自己的这个发现，原来，自己生活了几十年的房间，居然还有自己从未发现过的独特一面。后来，我曾将自己的这个感悟分享给我身边的人，他们对此并没有太大的反应，只有一位朋友，在听完我的话后，认真地说道：“的确如此，我们总是看着我们所得不到的，而忽视了我们身边已经拥有的。”

朋友的话让我沉思，人生的道理真的是无处不在。看似一个小小的、不起眼的瞬间，便成为一个永恒真理的发掘点。自从那个夜晚之后，我开始分外留意起了身边的各种细微小事和细节。我总觉得从这些小事上，还能够得到什么别的启示。

我常常和人讨论一些关于生活的智慧，我认为生命给予我们的启迪各种各样，需要我们细致地去挖掘。但我发现，对于我所谈论的这些事情，人们大都不以为然，他们还有更加重要的事情去做，生活的细节对于他们来说，实在是无足轻重。

既然无法用言语去沟通，我便用画笔来记录。我画下的许多画作都是在农场里完成的，我细微地画下了许多日常的生活场景，我希望通过画作的感染力，能够唤起一些人心灵的力量，让他们认真地思考一下生命的真谛。

我明白，我的这些想法在许多人听起来无用且可笑，他们所理解的生命真谛与我大相径庭。他们认为我这样一个终生只生活在农场里的老妇人，又怎会了解生命的真正含义。我的确无法说出有关生命的一些深刻见解，但我认为自己在走过了这悠悠的几十年岁月后，多少还是能够听到生活给我的一些启示。

看着小草渐渐变绿，看着鲜花慢慢开放，看着候鸟飞来又飞走，看着身边的孩子们逐渐长高，看着心爱的人头发逐渐花白、脱落……

时间慢慢流走，带走了许多我们并不曾看重的东西，这些似乎总是伴随在我们身旁的东西，看似轻微、不足挂齿，但当你真正感受到失去它们的那种无能为力时，便会深切地意识到生命已经把你最珍贵的东西带走了。

我热爱画画，我会一直手握画笔，画到我再也画不动的时候，这样的坚持与任何伟大的理由都毫无关系，只因为我单纯地想守护我心底的希冀，想要守住我内心深处，对于生命的一片热爱。

在我的一生中，我想要守护很多东西，我的爱人、我的家庭、我的工作等，但这一切的动力，都源自我内心深处的一丝希冀。是我对于生命永不消逝的热情的希冀，是我对于生活永葆乐观的希冀。在这份希冀的推动下，我始终在生命的不同时期保持着同样的乐观和热情，因为我相信，自己能够从生命中获得自己想要的一切。

生命很丰富，生命也很短暂，在我们几十年的有限时间里，真正为自己而活的时间并不长。不要再去为了别的一些看似至关重要、但其实毫无价值的事情，而刻意回避了自己内心真正想要的东西。

有关梦想的希冀，我相信每个人都有。请用心地守护好这一份希冀，因为它将是你漫漫人生旅途中的那一盏微亮却永不熄灭的灯光。

谨以此书，献给不停奔跑、执着勇敢的追梦人。

愿我们在人生的每段故事中都是主角，遇见最美的人生，遇见最好的自己。

心中有光，无惧黑暗

愿时光能缓，愿故人不散

黄明哲　主编

红旗出版社

图书在版编目（CIP）数据

愿时光能缓，愿故人不散 / 黄明哲主编. — 北京：红旗出版社，2019.8

（心中有光，无惧黑暗）

ISBN 978-7-5051-4916-8

Ⅰ.①愿… Ⅱ.①黄… Ⅲ.①成功心理—通俗读物 Ⅳ.①B848.4-49

中国版本图书馆CIP数据核字（2019）第163365号

书　名　愿时光能缓，愿故人不散
主　编　黄明哲

出品人	唐中祥	总监制	褚定华
选题策划	华语蓝图	责任编辑	朱小玲　王馥嘉
出版发行	红旗出版社	地址	北京市北河沿大街甲83号
编辑部	010-57274497	邮政编码	100727
发行部	010-57270296		
印刷	永清县晔盛亚胶印有限公司		
开本	880毫米×1168毫米 1/32		
印张	25		
字数	620千字		
版次	2019年 8 月北京第1版		
印次	2019年12月北京第1次印刷		

ISBN 978-7-5051-4916-8　　定　价　160. 00元（全5册）

前　言

成长是，明白很多事情无法顺着自己的意思，但是努力用最恰当的方式让事情变成最后自己想要的样子。强大是，如果最后事情实在无法实现，那么也能够接受下来，不会失控，而且可以冷静理智地去想下一步。

如果你现在问我什么是成功，我会说，今天比昨天更慈悲、更智慧、更懂爱与宽容，就是一种成功。如果每天都成功，连在一起就是一个成功的人生。不管你从哪里来，要到哪里去，人生不过就是这样，追求成为一个更好的、更具有精神和灵气的自己。

生命需要保持一种激情，当别人感到你是不可阻挡的时候，就会为你的成功让路！一个人内心不可屈服的气质是可以感动人的，并能够改变很多东西。

你路过万家灯火，感叹世间尘事之多，而我，还在为自己的那盏灯奔波。

对于我们每个人来说，那些走过的场，就像慷慨的光，无止境地拉着自己成长。在这个有趣的世界里，还有那么多事要去做，还有那么多场要去闯。

就如歌词里写的：

城市慷慨亮整夜光
如同少年不惧岁月长
她想要的不多
只是和别人的不一样

长大之后的我们，都是与生活作战的人。单枪匹马，跌跌撞撞，再苦再累也要咬紧牙关。这个世界上，有多少人，从来没有被生活善待过，却依然温柔地对待生活。遇见最美的人生，遇见最好的自己。生活的冒险是学习，生活的目的是成长，生活的本质是变化，生活的挑战是征服。

愿你被这个世界温柔相待，
愿你目之所及、心之所向满满都是爱。
愿你有软肋也有盔甲，
愿你绽放如花，
愿你常开不败，
愿我们在人生的每段故事中都是主角。

目　录

第三章 安之若素，微笑向暖

第一章
一个故事一盏灯

看透这个世界，解释它，蔑视它，那大概是大思想家的事。而我所关心的只是能够爱这个世界，不蔑视它，不憎恨它以及我自己，能够怀着爱心、钦佩与敬畏来观察它以及我自己和所有生物。

——赫尔曼·黑塞

路有多艰难，就有多灿烂

在环青海湖自行车赛的赛道上，一个骑车飞逝的身影，如箭般穿梭。到达第三赛段时，由于都是陡坡，再加上天空飘起小雨，他开始明显吃力。

天，渐渐暗了下来，其他人早就陆续回到宾馆，他还没到终点。

路面越来越滑，夜幕垂下来，包裹着他内心的恐惧。之所以恐惧，是因为他从来没参加过这么高强度的赛事，而且这次也不是正式队员，没有人保证他的安全。

他不能想，只能奋力蹬车，因为只有这样，他才能更接近终点。

雨越下越大，饥寒交迫的他，终于选择在路边一户人家中借宿一晚。

为了不影响其他人正常比赛，他总是提前出发，然后在终点处等所有人都通过了，他才越过终点线。可是这一次，他还没停下来，就被以“路霸”之名，请出赛道。

他不争辩，推着自行车，穿越人群。他瞬间成为焦点，而焦点中的焦点，是他只有一条腿。所有人都因为他只有一条腿却参加环青海湖自行车赛事而动容震撼，于是，他的名字开始被人铭记。

是的，19岁那年，因为一场车祸，他失去了正常行走的权利。一瞬间，所有年少的梦想都破灭，世界仿佛也在那一刻崩塌。他想自杀，为了这个计划顺利进行，他把药片放在母亲给他买的芝麻糖下面，那是他小时候最爱吃的糖。

等外面没了动静，他便开始行动。

夏天，苍蝇无处不在，食物更是它们的聚集地。他挥动手臂，它们一哄而散，只留下一只；他再次挥动手臂，它依旧没有飞走；他第三次挥动手臂，它只是挣扎，还是没有飞走。

他一股怒气从心底涌上来，暗自骂着：这找死的家伙。

可是，当他一把将它抖在地上，却发现它只有一只翅膀。

地面上，它极力挥动着翅膀，试图用一只翅膀承载所有的重量。一次，两次，三次……一小时，两小时，三小时……

他看得入迷，因为他想知道，一只翅膀的苍蝇是否能飞起来。

直到母亲喊他吃饭，他才发现，已经过去一个下午了。

后来，那只苍蝇真的没有飞起来，但它开始了爬行。一步一步，缓慢却坚定。就像他，走不起来了，就以车代步，生活依旧灿烂。

就在他钻出生命的黑洞，开始骑车外出办事的时候，在路上偶遇正在训练中的国家自行车队。他看到队员中有和他一样的人，于是兴奋不已，追着车队跑了三天。最终因为有队员爆胎，他终于有机会和教练说，他决心成为一名专业运动员。

第一天的训练，就让他身体透支，甚至想要放弃。可是，放弃之后呢？更不是自己想要的。于是，他咬牙坚持，不断克服心理和身体上的局限。即使在过弯道的时候，狠狠摔了下去，身体一侧全部严重擦伤，他也只是休息了两天，第三天打了消炎针，就开始正常训练。

循环往复跌倒爬起之后，他成功入选国家队，并在10年职业生涯中，参加了3届全运会等各项国内赛事，夺得了6枚金牌在内的9枚奖牌。2011年退役。不过，他却依然和退役前一样，坚持进行自行车锻炼，以车会友。

“参加环湖赛是我的一个梦想。”他只身一人坐火车来到西宁，想报名参赛。可惜，并没在国际自行车联盟注册过的他，被告知没有参赛权。可来都来了，他就下定决心，把这次的所有赛段骑个遍。

第一天的西宁绕行赛，他连进全封闭赛道的机会也没有。从第二天开始，他“借赛道比赛”——借环青海湖的赛道，和自己比赛。

2013年，他以个人身份参加环青海湖自行车赛，这个一条腿骑行的山东大汉引起了很多参赛选手和媒体的注意。最终，他历时13天，成功骑完了所有赛段。所有人都为他露出微笑，响起掌声，他也由此荣获“残疾人体育精神奖”。

他就是王永海。

寒风中的青海湖畔依旧美丽，王永海的故事更让它充满传奇。他在此完成了梦想，证明了自己，也让我们再次相信了坚持。而说到坚持，他摇摇头，告诉记者：“每一段人生故事里，都会有一百个死心的瞬间，有一百个想要放弃的瞬间，有一百个被刺痛的瞬间，有一百个强忍不哭的瞬间，但都抵不过几千几万次想要拥抱明天的瞬间。每个生命都不容易，但路有多艰难，就有多灿烂。”

是的，流转经年里，每一朵花都会遭遇风雨与霹雳，每一株草都要历经黑暗与阴霾，而我们每一个人也都会面临种种的磨难与考验，有些甚至是不公平的先天性的残缺，可是，只要我们花开的心不败，以昂首向上的姿态，诠释内心的光芒与力量，那么，所有那些曾经的苦难与隐忍，都会镌刻成为生命中一道独特的风景线，温暖并荣耀一生。

把握每一次机会

一位富翁在非洲狩猎，经过三个昼夜的周旋，一匹狼成了他的猎物。在向导准备剥下狼皮时，富翁制止了他，问："你认为这匹狼还能活吗？"向导点点头。富翁打开随身携带的通信设备，让停泊在营地的直升机立即起飞，他想救活这匹狼。

直升机载着受了重伤的狼飞走了，飞向500公里外的一家医院。富翁坐在草地上陷入了沉思。这已不是他第一次来这里狩猎，可是从来没像这一次给他如此大的触动。过去，他曾捕获过无数的猎物——斑马、小牛、羚羊甚至狮子，这些猎物在营地大多被当作美餐，当天分而食之，然而这匹狼却让他产生了"让它继续活着"的念头。

狩猎时，这匹狼被追到一个近似于"丁"字形的岔道上，正前方是迎面包抄过来的向导，他也端着一把枪，狼被夹在中间。在这种情况下，狼本来可以选择岔道逃掉，可是它没有那么做。当时富翁很不明白，狼为什么不选择岔道，而是迎着向导的枪口冲过去，准备夺路而逃？难道那条岔道比向导的枪口更危险吗？

狼在夺路时被捕获，它的臀部中了弹。面对富翁的迷惑，向导说：“埃托沙的狼是一种很聪明的动物，它们知道只要夺路成功，就有生的希望，而选择没有猎枪的岔道，必定死路一条，因为那条看似平坦的路上必有陷阱，这是它们在长期与猎人周旋中悟出的道理。”

富翁听了向导的话，非常震惊。据说，那匹狼最后被救治成功，如今在纳米比亚埃托沙禁猎公园里生活，所有的生活费用均由那位富翁提供，因为富翁感激它告诉他这么一个道理：在这个相互竞争的社会里，真正的陷阱会伪装成机会，真正的机会也会伪装成陷阱。

善用人际关系

美国演员罗纳德·里根的志向是总统。从22岁到54岁，从电台体育播音员到好莱坞电影明星，他的整个青年到中年的岁月都是在文艺圈内度过的，对于从政这方面的知识他是一点也不懂的，更没有什么经验可谈。这一现实，几乎成为里根涉足政坛的一大“拦路虎”。然而机会还是降临了，共和党保守派和一批富豪们支持他竞选加州州长，里根正是在这些朋友的支持下，毅然决定放弃大半辈子赖以为生的影视职业，很坚决地开辟人生的新领域。

当然，朋友的支持是一种激励的精神力量，但是自己具有的条件也是很重要的，如果没有自身的条件，朋友关系也就失去了价值，难以变希望为现实。大凡想有所作为的人，都须脚踏实地，从自己的脚下踏出一条路来。正如里根要改变自己的生活道路，并非突发奇想，而是与他的知识、能力、经历、胆识分不开的。而他的人际关系在他的这次选举中也起到了非常重要的作用。

当他在通用电气公司做电视节目主持人的时候，为了办好这个遍布全美各地的大型联合企业的电视节目，通过电视宣传、改变普遍存在的生产情绪低落的状况，里根不得不用心良苦，用大量时间巡回在各个分厂，同工人和管理人员广泛接触。这使得他有大量机会认识社会各届人士，打通了他的关系，并全面了解社会的政治、经济情况。人们什么话都对他说，从工厂生产、职工收入、社会福利到政府与企业的关系、税收政策等。里根把这些话题吸收消化后，通过节目主持人身份反映出来，立刻引起了强烈的共鸣。为此，该公司的一位董事长曾意味深长地对里根说：“认真总结一下这方面的经验体会，为自己立下几条哲理，然后身体力行地去做，将来必有收获。”这番话无疑为里根产生弃影从政的信念埋下了种子。

他在加入共和党后，为帮助保守派头目竞选议员、募集资金，他利用演员身份在电视上发表了一篇题为“可供选择的时代”的演讲。因其出色的表演才能，演讲大获成功，演说后立即募集了一百万美元，以后又陆续收到不少捐款，总数达六百万美元。《纽约时报》将这次演讲称为美国竞选史上筹款最多的一篇演说。里根一夜之间成为共和党保守派心目中的代言人，引起了操纵政坛的幕后人物的注意。

这时候传来更令人振奋的消息，里根在好莱坞的好友乔治·墨菲，这个地道的电影明星，与担任过肯尼迪和约翰逊总统新闻秘书的老牌政治家塞林格竞选加州议员。在政治实力悬殊的情况下，乔治·墨菲凭着38年的舞台银幕经验，唤起了早已熟悉他形象的老观众们的巨大热情，意外地大获全胜。原来，在当演员时建立起的人际关系，不但不是从政的障碍，而且如果运用得当，还会为争夺选票赢得民众发挥作用。里根发现了这一情况，便首先从塑造形象上下功夫，充分利用自己的优势——五官端正、轮廓分明的好莱坞“典型的美男子”的风度和魅力，还邀约了一批著名的大影星、歌星、画家等艺术名流出来助阵，使共和党竞选活动别开生面、大放异彩，吸引了众多观众。

然而这一切在里根的对手、多年来一直连任加州州长的老政治家布朗的眼中，却只不过是“二流戏子”的滑稽表演。他认为无论里根的外部形象怎样光辉，其政治形象毕竟还只是一个稚嫩的婴儿。于是他抓住这点，以毫无政治工作经验为实进行攻击。殊不知里根却顺水推舟，干脆扮演一个纯朴无华、诚实热心的“平民政治家”。里根固然没有从政的经历，但有从政经历的布朗恰恰才有更多的失误，给人留下把柄，让里根得以辉煌。二者形象对照是如此鲜明，里根再一次越过了障碍。帮助他越过障碍的正是障碍本身——没有政治资本就是一笔最大的资本。因而每个人一生的经历都是最宝贵的财富。不同的是，有的人只将经历视为实现未来目标的障碍，有的人则利用经历作为实现目标的法宝。里根无疑属于后者。

就在里根如愿以偿当上州长问鼎白宫之时，与竞争对手卡特举行了长达几十分钟的电视辩论。面对摄像机，里根展现出无与伦比的表演效果，时而微笑，时而妙语连珠，在亿万选民面前完全凭着当演员的本领，占尽上风。从政时间虽长，但缺少表演经历的卡特则相形见绌。

很多人说里根红运高照，其实，里根的红运通常都是他善用人际关系的结果。

感谢那个有宽容心的咖啡馆

在苏格兰的爱丁堡小镇上，有一家叫作尼科尔森的咖啡馆，在20世纪90年代它一直默默无闻。虽然欧洲人对喝咖啡情有独钟，就像奥地利作家茨威格所说：我不是在咖啡馆里，就是在去咖啡馆的路上。但深厚的文化传统并没有给它带来盈门的顾客，在大多数时候，它总是冷冷清清的。

那时，不经意间，倒是时常有一个年轻的母亲，推着一辆婴儿车光顾这家咖啡馆。她总是在临街的一个角落里坐下，有时凝神瞧着玻璃窗外街道上的景象若有所思，有时又常被婴儿的啼哭拉回到现实的世界里，急忙摇动婴儿车，以让她能够安静下来。更多的时候，她会拿起一支笔，随便在顺手抓过来的一张纸片上快速地写着什么，仿佛不紧紧地抓住，就会消失似的。

偶尔，咖啡馆的侍者会走到她的桌前，问她需要什么，她总是会有些慌乱地抬起头来，有时点上一杯最便宜的咖啡，有时干脆摇摇头，然后略显紧张地看着侍者的表情。还好，侍者从未显露过那差不多就相当于逐客令的不屑或者鄙夷的样子。无论怎样，他总是面带微笑地一躬身，然后优雅地退去。这让她暗暗舒了一口气，对这家咖啡馆更加心生好感，为它不以衣貌取人的宽容。

她对自己的穿着的确没有信心，因为她是一个单身母亲，靠着领取政府的救济金养活着自己和幼小的孩子。她没有钱去购置衣服，像别的这个年龄的女人一样，让自己看上去更体面些。而且她到这个咖啡馆来本身就有些迫不得已，因为苏格兰的冬天实在酷寒难耐，而她租住的公寓又小又冷，来到这儿不仅可以取暖，而且能够伸出手来，用笔写下她的梦想。

是的，虽然生活有些艰难，但并不妨碍人有梦想。她的梦诞生在二十四岁那年，一列曼彻斯特开往伦敦的火车因意外而耽搁了四个小时，在漫长的等待中，她凝望着窗外的草地、森林和蓝天，突然一个瘦弱、戴着眼镜的黑发小男孩的形象闯入了她的脑海，她的手边没有笔和纸，她无法把那印象写下来，只有在头脑里天马行空地想象，一个构思就这样形成了。

她有了写作的冲动，但生活似乎总在和她开玩笑，到葡萄牙当教师，和一个记者相爱，结婚，生下一个女儿。然后是离婚，左手抱着孩子，右手拎着装有断续写下的小说碎片的皮箱，回到了故乡的小镇。世俗的生活是如此阴暗寒冷，她想逃离，笔下的世界成为她的向往，只有在那个幻想的空间里，她才能随心所欲，通过那些人物，述说自己的遭遇和希望。

幸亏有了这个好心的咖啡馆，尽管她经常占据临窗的座位一待就是几个小时，尽管婴儿时而尖厉的哭声会打破这里惯有的幽静，尽管她只是极少买上几杯咖啡有所消费，但她从来没有遭到白眼、嘲笑和驱逐。它平和而慈爱，不嫌贫爱富，就像阳光，毫不吝惜地洒在每一个人身上，从来不管那个人的口袋里有多少钱。

一部小说历时五年，最终就在这个不起眼的咖啡馆里完成了，一个身处贫困之中的女人的梦想也是在这里悄悄地展开了翅膀。后来的事情是羞涩的她根本无法想象的，她的书几经周折得以出版，随后迅速风靡世界，短短几年时间，她的作品被译成六十多种语言，在两百多个国家和地区销售达两亿多册，几乎就是转眼之间，她从不名一文，到一下子拥有了十亿美元的财富，甚至比英国女王还要富有。她就是《哈利·波特》的作者——罗琳。

现在罗琳居住的爱丁堡小镇已失去了往日的宁静，成千上万的哈利·波特迷和罗琳的粉丝们，前来寻找她生活的痕迹。那个有着一颗博大的包容心的尼科尔森咖啡馆，目前已成了闻名世界的旅游景点，咖啡馆里当年罗琳摇着婴儿车写作的地方，一如以前一样，简单与平淡之中，仿佛依稀流落着旧日的时光。

和罗琳一样，让人彻底改变命运的咖啡馆是值得世人感激的。正是它的宽容，让这样一部伟大的作品得以诞生，同时它也告诉我们，要尊重那些身处贫困或生活在逆境中的人，只要他们不失去梦想，一切都可以改变。而我们自己的人生，也常常因这样的改变而柳暗花明。

大学时期的经历

一

大学四年，我过的基本上是不学无术的生活。首先，我考上的就是个不需要太多知识积累和文化积淀的专业，所以学校安排的专业课和必修课我都是能逃则逃。有一个期末的晚上，我正躺在宿舍里怀疑人生，突然有人敲门，进来一个戴眼镜的温和的中年男人。见到我，他迟疑地问：“这是新闻系的宿舍吗？”

我忙点头：“是啊，您找谁？”

“我是你们中国现代文学课的老师，来给你们做考前辅导……”

“纵使相逢应不识，尘满面，鬓如霜。”

我突然想起《鹿鼎记》中的一段话：“韦小宝的脸皮之

厚，在康熙年间也算是数一数二的，但听了这几句话，脸上居然也不禁为之一红……”

二

一次期末考试时，我突然想起，借的书要再不还给图书馆，拖到下学期就要被扣证了。于是我在两门考试的间歇急匆匆来到图书馆，结果被管理员拦住，说不能穿拖鞋进去，这是规定。不让穿拖鞋？那就不穿呗。我憨直的脑子根本没有多想，马上就把脚从拖鞋中拔出，光着脚跑进去。管理员似乎也觉得我这样做没错，还在图书馆门口帮那双拖鞋放哨，直到我下来，他也没说什么。

人在情急之下产生的逻辑真的是很奇妙。《野鹅敢死队》中也有这样一幕：敢死队员们被困在非洲，瑞弗上尉说要想办法出去。肖恩中尉一声冷笑：“难道你要我们走出非洲吗？”“那就跑吧。”瑞弗马上回答。

三

工作后我先住单身宿舍，室友毕业于兰州大学，非常勤奋。他说在兰州大学图书馆，经常会借到好些年没人动过的书。有一本书，借书卡上的一个名字是顾颉刚，令他感慨良久。

按照推断，顾颉刚于中华人民共和国成立以前在兰州大学执教期间借阅过的书，时隔半个世纪，才被另一个年轻人捧在手中抚摩，他盯着借书卡上的那个名字发愣。这一情景要让余秋雨老师知道，肯定能写出一篇很人文主义、很“大文化”的佳文。

而我，只是想提醒一下尚在学校就读的学弟学妹：看看你们手中的书，有没有先哲的体温和指纹。

四

我们宿舍的老二是个很有经济头脑的人，他研究了一番邮购书目后，给湖南文艺出版社汇去四十元钱，求购十本《查泰莱夫人的情人》。半个月后，书到货。他给自己留下一本，然后去各宿舍游走，一层楼都没走完，就将其余九本以每本八元的价格售出，净赚了三十六元——用作一个月的生活费，可以很阔绰。

老二的这一举动令我艳羡不已，我把自己补丁摞补丁的破衣服口袋翻了个遍，凑够八十元钱，也汇出去，求购二十本。按照我的商业计划，自己一本也不留，都卖出去，就是三个月的生活费了——我比老二节省，或者，黑黑心一本卖十块，就可以赚一百二了……这一蓝图令我开始设计自己的大款生活细节，兴奋得折腾到次日黎明才入睡——一次成功的失恋后，我再次尝到了失眠的滋味。

半个月后，出版社给我来信，说《查泰莱夫人的情人》一书已经停止发行。天可怜见，他们的信用等级还算较好，把钱给我退了回来。

跟风发财的梦想破灭后，我深刻地体会到那句话：第一个把女人比喻成花的人是天才，第二个这么说的就是庸才。

永远做自己

朴树要开演唱会了。前几天，朴树的妻子收到一条短信，要她的银行账号。

“我们也不知道票多少钱，就想给她打五千块钱过去，买两张应该够了吧？”七十六岁的北京大学退休教授濮祖荫告诉记者。他怕儿子生气，不敢直接问他。

儿子十年没出专辑了，他们担心世界忘了他。这也是儿子在家乡北京第一次办演唱会，他们要去增加两个观众。前些年，濮祖荫做过一次空间物理的讲座，主办方介绍：“这是朴树的爸爸。”下面二三十名研究生齐刷刷鼓掌。这不是第一次了。

空间物理界的同行说：你现在没有你儿子出名了。他不无得意：他比我出名更好。人家又问：你儿子现在怎么样啦？

这是个令人尴尬的问题。朴树搬出去住好多年了，每次父母问，朴树的标准回答都是：“您别操心了。”老两口不得不经常跟他的唱片公司老总、副总、演艺经理悄悄打听儿子的动向。

四年前朴树跟唱片公司解了约，这些信息渠道都断了。

北大教授的孩子不考大学？濮祖荫第一次为小儿子操心是在近三十年前。朴树“小升初”考试那年，语文加数学满分200，他考了173，北大附中的录取线是173.5分。濮祖荫为此事奔走了一个月，未果。至今父子都记得那0.5分。

北大的家属院里，孩子们从小就立志成为科学家。北大附小、附中、北大，出国留学，是他们的前程路线。

朴树回忆：“真是觉得低人一等。你没考上，你爸妈都没法做人了。”

姨妈有次来家里住，对朴树的母亲刘萍说：“我怎么这一个月没见朴树笑过？”给朴树做心理诊断的是后来声名大噪的孙东东。他跟朴树聊了半天，出来一句话：“青春期忧郁症。”妈妈带朴树去医院做心理测试，结论是“差3分变态”。有一道题是：“如果你死了，你觉得身边的人会怎么样？”朴树直接选了“无动于衷”。

朴树多年抑郁症的根源是什么？他自己觉得是没考上北大附中，父母则认为，是他上初中以后，班长一职被老师撤了。

“班主任跟我讲，其实就是想惩罚他一下，以后还让他当。他怎么能领着八个同学逃课呢？”刘萍说，朴树从此开始严重不合群，话少，失眠。

初中还没毕业，朴树煞有介事地告诉父母：“音乐比我的生命还重要。”

直到朴树把父亲给他的游戏机偷偷卖掉，用这钱报了一个吉他班，他们才意识到：儿子这次是玩真的。

朴树的高中也是混过来的，还休学了一年。由于有抑郁症，父母不敢对他施压。他组了乐队，每天晚上跟一帮人去北大草坪弹琴。

但亲耳听到儿子说“不考大学了”，濮祖荫还是不能接受——北大教授的儿子不考大学？

1993年，朴树还是豁出命读了几个月的书，考上了首都师范大学英语系。拿到录取通知书后，他将其交给父母：“我是为你们考的，不去了啊。”但终究还是去读了书。

青春期叛逆是朴树音乐中的一个重要命题。刚上大学，他觉得自己的长发有点扎眼，准备剪掉；正好书记来视察，一眼看见了他的长发：“去剪掉，不然不许你参加军训。”朴树炸了：“头发是我的，我想理就理，不想理就不理！”

大二时他退了学，每晚十点半，带着吉他去家门口的小运河边弹琴唱歌，第二天早上四点回来，风雨无阻。父母不死心，找人给他保留了一年学籍。无效，他至今还是高中学历。

在家写了两年歌，母亲问他要不要出去端盘子，朴树才意识到自己似乎应该赚点儿钱。

他找到高晓松想卖几首口水歌。听了听小样，高晓松说：

“正好我有一哥们儿刚从美国回来，成立了一个还不算太大的公司，你过来当歌手吧。”

“其实就是发现了两个人，我和宋柯才成立了麦田。一个是朴树，一个是叶蓓。”电话里高晓松对《南方周末》记者说。

1996年，朴树正式成为麦田公司的签约歌手，老板是宋柯。“濮树”从此成了“朴树”。

高晓松评价：朴树的歌词特别诗化，嗓音又特别脆弱。他的歌“就像朗诵诗一样，脆弱就会特别打动人”。

一堆歌就这样写出来了，先是《火车开往冬天》，然后是《白桦林》。念叨着小时候母亲总哼的那些俄罗斯歌曲，朴树琢磨出一个旋律，觉得不错，就瞎编了一个故事，把词填上。

这首歌红到他自己想不到的程度，也让他烦恼到忍无可忍。

1998年，麦田公司企宣张璐成了朴树的经理人，带着他到处演出、受访。张璐很快发现：朴树不喜欢接受采访。几乎每家媒体都要问：《白桦林》的故事，你是怎么想出来的？朴树不肯说重复的话，觉得自己的智力透支了。

1999年1月，朴树的第一张专辑《我去2000年》出来了。宋柯请来了来北京闯荡没几年的张亚东。

“我们跟张亚东谈着，总有人进来，拿着一摞钱给他，说你帮我做谁谁的制作人。”朴树的发小、原“麦田守望者”乐队的吉他手刘恩回忆，朴树拿把吉他弹唱了《那些花儿》，张亚东说：“那些活儿我都推了，给你做这个。”

张亚东正在给王菲做制作人，知道她包了间非常不错的棚，就趁空把付不起钱的朴树领进去。他发现，朴树的歌是分裂的。曲子很美，词不是阴郁忧伤，就是愤怒沧桑。

朴树说，那时他的歌，其实都是“为赋新词”，描写离自己很远的情绪。

“当时幸亏没听我们俩的。”刘恩和朴树当时坚决反对把民谣味道很重的《白桦林》收进专辑。高晓松说，你可以不放在A面，但一定不要落下它，一定会是它先红。最后，放在了B面第三首。

磁带里附着一张“麦田公司歌迷单”，张璐一笔一画地把统计结果抄了下来，保留至今，这张1999年3月的统计表显示：在两千六百四十三封歌迷来信中，最受欢迎的三首歌是《白桦林》、*New Boy* 和《那些花儿》。

1998年北约对南联盟发动科索沃战争，5月8日，中国驻南联盟大使馆遭到轰炸，三名中国记者死难。俄罗斯实行了“有限介入”，派伞兵抢占了科索沃首府机场。不断有歌迷来信，把这首包含俄罗斯元素、战争元素、历史元素的《白桦林》跟这场战争联系起来。麦田公司趁机就此展开宣传。

一年之内，《我去2000年》卖了30万张。

2000年央视春晚导演组想找四个有人气的、“非主旋律”的年轻歌手搞联唱，每人两分钟。他们找到麦田公司，指名要朴树和《白桦林》。

朴树不去，说就烦春晚这类主旋律的东西，何况还要假唱。公司上上下下劝说很久：你更应该去占领这个阵地，让它有点年轻人的东西。朴树总算同意了。

直播前两天，央视先做了一个节目，让上春晚的演员对着镜头说几句话，再表演一段才艺。朴树跟几位小品演员放在一堆。他崩溃了：“我怎么能跟这伙人一起上呢？”

第二天彩排，张璐正在央视演出大厅忙着，朴树进来了说：“这次春晚我肯定不上了啊。”转身就走。宋柯也没劝动。

想了一宿，张璐拿起电话给朴树打过去，刚一接通就破口大骂：“所有人都在为你的这个事付出，都在为你服务，你知道什么叫尊重吗？如果你不上春晚，公司的上上下下就是被你伤害了……把我们所有的从业人员的路都给堵死了！”

朴树哭了，第二天继续参加彩排。

大年三十晚上，濮祖荫和刘萍老早就搬凳子坐在电视机前等着看儿子，总算等出来了。可他怎么这么……心不在焉呢？穿得邋里邋遢，表情漫不经心。

其实，张璐早在十年前就总结出朴树歌迷的一些共性：以高中生、大学生为主，女性占绝对多数；很多人和朴树一样穿着休闲帆布鞋。她们疯狂中有自律，要到签名就站在一边静静看着朴树，有些女孩子会哭，也是默默地哭。她们对朴树有两个称呼：“小朴”“树”。

2000年春晚之后，采访更多了，演出更多了，开始有歌迷在演出现场门口堵他、尖叫，这让朴树很不适应。

成名使他的抑郁症迅速加重，他忽然觉得世界充满黑暗。他开始拖延写歌，拒绝演出。

那几年他经常是一夜不睡，早上打个车去机场，傍晚时分坐在大理的洋人街上，喝着啤酒，看着女孩们打羽毛球，觉得“生活真美好”。

有一年，朴树出去玩了一段时间。回到家，母亲对他说：“我听了你的歌，你这两年是不是过得不快乐？”朴树一下子就哭了，赶忙去洗脸，再装作大大咧咧的样子走开。

2003年11月8日，朴树的三十周岁生日，第二张专辑《生如夏花》上市。专辑名字取自泰戈尔的诗，仍是张亚东做制作人。几个月后，“百事音乐风云榜”评他为2003年“内地最佳男歌手”“内地最佳唱作人”，《生如夏花》获“内地最佳专辑”，其中一首歌，*Colorful Days* 获“内地最佳编曲”，他和张亚东分享“内地最佳制作人”。他的演出身价，已经是国内前三名。

他有了新的演艺经理邓小建，也有了一个使用至今的称呼“朴师傅”，《生如夏花》之后，公司给朴树组织了52个城市的巡回演出，朴树、邓小建和另外两个工作人员组成了“西游四人组”，朴树是唐僧，邓小建是沙僧。

52个城市的巡演几乎彻底摧毁了朴树。一段时间内，他称呼一切人都是“大傻子”，包括他自己。

他成了各色人等“求医”的对象，不厌其烦地对他们一遍一遍讲：千万不要伤害自己，如果你把今天晚上熬过去，明天早上你会发现完全不一样，你昨天晚上想的是不对的……

连续几年，他拒绝再写歌，更拒绝趁热打铁再出新专辑。至今他只有26首歌，撑不起一场完整的演唱会，不得不邀请其他歌手。

张亚东每年都来找他一两次，见面就劝：“做一张新专辑吧。”

“为什么要做？”

“有那么多喜欢你的人，你可以用歌曲跟他们交流，你还可以赚钱啊。”

“为什么要赚钱？”

张亚东沉默了。

2007年，朴树参加了一个电视节目，搭档是前奥运体操冠军刘璇。朴树打扮成《加勒比海盗》里的船长，红布包头，长长的头发从两侧垂下来；刘璇则悬在空中的两只铁环上劈叉，扯着嗓子唱蔡依林的《海盗》。下一场，还是这身造型，唱的是摇滚版的《蓝精灵》。朴树僵着脸，机械地扭动身体，看起来很不适应。

邓小建被朴树的歌迷大骂了一顿：你怎么能让朴树参加这样的节目呢？你怎么能让他笑呢？你怎么能让他跳舞呢？“后来我明白了，他们希望朴树永远是那么小清新。”

朴树说：“参加那个节目，是我自己愿意的。我想挑战一下自己。”

终于录完最后一场，从湖南回到北京，朴树的心跳又突然下降到一分钟四十几下。急救医生说：“别再踢球了，在家门口晒晒太阳，这运动量对你来说足够了。”

他大大缩减了演出数目，有一年甚至是零演出。早睡早起，三顿饭都吃，2009年，抑郁症也减轻了。

这一年，朴树和太合麦田的合约到期，他没有续约，彻底成了自由人。

2012年，朴树组建了自己的乐队。“虽然我这两年自己做唱片真的是特孤立无援，但是我觉得我把我的初衷找回来了。我还是那么爱音乐。”

2013年10月26日是朴树在北京的第一次大型演唱会。他排练了20次左右，排练成本跟他的出场费基本相等。这是他坚持的。为了宣传，他还必须对着话筒说一堆“××网的朋友们你们好，我是朴树”，说了好多遍，还是磕磕巴巴，会脸红。

他将继续找张亚东准备第三张专辑。张亚东担心朴树能不能受得了录音棚里的压力。朴树不担心：“我很少很少担心以后的事，为什么要去想以后的事？没有发生为什么要去想？”

这就是朴树，不信任语言，只信任音乐的朴树。

压力促使你成功

有一位经验丰富的老船长，当他的货轮卸货后在浩瀚的大海上返航时，突然遭遇了可怕的风暴。水手们惊慌失措，老船长果断地命令水手们立刻打开货舱，往里面灌水。“船长是不是疯了，往船舱里灌水只会增加船的压力，使船下沉，这不是自寻死路吗？”一个年轻的水手嘟囔着。

看着船长严厉的脸色，水手们还是照做了。随着货舱里的水位越升越高，随着船一寸一寸地下沉，依旧猛烈的狂风巨浪对船的威胁却一点一点地减少，货轮渐渐平稳了。

船长望着松了一口气的水手们说：“上万吨的巨轮很少有被打翻的，被打翻的常常是根基轻的小船。船在负重的时候，是最安全的；空船时，则是最危险的。”

这就是“压力效应”。那些得过且过、没有一点压力、做一天和尚撞一天钟的人，像风暴中没有载货的船，往往一场人生的狂风巨浪便会把他们打翻。

压力，能使人在思想感情上受到多方撞击，从中感悟人生的真谛，从而自觉把握人生的走向。有一个在某重要部门任职十多年的中年人，手中有点儿权，但他不以为骄，为人正直，洁身自好，人际关系亦不错。当谈及这方面的情况时，他说："这应得益于当年知青上山下乡的磨炼。当年在农村苦与累且不说，由于家庭的原因，政治上受到压抑，招工上学全没我的份儿，在一块下乡的知青中我是最后一个回城的。我知道有今日来之不易，靠我工作的便利条件，搞点歪门邪道是很容易，但我知道那样做的最终后果。想想当年和我们知青一块劳动的同龄人，他们大多数仍还在脸朝黄土背朝天地'土里刨食'。所以，我始终能保持一种清醒和理智。其实，人要有所为，就要有所不为。该做的一定要做好，不该做的坚决不做。人要有所得，就要有所失。该失去的东西就要毫不吝啬，甚至忍痛割爱。得到的并不一定就值得庆幸，失去的也并不完全是坏事情。能否从容对待、恰当处理这些问题，就看自身的修养和品德了。"

相反，人若是太幸运了，离开压力的"哺育"、悲痛的"滋养"，常常是浅薄的。懒于思考，不知天高地厚，也不知自己的能力究竟有多大，最终只能碌碌无为，成为坠地尘埃。

理智地对待因压力而形成的适度紧张能增强大脑的兴奋过程，提高大脑的生理机能，使人思维敏捷、反应迅速。

破釜沉舟的故事便是化压力为动力的最好证明。

项羽率领楚军援救赵国，看到秦军十分强大，将士中出现了畏战情绪。项羽亲自率领一支精干部队打先锋，直接迎战秦军的主力。当部队过了滔滔漳河，项羽命令部下："把过了河的船通通凿穿，沉于河底；把做饭的锅全部砸碎，丢弃不要。军队只带三天的粮草，急行军迎击敌人。"和秦军交战后，楚军因为失去了退路，个个奋勇当先，结果接连取得了九战九胜的战绩，一举扭转了整个战局。

项羽破釜沉舟之举，看似鲁莽愚蠢，实质是大智大勇的表现。试想，若是没有当时的破釜沉舟之举，哪来此后的胜利局面呢？

让自己的每一天都不打折

我在一家外企工作的时候，有一天陪女上司上街选购圣诞礼物。当我们拎着大包小包坐下喝咖啡时，女上司问我：“新年要到了，不买点礼物送给家人？”

我笑着说：“我爸妈都很节省，只有不乱花钱，他们才会觉得我会过日子，将来才会有幸福的生活。”

女上司看着我，讲了她自己的故事：“知道吗？我曾经也是一个非常喜欢担忧未来的人。我总是担心事业，总想攒更多的钱，读更多的书，拿更高的学位。36岁的时候，我怀上一个孩子，可当时我考上了经济学的博士。学习很紧张，为了更优秀，我彻夜苦读，结果孩子流产了，我再也没有怀上过孩子。现在我有了很多很多的钱，但却一辈子也看不到自己的孩子了。”

女上司的话让我非常震惊。她又说：“很多人都认为节省能让他们的生活更保险，所以，他们把现在的生活过得潦草而廉价。其实这是对生活没有自信的表现。我绝不主张挥霍浪费，但你要知道，健康的享受是人生的进步。当你为了将来而省略了生活中应有的享受时，你的生活就打了九折；如果牺牲了自由与亲情，你的生活就打了七折；如果你放弃了自己的意愿和爱情，那你的生活就打了对折，再富足的生活也经不起打折。”

其实何止金钱如此，时间和精力也一样，当你全部投入在工作中，没有分配给亲情和爱情的时候，就离失去不远了。

当你发现自己不再盲目地喜欢跟风似的和一群人混在一起，开始尊重自己的意愿做自己需要做的事情，开始安排自己的种种计划，规划自己的方向，自己的独处也变得充满意义。

当你面对很多选择时，不再犹豫不定，脑中会很快地闪过三个以上选择某种选项的必要原因，有了自己独立的思想，开始学着镇定理性地思考问题。

当你开始觉得时间明显不够用，渐渐地觉得睡懒觉、逛街等是相当浪费时间金钱的事情，思想与行动上的时间概念达成了一致，合理地安排时间，充实的生活会把自己带入一个更喜欢的世界。

当你在上网或阅读时，会把侧重点从一味地关注娱乐杂谈转移到新闻国事、经济发展趋势的版图，娱乐杂谈永远是用来开怀大笑的，而新闻国事则是提高个人认知程度、关心国家发展以及爱国的表现，开放的心灵开放的国度，互通有无，共同进步，闭关锁国万万不得已，经济发展趋势往往会影响人们囊中银子的分量。

当你在饮食习惯上越来越重视食物的质量，养生之道的念头闯入脑海，学着坚持吃早餐，每天坚持锻炼身体。俗话说得好：留得青山在，不怕没柴烧。这个道理无人不知晓吧。

当你再次被人问到爱情、友情、亲情三者的分量时。首先想到的应该是家中的妈妈，血浓于水是千古不变的真理。

当你再遇到不顺心的事情时不再是用哭闹来解决问题，眼泪能冲刷的永远是面容，能改变现状的只有行动。

重视自己的朋友、爱人。因为这些人不是总会存在你的生命中的，也许在不经意间就物是人非了。在他们面前你无须作假，天真无邪的自己在这个大千世界里是为他们上演的。切忌不要忘了真诚。

让自己快乐，让周围的人快乐，绝对比金钱有价值。

在面对得与失、去与留的问题上，大度与开怀会让复杂的事情变得简单，简单的事情变得富有意义。

任何时候不要与老人和小孩子计较，生命的开始是无知的，生命的完结应是快乐的。

学着尊重每个人、每个生物，就如向日葵面对太阳才会微笑。

健全平和的心态是始终贯穿成功之路的筹码。正确地树立前进的目标，让生活目标不是在沉重氛围中度过，记住，任何时候都不要把自己搞得太累，否则，生活的价值就完全失去了。

自信地生活，开心地笑，成功与快乐并驾齐驱。不以物喜，不以己悲。

淡忘仇恨，春暖花开。心有多大，舞台就有多大。

《圣经》上说：不要为明天忧愁，因为明天发生什么，我们根本不知道。

所以，人生短暂，让自己的每一天都不打折！活出百分百的自己！

人生的完美备份

有个朋友在电脑公司一个关键的岗位，几年来他给公司创造了不少效益，公司董事会准备提拔他为总经理助理。

一天下午下班后，他接到总经理的通知，第二天上班前必须按给他的策划标书连夜制作好一份重要的投标文件。那个项目直接关系到公司今后的发展，也关系到他的提拔重用。下班后他顾不上吃饭，坐在电脑前就开始编制标书。他丝毫不敢马虎大意。对一个数字、图案甚至标点都一丝不苟，唯恐有个闪失。到了午夜，就在他即将大功告成的时候，意想不到的事发生了，公司所在的地区突然停电。由于他的电脑没有自动保存备份功能。突然断电使他精心编制的标书和文件全部丢失。他在电脑前整整等了一夜，还是没来电。等第二天恢复通电后，他赶忙按昨夜的创意编出标书，可招标方确定的时间早已过了，他们已失去了投标资格。

朋友的一时疏忽给公司带来了巨大损失，后来他不但没有得到提拔，反而被公司以责任心不够为由辞退了。他怀着悔恨的心情离开了公司。临别时总经理语重心长地对他说："按能力、学识我们都信任你，但在这个瞬息万变、竞争激烈的时代，光有能力和学识是远远不够的。假如你多一份责任，在编制标书的中途备份那些失去的资料，结果会完全不一样。我们不得不遗憾地做出这样的决定，希望你以后不论走到哪里都多给自己备份一个心眼、一份责任，这是非常重要的！"

自然界中许多弱小的动物为了御寒过冬，在风平浪静的日子里给自己储备了平安过冬的食物，实际上这种备份是一种未雨绸缪的物质备份；推物类人，得意的时候备份一份警惕，长路漫漫，我们不能否认鲜花与荆棘共生，而警惕之心就像一把锋利的刀，助我们披荆斩棘，一路花香；风光的时候给自己备份一份谨慎，即使前方一路坦途，我们也要保持如履薄冰的谨慎。我们不是跌倒在逆境中，而是陷落在掌声中。幸福的时候给自己备份一点提醒，对于一颗容易满足的心灵来说，暂时的满足会侵蚀长久的进取；幸运的时候，给自己备份一些清醒，没有谁能永远幸运，也没有谁能一直不幸，只有那些清醒驾驭命运之舟的人，才能顺利抵达成功的港湾。

我们给人生加了很多"如果"，"如果"只是将来式，重要的是现在，现在懂得为人生备份的人，才不会为将来疏于备份而遗憾。在命运不可测的湖泊棋阵，“如果”是人生的马后炮，备份是命运的马前卒，一个微不足道的前卒，抵得上十个马失前蹄后的隆重响炮。前者是欠账，透支生命银行中太多的精神财富，使其历尽生活的风风雨雨后坍塌崩溃；后者是进账，将生命的粮仓储备得丰盈充实，即便乌云压顶也不觉悲凉。

给生命一个完美备份，在人生的死胡同里，给自己留一条打开成功之门的出路。

第二章
念念不忘，必有回响

青年时代的读书是天赐的时间机遇，可能你现在读的书不能解决任何问题，但会在未来某个时机创造你都没法想到的奇迹。

——苏童

艰难的转身

岁月的阴霾笼罩在1940年6月23日。在美国田纳西州的一个贫困家庭中，有个女孩出生了。她是这个家庭的第20个孩子，同样是黑人，可是她却比其他人显得更黑更瘦小，因为她是早产儿，生下来时体重仅有两公斤。她从小就患有多种疾病，因此，哥哥姐姐们都特别疼爱她。

她就这样磕磕绊绊地成长着。不幸的是，4岁那年，她又患了小儿麻痹症。她的左腿没有知觉，几乎不能走路，可她却每天都要爬到门外，看街上的人来人往。6岁的时候，她不得不开始穿着固定腿的金属绷带，就是人们所说的铁鞋，否则她根本无法走路。别看她那么弱小，身体里却有着令人惊奇的毅力。她穿着铁鞋走出门去，起初走得极其艰难，可是渐渐地，她就可以走得和别的孩子一样快了。只是别的孩子依然嘲笑她、戏弄她，她追着他们打。虽然她可以勉强赶上那些孩子，可是穿着那个笨重的家伙，转身的时候极为不便，她常常要花几分钟的时间才能换个方向。那些孩子常常跑着跑着便绕到她身后，大声地嘲笑她。

那样的时刻，她把嘴唇咬得没有血色，狠狠地说："我一定要转过身去！"

经过几年的锻炼，她终于可以灵活地随意转身了，这其中的艰辛与痛苦，只有她自己知道，只有跌倒了无数次的路面知道，只有重重的铁鞋知道。

哥哥姐姐们给她的关爱，常让她的心温暖如春。每个晚上，他们都会轮流给她按摩左腿，从不间断。正是有了这种爱和执着，她才能咬牙走过那些难熬的时光。11岁那年秋天的一个傍晚，她在后院看哥哥们打篮球，看着他们跳跃的身影，她羡慕得无以复加。她偷偷摘下自己的铁鞋，跑过去和哥哥们一起抢球。虽然她在跳起的瞬间跌倒了，可她脸上的笑容却是那么灿烂。自那以后，她常常脱掉铁鞋，和哥哥们打球。随着时间的流逝，她穿铁鞋的时间越来越少，终于在一年多以后，彻底将铁鞋扔进了仓房。

有一天，已成少女的她，对家里人宣布："我要当一名运动员！"她的话引来家里人的一片反对声。在大家七嘴八舌地劝说她的时候，她却低下头，像小时候那样狠狠地说："我一定要转过身去！"是的，她的这次转身，要比小时候穿着铁鞋时更为艰难。可是她不怕，毅然开始了自己的运动生涯。先是女子篮球队，后是田径队，她给了人们太多的惊奇和惊喜。

她终于迎来了自己的辉煌。在1960年的罗马奥运会上，她夺得了100米、200米和4×100米3块金牌，并创造了200米和4×100米的新的世界纪录！站在领奖台上，她轻盈地转了个身，然后垂下头，咬着自己的嘴唇，用低得只有自己才听得见的声音说："我一定要转过身去！"人们看不见她的眼泪，只看见她的坚强。

两年之后，在运动生涯中正如日中天的她，却突然宣布要退役，开始一种全新的生活。面对人们的不解和反对，她说："金牌、期望等等，这些都太重了，比童年时的铁鞋还重，我怕时间再久，便没有力气转身了！虽然现在也很难，可我一定要转过身去！"

后来，她成为了一名教师，这是她多年的梦想。她身为一个黑人，知道种族歧视的可怕，所以她投身于自己家乡的教育事业，用自己的人格力量，影响教育着孩子们。同时，她也当教练，教导那些出身穷苦人家的有天分的孩子。无论是作为教师还是教练，她不仅传授知识和技术，还教给孩子们许多做人的道理，以及生命中种种积极美丽的东西。看着孩子们善良而快乐的笑脸，她深为自己这次成功的转身而自豪。

她，就是威尔玛·鲁道夫。1994年，54岁的威尔玛·鲁道夫因脑癌逝世。出殡那天，万人云集，一起送她最后一程。虽然时隔多年，我们仍感动于她生命中那几次最艰难也最华丽的转身，还有，她在每一次转身时呈现出来的穿透人心的精神力量！

改变人生的两小时

在一次同学聚会上，有一位同学特别引人注目，因为他取得了非凡的成就。在大家以前的印象中，这位同学不是一位优秀的人，成绩平平，各方面的能力也很一般。然而，谁也没想到短短十余年时间，他就超过了班上所有的人。于是，大家纷纷向他投去羡慕的目光。

饭后，大家不约而同地问起了他的秘诀，他听后耸了耸肩，淡淡地说："其实也没什么，只不过我把大量的时间用在了做同一件事上。"

原来，大学毕业后，这位同学给自己定下了一个长远的目标，无论每天工作有多忙，他都尽量挤出两个小时的时间，学习市场营销和企业管理的知识。几年后，他辞职下海，自己开起了公司。由于掌握了丰富的营销知识和管理经验，他的生意做得风生水起，很快就成了远近闻名的企业家。

听了他的故事之后，大家都感到十分后悔，因为他们拥有同样多的业余时间，但基本上都浪费在了无聊的网络游戏和牌桌上。此时，他们才深刻地认识到，人与人之间的差距不在于文凭的高低，也不在于能力的强弱，而在于是否将零散的业余时间用于学习，是否数十年如一日地坚持做某件事。平庸与卓越，往往只在人的一念之间，抑或消极与积极的生活方式。

除了工作之外，每个人都有大把的业余时间。在这里，我们不妨算一笔时间账，假如每天中午十二点下班，下午两点上班，中间有整整两个小时，除去做饭和吃饭的时间，至少能够剩下半小时。假如每天下午五点半下班，每天晚上十点钟睡觉，中间有整整四个半小时，除去料理家务和教育孩子，至少能够剩下一个半小时，也就是说每天至少有两个小时左右的学习时间，这还不包括双休日和节假日。

你可别小看这两个小时的时间，如果坚持下去，常常能创造奇迹。以一本十万字的书为例，如果你每天阅读两小时，大约能看两万字，而五天左右就能读完一本书，一个月就能读完六本这样的书，而一年就能读完七十二本这样的书，是不是觉得很惊人啊？而事实上，只要下定决心，你也同样能够做到。

每天两个小时，对于我们普通人来说算不了什么，不过是少看一会儿电视，少玩一会儿电脑，少打一会儿麻将，但这两个小时所积累的正能量却是无法估量的，所创造的经济价值也是无法想象的。居里夫人利用零散的业余时间，发现了放射性元素镭，奠定了现代放射化学的基础；马里奥利用零散的业余时间，创作了长篇小说《教父》，成为了美国文学的一个转折点；奥斯勒利用零散的业余时间，研究出了第三种血细胞，为人类医学做出了杰出的贡献……

其实，成功就是一个不断积累和沉淀的过程，如果你也想干一番事业，那就不要犹豫，赶紧从现在做起，利用零散的业余时间，每天坚持做一件事，相信在不久的将来，你也会成为一位了不起的人物。

三袋米的感人故事

这是一个真实的故事。这是个特困家庭，儿子刚上小学时，父亲去世了。娘儿俩相互搀扶着，用一堆黄土轻轻送走了父亲。母亲没改嫁，含辛茹苦地拉扯着儿子。那时村里没通电，儿子每晚在油灯下书声琅琅、写写画画，母亲拿着针线，轻轻、细细地将母爱密密缝进儿子的衣衫。日复一日，年复一年，当一张张奖状覆盖了两面斑驳的土墙时，儿子也像春天的翠竹，噌噌地往上长。望着高出自己半个头的儿子，母亲眼角的皱纹沾满了笑意。

当满山的树木泛出秋意时，儿子考上了县重点一中。母亲却患上了严重的风湿病，干不了农活，有时连饭都吃不饱。那时的一中，学生每月都得带30斤米交给食堂。儿子知道母亲拿不出，便说："娘，我要退学，帮你干农活。"母亲摸着儿子的头，疼爱地说："你有这份心，娘打心眼儿里高兴，但书是非读不可。放心，娘生了你，就有法子养你。你先到学校报名，我随后就送米去。”儿子固执地说不，母亲说快去，儿子还是说不，母亲挥起粗糙的巴掌，结实地甩在儿子脸上，这是16岁的儿子第一次挨打。儿子终于上学去了，望着他远去的背影，母亲在默默沉思。

没多久，县一中的大食堂迎来了姗姗来迟的母亲，她一瘸一拐地挪进门，气喘吁吁地从肩上卸下一袋米。负责掌秤登记的熊师傅打开袋口，抓起一把米看了看，眉头就锁紧了，说：“你们这些做家长的，总喜欢占点小便宜。你看看，这里有早稻、中稻、晚稻，还有细米，简直把我们食堂当杂米桶了。”这位母亲臊红了脸，连说对不起。熊师傅见状，没再说什么，收了。母亲又掏出一个小布包，说：“大师傅，这是5元钱，我儿子这个月的生活费，麻烦您转给他。”熊师傅接过去，摇了摇，里面的硬币叮叮当当。他开玩笑说：“怎么，你在街上卖茶叶蛋？”母亲的脸又红了，支吾着道个谢，一瘸一拐地走了。

又一个月初，这位母亲背着一袋米走进食堂。熊师傅照例开袋看米，眉头又锁紧，还是杂色米。他想，是不是上次没给这位母亲交代清楚，便一字一顿地对她说：“不管什么米，我们都收。但品种要分开，千万不能混在一起，否则没法煮，煮出的饭也是夹生的。下次还这样，我就不收了。”母亲有些惶恐地请求道：“大师傅，我家的米都是这样的，怎么办？”

熊师傅哭笑不得，反问道："你家一亩田能种出百样米？真好笑。"遭此抢白，母亲不敢吱声，熊师傅也不再理她。

第三个月初，母亲又来了，熊师傅一看米，勃然大怒，用几乎失去理智的语气，毛辣辣地呵斥："哎，我说你这个做妈的，怎么顽固不化呀？咋还是杂色米呢？你呀，今天是怎么背来的，还是怎样背回去！"

母亲似乎早有预料，双膝一弯，跪在熊师傅面前，两行热泪顺着凹陷无神的眼眶涌出："大师傅，我跟您实说了吧，这米是我讨……讨饭得来的啊！"熊师傅大吃一惊，眼睛瞪得溜圆，半晌说不出话。

母亲坐在地上，挽起裤腿，露出一双僵硬变形的腿，肿大成梭形……母亲抹了一把泪，说："我得了晚期风湿病，连走路都困难，更甭说种田了。儿子懂事，要退学帮我，被我一巴掌打到了学校……"

她又向熊师傅解释，她一直瞒着乡亲，更怕儿子知道伤了他的自尊心。每天天蒙蒙亮，她就揣着空米袋，拄着棍子悄悄到十多里外的村子去讨饭，然后挨到天黑后才偷偷摸进村。她将讨来的米聚在一起，月初送到学校……母亲絮絮叨叨地说着，熊师傅早已潸然泪下。他扶起母亲，说："好妈妈啊，我马上去告诉校长，要学校给你家捐款。"母亲慌不迭地摇着手，说："别、别，如果儿子知道娘讨饭供他上学，就毁了他的自尊心，影响他读书可不好。大师傅的好意我领了，求你为我保密，切记切记！”

母亲走了，一瘸一拐。

校长最终知道了这件事，不动声色，以特困生的名义减免了儿子三年的学费与生活费。三年后，儿子以627分的成绩考进了清华大学。欢送毕业生那天，县一中锣鼓喧天，校长特意将母亲的儿子请上主席台，此生纳闷：考了高分的同学有好几个，为什么单单请我上台呢？更令人奇怪的是，台上还堆着三只鼓囊囊的蛇皮袋。此时，熊师傅上台讲了母亲讨米供儿上学的故事，台下鸦雀无声。校长指着三只蛇皮袋，情绪激昂地说：“这就是故事中的母亲讨得的三袋米，这是世上用金钱买不到的粮食。下面有请这位伟大的母亲上台。”

儿子疑惑地往后看，只见熊师傅扶着母亲正一步一步往台上挪。我们不知儿子那一刻在想什么，相信给他的那份震动绝不亚于惊涛骇浪。于是，人间最温暖的一幕亲情上演了，母子俩对视着，母亲的目光暖暖的、柔柔的，一绺儿有些花白的头发散乱地搭在额前，儿子猛扑上前，搂住她，号啕大哭：“娘啊，我的娘啊……”

每个人的潜力都是无穷的

一位音乐系的学生走进练习室，在钢琴上，摆放着一份全新的乐谱。

“超高难度。”他翻动着，喃喃自语，感觉自己对弹奏钢琴的信心似乎跌到了谷底，消磨殆尽。

已经3个月了，自从跟了这位新的指导教授之后，他不知道，为什么教授要以这种方式整人？指导教授是个极有名的钢琴大师。他给自己的新学生一份乐谱。

“试试看吧！”他说。乐谱难度颇高，学生弹得生涩僵滞错误百出。

“还不熟，回去好好练习！”教授在下课时，如此叮嘱学生。

学生练了一个星期，第二周上课时，没想到教授又给了他一份难度更高的乐谱：“试试看吧！”上星期的功课教授提也没提。学生再次挣扎于更高难度的技巧挑战。

第三周，更难的乐谱又出现了，同样的情形持续着。学生每次在课堂上都被一份新的乐谱挑战，然后把它带回去练习，接着再回到课堂上，重新面临难上两倍的乐谱，却怎么样都追不上进度，一点也没有因为上周的练习而有驾轻就熟的感觉，学生感到越来越不安、沮丧气馁。

教授走进练习室。学生再也忍不住了，他必须向钢琴大师提出这3个月来何以不断折磨自己的质疑。

教授没开口，他抽出了最早的第一份乐谱，交给学生。“弹奏吧！”他以坚定的眼神望着学生。不可思议的事发生了，连学生自己都惊讶万分，他居然可以将这首曲子弹奏得如此美妙、如此精湛！教授又让学生试了第二堂课的乐谱，学生仍然有高水平的表现。演奏结束，学生怔怔地看着老师，说不出话来。

“如果我任由你表现最擅长的部分，可能你还在练习最早的那份乐谱，不可能有现在这样的表现。”教授缓缓地说。

人，往往习惯于表现自己所熟悉、所擅长的领域。但如果我们愿意回首，细细检视，将会恍然大悟，看似紧锣密鼓的工作挑战、永无歇止难度渐升的环境压力，不也就在不知不觉间养成了今日的诸般能力吗？因为，人确实有无限的潜力！有了这层感悟与认知，会让我们更乐意欣然地面对未来更多的难题！人的能力是无限的。但人的智慧和想象力具有很大的潜力，充分挖掘它，发挥丰富的创造力，会做出使自己都感到吃惊的成绩来。

有两家卖粥的小店。左边的和右边的每天顾客相差不多，都是川流不息、人进人出的。然而晚上结算的时候，左边的总是比右边的多出百十元来，天天如此。

于是，我走进了右边那个粥店。服务小姐微笑着把我迎进去，给我盛好一碗粥，问我："加不加鸡蛋？"我说加。于是她给我加了一个鸡蛋。每进来一个顾客，服务员都要问一句："加不加鸡蛋？"也有说加的，也有说不加的，大概各占一半。

我又走进左边那个粥店。服务小姐同样微笑着把我迎进去，给我盛好一碗粥，问我："加一个鸡蛋，还是加两个鸡蛋？"我笑了，说："加一个。"再进来一个顾客，服务员又问一句："加一个鸡蛋，还是加两个鸡蛋？"爱吃鸡蛋的就要求加两个，不爱吃的就要求加一个。也有要求不加的，但是很少。一天下来，左边的小店就要比右边的多卖出很多个鸡蛋。

想一想生活中、工作中，你真的已经把自己的潜能发挥到极致了吗？还是一切按部就班，只是在重复你熟知的那些事？

你没有做得更好，只因为你还没有更多地发挥出你的潜力。记住，每个人的潜力都是无穷的。

未来还有很多事情等着我

《星空演讲》当晚唯一的“90后”嘉宾——董子健，曾出演过《青春派》《山河故人》等口碑电影，是娱乐圈中备受看好的小鲜肉，同时，他也是“中国第一经纪人”王京花的儿子，这个身份让他总是摆脱不了“拼妈”的质疑。董子健在演讲中直面争议，称自己以“拼妈”为荣幸。

董子健回忆童年称，由于父母忙于创业，自己从小就被放养长大：“妈妈每天抱着手机的时间，比抱着我的时间长多了。”这种放养还表现在，遇到儿子的早恋问题，母亲不仅没有打骂，反而让董子健去读王朔的《动物凶猛》，完成青春启蒙。

作为一个从小就和母亲一起去见明星和导演、听着母亲谈合同长大的小孩，董子健在心智上也远比同龄人成熟。这让他在入行后，不仅不愿意拼妈，反而倍感压力：“我害怕行业里的人三分薄面都给了我妈。”

为了证明自己，董子健接演了《德兰》《山河故人》等角色，去农村体验生活，和张艾嘉谈起了跨年恋，在演技上得到认可。总结自己从“拼妈”中得到的好处，董子健称母亲放养的模式让自己明白，最重要的是要成为自己，而不是去取悦父母。最后，董子健喊话荧幕前的“花姐”，“我以可以拼妈而荣幸，希望花姐有一天也能拼儿子。”

演讲完后，董子健从衣服里掏出一瓶水喝，迷妹们表示已被这个动作迷疯。主持人梁文道调侃道：“我是知道你之后，才知道你的妈妈。”董子健机智应答：“您很有品位。”引发现场一片笑声。被问到在成长过程中是否对母亲有过不理解，董子健坦言，这种不理解，在自己长大后，也渐渐变成了体谅。

《星空演讲》实录：

昨天晚上去跟一些朋友吃饭，然后来了一个某电影公司的老板，他进门挨个握手，他跟我握手的时候很冷漠。我就想，可能因为我是一个小演员吧，然后我就接到一通电话，我说花姐，我马上回家了。然后这个老板突然变得非常的热情，说，哎呀，你妈是花姐，咱们留一个微信啥的，但是我没加他微信。

我跟一个非常知心的朋友聊微信，我说我最近工作太忙了，想休息休息，我想把时间留给家里人，我想陪花姐，我想陪我妈，我想把这些工作取消了。他突然跟我说，你取消这些工作很容易嘛。其实我心里也很难过，大家可能感受不到，可能大家也会觉得我脆弱，或者怎么样都好。但是当大家都觉得花姐比我重要的时候，我当然会很难过。

这只是我这24小时里面碰到的一些事情，但是实际上在我入行这四年之中，我一直在不停地碰到这些事情。所以，既然大家都那么想了解，那我给大家讲讲我和我妈的故事。

大家晚上好，我是小董董子健，一名演员，在认识我之前，更多行业里的人都知道我妈花姐，王京花。行业里的人都说她是中国第一经纪人，可是在我眼中她就是小董唯一的妈。

我出道后的第一篇报道，我印象特别清楚，就是以“拼妈”为标题，一个报纸跨页的，两页，写着拼爹的时代已经过了，改拼妈了，下面是我的一张特别大的照片。当时我特别特别难受，但凡盘点“投胎小能手”，不用打开全文就知道，又能看到我帅气扑面的脸了。乃至到了今天，在成为演员的三年中，凭借努力和运气，我自己也得到了一些成绩和认可，仍然被人说成这是“王京花的儿子”，但凡我的电影在上映前，总免不了有人给我带话说，花姐能帮忙吆喝吆喝吗？但是我总是想说，花姐不能吆喝吆喝，只能呵呵呵呵。

所以我想跟大家分享的内容，恰恰是如何躲避这种看似优越的命中注定。如果你已经无可选择地有了一个这样的妈，她比你早30年入行，比你更早获得了同行的认可，你该做些什么，随波逐流还是“逃脱”命运，让自己也能成为一个发光体呢？

我记得我刚出生没多久，花姐就开始了创业之路，父母都很少围转在我身边，家庭环境宽松到随时可以起飞。我管我妈叫花姐，管我爸叫董哥，他们叫我小董，或者“小兔崽子”。从小他们就很少管我，所以我最知道方便面泡几分钟口感最佳，熟练掌握了用腐乳来代替方便面调料袋的秘密，可以给自己安排各式各样的快餐，粗暴地度过一周七天。

因为没人在耳边念叨，可乐和冰棍就是我的生命之源，小学毕业之前，我应该就没怎么喝过白水，日复一日下去，我终于变成了白白胖胖的胖子。如果不是因为后来喜欢上了一个女孩子，下定决心减肥，可能刚刚连进这个门，都需要别人在后面踹我的屁股了。

和花姐难得的相处时光，我需要和她的工作

争夺她，她每天抱着手机的时间，比抱着我的时间长多了，陪伴我的，都是副驾驶上看到的风光。花姐创业之初也很艰难，最初的时候每天她带我坐公交车去见各种各样的人，有一次赶上公交车刹车失灵，全车的人都慌了，花姐把我紧紧地抱在怀里，我吓得双腿像打摆子一样颤抖。公交车司机最后一搏，把车开到了隔离带上，但是玻璃震碎了，很多玻璃碴扎在我的脸上，花姐心疼不已。不高的颜值受损之后，终于换来了妈的关注和心疼，拥有了副驾驶座的待遇，先是天津大发的副驾驶坐了几年，有一次睡着了，司机一个急刹车，我就像一个肉球一样滚了出去，同车的范冰冰，到现在都能够记得我这一段的故事。面包车不断升级，不久之后终于坐上了花姐车的副驾驶，花姐永远在接电话打电话，陪伴我的，还是副驾驶的玻璃窗外的风景。提醒大家开车不要接电话、打电话、发短信。

这些事儿要不是这几年我妈告诉我，就都随着记忆飘走了。更多人想知道我的故事都是葛大爷怎么逗我笑，道明老师如何言传身教，或者两个冰冰今天谁又啃了我一口，那个时候大家都特别爱捏我的脸。

记忆里和她有关的最多的场景，就是她带着我一起去和明星、导演谈事情，一边谈，我在一旁乖乖坐着，我算是那种听着谈合同长大的小孩。而花姐的一个解压渠道，就是向我倾诉：她今天怎么着了，某个艺人做了什么事儿，某个已经谈好的事儿又出什么幺蛾子了，在我还不大听得懂她到底在说什么的时候，我就已经知道得太多了。

我还经常给她出谋划策，有些不过是书上照搬来的话，或者是电视剧里的这招儿特别管用，我就告诉她。现在想起来，我可能是从这些散碎时光中，积累了对整个行业最初的构想，但也是这样的日常，让我不断明确自己的初心，如果有一天，我成为一个演员，所为何事，何所不为。

人们都以为我走上演戏这条路是我妈的缘故，我拍着胸脯说真的不是，我对灯发誓，真的不是。我反而没有像别人一样向往这个行业，从小花姐给我灌输的也是，踏踏实实做自己的事情，不要进入这个行业。每当我准备分享一天中最精彩的事情给我妈的时候，等到的大多都是她疲惫的神情。好几次，我跟在她身后不停地说我今天怎么样了，不停地说，不停地说，跟到她房门口她却关上了房门，我每次都很生气，我记得有一次，我就推开了房门，却看到了她在大哭，崩溃大哭。然后我就悄悄又把门关上了，不是因为我很生气。

可能也是从那个时候开始，我就觉得我不应该在她大哭的时候打扰她，让她尽情地哭一场。让我妈哭一场，在自己的心里给她一个拥抱，是当时的我能做的最多的事。后来我谈恋爱也经常用这种方法，姑娘每次都哭，但是每次都没有得到一个像我妈这样继续爱我的人，说女孩都是眼泪，还是说说电影吧。

我第一次拍电影《青春派》，导演刘杰在一个健身中心见到我，有一段时间我刚健完身，我背了一双球鞋，在那里吃饭、玩游戏。他突然就过来了，说小伙子你想演戏吗？我当然真的不知道他是谁，我就觉得他是一个怪叔叔，特别奇怪，摸着头说小伙子你想演戏吗？我觉得他肯定是骗子，但是我还是留了他的电话，然后我回到家唯一能做的就是，妈这个人肯定是一个骗子，你看，她说这是导演刘杰，他真的不是一个骗子。

在成为演员的第一天开始，我就害怕自己或许没有那么好，但是在行业里的人都三分薄面给了我妈，总是陪上比较客套的笑容，为此我不安了很久。我一心想要成为靠作品说话，自己有两把刷子的好演员。但是拍完《青春派》，我一直不接受我的职业是演员。所以我去了美国留学，我去读了两年书，我读了国际政治，读了哲学，读了宗教学。但是我突然发现在我写这些学科论文的时候，我所有的题目都是论电影中的哲学思考、论宗教信仰对电影的影响。其实好玩的是，我在美国也经历了很多刷盘子，因为我非常喜欢拍一些片子，我很喜欢摄影。也发过小广告，也做过游戏工，因为爱好摄影还跟同学开了一个影像社，经营得很好，生意做得也很好，很多人找上门来。

有一次印象特别深，有一个邮件，有一个30多岁的男人，说我的老婆要生孩子了，我不敢进去，你能帮我拍一下我老婆生孩子吗？当时我内心就很崩溃，我没有办法做到这些事情。但是还是做了一些小生意，赚了一些钱。家里每个月只给我300美元，但是直到游学回来，那300美元基本上是没有动的。

花姐已经在自己的领域里战斗了很多年，但是我其实知道要成为自己想要的样子，第一步就是拥有自己的光芒，做自己的启明星，这也是花姐一直传递给我的。花姐曾经就是靠自己的努力和坚持，才拥有了认可，我明白自己还有很多路要走，很多苦要吃。为了不成为一个可有可无、为了不是靠出位的话题被外界记住的演员；为了不在拥挤的拼脸环境中，想方设法地胜出，回国之后，我努力让自己去体会不一样的人生，就有了一部电影叫作《德兰》，在那40天里我成为了信贷员小王。小王深爱着藏族姑娘德兰，但面对德兰时，他的爱成为了永恒的绝望。成为这个小王，让我知道了跳蚤咬人时的感觉，让我知道了三个月没有洗澡到底是什么样的感受，也明白了爱而不能的悲伤。在小王骨瘦如柴的躯体中，有着平日里的我没有过的生命力。在成为他的那几个月里，我无比平静，每天面对高山长河，仿佛渐渐理解了演员这个身份最令我着迷的部分，是透过一个个角色和人物，体会截然不同的处境和人生，在对方的故事里，延展着自己的生命。小王足够悲伤，可是《山河故人》的道乐更加迷惘，他在飞机上鼓足勇气亲吻中文老师的那一刻，可能才得到其他小孩早就该得到的温暖。《山河故人》上映之后，我面对最多的问题就是，你怎么可以鼓起勇气去亲张艾嘉？她可是张姐啊。你知道她多大岁数吗？我说，这一点都不重要。我说，我也不想知道她多大岁数，我只知道我在《山河故人》深爱着那个女老师米娅，这个时候我才猛然发现，原来我心里根本就没有“应该爱谁，可以爱谁”这样的价值观，想爱谁，爱上了谁，就去爱啊。

我甚至一度怀疑，我，该不会就是别人所说的那种禽兽吧？被问得多了，我也冷静地思考了这个问题，我决定把责任推卸给了花姐。上中学时，我因为喜欢班上的女孩子，“早恋”事实成立，被老师请了家长。我在家坐立不安，花姐去见老师了，我觉得我要遭受人生第一顿家法了，没想到花姐回来后极其淡定，但是这种淡定让我非常慌张，啥批评教育都没有，震惊全校的早恋事件就像没发生过一样，而且换来了一句是什么？多谈恋爱。然后花姐又去接电话打电话了。没过几天，花姐默默地在我的厕所里扔了一本《动物凶猛》，就是《阳光灿烂的日子》的原著，后来我拉屎的时间就变得特别长，这本书也成了我的青春初恋指南。

看到外界眼中的嚣张和叛逆，在我妈这里都能顺利通过，我可以安心地做自己了，我这个“小兔崽子”就更加肆无忌惮了。没有了这些条条框框，道乐亲吻米娅，就显得合理无比。我在成为自己、做自己想做的事情上，也更加无须犹豫。

未来还有很多事情等着我去发现，去探索，去开拓，只要做一天演员，我想我就不会放弃最初进入行业时的初心。我不去在乎外界的眼光，也不在乎更多负累，我还是像第一部戏一样，像演小王时一样，问自己，你想成为这个人吗？你想拥有这段故事吗？如果可以，就义无反顾地冲上去，勇敢地做自己，点亮自己，也点亮身边的人。

我从这种放养教育中汲取到养分，勇敢成为自己，而不用在任何时候担心，这是否可以取悦父母，因为那早已不是值得担忧的问题。我要用全新的方式去定义自己的人生，去打开视野，探索未知，即便仅是宇宙中的一颗星，也要用尽全力去发光发亮，在星空中留下自己的轨迹。怎么说呢，我以有花姐这个妈感到非常骄傲，我也以我可以拼妈而感到非常荣幸，但是希望有一天大家可以介绍花姐的时候说，这是小董的妈妈，也希望花姐哪一天可以拍着胸脯说，我现在拼的是儿子，我儿子不用拼妈。

谢谢大家！

坦然面对人生

下雪的时候，你不要以为人间是白的；没有月光的晚上，你也不要以为这个世界是黑的。在花开蝶舞的季节，你别以为温暖是永恒的；冰封大地的日子，你也别以为寒冬远无尽头。人生没有你乐观时想象的那么好，也没有你绝望时预料的那么坏。因此，要放开心胸，乐而不极，逆不生悲，从容地面对命运的亲疏与宠辱！

那朵花，我不知道她的名字，擦肩而过的时候，我曾沉醉于她的芬芳；那片云，我不知道她的踪迹，偶尔望天的时候，我曾痴迷于她的悠然；那只蝶，我不知道她最终栖向何枝，窗前起舞的时候，我曾留恋于她的风韵。人生就是一次次萍水相逢。生命的魅力，不在结果，而在于美丽的过程。

高贵与显贵间隔着的是信念，聪慧与狡诈间隔着的是品德，无畏与狂妄间隔着的是理智，风流与下流间隔着的是才情。世上许多行为表面和形式上看来极为相似，究其本质却有着天壤之别。遗憾的是，有些人观其一生也没捅破这层纸。

从泰山十八盘山路上看，躬身的是向上走，仰面的是向下行。负重的挑夫足底坚实，空载的游人足步轻飘。懂得谦恭，勇于承担，这就是一个人沉稳着、不断走向高处必须保持的一种姿态！

孤独的人生，是可悲的；孤独的人，是可敬的。群吠草间狼，独行山上虎。强大的内心可以撑起一片晴朗的天空。我们在生命的拥抱里求取温暖，我们在生命的孤独中找寻深刻。学会享受独处的快乐，才能在熙攘的红尘中给心灵置一方净土。

承受着外来逐渐增多的压力，气球总能不断地攀升。然而，到了一定的高度，毁灭它自己的正是它肚子里憋着的那股气！许多人最终的失败，不是不懂得隐忍，而是内心过于充满这种不服输的劲头！

快乐是一袋水灵灵的荔枝，别总在太阳下发酵，那样会早早流失它的水分，干涩如年迈的妇人；学会冷藏一段岁月，学会在繁华中享受年轮的多彩与丰盈，那样才能让幸福恒久。凄苦中的淡定与从容，会延长生命的保鲜期！

螳臂当车，我很钦佩它的勇气，却怜悯它的智商；飞蛾扑火，我很欣赏它的眼光，却遗憾它的莽撞。不是有了义无反顾的决心和光明灿烂的目标，我们便能成就伟大的理想。人生奋斗必须记着两条：一是量力而行，二是避免冲动。

对牛弹琴，不是牛笨，是人愚；狗仗人势，不是狗狂，是主恶；风吹幔卷，不是旗摇，是心动。看问题别看表象，而要抓住它的本质。所谓智慧，就是对人生的种种透视与洞察。

可爱的小女孩从鱼市买了两条锦鲤放回大海，她的怜悯将那美丽的生灵提前终结。遗憾的是，我们的许多悲剧，都起始于一个善良的愿望。愚昧，有时比那恶更可怕！

苦难来临时，低层境界是忍受，中等境界是承受，最高境界是享受，享受人生，不仅是风花雪月，还有火海冰天。快乐能稀释痛苦，痛苦却能成倍地放大快乐。不懂得苦中作乐，就不能真正品尝幸福的滋味！

水，静止的时候最纯净。一搅动，一奔涌，就泥沙混杂。现在的人，总是胸有波涛，我们要学会让自己处于一种松弛的状态，心的宁静会沉淀、清澈、蓄养我们的精神世界！

在正确的时间做正确的事

谁不渴望成功？怎样才能成功，尤其是怎样才能获得快速成功成了许多人心中无法放下的问题。于是，为了寻找捷径，人们往往模仿成功的人士，指望克隆出一样的成功。但是，成功从来就不去敲他们的门。他们困惑不已：为何如此？

其实很多时候，人们不缺少勤奋，不缺少坚持，但是为什么未获得成功？这时候需要静下心来，想一想自己究竟能做些什么，适合做些什么，不要总是盯着别人的成功，那光芒会刺眼，令你方向不辨，令你只想成为别人，而不是成为自己。一句话，有时候，成功不是滴水穿石这么简单，不是闻鸡起舞就够了，还得好好认识自己。

所以，聪明的人不会复制别人的成功，而是充分认识自己，在合适的时间里做好该做的事。

有一个寓言很有意思：一只老鹰俯冲抓羊，一抓一个准。乌鸦非常羡慕，就学着老鹰的样子俯冲着去抓羊，结果爪子被羊毛挂住，挣扎不脱，被牧羊人轻易逮住了。牧羊人的儿子问牧羊人：“为什么乌鸦这么容易被抓到？”牧羊人说：“因为它忘了它是一只什么鸟！”

不能完全否定这只乌鸦的行为，不想当将军的士兵不是好士兵，乌鸦渴望成功，有抓羊的理想，这没有错。但是乌鸦的下场很可悲，原因让人深思：如果乌鸦知道自己只是一只乌鸦，无论再怎么练习也不可能练出凌空俯冲抓羊的本领，它就不会那样去做了。由此可见，认识自己的资质，认识自己的长处和不足，扬长避短，在适合自己的领域里去勤奋努力，才有成功的机会。

反面的例子很多，邯郸学步、东施效颦等讲的都是相同的故事。

李宁在洛杉矶奥运会上取得3金2银1铜的辉煌成绩后，打算退役。因为这时的李宁25岁了，且满身是伤，无论从年龄还是从身体情况来看，是时候退出体坛了。

1988年汉城奥运会，国家队在青黄不接的情况下让李宁担纲，明知不适合但不想背负忘恩负义临阵脱逃骂名的李宁还是参加了，结果兵败汉城。

这次失败让他深刻认识到，无论如何，他都不适合做体操运动员了，退役，也许才能创造人生新的辉煌。回国下飞机时，他独自走在几十米外的通道上，没有鲜花和掌声，这是一条被李宁称为“世态炎凉之道”的灰色通道。很好，这条灰色之道让他学会了思考，重新认识了自己，更明白了什么时间适合做什么，不适合做什么，如何做时间和成功的主人。

后来的事我们都知道，李宁创建了著名的李宁品牌运动服并推进了中国体育事业的发展。他不仅创造了体育奇迹，也创造了商界辉煌。

在正确的时间做正确的事情，才能认识自己，经营自己，活出精彩人生。

我一定会成功

有人曾经做过这样一个实验：他往一个玻璃杯里放进一只跳蚤，发现跳蚤立即轻易地跳了出来。再重复几遍，结果还是一样。根据测试，跳蚤跳的高度一般可达它身体的400倍左右，所以说跳蚤可以称得上是动物界的跳高冠军。

接下来实验者再把这只跳蚤放进杯子里，不过这次是立即同时在杯子上加一个玻璃盖，嘣的一声，跳蚤重重地撞在玻璃盖上。跳蚤十分困惑，但是它不会停下来，因为跳蚤的生活方式就是“跳”。一次次被撞，跳蚤开始变得聪明起来了，它开始根据盖子的高度来调整自己所跳的高度。再一阵子以后呢，发现这只跳蚤再也没有撞击到这个盖子，而是在盖子下面自由地跳动。一天后，实验者开始把这个盖子轻轻拿掉，跳蚤不知道盖子已经去掉了，它还是在原来的这个高度继续跳。

三天以后，他发现这只跳蚤还在那里跳。

一周以后发现，这只可怜的跳蚤还在这个玻璃杯里不停地跳着——其实它已经无法跳出这个玻璃杯了。

现实生活中，是否有许多人也过着这样的“跳蚤人生”？年轻时意气风发，屡屡去尝试成功，但是往往事与愿违，屡屡失败以后，他们便开始不是抱怨这个世界的不公平，就是怀疑自己的能力；他们不是不惜一切代价去追求成功，而是一再地降低成功的标准——即使原有的一切限制已取消。就像刚才的“玻璃盖”虽然被取掉，但他们早已经被撞怕了，不敢再跳，或者已习惯了，不想再跳了。人们往往因为害怕去追求成功，而甘愿忍受失败者的生活。难道跳蚤真的不能跳出这个杯子吗？绝对不是。只是它的心里已经默认了这个杯子的高度是自己无法逾越的。

让这只跳蚤再次跳出这个玻璃杯的方法十分简单，只需拿一根小棒子突然重重地敲一下杯子；或者拿一盏酒精灯在杯底下加热，当跳蚤热得受不了的时候，它就会嘣的一下，跳了出去。人有些时候也是这样。很多人不敢去追求成功，不是追求不到成功，而是因为他们的心里面也默认了一个“高度”，这个高度常常暗示自己的潜意识：成功不是可能的，这个是没有办法做到的。

“心理高度”是人无法取得伟大成就的根本原因之一。

要不要跳？能不能跳过这个高度？我能不能成功？能有多大的成功？这一切问题的答案，并不需要等到事实结果的出现，而只要看看一开始每个人对这些问题是如何思考的，就已经知道答案了。

不要自我设限。每天都大声地告诉自己：我是最棒的，我一定会成功！

每个人都有机会

其实和你一样：他出身卑微，却心怀远大理想。多年前，他在1983年版的《射雕英雄传》中扮演那个宋兵乙，为增添一点点戏份，他请求导演安排“梅超风”用两掌打死他，结果被告之“只能被一掌打死”。这个年轻时被称作“死跑龙套”的卑微小人物，第一次当着导演的面谈到演技的时候，在场的人无一例外都哄堂大笑；但他依然不断思索、不断向导演“进谏”，直至2002年自己当上导演。那年，他获得了金像奖“最佳导演奖”。

其实和你一样：20世纪90年代，在一趟开往西部的火车上，梳着分头、戴着近视眼镜的他看上去朝气蓬勃，内心却带有微微的彷徨。那时的他严肃乏味，常常独坐好几个小时不说话。后来转行做主持人，1998年他第一次主持的电视节目播出时，他发现自己说的话几乎全被导演剪掉了。他让身为制片人的妻子准备了一个笔记本，把自己在主持中存在的问题一一记录下来，哪怕是最细微的毛病都不肯放过，然后逐条探讨、改正。即使今天其身价已逾4亿元，成为中国最具影响力的主持人，他仍未放弃面“本”思过。

其实和你一样：10年前，他是大学里的“小混混”，由于经常逃课而被老师责备。毕业后被分到当地的电信局当小职员，面对冗杂的机关工作，他感到既劳累又苦恼，后来他勇敢而果断地辞了职，然后自创网站，从而走向中国互联网浪潮的浪尖，他在2003年福布斯中国富豪榜中居第一位。

其实和你一样：5年前的他是一个防盗系统安装工程师，依他的说法“就是跟水电工差不多的工作，有时候装监视系统要先挖洞，一旦想到歌词就赶快写一下！”当年的他就是这么边干活边写词，半年积累了200多首歌词，他选出100多首装订成册，寄了100份到各大唱片公司。“我当时估计，除掉柜台小妹、制作助理、宣传人员的莫名其妙，减半再减半地选择性传递，只有12.5份会被制作人看到吧，结果被联络的概率只有1%。”其实那1%就是100%！1997年7月7日凌晨，他正准备去做安装防盗工作，有人打电话给他，那个人叫吴宗宪，同时走运的还有另一个无名小卒——周杰伦。从他和周杰伦合作的歌没人要，到要曲不要词，慢慢地曲词都要，之后单独邀词，但还会有三四个作者一起写，直到最后指定要他的词。

可能你已经猜到他们是谁了，一个是周星驰，一个是李咏，一个是丁磊，一个是方文山。他们是目前中国最具知名度的人中的一部分。

他们在成名前和你并无多大不同。不要抱怨贫富不均，生不逢时，社会不公，机会不等，条例繁复，伯乐难求，要知道：其实每个人都平等地享有出人头地的机会。明天，或者明年，同样会诞生像他们一样成功的人，就看是不是今天的你。

努力改变苦难

每个人都希望成功，都不想在苦难中生活。更不想接受苦难，而现实生活中苦难又常常围绕着我们。总是无处躲藏，必须正确面对。那么我们又将怎样面对苦难呢？这不禁让我想起世界著名汽车商人约翰·艾顿的生活经历。

约翰·艾顿出生在一个偏远的小镇上。父母早逝，姐姐用帮人洗衣服挣的钱来抚养他。姐姐出嫁后，姐夫将他撵出家门。他只好到舅舅家去居住，可舅妈更是刻薄，在他读书时，规定每天只能吃一顿饭，还要收拾马厩和草坪。他刚工作时当学徒工，工资少得连房子都租不起。那时，他有近一年的时间是躲在郊外废旧的仓库里睡觉。

英国首相丘吉尔是约翰·艾顿后来的朋友，在一次交谈中丘吉尔惊讶地问：以前怎么从没有听你说起过那些不幸与苦难呢？

约翰·艾顿笑着说：有什么好说的，正在受苦或正在摆脱苦难的人是没有诉苦权利的。

丘吉尔不解地看着他。

约翰·艾顿说：苦难变成财富是有条件的，这个条件就是你要战胜苦难而不再受苦。只有这时，苦难才是你值得骄傲的财富，别人听着你的苦难经历时，也不觉得你是在念苦经，只会觉得你意志坚强，值得敬重。如果你还在苦难之中，没有摆脱苦难，你说什么呢？在别人听来无疑是请求廉价的怜悯，甚至乞讨……这个时候你能说你享受了苦难，在苦难中锻炼了你的品质，学会了坚忍了吗？别人只会觉得你在玩弄精神胜利法，自我安慰。

我想这是伟人的经历，也是生活中随处可见的事情。

我有一位朋友，他来自祖国最北部的北大荒农村。他上有哥哥姐姐多人，在家中排行最小。哥哥姐姐都相继结婚成家了，只剩下他还没有。父母在为他小哥操办完婚事后，就一点积蓄都没有了。为了给兄长办婚事，父母甚至连家中吃饭的口粮都卖了。可成家后的哥哥姐姐们只顾自己的小日子去了，不但不愿帮助父母摆脱贫困，还把他当成累赘，理都不想理他。他到了成婚的年龄，却连女朋友还没有。因家中经济条件不好，他的婚事便成了问题。

父母看他年龄不小了，着急得不得了。本来北大荒就地广人稀，青年男女找对象不容易，家庭经济条件好的还行，不好的就更困难了。

有一位姑娘看上了他，认为他人品好，有理想，想跟他建立恋爱关系。可女方的父母及家人全都不同意，强烈反对。他们反对的理由就是：他家穷，又没有人帮助，嫁过去日子怎么过呢？可这位姑娘有眼光，没有听从家人的意见。她一边做家人的思想工作，一边偷偷地跟小伙子继续来往，还跟小伙子一起寻找对策。

小伙子明白如果要想让女方的家人接受自己，首先是要摆脱贫穷才行。如果能改变贫穷，什么阻力都会迎刃而解了。可在这靠天吃饭的北大荒农村怎么才能致富呢？他左思右想之后，决定离开北大荒，远离脸朝黑土背朝天的日子，到南方沿海大城市去打工。他又一想，这一走不知多久才能回来，姑娘是否还能等他归来呢？

姑娘听他把想法说完，只问了一句话：你不会辜负我吧？

小伙子干脆地回答：肯定不会！

夜是那么的静，天空上的星星在闪烁，两颗年轻的心在狂跳。

小伙子问：你能等我回来吗？

姑娘坚定地回答：我跟你一起去打工。你走到哪里，我就跟你到哪里。无论到天涯海角我都不怕。

小伙子被感动得一下子把姑娘揽在怀中，这是他们相识后第一次拥抱。时不待人，说走就走。他们没有告诉家人，便结伴远行了。

他们是当地第一对远走他乡出去打工的年轻人。

他们来到沿海城市青岛后，给家人打了个电话，本来是想让家人放心，不必牵挂。可让他们万万没有想到的是没有得到理解，反而遭到了家人无情的责备。两个年轻人一生气，就再也没有跟家人联系。

青岛虽然是沿海城市，经济发达，挣钱的机会比较多，可钱也不是从天上掉下来的。他们一无技术，二无学历，只能到工厂做一线工人。姑娘到一家服装厂上班，小伙子先是到建筑工地出苦力。他们先后换了好多工作，在不停地寻找发展的机会。终于小伙子在一家贸易公司找到了一个推销员的工作。他吃苦耐劳，头脑灵活，从推销员一直做到销售总监。而后他开了一家属于自己的公司。

姑娘辞去了服装厂的工作，当起了老板娘。她理财，小伙子主管业务，生意做得不错。这时他们才意识到已经有好多年没跟家人联系了，心想应该与家人联系一下，把成功的喜悦告诉远在千里之外的亲人。

家人不相信小伙子会那么有钱，更不相信他能成功，还认为他一无所有呢，语气冷得很。小伙子想证明自己没有说谎，让家人来青岛看一看。家人反而向他索要往返行程的路费。小伙子为了尽孝心，就让父母来了。

父母来到青岛一看，眼睛一亮，怎么也没有想到儿子会发展得这么好，有自己的公司，还有那么大的楼房。老人想儿子怎么会这么有钱呢？老人从青岛回到北大荒后，把所见所闻跟亲朋好友一说，大家无不惊讶。

小伙子的哥哥姐姐立刻都改变了态度，逢人便说：我弟弟在青岛自己开公司了……他们又要把孩子送到青岛去，说青岛是沿海开放城市，城市大，环境好，给孩子发展的空间要比北大荒大得多。

小伙子的妻姐、妻哥先后都把孩子送到青岛来了。小伙子也宽容地接纳了已经多年没有联系的晚辈。这样就缓和了亲人之间的紧张关系。

这时姑娘的家人才想到小伙子和姑娘还没有正式办理结婚手续呢，赶紧张罗着为他们补办婚礼。

这是一个迟到的婚礼，在经过苦难、战胜苦难之后到来的。

这位朋友后来对我感慨地说：如果我在东北老家农村种地，一个亲戚都不会来往。如果来往，也不会这么融洽。人只有自强才行。

我的这位朋友能成功地走出困境，不仅改变了自己的人生，也改变了家人的生活，甚至影响了下一代人的成长。这能不受到亲人的尊重吗？

想成功的人只有把苦难化为走向成功的动力，改变苦难才行。苦难并不可怕，可怕的是我们面对苦难缺少进取的勇气。叹息没有用，努力改变苦难才是正确的。

永远不要放弃努力

他静静地埋伏在草丛里，思索着。他研究过小女孩的习惯，知道她会在下午两三点钟从外公的家里出来玩。为此他深深地痛恨自己。尽管他的日子过得一塌糊涂，可他从来没有过绑架这种冷酷的念头。然而此刻他却借着屋外树丛的掩护，躲在草丛中，等待着一个天真无邪、长着红头发的两岁小姑娘进入他的攻击范围。这是漫长的等待，使他有时间去思考。或许哈伦德从前的日子都过得太匆忙了。

他父亲是印第安纳州的农民，去世时他才5岁。他14岁时从格林伍德学校辍学，开始了流浪生涯。他在农场干过杂活，干得很不开心。当过电车售票员，也很不开心。他16岁时谎报年龄参军——而军旅生活也不顺心。一年的服役期满后，他去了阿拉巴马州。开了个铁匠铺，不久就倒闭了。随后他在南方铁路公司当上了机车司炉工。他很喜欢这份工作，以为终于找到了自己的位置。

他18岁时娶了媳妇，没想到仅过了几个月时间，在得知太太怀孕的同一天又被解雇了。接着有一天，当他在外面忙着找工作时，太太卖了他们所有的财产逃回了娘家。

随后大萧条开始了，哈伦德不会因为老是失败而放弃，别人也是这么说的，他确实努力过了。

有一次还是在铁路上工作的时候，他曾通过函授学习法律，但后来放弃了。

他卖过保险，也卖过轮胎。他经营过一条渡船，还开过一家加油站，都失败了。认命吧，哈伦德永远也成功不了。

此刻，他躲在弗吉尼亚州若阿诺克郊外的草丛中，谋划着一次绑架行动。他观察过小女孩的习惯，知道她下午什么时候会出来玩。可是，这一天，她没出来玩。因此他还是没能突破他一连串的失败。

后来，他成了考宾一家餐馆的主厨和洗瓶师。要不是那条新的公路刚好穿过那家餐馆，他会干得很好。接着到了退休的年龄。

他并不是第一个，也不会是最后一个到了晚年还无以为荣的人。幸福鸟，或随便什么鸟，总是在不可企及的地方拍打着翅膀。他一直安分守己——除了那次未遂的绑架。

出于公正，必须说明的是，他只是想从离家出走的太太那儿绑架自己的女儿。不过，母女俩后来回到了他的身边。

时光飞逝，眼看一辈子都过去了。而他却一无所有，要不是有一天邮递员给他送来了他的第一份社会保险支票，他还不会意识到自己老了。那天，哈伦德身上的什么东西愤怒了、觉醒了、爆发了。

政府很同情他。政府说，轮到你击球时你都没打中，不用再打了。该是放弃、退休的时候了。

他们寄给他一张退休金支票，说他“老”了。他说：“呸。”他气坏了。他收下了那105美元的支票，并用它开创了新的事业。

今天，他的事业欣欣向荣。而他，也终于在88岁高龄大获成功。

这个到该结束时才开始的人就是哈伦德·山德士。他用他的第一笔社会保险金创办的崭新事业正是肯德基家乡鸡。

第三章
安之若素，微笑向暖

真正点亮生命的不是明天的景色，而是美好的希望。我们怀着美好的希望，勇敢地走着，跌倒了再爬起来，失败了就再努力，永远相信明天会更好，永远相信不管自己再平凡，都会拥有属于自己的幸福，这才是平凡人生中最灿烂的风景。

——桐华

面对困难，坚持下去

在通往世界最高峰的道路上，生理和心理的极度疲劳和缺氧很容易让某些人放弃。登上珠穆朗玛峰，你可知脚下迈过的土地里可能埋藏着无数遇难者的遗体。他们中的每一个人都是在向梦想迈进的道路上付出了生命的代价。多向前迈一步可能被很多人视而不见，然而是否多迈这一步就决定着你的存亡。

“水滴石穿”“铁杵磨成针”教育了无数中国人。在历史上，穷尽一生只做一件事情的故事简直是数不胜数。可是到了当今，不少人产生了种种急于求成的心态，恨不得在一夜之间完成需要很久时间才能完成的事情。由于没有耐性，让他们坚持完成一件长期工作是不可能的。

美国玛丽·凯化妆品公司的董事长玛丽·凯，在创业之初，历经失败，承受了种种痛苦，走了无数弯路。然而，她从来不灰心，不泄气，最后终于成为一名大器晚成的化妆品行业的“皇后”。20世纪60年代初期，玛丽·凯已经退休回家。可是过分寂寞的退休生活使她突然决定冒一冒险。经过一番思考，她把一辈子积蓄下来的5000美元作为全部资本，创办了玛丽·凯化妆品公司。为了支持母亲实现“狂热”的理想，两个儿子也加入到母亲创办的公司中来，宁愿只拿250美元的月薪。玛丽·凯知道，这是背水一战，是在进行一次人生中的大冒险，弄不好，不仅自己一辈子辛辛苦苦的积蓄将血本无归，而且还可能葬送两个儿子的美好前程。

在创建公司后的第一次展销会上，她隆重推出了一系列功效奇特的护肤品，按照原来的想法，这次活动会引起轰动，一举成功。可是“人算不如天算”，整个展销会下来，她的公司只卖出去1.5美元的护肤品。意想不到的残酷失败，使她控制不住失声痛哭。她经过认真分析，终于悟出了一点：在展销会上，她的公司从来没有主动请别人来订货，她没有向外发订单，而是希望女人们自己上门来买东西。商场就是战场，从来不相信眼泪，哭是不会哭出成功来的。玛丽擦干眼泪，从第一次失败中站了起来，她不允许自己倒下，始终坚持着自己的信念，在重视生产管理的同时，加强了销售队伍的建设。

经过20年的苦心经营，玛丽·凯化妆品公司由初创时的雇员9人发展到现在的5000多人，由一个家庭公司发展成一个国际性的公司，拥有一支20万人的推销队伍，年销售额超过3亿美元。坚持让玛丽·凯终于实现了自己的梦想。

人人都会陷入困境，谁能多坚持一会儿，谁就离成功更进一步。创业的道路上一定会遇到许多坎坷和麻烦，任何人都有可能失败。但是很多的人失败后就偃旗息鼓了，被失败打击得再也爬不起来，这才是真正的失败。可是有人却认为“失败是成功之母”，不断地干下去，最后成功了。

在人生的道路上，任何人都会遇到困难。在困难面前怎么办？

这是每个人都必须面对的一个问题。我们应该有一个很明确的观点：即使是最困难的事，只要自己有心理准备，能够想办法解决，就一定可以找到破解问题的办法。解决困难的方式是多种多样的，其中最重要的就是对事实有着清醒的认识，冷静思考造成困难的原因，这需要一种敏锐的眼光，能快速得到答案，这是非常重要的。

事实上，即使是有丰功伟绩的人，也都承认自己曾经有过失败。正因为有过多次的失败，才会得到更多的教训；经过多次教训后，才能够成熟起来。如果不肯承认失败，就永远不会进步。要是在失败面前抱怨外界的种种，就只会使自己一再地处在失败和不幸的旋涡之中。

不管做什么事，只要放弃了，就丧失了成功的机会。不放弃就会一直拥有成功的希望。即使你有99%想要成功的欲望，却有1%想要放弃的念头，那么也是很难成功的。只有持续地保持着坚持的信念，不允许放弃的念头产生，才能一步步地走向成功。要做到坚持就必须保持一个顽强的信念，否则将一事无成。

“再挖三尺就是黄金”是美国淘金时代的故事。青年农民达比卖掉自己的全部家产，来到科罗拉多州追寻黄金梦。他围了一块地，用十字镐和铁锹进行挖掘。经过几十天的辛勤工作，达比终于看到了闪闪发光的金矿石。继续开采必须有机器，他只好悄悄地把金矿掩埋好，回家暗中凑钱买机器。当他费尽千辛万苦弄来了机器，继续进行挖掘时，挖到的却是一堆普通的石头，达比认为：金矿枯竭了，之前所做的一切努力都白费了。他难以维持每天的开支，更承受不住越来越重的精神压力，只好把机器当废铁卖给了收废品的人。收废品的人请来一位矿业工程师对现场进行勘查，得出的结论是：目前遇到的是“假脈”。如果再挖三尺，就可能遇到金矿。

不放弃就有机会。失败、挫折是不可避免的，但并不是不可战胜的。成功，往往就在于失败之后再坚持一下的努力之中。

我们小时候都听过愚公移山的故事——“山神听说，怕他挖山不止，就报告天帝，天帝为其诚心所动，便命人把山搬走了。”可是当我们长大时，却把愚公的愚看作是真的愚。然后再看看自己，虽然“不愚”，却离成功很远很远。

传说一个人在游泳时将一颗珍珠掉入海中，他发誓要找回这颗珠子，便用水桶把海水一桶一桶地提起倒到沙漠里去，海神怕他把海水弄干，赶快帮他找回了那颗珍珠。是坚持还是放弃，结果有着天壤之别。

不要让暂时的挫折击垮。成功者和失败者都有自己的“白日梦”。不过，失败者只会抱着自己的梦想睡大觉，在美好的幻想中虚度时光，从来不付出努力。成功者则相反，当他们决心把自己的希望和抱负变成现实的时候，就会不断地付出努力，即使遭遇挫折也坚持下去。失败者总是有理由拒绝伤害，成功者却总是有理由在跌倒后重新站起来。成功者总是年复一年地致力于某件事，以求得一条最正确的最实际的前进之路。无论面对什么情况，成功者都显示出创业的勇气和坚持下去的毅力。他们以一种无所畏惧的开拓精神，稳步前进在追逐梦想的道路上，在困难面前泰然处之，坚定不移。

成功者共有的一个重要品质就是在失败和挫折面前，仍然充分相信自己的能力，而不管别人说什么。看一下一些知名人物的早年生活，就会发现他们也曾经被人批评过，也失败过。但是正是因为别人的非议才促使他们坚定信念，坚持梦想。人们断言他们绝对办不成的事，但在他们的坚持下，最终还是奇迹般地成功了。

很多人会觉得成功的到来总是遥不可及。时间对于我们确实是个考验，但是最佳时机就是现在。你也可以回顾一下过去的挫折，希望会在心中重新萌发。有的时候，我们会因为挫折感太过强烈而灰心丧气。但是，这些挫折已经赋予了你更加聪明的智慧和更为丰富的经验与阅历。有些时候，面对时间的残酷，只有你耐心坚持下去。

“锲而舍之，朽木不折；锲而不舍，金石可镂。”金石比朽木的硬度高多了，但不要因为它硬，你就放弃雕刻出美丽的图案，那样等待你的永远只是失望。但只要锲而不舍地镂刻它，天长日久，也是可以雕出精美的艺术品来的。成功不都是这样获得的吗？只要你努力地追求，“精诚所至，金石为开”。

急功近利是成功的绊脚石

我们为了能成为笑到最后的那一个，千万不要急功近利，而要学会忍耐，并在忍耐的同时寻找前进的方向和方法。唯有这样，我们的理想才会得以实现。

受市场经济大环境的影响，人们的心变得浮躁，许多人急功近利，做什么事情都恨不得一口吃个胖子。岂不知，这种以结果为导向来指引自己行为的方式，实际上忽略了过程的重要性。尤其是一些涉世不深的年轻人，他们总是毛手毛脚，急三火四，心浮气躁。

不可否认，每个人都希望自己能够早一点儿学业有成，早一点儿创立一番事业，功成名就。为了实现这一理想，人们加快了奋斗的脚步，以至于我们常常在自己或他人身上发现这样一种现象：之前的计划还没实施完毕，就开始匆忙执行下面的计划了；今天的事还有待处理，就急着考虑明天、后天的事该怎么做；本职工作还没做好，就琢磨着怎么挣“外快”……这正是人们“急功近利”心理的直接反映，而有这种心理的大多是一些“聪明”过头的人。

这些“心急吃热豆腐”的人到头来怎么样呢？事实证明，他们往往无法达到自己预期的目标，只能在要么失败、要么勉强应付的现实面前嗟叹人生之不易、现实之残酷。

张先生和刘先生都是当地有一定知名度的画家，他们都希望自己的孩子能够子承父业，光宗耀祖。可是两位父亲对待孩子画作的处理方式却迥然不同。

张先生将孩子画好的每一幅画都装裱起来，挂在客厅的墙上，每当圈中好友前来拜访，他都会让来访的客人欣赏一番。而刘先生则不然，他每次都把孩子辛辛苦苦画好的画扔进垃圾桶。

转眼10年的时间过去了。张先生的孩子如愿以偿地办起了个人画展，由于他画作精彩，得到了很多人的认可。而刘先生的孩子却连一幅完整的画都呈现不出来，因为他的画都被扔进了垃圾桶里。他所有的只有画板上未完成的半幅作品。

时光荏苒，转眼30年的时间过去了，张先生孩子的画作已经挂满了那座城市的大街小巷，他那千篇一律的画已经看不出任何新意。而刘先生孩子的画此时却横空出世，震惊了整个画坛。

毫无疑问，张先生带着一股急功近利的心思，想方设法打造一个成功的儿子；而刘先生却不急不慌，用30年的坚守和忍耐，最终塑造成了一个真正的画家。

在现实生活中，大部分人都想做成功者，他们不谈是否将流传千古、久负盛名，起码能够被当下的人们所喜欢、所称道。实际上，由于受到名利的引诱，急功近利的心理促使人们丧失了理性，放弃了忍耐，以至于最终落得被厚积薄发者淘汰出局的下场。

不可否认，任何领域里，人们都会把成功作为追求的目标。这其中，有的人心浮气躁，恨不得一夜成名；有的人却甘于在平凡中一点一点地努力，等时机合适的时候，一跃成为杀出重围的那匹“黑马”。

史学家范文澜先生曾用一句话概括他做学问的艰辛，这便是：“板凳需坐十年冷，文章不写半句空。”和范先生一样给我们启示的还有美国成功学大师拿破仑·希尔，他为了找到人们放弃自我、铤而走险的真正原因，对十几万名囚犯作了调查。其调查结果令人十分震惊，在这十几万名囚犯中，有九成人犯罪是由于缺乏必要的自制力和忍耐力。

从这一铁的事实中我们可以看到，急功近利的害处是显而易见的，只计较眼前的利益，不考虑长远发展的意识和行为其实是杀鸡取卵的最好注解。

努力提升自己

说到机会，我们通常是指那些稍纵即逝的有利条件和境遇。当好机会来临，仿佛天时、地利、人和都汇聚到了一起。于是，我们会无数次地感叹，做了许多努力，只差一个机会。对拥有好机会的人，我们也会羡慕或妒忌。

若你只着眼于大家都看得见的出人头地的成功，那机会看上去是很有限的。时下吸引眼球的成功，其定义往往很窄，于是一开始成功的机会就不多：学校里，每个班级几十人，即便大家同等努力，最终第一名只能有一个；机构里，从基层到高层，人数一般呈“金字塔”形，越往上走，职位越少，盼望升职的人远远多于可以升迁的职位。众人云集、人头攒动的公共空间里，能瞬间获得万众瞩目的人寥寥无几……本来实力、素养、业绩相差无几的人，为什么人家能上去你就上不去？你可能会归结为：我就差一个机会。很多时候，我们认为能得到机会与人的出身背景、美貌、会来事儿等有关，而跟所有这些都无关的，那就是格外幸运、上天垂青。

然而，机会本身暗含着偶发因素。看待别人和自己的境遇，如果只看到他运气好、得到了机会，我运气差、没赶上机会，或者把希望寄托于不可测的时机，那对自身的成长或成功实在没有太大的帮助。已有无数人说过类似的话：只知等待机会甚至抱怨没等到，是弱者所为，强者会主动创造机会。

能主动创造，不再依赖变幻莫测的外界条件，不是消极被动地等待，也不是烦躁郁闷地抱怨，而是把自己的目标、选择、意愿、勇气、热情、实力、灵活应变都投入进去，去和周遭的人及环境互动，在变化中博取所需要的机会。当有人持续这样做，在努力寻找和创造机会的同时，也努力修炼内功提升自己，你会渐渐发现，即便一次两次失败了，只要没有遭遇太恶劣的环境（比如天灾人祸），这种人迟早能成事儿。他们无须依赖偶然时机，无须感叹运气不佳，对他们不断提升的实力来说，有所成就是必然的。

当你拓展视野，把一切有利于成就自己、提升人际关系、改善处境的条件际遇都看成机会，包括从天而降的，也包括自己主动去争取去创造的，那机会就非常多。这时值得注意的，仍是转换眼光——同样的条件下，有人看得见机会，有人只看见问题和障碍。就像一个老故事所说：两个卖鞋的销售员，分别去考察同一块处女地。一个沮丧地回来报告说：没有机会，那里的人都不穿鞋。另一个则兴奋地回来报告：有极大的发展机会！那里的人都还没有鞋！

当然，后者看到的大好机会真要实现，至少还要摸清有相应购买力或潜在购买力的都是哪些人，此外还要有心理准备，培育市场需要一点时间。无论怎样，拥有善于发现和捕捉机会的眼光，从长远来看，更容易获得成功和幸福。

好眼光包括清楚地知道你要去哪儿，目标明确时，既可以节省时间，只做与目标一致的事，也有机会把每一段经历都转化为更接近目标的阶梯。很多人面临的是另一种困惑，不是没有机会，反倒是选择很多，认不清哪个才是真正的好机会。

前两年听过一位创业者的经历。那是一位已经在自己的领域成功并成名的女士，人到中年下海创业，愿意跟她合作的机会从四面八方涌来。在花了不少时间去弄清到底哪些才是好机会之后，有一天她忽然明白：重要的是先得知道自己要去哪儿，真正要什么。

当你眼光足够好、清楚自己要什么，又专注于你能决定、能选择、能影响的范围，不愁机会不出现。你需要做的，只是健康地生活，做你热爱的事情，跟亲朋好友善意相处真情互动，学会肯定自己与他人的美善和闪光点，发现、创造并享受日常生活中的赏心乐事……总有一天，机会就会来敲门。

可以说，每天都给自己一个全新的机会，让自己能够更加认识自己，活出自己，越来越学会去爱，也让自己活在爱中。

在绝望中寻找希望

有一幅漫画：在一片水洼里，有一只面目狰狞的水鸟正在吞咽一只青蛙。青蛙的头部和大半个身体都被水鸟吞进了嘴里，只剩下一双无力的乱蹬的腿，可是出人意料的是，青蛙却将前爪从水鸟的嘴里挣脱出来，猛然间死死地箍住水鸟细细的长脖子……这幅漫画就是叙述这样的道理：无论什么时候，都不要放弃，在绝望处要看到希望。

1995年，37岁的几米遇到人生一个重大事件——罹患血癌，凭借对美好世界的热爱和内心强大的力量，他最终战胜病魔，在生命的长河中逆流而上，成为台湾最著名的绘本作家。几米在自己的作品《我的心中每天开出一朵花》里写下这样的话：落入深井，我大声呼喊，等待救援……天黑了，黯然低头，才发现水面满是闪烁的星光，我总是在最深的绝望里，遇见最美丽的惊喜。我在冰封的深海，找寻希望的缺口，却在午夜惊醒时，蓦然瞥见绝美的月光。“我有着向命运挑战的个性，虽是屡经挫败，我决不轻从。我能顽强地活着，活到现在，就在于：相信未来，热爱生命。”上面的诗句是诗人几米写给自己的内心，也是写给世界上第一个追问人生意义的人。

在绝望处看到希望，终究看得见天空中那颗属于自己的星星。

美国一位著名教授招聘助教，留学美国的吴鹰和他的几位同学同时参加了应聘。可就在考试的前几天，他的同学们打听到，这位教授曾在朝鲜战场上做过中国人的俘虏，都认为教授肯定不会录用中国人，纷纷放弃了，同时劝说吴鹰不要白费精力。但吴鹰没有听从同学们的劝告，参加了应聘，并出人意料地被录取了。

教授对吴鹰说：“你们是为我而工作，只要当好助手就行了，还扯几十年前的事干什么？我很欣赏你知难而进的勇气和对生活的信念，这就是我录取你的原因。”

在别人看来似乎不可能的事情，在绝望处看到希望，仍不放弃、做出积极努力，比别人多一分勇气，多一分执着，这就是吴鹰在这次应聘中取胜的法宝。1998年，美国《商业周刊》评选其为拯救亚洲金融危机的亚洲50位明星之一。

我们都曾经一再看到这类不幸的事实：很多有目标、有理想的人，他们工作，他们奋斗，他们用心去想、去做……但是由于过程太过艰难，他们越来越倦怠、泄气，终于半途而废。到后来他们会发现，如果他们能再坚持久一点，如果他们能再看得更远一点，他们就会终得正果。请记住：永远不要绝望，就算看似绝望了，也要再努力，从绝望中寻找希望。

在绝望处看到希望是人生的一种大智慧，是向往美好生活的动力，更是成功者的座右铭。托尔斯泰说过："环境，愈难艰困苦，就愈需要坚定的毅力和信心，而且懈怠的害处就愈大。"天空不会总是蔚蓝，道路不会总是平坦，生活里有太多的苦难和挫折，但是只要有信念、勇气、智慧和毅力，就能点燃成功的激情，不断走向成功。

坚持的秘诀

几天前，我的一位朋友拜伦给我发来了一封邮件："皮特，在过去的五年我不经常锻炼。现在我正努力回归健身馆，增强体质。我意识到在我寻求思想、身体和精神的平衡过程中，身体健康被忽略了。现在，我需要锻炼身体了，但是我很难找到健身的动力，有什么好的建议吗？"

这是一个很常见的、很多人在制订计划时也面临的典型问题。

你应该事先了解一些关于拜伦的细节：他最近开始经商并且经常自费参加培训项目来提升自己的能力。所以拜伦并不是缺少动力，而是他认为自己没有参加锻炼的动力。

但是，拜伦错了。他在邮件中写到"我要锻炼身体"。事实上他有健身的积极性，不然他是不会给我发邮件的。显然他很在意健身这件事，而当你在意一件事时，你已经寻到动力。

其实，拜伦面对的问题并不是没有动力，而是如何坚持。

重点是，只要拜伦一直认为他需要解决的是缺少积极性的问题，那么他会一直在错误的方向上寻求不可能是正确的解决方法。他会试着让自己兴奋起来。他会提醒自己保持体形至关重要。也许他会想象自己瘦身后所吸引的异性，或是瘦身后寿命所能增加的年头。

每当他试图激励自己时只会徒增自己的压力和愧疚感，因为这样做只能加深动机和坚持过程的间隔，加大他对于健身的迫切希望和没有实现这个目标的事实间的差距。我们一直抱有这样一种观念，即只要我们足够重视一件事，我们就会成功地完成，但是这种认识并不准确。

动力存在于大脑中，而坚持存在于实践中。动力是空想的，而坚持是实际的。事实上，积极性问题的解决方法与毅力问题的解决方法完全相反。大脑是动力的实质，但正是因为坚持，大脑才能付诸实践行动。

我们都有大脑阻挠我们强烈意愿的经历。我们决定下班后去健身馆，但是到了既定时间，我们会想："太晚了，我累了，今天我应该歇一天。"我们决定应该对员工给予更大的支持，但是当某一员工犯错时，我们会想："如果这次我没有严惩的话，他下次还会犯错。"我们下决心在会议上多讲话，但是当我们坐在会议室时，我们会犹豫不确定自己要说的那些话是否有意义。

秘诀是：如果你想要坚持做一件事，那么不要去想它。

在你开始行动之前，屏蔽在你脑中进行的与其相关的争论，不要被诱惑，停止与自己的争论。

对于你想做的事情要有明确的决心，且不要有任何怀疑。具体地讲，我的意思就是，下定一个决心，比如，我要在明早6点锻炼身体，或是我只会指出雇员所做事情的对与错，或者在下次会议中我至少要发言一次。

当你的大脑试图与你争辩时，忽略它。你比你的大脑更聪明，你会明白这样做是对的。至于拜伦，我有几个小技巧可以帮助他屏蔽他的小心思，提升他的毅力。

创造一个可以支撑你健身目标的环境。将健身服摆在床边，将其放置为起床后所碰到的第一件物品。事实上，要在大脑意识到你将要做什么前立刻行动。

寻找一个训练员或是与朋友一起锻炼。违背对他人的责任感总是很艰难的。

想好你要在什么时候、什么地点锻炼。并将其写在日历上，这样坚持下去的可能性就会大幅度增加。

制订一个可以量化的具体计划。每天45分钟的运动，减少糖的摄入，每周有六天去健身馆。

你要明白对于毅力的挑战只会持续那么几秒钟。只要你蹬上运动鞋，踏上去往健身馆的路，你的大脑就会放弃与你争辩。

在你重新投入身体锻炼的最初几周，自律很有帮助。但几周后，动力就会将其取代，并且那种感受到自己瘦下来的喜悦会平息内心的斗争。

最后，将上述提到的看作一个多任务的项目。你需要一份记录你每天所要完成任务的清单，以保证你按照自己的意愿前进。

我曾向一位教授学习打高尔夫，他教给我一种挥杆的方法。课后他告诫我：“当你与别人一起打高尔夫球时，有些人会给你很多指导建议。礼貌地听他们讲完，并向他们表示感谢，然后完全忽略他们的建议，按着我刚刚教你的去做。”

成功没有我们想象的复杂

有一个人去应聘工作，随手将走廊上的纸屑捡起来，放进了垃圾桶，被路过的面试官看到了，因此他得到了这份工作。

原来获得赏识很简单，养成好习惯就可以了。

有个小弟在脚踏车店当学徒，有人送来一部有故障的脚踏车，小弟除了将车修好，还把车子整理得漂亮如新，其他学徒笑他多此一举，后来车主将脚踏车带回去的第二天，小弟被挖到那位车主的公司上班。

原来出人头地很简单，吃点亏就可以了。

有个小孩对母亲说："妈妈你今天好漂亮！"母亲问："为什么？"小孩说："因为妈妈今天都没有生气。"

原来要拥有漂亮很简单，只要不生气就可以了。

有个牧场主人，让他孩子每天在牧场上辛勤地工作，朋友对他说："你不需要让孩子如此辛苦，农作物一样会长得很好的。”牧场主人回答说：“我不是在培养农作物，我是在培养我的孩子。”

原来培养孩子很简单，让他吃点苦头就可以了。

有一个网球教练对学生说：“如果一个网球掉进草堆，应该如何找？”有人答：“从草堆中心线开始找。”有人答：“从草堆的最凹处开始找。”有人答：“从草最长的地方开始找。”教练宣布正确答案：“按部就班地从草地的一头，搜寻到草地的另一头。”

原来寻找成功的方法很简单，从一数到十不要跳过就可以了。

有一家商店经常灯火通明，有人问：“你们店里到底是用什么牌子的灯管？那么耐用。”店家回答说：“我们的灯管也常常坏，只是坏了我们就换而已。”

原来保持明亮的方法很简单，只要常常更换就可以了。

住在田边的青蛙对住在路边的青蛙说：“你这里太危险，搬来跟我住吧！”路边的青蛙说：“我已经习惯了，懒得搬了。”几天后，田边的青蛙去探望路边的青蛙，却发现他已被车子轧死，暴尸在马路上。

原来掌握命运的方法很简单，远离懒惰就可以了。

有一只小鸡在破壳而出的时候，刚好有只乌龟经过，从此以后小鸡就背着蛋壳过了一生。

原来脱离沉重的负荷很简单，放弃固执成见就可以了。

有几个小孩很想当天使，上帝给他们一人一个烛台，让他们要保持光亮，结果一天两天过去了，上帝都没来，所有小孩已不再擦拭那烛台，有一天上帝突然造访，每个人的烛台都蒙上厚厚的灰尘，只有一个小孩大家都叫他笨小孩，因为上帝没来，他也每天都擦拭，结果这个笨小孩成了天使。

原来当天使很简单，只要实实在在去做就可以了。

有只小狗，向神请求做他的门徒，神欣然答应，刚好有一头小牛由泥沼里爬出来，浑身都是泥泞，神对小狗说：“去帮他洗洗身子吧！”小狗讶异地答道：“我是神的门徒，怎么能去侍候那脏兮兮的小牛呢！”神说：“你不去侍候别人，别人怎会知道你是我的门徒呢！”

原来要变成神很简单，只要真心付出就可以了。

有一支淘金队伍在沙漠中行走，大家都步伐沉重，痛苦不堪，只有一人快乐地走着，别人问：“你为何如此惬意？”他笑着说：“因为我带的东西最少。”

原来快乐很简单，拥有少一点就可以了。

梦想的动力

一个杰出的青少年，应该是一个有着远大志向的人。因为，一个人追求的目标越高，他自身的潜能就越能得到充分的发挥，他的才能就发展得越快。人之所以伟大或渺小都决定于志向和理想。伟大的毅力只为伟大的目标而产生。

美国著名畅销书作家斯宾塞·约翰逊认为，理想如果是笃诚而持之以恒的话，必将极大地激发蕴藏在你体内的巨大潜能，这将使你冲破一切艰难险阻，达到成功的目标。

理想是以现实为根据的一种理性想象，是人们对自己、对社会发展的设想与追求。崇高的理想必然会产生巨大的力量。一个具有远大理想的人，一般同时具有坚定不移的决心、信心和毅力，在困难面前不动摇、不退缩、不迷失方向。理想远大的学生一般都有较强的成就动机，其积极性、自觉性、主动性、意志力都较强，因此，学习成绩就优异。相反，不考虑自己将来做什么工作，没有想过将来做什么样的人，没有明确目标的学生，表现在学习上是消极被动、敷衍应付的，成绩也多不理想。

因此，要树立远大的理想，就要不断地、反复地问自己：

我为什么要学？

我将来要为这个社会做些什么？

我将来准备成为一个什么样的人？

把你思考的答案，工工整整地写下来，贴在客厅墙上或床前、写字台前，使自己经常看到，以便自我激励。

我国杰出的生物学家童第周，在学生时代，就确立了“中国人不是笨人，应该拿出东西来，为我们民族争光”的学习目的，使自己的学习热情越来越高。他在比利时研究实验胚胎学时，同宿舍住着一个研究经济学的俄国人，他很瞧不起中国人，嘲笑中国人是“东亚病夫”。童第周愤怒地对他说：“不许你侮辱我的祖国，这样不好，你代表你的祖国，我代表我的祖国，从明天起，我不去实验室，和你一起研究经济学，看谁先取得学位。”那个俄国人不敢应战，赶紧溜掉了。经过4年的努力，童第周以优异的成绩取得了博士学位，他尤其擅长于在显微镜下做当时外国人还不能做的精细手术，得到了欧洲生物界的赞扬，受到世界许多专家的瞩目。

年轻的数学家肖刚，上小学时就确立了攀登科学文化高峰、为祖国富强做贡献的学习目的。他只读到初二就到农村劳动，他凭着顽强的自学，达到了大学水平，1977年10月被破格录取为中国科技大学研究生。肖刚于1984年获法国博士学位，回国后仅两年时间就被聘为教授，同年被国务院学位委员会批准为博士生导师，成为我国最年轻的博士生导师之一。

革命家李大钊说过："青年啊，你们临开始活动以前，应该定定方向。比如航海远行的人，必先定个目的地。中途的指针，总是指着这个方向走，才能有到达那目的地的一天。"

目的不明确的学生，如同没有方向的航船，只是随波逐流，不可能到达理想的彼岸。有时候，一句话就会使你产生一个梦想。知心姐姐卢勤在她的书中讲了这样一个故事：

有两个中学生认识了一位生物学家。生物学家告诉他们，中国有一种叫白头叶猴的濒危动物，仅在我国广西有200只。现在人们要去了解它们的生活习性以保护这些野生动物，结果这两个孩子就有了一个梦想。他们从2003年开始，利用寒暑假去跟踪调查白头叶猴。

调查的环境非常艰苦，茫茫的原始森林是野兽和虫子的天堂。每天睡觉之前都得先抖抖被子看看里头有没有蛇，早晨起来先抖落抖落鞋子看看有没有蝎子。这种猴是很难看到的，有一些老猎人一辈子都没看到过，所以他们的追踪很辛苦。有一天，他们太累了，那个叫董月的女孩儿，一屁股坐在地上，她突然觉得腿上唰唰地有东西在爬，原来她坐在了蚂蚁窝上……这种事他们遇到了许许多多，但是他们只有一个梦想，一定要研究出白头叶猴的生活习性，一定要保护我们国家仅有的这200只白头叶猴。三年的寒暑假，他们都是在大森林里度过的。

最近，这两个孩子的论文在美国纽约的世界少年科学家大会上获得了一等奖。今年，男孩儿进了清华大学，女孩儿进了北京大学。

你有什么样的远大的梦想呢？如果没有，你一定要为自己设立一个远大的梦想。同时，你要实现你的梦想，第一步就是要好好读书。在读书的过程中，梦想会给你带来强大的动力！因此，你的人生不能没有梦想。

千万不要放弃自己的梦想

何念，著名戏剧导演，“80后”，毕业于上海戏剧学院导演系，他的每一步，都是一个漂亮的弧线，不一样的角度，不同的方向，他不想也不愿意重复自己的过往。他的每一部作品都是一个绝美的瞬间，抓人的主题，诱人的形式，他不想也不愿意满足自己曾经的辉煌。

舞台剧导演更像用信念鼓舞众人实现梦想的统治者

我是何念，我是一名舞台剧导演，我曾经有过25部舞台剧的作品，代表作有《鹿鼎记》《资本论》《撒娇女王》《武林外传》《21克拉》。很多人说我的职业像一个梦想家，但我觉得我更像一个用信念去鼓舞众人把梦想变为现实的统治者。人这一辈子实现梦想并不难，真正难的是当你以一个成功姿态告别一个阶段的时候，你可以清楚地知道你的下一个阶段的梦想是什么，并且愿意为其从零开始，而我正经历着这一切。

从小喜欢篮球，我是从十三四岁就开始有点像半专业那样去打。我从小就比较喜欢做那种有挑战性的事情。高中毕业选择这个行业的时候，觉得自己很喜欢说故事，才去选择了导演这个专业。那会儿我对这个职业充满了憧憬，我们特别喜欢一种有激情的职业。我非常清楚地记得我们班上第一次做汇报演出的时候，看着每一个故事立在舞台上，我们在侧幕看着我们自己的故事一点点演出来，然后从侧幕偷瞄着每一个观众，他们的情绪跟着我们编辑的那些故事情节在走，我们一下子感到了那种被需要感。

工作的动力源于你内心的自信

刚毕业那会儿，跟大家一样，我也是一个没有活干的导演。那是SARS流行的时候，有一个非常幸运的机会，我们剧团其他导演要完成这么一个剧本，他可能有别的一些工作要去做，然后那个剧本就冷空了。我拿到剧本的一瞬间，根本就还没有看这个剧本，直接就答应了那一次的工作。我觉得动力还是源于你内心的自信，人怎么样才可以自信？我觉得一定是在做一件事情之前，你要先做大量的准备。在你准备的过程当中，它一点点会给你实现，给你反馈，并且在准备的过程中你会慢慢找到你一定要坚持下去的理由。

我还记得我第一次当导演的时候，拿到一个剧本，然后我不知道该怎么做，我到我老师家里去，我就问他，我说老师我现在马上就要当导演了，第一次有这样的机会，我怎么样来控制？不像影视，我们可以停，或者是某一个瞬间我们可以组接起来。舞台剧，它从头到尾是一气呵成的，所以你必须要演员完全理解你的意思，完全表达你的意思。如果你们之间发生了分歧，那么必须有一方要妥协，那么我就一直在问我老师怎么做。

我老师给我一个很奇怪的答案，老师说，这个是没有方法的，他说这个是学校里不会教你的东西，而是你做了三部戏以后，你就完全知道了。第一次在排练场里跟所有的演员，跟所有的创作团队来做导演阐述的时候，其实我是非常紧张的，但是我一定要让大家看不出我很紧张，还蛮滑稽的。

我不知道这个成功和失败是怎么样去定义的，但是我觉得每一件事情它在做的过程当中其实都有得有失，我习惯一种做法就是做完以后整个团队要有一个总结，这个总结并非是在创意方面的总结，一定是在操作层面，你要做到的是把荣誉全部给你的合作者，我一定要自己扛起所有的黑锅，真的看你内心有多强大，你多么想做成一件事情。你如果对最终你想要的东西是那么渴望，那么有激情，你一定会坚持下去的。

在人生的转折点我不能安于现状

我现在正在面临一个自己逼自己转型的时期，我才三十出头一点，所以我逼自己一定要不能安于现状地躺在我以前的所谓的成功上，所以我必须逼自己去拍电影，因为我也很想拍电影，我觉得从某种意义上来说，电影才是导演的艺术。每个人都会对新人有怀疑，因为你没有成功的作品，必须通过你的努力去让大家、让你的合作者一点点消除这个怀疑。

所以每次我的心态都是特别有意思，从上海飞到北京的时候，我要告诉自己，我是个新人，我是个新人导演，我是个新的电影导演，我要到北京开始重新做我的第一部电影。我觉得很多你要坚持的东西，你还得讲究方法，这个方法就是我们可以迂回着往前走。通常有很多人会说，我现在做的事情很无聊，并不是我想做的事情，但是没有一件是你不想做但是可以证明你的能力的事情的组合，你最后也获得不了你想做的那件事情的机会。既然我们要花这段时间来做这一件事情，你就一定要力求让自己做到最好。

票房蜜糖，其实我很不喜欢这个名字，我更喜欢我给自己的定位就还是创意，我希望所有的人来看我的东西时，他都会觉得跟以前不一样，他都会进入到我的剧场里面，他都会在市面上或者是在电影，或者是在所有电视剧里面，他们都看不到这样子的一种玩法，那么通常讲，在剧场里我们可以一起来游戏，戏剧其实是用一种我告诉你的一种新的游戏方式我们在娱乐。

如果你刚毕业一定要坚持梦想

导演对我来说是个事业，工作其实就是每天你在做的那些项目，事业其实从某种意义上来说，你一定是喜欢它的，一定是充满了兴趣，我觉得应该用你的梦想来支撑你现在的工作。刚毕业那段时间，阶段性的梦想是怎么样可以顺利成为一名导演。然后再接下来我成了一名导演之后，怎么样才能成为让所有人都爱看我戏的一名导演。现在我的阶段性目标是我要成为一个跨界的，除了舞台剧做得很好，我一定也要做一个很好的电影导演，这是从毕业到现在每一个阶段性的一个目标。

我觉得在刚毕业的时候，你想做什么就赶紧去做，因为如果你工作了一两年或三两年以后，你会慢慢不能做你想做的事情，你会做很多不得不做的事情，如果你刚毕业，请一定去坚持你的梦想，千万不可以放弃。

积累知识很重要

许多天赋很高的人，终生处在平庸的职位上，导致这一现状的原因是不思进取。而不思进取的突出表现是不读书、不学习。宁可把业余时间消磨在娱乐场所或闲聊中，也不愿意看书。也许，他们对目前所掌握的职业技能感到满意了，意识不到新知识对自身发展的价值；也许，他们下班后很疲倦，没有毅力进行艰苦的自我培训。

他们心甘情愿陷于颓废的境地，尚未做任何努力就承认了人生的失败。这种心态下，也许连那个卑微的饭碗都不是十拿九稳的。

没有足够的知识储备，一个人难以在工作和事业中取得突破性进展，难以向更高地位发展。

在成功之前，一个人要积蓄足够的力量。在这方面，托马斯·金曾受到加利福尼亚的一棵参天大树的启发：“在它的身体里蕴藏着积蓄力量的精神，这使我久久不能平静。崇山峻岭赐予它丰富的养料，山丘为它提供了肥沃的土壤，云朵给它带来充足的雨水，而无数次的四季轮回在它巨大的根系周围积累了丰富的养分，所有这些都为它的成长提供了能量。”即使在商业领域也如此。那些学识渊博、经验丰富的人，比那些庸庸碌碌、不学无术的人，成功的机会更大。

有位商界的杰出人物这样说：“我的所有职员都是从最基层做起。俗话说：‘对工作有利的，就是对自己有利的。’任何人在开始工作时如果能记住这句话，前途一定不可限量。”

一个刚跨入社会的年轻人随着自己地位的逐步升迁，一定有很多学习机会，假如他能抓住这些机会，成功就是早晚的事。

一个初出茅庐的青年，要随时随地注意本行业的门道，而且一定要研究得十分透彻。在这一方面，千万不能疏忽大意、不求甚解。有些事情看起来微不足道，但也要仔细观察；有些事情虽然有困难险阻，但也要努力去探究清楚。如能做到这一点，他就能清除事业发展道路中的一切障碍。无论目前职位多么低微，汲取新的、有价值的知识，将对你的事业大有裨益。我知道一些公司的小职员，尽管薪水微薄，却愿意利用晚上和周末的时间到补习学校去听课，或者买书自学。他们明白知识储备越多，发展潜力就越大。

一个前途光明的年轻人随时随地都注意磨炼自己的工作

能力，任何事情都想比别人做得更好。对于一切接触到的事物，他都细心地观察、研究，对重要的东西务必弄得一清二楚。他也随时随地把握机会来学习，珍惜与自己前途有关的一切学习机会，对他来说，积累知识比积累金钱更要紧。他随时随地注意学习做事的方法和为人处世的技巧，对一些极小的事情，也认为有学好的必要，对于任何做事的方法都仔细揣摩、探求其中的诀窍。如果他把所有的事情都学会了，他所获得的内在财富要比有限的薪水高出无数倍。在工作中积累的学识是他将来成功的基础，是他一生中最有价值的财富。

如果你真有上进的志向、真的渴望造就自己、决心充实自己，必须认识到，无论何时、无论什么人都可能增加你的知识和经验。假如你有志于出版业，那么一名普通的印刷工会帮助你了解书籍装帧的知识；假如你热衷于机械发明，那么一名修理工的经验也会对你有所启发。

如何激励你自己

今天早上醒来的时候，外面下着倾盆大雨，温度很低。我原计划在中央公园骑自行车，但是当时可不好说了。我喜欢每天早上做点儿运动，剩下的时间都用来工作，早上是我唯一的锻炼机会。但是我真的愿意在这大冷天被淋成落汤鸡并感冒吗？

我决定还是去骑车，不过在我穿上运动服，把车推出地下室的时候，我还在犹豫。在公寓楼的雨篷下我停了一会儿，因为外面已经全是雨了。

我的朋友克里斯正好从外面冲进来，在雨篷下停了一下。

“真是骑自行车的好天气呀！”他说完就跑上楼了。

他是对的，但我想，这种天气去骑车真是太傻了。我在雨篷下又待了几分钟，考虑要不要退回我温暖的家里。

最后，想到酣畅淋漓地骑完车之后，我会感觉很好，我就出发了。我用力蹬车，刚开始的时候，冷冷的雨水让我又开始怀疑自己的决定，但是我还是坚持骑了下去。

不到五分钟，雨水不再让我难受了。又过了几分钟，雨水让我感觉很舒服，神清气爽啊。结果，这次骑车的体验非常完美。

雨中骑车的经历，让我明白了一点：我们需要的动力和自律比我们想象中的要少。

我每周至少写一篇文章。做到这一点需不需要自律？当然需要。但是我细想了以后，发现自己最需要自律的是坐下来开始写。我发现，各种各样的事会分散我的注意力。但是如果能让自己开始写，我就不需要太多自律来完成。

决不要在看甜点菜单时放弃节食计划。因为这时候诱惑太大了。这不是你怀疑自己的承诺的时候，而恰恰是需要你的意志力和自律的时候。

我们花费了太多时间、精力和注意力怀疑自己的决定。我的工作做得对不对？这个项目到底有没有意义？这名员工到底能不能做好？这种时不时的思量会分散你的注意力，甚至毁掉你的计划。因为如果你不断问自己这个项目值不值得，你就会减少对它的努力——谁愿意在一件可能会失败的事情上花时间呢？结果，这个项目就必败无疑了。

另外，忽视这些犹豫不定的情绪也是不可能的。那有什么解决办法呢？解决办法就是安排专门的时间来重新考虑。如果你打算停止节食，在你最不需要意志力的时候加以考虑。你应该选择在第二天再做决定，也许在你吃完一份健康的早餐或做了一点儿运动之后，就是你想坚持实现你的目标的倾向更高的时候。

如果你还是决定坚持节食，那就全力去做。在设定的下一次考虑的时间到来之前不要再怀疑。知道自己有计划好了的重新考虑的时间，能让你毫不犹豫地集中注意力，直到那定好的时间到来。

这样，如果你最终决定改变你的承诺，你就知道这决定不是由于一时的意志力薄弱。这样的决定会更有战略性，更理智，更有目的性。

重要的是你做决定的时候应该是你的思维状态正常的时候——你最不需要意志力的时候，因为只有在这种时候，你才能做出最好的选择。

现在我坐在电脑前，身上很干爽，很舒服，今天早上的晨练也很棒，我决定明天接着出去骑车。

第四章
给少年的歌

世界上任何书籍都不能给你好运，但它们能让你悄悄地成为自己。

——赫尔曼·黑塞

我还像小时候一样，永远想去爱

一

读那本书的那年，我20岁，还在洛杉矶上大学。外婆在那个暖和的冬天突然病重。那时，我一直在看这本《最后14堂星期二的课》。

在书中，一位老教授身患渐冻症。在人生的末尾，他对着每周来探望自己的年轻学生，讲了对于生活、生死的领悟。

感谢这本书帮助我，让我能面对亲爱的外婆的离开。几年后，它又陪着我经历了我亲爱的叔公的故去。

我小时候，外公外婆就住在我们隔壁，两幢房子共用一个大门。他们陪伴我成长。外婆跟我一样，脸圆圆的，眼睛也圆圆的，身体胖胖地摊开来。她是四川人，会给我做世界上最好吃的干煸四季豆和麻酱面。

她是个可爱的老人。每次我要出门，她都要指着自己的脸说“亲亲”，要亲了才能走。她还爱开玩笑。有时她会故意叫外公：“相公你来啦！”性格很认真严肃的外公就会躲开说：“哎，你干吗啦，没事这么乱叫！”

后来，外婆生了病，常年需要洗肾，我课余陪她去。两根管子，一根抽血出来，一根把净化后的血液输回身体，过程漫长极了。但她从来都是有说有笑，不认为那是苦差。连医生给她配药，她也要挑挑拣拣一番：“这两颗我吃，别的可不可以不吃？”像小朋友一样。

看到她这样，我也觉得她的病没什么。她会一直握着我的手，每天亲我的脸，给我做好吃的，跟外公开玩笑。日子还长。

二

但我错了。

突然间，外婆的状况就恶化了。洗肾很快就不起作用了，但还是要洗。我仍然陪着外婆去医院，但我再也轻松不起来。我想我是不明白，为什么尽头这么快就近在眼前。

出门前，我把这本书揣进包里。我渐渐觉得，我需要它。

在外婆身边，我翻开书。书里写道：“人人都会死，但人人似乎都不相信。”又写道：“爱是唯一理智的事情……凡事不吝啬，与你所爱的人分享，才会真正满足。”

看到这种句子，我就会忍不住合上书，看看外婆。

原来死亡离我们很近。这时我才真正感觉到，原来跟她相处的每一分每一秒都很珍贵。我不得不接受至亲就要离去的事实了。

外婆是真正懂得分享的人。她这一生没有太多事业成就，把一切奉献给了家庭，给了她所爱的人。而且她关爱的不仅是自己的子女，几十年来，她还一直把我叔公当亲弟弟一样照顾。

在他们年轻的时候，战乱和迁徙是常见的。我叔公是外公的堂弟，因为家贫，他十几岁时就从河南老家来到四川，投靠了外公；在战时又跟着外公一起去了台湾。一般来说，丈夫的远房亲戚来投奔，还要住在一起，有人难免就不舒服了。但外婆很大气，一直对叔公很好，照顾他读书、工作，从来没有抱怨过。

叔公第一次出去应聘工作的时候，外婆给他买了一套很好的西装，花掉了相当于外公一个月薪水的钱。叔公很感激，后来他经常跟我提起，那是他拥有的第一套也是最喜欢的一套西装。

也许就是因为心善，外婆一直是有福的。她走的时候，亲人都环绕在她的床边，只差我姐姐一人。等我姐姐匆匆从台湾赶到美国，刚跨进病房，外婆就笑了，伸手指了指她，然后闭上了眼睛。

三

过了几年，我大学毕业，从美国回到台湾，偶然买了一本英文书叫 *Tuesday with Morrie*。读了才发现，咦，这就是《最后14堂星期二的课》嘛。

这是我第二次读这本书。恰好，这时，我又有一位重要的亲人要离去了，是叔公。

如果说外婆教会了我如何分享，那叔公就让我学会了如何感恩。他这辈子没有结婚生子，一直都把我和姐姐当亲孙女一样疼爱，每天送我们上学，接我们回家，带我们游戏、玩耍。他自己很勤俭，出门都走路、坐公交车，但常常给我们钱让我们坐计程车。

那时候，市面上有一种已经停产的50元新台币的硬币。我觉得很稀奇，每次遇到都收起来。叔公也帮我留意，常常一见面就给我两三个，直到我长大。那是我俩的一个小默契。叔公去世前，我攒下的硬币已经有饼干盒那么大一盒。

即便在最穷的时候，我也没有花掉它们。

四

叔公是河南人，说话一直都有乡音。他喜欢叫我“小果果”，说我是他的开心果；但因为他的口音，别人都以为他说的是“小狗狗”。

去世前，他希望能落叶归根。我和妈妈就带他回老家河南光山。去机场的路上，我们还一起高高兴兴地合唱着他最喜欢的歌：“小城故事多，充满喜和乐。”这也是我听的第一首流行歌，是小时候叔公带着河南乡音唱给我听的。

叔公很开心，我们也跟着高兴。但是当我们把他托付给当地的亲戚朋友后要离开的时候，我突然意识到这一别或许再也看不到他了。我哭着握紧了叔公的手，怎么都不想放。

叔公去世的消息是妈妈在电话里告诉我的。听到以后，我愣了好久。

2012年，我为叔公写了一首歌——《叔公的小城故事》，回到小时候叔公常带我去的植物园拍MV。我很惊讶，小时候觉得那里好大，怎么走都走不到头，原来是这么小啊。以前倒在荷花池边的那棵歪脖子树，叔公曾看着我在上面爬来爬去，现在也找不到了。

五

现在，那一代老人都故去了，而我也有了自己的家庭。

你问哪里是我的家？有我的老公、宝宝的地方就是我的家。

外公、外婆和叔公，也都跨越过千山万水。我想和他们一样，跟着生命自然成长的方向，跟着爱的方向去生活。在死亡之前，必须要活得更投入、更好，就像书里说的一样，每天早上你睁开眼睛的时候都可以问自己："你做好准备迎接这一天了吗？"

我还想像小时候一样，永远想去爱，感觉到被爱着。

不过，现在我更有责任感了。我想让我的孩子能因妈妈而自豪。我希望他开朗、快乐、懂得感恩和分享，希望他的心灵饱满。

至于他以后要做什么，如果他觉得做个杯子很满足，那就去做，那都是有意义的。

成长的轨迹

一

每当我沉思的时候，总喜欢冲挑逗我的人吼：“别打扰我思考人生。”此刻真正可以安静地好好想想，却又越发迷茫。人生是什么？用父亲朴实的话讲，那就是生命走过的路。人生有两个成长的过程，一个是身体，一个是灵魂。错误是这两个过程的常客，错知，错觉，错行，错爱……错误每时每刻都会在我们身上发生，一个不恰当的字，一句不恰当的话，一些不恰当的眼神，都会影响到我们那敏感的神经。总有人告诫我们，知错要能改，要时常学会检讨，路才会越走越宽阔，越走越敞亮。我们不但需要有敢于改正错误的勇气，还需要有发现错误的慧眼，辨别错误，改正错误，避免冲动的自己轻易犯错。

小时候，父母会不断提醒我们，什么该做，什么危险。我们把他们折腾得够呛的时候，他们总说：“你想成龙上天，还是成蛇钻草？”其实，我从未怀疑过自己要走的路，我拒绝轻视的目光，我要挺直脊梁，昂扬迈步。我的人生、我的未来、我的言语、我的动作及我的脚步，构成的将是我独一无二的生命。每个人都会有憧憬，我将要拥有我的向往，我会不顾一切地探寻光明的巢穴。在我的背后，有那么多期待的眼光看着我，倘若没有父母的唠叨，没有朋友的提醒，我真的不知道会让错误历练成一个什么样的货色。几十年如一日，为父母者没能安心一刻，担心孩子在成长中走弯路。他们时刻提醒我们，指正我们。看似简单，可要把这个简单的角色做得完美，那就要父母学会与自己的孩子一起成长，孩子长大了，父母终于烛泪成灰。

跌跌撞撞地一直走着，脚掌直接抵触大地的苍凉，隆冬里干枯的树枝将积蓄迸发的能量，在春天的夜里长出绿苗。徘徊中，我回头望一眼背影渐远的地方，嗅到一片春日的芳香，在未来的夏天，我将看到温暖的阳光洒在肩上。当我们无须再去追慕青春的模样，那些不曾被复制的足迹已经在春天的花朵里绽放出淡雅而长久的微笑。脚下的路被无限延伸，相交或者平行。过去或未来，至少我们曾与梦相约，无论是春天还是秋天，都无法抹平那段岁月的碾痕。生活在你无法接受它的时候还在继续。继续的过程中，时间会把一切的无法接受都冲淡，然后埋没在岁月的尘埃里，偶尔会有风把尘埃吹开，将那些忘记了的伤痛与寂寞再度翻起。那时候，你会明白，其实生命也不过如此。也是在麻木之后才逐渐明白，只要看开，只要放下，就不会庸人自扰。真正的成长，要有一个经历磨难的过程；心灵的遗忘，要有一个经历痛苦的过程。对于一个懂得珍惜自我的人来说，我自己知道比别人知道更重要，因为无论遇到什么事，首先要过的是自己内心这一关，守得住自己心中的那份平静便能百毒不侵。尘世的诱惑与不舍都是绳索，被烦恼、忧愁、痛苦的绳子缠缚着，直至坟墓都会不得解脱。这个世界充满了变数，如果你不能明确自己的位置和对未来的谋划，那么，你就会失去更多的奶酪。

二

有时真想从这个世界上无声无息地消逝掉，就好像从未来过一样。这样想的时候，或许一种绝望的念头正隐藏在胸中。否则，无缘无故，哪会一门心思说出这种丧气的、没心没肺的话来？大凡是人，都会有不同经历。所以，扪心问一问自己，究竟为谁而活，为谁而死？为爱不会的，爱要好好爱。为仇更不会，仇是志，自当生生不息。后悔吗？哲学家用自己的人生经历如此回答：若人生可以分两半，前半生不犹豫，后半生不后悔。不解吗？十万个为什么不足以回答大千世界的万象诡迷，不解是存在的事实，时光湍流的水，奔腾不息地向前流淌。就算是伫立在悬崖的边缘回顾着走过的岁月，也会在那些稍不留意的瞬间，浪费掉未来的视野。

回忆并不是一种自信的表现，低着头托着腮，黑夜里冰凉的风打在自己的脸上，一阵阵恍惚，不管我们是否拥有过。也许我们都会渴望爱，那是没有谁可以逃脱出的守护圈，都会情不自禁地去踏入。只是我们听不懂爱的语言，凄凉却又有暖意，总有那么一个人会是真正的在乎你，你不相信不代表就没有，有时是可能信了会是更大的难以释然。有那么一个人始终关注着你的悲欢，只是这一次他选择了不说话，为了维系起码的关系必须控制情感。曾以为，他会把所有的投入都执着成没有终结的死循环。后来发现其实不是这样，因为死了就不会再循环，比如想法，比如易碎的心。终于发现，生活要的就是一份淡然，戴着面具嘻嘻哈哈，能心照不宣最好，即便流泪了，也可以谎称是眯了眼。选择沉默寡言，心事藏太久也就宁愿看着它腐烂溃败。选择用孩子的方式去生活，可不代表就是孩子，只是觉得彼此都面具化一点就不会让冲动犯错误。我们都在长大着，没有了孩子时代的天真，少了少年时代的自大，平平淡淡地在岁月的磨合中长大着，没有了幼稚的氛围，我们在圆滑里，走进了自己生命的轮回。时间抽打着我们，让我们更好地适应这个世界。阳光伴着和煦的风打在城市的肩上，奔流不息的车辆像海里的水，璀璨下的世界，有无数人奔向这个城市挤进这里有终点的地铁，又有无数的背影悄然离开这个熟悉陌生的城市。

城市的灯火并没有为任何人打开着，开开闭闭的缝隙间，埋葬了太多人的梦想。烟火，也并不是呢喃的代言词，成功像根稻草掌握在每个人自己手中。岁月敲打着我们，让我们在这龙卷风里像无脚的鸟努力向前长大着。而我们在这浪潮里不是为了所谓的伟大梦想，而仅仅是为了自己能够更好地生存罢了。

三

学会会心地微笑，那是因为生命里我们邂逅了最美的感情：纯洁，善良，无私，忘我。在生活中，我们失去了很多，但是也收获了很多，一声温情的问候，一封远方的尺素，在内心深处不也是弥足珍贵的回忆吗？多一些柔韧，多一些弹性才可以克服更多的困难，战胜更多的挫折。放下心灵的包袱，静静地想一想往昔的岁月，海滩拾贝、花间寻芳的日子已经一去不复返。青涩的额头已爬上了岁月的印记，而我，为什么还多次在与青春有关的梦中惊醒？那些“天地合，乃敢与君绝”的誓言早已随风而散，而我，为什么还在午夜的静寂里想起？如今我已明白，那所谓的回忆，不是痛苦的，也不是悲伤的，不是喜悦的，也不是甜蜜的，而是那种过尽千帆击风搏浪挣扎上岸，回眸望一望的“当时已惘然”的淡然，是很深很美的爱忽然离开如同雁过长空未留下任何轨迹，只是心上刻画了一些印记，自己也不清楚心里所存的影像究竟是事实还是想象。或许，人生真的是只有经历过才能体会和明白。

浮生若梦，“大梦谁先觉，平生我自知”。世界在不经意间悄悄赤裸，这贫瘠的土地上，我真想，温顺地躺进这片荒凉。顺着昔日陈旧的眼神，继续向前延伸遗留的疼和幸福。贫穷必须改变，梦想必须实现，在这五味杂陈的时刻，有种嗅得到的坚持，在眼眸深处浮动，同空气混在一起，汇成一次不安的呼吸。我必须不断提醒，我该有怎样的人生。我欣喜地保持着坚持以旧的沉默。生，要如夏花般灿烂，死，亦如秋叶般静美。

不要说谎，不要逃避，不要慌张。不要说什么越长大越孤单，不要说什么永远。不要幻想能轻而易举地走进这个千变万化的世界，不要太天真地狡辩，不是世界不要自己，而是自己看不惯这个世界而变得冠冕堂皇。不要嘲笑，不要冷漠，不要嬉皮笑脸地对待身边的任何事和人，不要冷冷冰冰地看着周围的每一张不相同的脸。学会微笑，学会自信，学会倾听，学会奔跑，学会坦荡。学会让别人能够真的从心底明白你的好，学会让大家微笑着面对着我们，学会让自己能够确切地知道自己的价值，学会在和煦的阳光下知道自己的所需所求，学会别了过去的伤感、现在的颓废、未来的渺茫。

“今天非去不可，明天非来不可，我，无处可逃。”是的，弃我去者昨日之日不可留，心灵如果挂着旧日的尘埃，就好像浸满了深秋夜雨的蓑衣，湿润冷暗。把水珠抖落，在明媚的阳光下晾干哀伤的往事，修复心理的刻痕，让它重新熠熠闪亮。不管一切怎么变，我始终坚持自我，苦中作乐，忠诚正直，诗意雅致，却不会招致悲剧的命运。那些生命里的尘埃和浮沫，我相信，永远是温暖的颜色，永远是最美的花样，尽管被狂风吹走了，但在精神世界的波光中，却永远回荡着难忘的投影。如果我累了，月亮将陪我入睡；如果我醒了，阳光将伴我前行。当我看透了生命，那我便告别了寂寞和忧伤。没有什么酒醒不了，没有什么痛忘不掉，向前走，就不可能回头。

我就是那个拿了第一名的女孩

大家好，我是孟美岐。首先我想说，我现在作为最后一个演讲的人真的非常非常紧张。可能有一些朋友会知道，我是一个不怎么爱说话也不怎么会说话的人。如果让我可以选择，我宁愿在这儿跳个舞给大家看。

今天是2018年7月29日，距离我从《创造101》这个节目出道，是一个月零六天。在这一个多月的时间里呢，我被问得最多的问题就是："拿了第一名是什么样的感觉？"

我只能说，是种蒙圈的感觉。或者说，我觉得像在坐过山车一样非常刺激，但有的时候又觉得我其实一直在做的事情，只不过被更多人看到了而已。

第二个问题就是："来参加这个节目之前，你有想过自己拿第一名吗？"其实关于这个问题呢，我的答案会比上一个问题要确定很多。因为我当然有想过。可能我没参加这个节目之前我压根就有想过，因为如果一个比赛都要开始了，你才想要拿第一，那就已经太晚了。

最近很流行一个词叫作“佛系”。我刚参加“101”的时候，有很多人跟我说，他说孟美岐好“佛”啊，不争不抢的。但与此同时，我又非常渴望我能拿到第一名，因为第一名是在竞争关系中才会出现的概念嘛。但这个可能跟我刚才说的有点矛盾，为什么一个不争不抢的人，她会想要拿第一名呢？而且为什么她会有这么强的胜负欲？那是因为我所理解的第一名，并不是要去打败任何人，而是要做得比过去的自己更好，其实我的胜负欲更多的是拿来跟自己去比较。

我15岁开始当练习生，那个时候是跟现在差不多的大夏天吧。我至少每天都要有8个小时的舞蹈课，没有空调，不能休息，也不让喝水。我为了控制体重，几乎每一天都在吃鸡胸肉。这样的生活呢，虽然我觉得很利于减肥，但是并不利于未成年人的健康成长。所以我有的时候在想，如果那个时候我能吃点鸡胸肉以外的东西的话，我是不是可以长得像惠若琪姐姐一样高。

其实除了训练本身的辛苦呢，更让人喘不过气来的就是残酷的淘汰。因为我记得那个时候我们每一个月都会有一次月末评价，对我们来说都非常重要，如果一次考核不及格，你就可能面临着要打包走人，那你之前所有的努力都会白费。所以我当时记得特别清楚，当时去的人很多，但是不到一个星期，就只剩下三个人。所以那时候压力特别大，我们三个就在练习室里面抱头痛哭，但哭完了呢，又要爬起来继续练。

在节目中，我记得我的队友宣仪说过，她说后来我们登上舞台，但是永远都站在最边上，可能一首歌下来连几秒钟的镜头都没有。我最近才知道，网友们把这个称为“抠脚”，对吧，它是形容被镜头遗忘的、默默无闻的人。但是我拿了这个第一名之后，这段经历好像突然之间就浓墨重彩了起来。大概在很多人看来，一个人的“成功”背后，一定得有点悲惨的东西来平衡，不然谁都想成功，干吗要给你呢？对吗？

真的，所以我回忆起以前我的这些经历，一点都不觉得自己悲惨。在那个时候，每个深夜结束练习，在回宿舍的路上，我看到天上的星星，我那个时候心里就在想，我今天又努力了，我的动作和表情都比昨天更好了。而明天，我还可以做得更好。这其实是一种很纯粹的充实感。因为我们的人生不见得会有很多场让你拿第一名的比赛，但提升自己为第一名做好准备是可以贯穿在生命中的每分每秒的。

其实我有一句座右铭，大家都知道“是金子总会发光的”，这句话听起来可能有点俗气，但是想一想特别有道理。你拿到第一名，是“发光”的那一瞬间的精彩；而把自己炼成一块金子的漫长过程，是你为将来发光做准备的，永远都不嫌多，永远都有价值。

我参加《创造101》，我收获了1个第一名，也收获了100位好朋友，而且最让我开心的是我还发现了一个不一样的自己。

大家都知道，在比赛期间我们是不允许用手机的。所以我不知道外界对我们有什么样的评论，所以比赛完之后，我就认真地翻了一下网友们对我的评论。主要想知道你们为什么喜欢我？

结果呢，就是让我有点出乎意料。除了颜值、实力、性格的常规选项以外，很多人说好喜欢孟美岐臭着一张脸监督队友训练的样子！是不是？

（互动：对。）

我当时真的很好奇，为什么你们喜欢我凶了吧唧的样子啊？或者说，作为一个少女偶像来说，因为这样的理由被人喜欢，我是开心呢还是应该不开心呢？

（互动：开心。）

我甚至记得有一个网友说，如果我是她们班的同学，见到我他一定会绕道走，因为我看起来就不好惹。但天地良心，我真的不凶，我真的不是很凶的人。因为在来“101”之前，我在之前的经历，我也年龄很小，所以也不会担任队长的角色，你们看到的那个“冷酷无情”、恨不得能把队友逼疯的我，其实对我自己来说也是新鲜的。

因为我觉得这是自我能力的一种突破，而且其实和大家并肩作战的感觉真的很美好，因为我们共同完成的是一个目标，这个过程要比一个人去战斗更让人有底气。其实我们每一个女孩子在战斗的时候都可以独当一面，但是只要到了舞台下面，我们会彼此关爱对方。其实在很多人眼里，我是一个强者，但是我也一样有软弱落泪的时候。这个时候她们就会过来摸摸我的头，给我一个温暖的拥抱，把这份温暖的心送到我这里。其实就是因为经历了这样的战斗和友谊，我觉得我拿到的第一名是一个不一样的第一名，因为它很多时候意味着11个人里站在中间的那一个，但它绝不是10个人之外的那一个。所以我觉得站在哪里并不重要，你在这个队伍里才重要。因为如果现在有一场演出它是甜美可爱风，那一定不是我擅长的，但是我们的团里面有宣仪、超越、小七，她们各有各的甜美和可爱，那这个时候，我就当吃鸡游戏里面那个打辅助的角色好啦。

我们是不同形状的人。在这个队伍里，我们不会抹平每个人的特点，让所有人看起来像同一个人一样。在这个队伍里我们绽放着更美好更真实的样子，我觉得这是少女偶像团体最可爱的地方。其实今天“星空演讲”的主题是“女性的力量”。作为一个本来就很紧张的我，这个主题其实让我更紧张了。其实让我讲讲我自己的经历还行，可是让我说我能代表着什么样的女性力量或者女性价值，那实在太宏大了。

我就是一个特别普通的“90后”女孩。从我对“喜欢干什么”这件事有认识开始，我就只知道我喜欢唱歌和跳舞。但我又特别的幸运，因为我的父母特别地支持我，他们尽可能地支持我做想做的事情，不管是过去的爱好，到现在的职业，甚至我将来的事业，我都认为我这个人可能永远都离不开唱歌和跳舞。

但除此之外，我真的几乎没有其他兴趣爱好。粉丝都嘲笑我连表情包都不会用，“你用表情包还用的跟我爷爷一样”，甚至会吐槽说我像个老干部。这样的人生是不是听起来特别无聊呢？但其实我觉得一点不无聊。你有来自内心的热爱，还有机会去坚持你的热爱，那是多么大的幸运，怎么会无聊呢？

所以如果非要让我传递什么样的“理念”的话，我想就是这一点吧。不管你是喜欢唱歌跳舞，还是喜欢写字画画，或者你只是喜欢每天发发呆，或是坐着数天上有多少朵云；不管你喜欢的是别人看起来多么无聊的事情，你用认真、勤奋、踏实的态度去对待它，你都可以把这件事变得非常“有聊”。

其实在我收到的所有的褒奖中，我最喜欢的是：孟美岐是一个认真、勤奋、踏实的人。

这几个词可能听起来会有一点土吧，但是我觉得很重要。因为我们这一代人是很幸运的，我们拥有着比过去任何时候都要广阔的选择空间，但选择之后，只要你通过认真、勤奋、踏实，就能让你的梦想落地生根，成为现实。

我非常感谢今年夏天的这个比赛，因为它让一个认真、勤奋、踏实的人获得了第一名。如果这能让所有的认真、勤奋、踏实对待人生的人们感到一些安慰或者增加了一些信心，那就是我做偶像最大的意义。

谢谢大家！

那些年我们不懂爱，却愿意为了喜欢倾尽所有

人与人相遇，是一种注定，纵然有千百万种开始。我坚信，每段路都是岁月的光和影，美好得与时光同尘，如同彼此。青春是一场相逢，一边熟悉一边忘记，一边珍惜一边回忆。我们相遇过，珍惜过，曾经拥有过……那年大学，是青春开篇的梦工厂，是融入我生命印记的地方。

再不疯狂，我们就都老了

“再不疯狂，我们就都老了。”这不知是多少情侣、朋友乃至于每个有梦的年轻人都很想说也说过的话。然而，我们都老得太快，却又聪明得太迟。疯狂去爱、去寻找、去追梦青春，

有的时候又谈何容易呢？年轻的我们总是相信，还会遇到很多的人、更好的机会，后来在现实中发现那种相遇是可遇而不可求的。所以事后回头，就会发现这句话说了往往也就等于白说。

若想要轰轰烈烈地“疯狂”一次，方法只有一种，那就是把自己彻底变成另一个人。不是变化你的音容笑貌，比如说瘦个十斤或者换个发型；也不是生活习惯，比如上课记笔记或者早起晨读；而是把你曾经经历过的好与坏，把你曾经送到时光隧道里的一段青春切割。可是这样子，你就残缺不全了。日后会不会痊愈重生？不知道。将来会不会重蹈覆辙还是好过现在？不知道。但可以肯定的是，你成了全新的样子。

如此一来，你可以充分发挥想象。想着以后出家做僧人，想着以后去马尔代夫结婚，想着去偏远山村当老师，想着把人生奉献给可可西里保护区的动物们，想着在深山老林里过只有彼此的日子。可同时，你要明白，去到哪里都不重要，关键是看和谁一起，而“再疯狂一次”是可能的，但是这里的“疯狂”一定是在你重生一次的前提条件下，又或者说，真正的相遇，是两个类似且频率相同的灵魂之间实现的共振，而不是说回去找就可以找得到的。

青春没有返程票，我们却应当坚守自己的决定，不论是学业、工作还是感情。每个人都是独立的，不可复制的，“再不疯狂，我们就都老了”，无论做怎样的决定，最后的结局总归是为了让我们变得更好。

让我们孤独地度日如年，让我们忘情地度分如秒

任何需要感觉、意念才能做好的事，当事人可能都会发现，自己需要一段时间的过渡，有时这个过渡时间会很长。因为感觉，需要你和那个事情建立关系才会发生。我们可以手起刀落，痛快地告别曾经流血的青春，装作一无所知地和未来故事衔接吗？只要不是童话，就知道这样的假设本身就是不可能的。

“我们来自江南塞北，情系着城镇乡野；我们走遍海角天涯，指点着三山五岳。”每个人都有自己的特长与优势，与此同时我们也会有各自不擅长的领域。我想借助微电影传达这样的信念：无论在哪里的青年人，不论你有多么优秀，都会有生活的不如意，但青春是一次自我超越，欢笑与悲伤同在，这样的经历就像是品一杯咖啡，苦尽甘来才能品出其中真味。让我们孤独地度日如年，让我们忘情地度分如秒。我习惯于放大喜悦而微化矛盾，让我们记住关于学校的欢喜，又同时释怀自己体验过的苦难，毕竟你经历过，成长过，也没后悔过，这也就是我想描绘的成长。

青春，就是用来怀念的

在许多校园电影里面，故事主题都与青春、成长有关，也因此符合了时代的标签。喝过一碗孟婆汤，你就告别前生的记忆了；涉过忘川，就是一片彼岸新天地。

我们可以想象如用洪水淹没全部记忆一样，放水淹没所有不愿记起也不能记起的往事。既然新安江之水可以把两座古城藏在千岛湖底，大西洋的巨浪可以覆盖整个亚特兰提斯，人为什么不能借水重生？水不一定能够洗去所有的创伤记忆，但是水一定可以将它们封存，再随着时间的流逝腐朽粉碎，前提是只要你知道使用恰当的水。时光也是一样，大多数时候，有些人，有些事，不管我们怎么努力，回不去就是回不去了。我知道怀念并无意义，在现实面前说太多会很多余，改变不了，但是我会相信，也希望观众可以相信，我们不论去到哪里，过着什么样的生活，和谁在一起。有机会、有缘分、有信念，就一定不会淡出彼此的生活。不论好与坏，悲或喜。青春，就是用来怀念的。

当你想将作品乃至青春重新来过，想要制造新的自我，却又不可能割断让它保存的记忆，就把它沉入时光中吧。人的一生不能事事如意，都有一些说不出的秘密，挽不回的遗憾，触不到的梦想，忘不了的爱，但是不能因为胆怯而妥协，因为压迫而放弃。我们要学会等待并接受，试着过一段只有“回忆”的日子，不以物喜，不以己悲。多美多烂的记忆都不会改变，哪怕过去几年、几十年、几百年、几千年，海枯石烂，天崩地裂，只要我们曾经拥有，就不在乎天长地久。

彼时少年，一路策马扬鞭

在这世上，遇到爱，遇到离别，都不算是稀奇，最重要的是遇到了理解。我们经得起轰轰烈烈，耐得住平平淡淡，而最好的结果可能就是你理解过我，肯定过我。你付出了，笑过，感动过，也对你回报过，这样的一种时过境迁的理解还是会让人流泪。我只能说，人这一辈子，你真心付出的每一秒钟，都是对的时间；而你真心相待的每个人，都是对的人。如果你有信念，如果你全心全意相信，好事就会发生。

当“此间少年”已成为“彼时少年”，也使得“我们愿意”成为了“我们不得不愿意”。故此我们也就用不着探讨“少年能不能坚持梦想”“没有物质的友谊是不是牢固”这些课题了。

“彼时少年，一路策马扬鞭”，我以为首先要学会坚持，我们一定可以遇到生命中那个理解你、愿意帮你实现梦想的人。“知道人生疾苦，但不害怕积极面对。”凡事不能勉强，该正视的不要无视，可争取的不可妥协。不管是什么故事，遇上什么事，还是让我们情怀至上好了。除了情怀，也没有什么可以拿出来了。

希望懂得一些道理，做一些有趣的事

古希腊智者赫拉克利特的名言人尽皆知：“人不能两次踏进同一条河流。”老友小西近著《猫河》里的诗句却说：“踏进河里的绝对不会是同一只脚。”万物皆流，人又怎能例外。我的生活总是矛盾而复杂，在电影上映播出的一刻，我又似乎懂得了一些道理，明白了很多，发现自己和团队做了一些有趣的事。

念与忘之间，是曾经深爱。这一刻的自己和上一刻的自己必然是不同的，所谓的变化犹如重获新生，只不过，往事附着于所有现实之上，历历在目。写过的信纸可烧可扔，电脑里的档案可删可卖；你不再需要继续创作，不再需要讨论主题曲由谁来写，又找谁来唱；我们在做与不做之间，世界完完全全不一样了。现在正在画着的这幅画要比一分钟前的白纸，多了好几只蝴蝶。所以在这一刹那间，我变了。在刚才那一幅画作成的前后，有两个人的存在。

我希望懂得一些道理，做一些有趣的事。有时候我们真的希望自己可以摆脱记忆的束缚，分身成散落在不同时段的异己。我们要为做人的使命感而活着，要有争取的态度、处事的原则，要倾其所有可能的勇气、坚定和决心去完成全部你可能尽到的努力。你可以接受错过一趟公交车，因为你知道这世界有千万辆公交车都可以到达你要去的地方。距离是个相对概念，时间也是，世界上再美好的事物也不能、不足以与之为敌。于是将要结束的关系，就更不用说了。我们都盼望眼前的河流就是忘川，它永远都不会是同一条河；而踏进去的人在出来的那刻，也就不再是同一个人了。

这就是我一直想要的生活，想要的创作空间，只闻花香、不谈悲喜，喝茶读书，不争朝夕。阳光暖一点，再暖一点；青春慢一些，再慢一些。人这一辈子，我只能说，有些事情是意料之外的，有些事情是情理之中的，有些事是难以控制的，有些事是不尽如人意的。

任何一件事，只要心甘情愿，总是能够变得幸福、变得简单。你不清楚为什么而忙，就会整天因为忙不到点子上而浪费时光，你不分轻重缓急，就会时常在小事上纠缠而忘了前行。若是有缘，时间空间都不是距离；若是无缘，终日相聚也不能会意。错误的开始，未必不能走到完美的结束，这世间没有什么事情是一定的，都是在等、在碰，在慢慢寻找。我信自己，信我有能量可以。走下去，就会有风景。时间很短，天涯很远。以后的一山一水、一朝一夕，平平淡淡去走完。

青春大概如你所说，青春大概都这样过。

越多在乎，就越付出；付出越多，就越珍惜。

所以，那些年我们不懂爱，却愿意为了喜欢倾尽所有。

行动，是抵达成功的途径

他出生在美国中西部的俄亥俄州小城雷丁的一个普通农户家庭，12个兄弟姐妹，他排第二。人多房少，他们兄弟住在一间卧室，姐妹们住在另外一间，父母则睡在客厅的一张折叠式沙发上。后来，他的爸爸自己动手，又盖了3间卧室，一家人才勉强住下。

每到早上，他们就要争抢卫生间，女孩儿优先使用，男孩儿则常常被母亲赶到外面，对着院里的大树“解决问题”。后来是男孩儿们和父亲一起又建了一个卫生间。那些艰辛的日子，常常食不果腹，但因为母亲的善于安排，他们过着清贫而幸福的生活。

他想成为一名军人，正当越战高潮，19岁那年他加入了海军。但两个月后，就因为健康问题退役。军人的梦想破灭，他很失落，父亲问他：“难道没有其他想法吗？”他怯怯地说："想去读书。"问题是，家里肯定没有多余的钱可供他读书。

父亲说："假如你想读书，就得千方百计去读书！林肯同样是穷苦孩子，但他自学成才，自力更生，最终成为美国历史上最伟大的总统！"

随后，他就在辛辛那提市埃克萨维大学半工半读。他买不起教材，就抄同学的书，常常挑灯夜战，有时抄得手都发麻，人也有些瞌睡，他就拿冷水浇面，刺激神经，以便继续奋战。常言道：好记性不如烂笔头，抄下一本书，他理解一大半。他负责全寝室的卫生，经常为同学们打开水，还做其他一些力所能及的事情。寒冬岁月，他几乎没有衣服，就拿同学们送他的旧衣御寒。加之，作为老二的他，还需要照顾家人，身体不好，还常住院，断断续续学习了7年，才完成大学学业。

毕业后，他进入一家塑料厂工作，他加倍努力工作，常常最先到达公司，最后一个离开公司，非常注意工作方法。他的兢兢业业，赢得了领导和同事的一致信任，不久他就成为公司的负责人。由于他工作努力，大大地改善了经济条件。

他为人善良，经常给一些穷苦人家救助，但是后来他发现想要最大限度地为人们做事，最好的方式就是从政。1982年，正值33岁的他进了本地的政委会，踏上从政之路。几年后，他当选为国会议员，他猛烈抨击广为人们诟病的政府腐败问题，始终坚持原则，曾经迫使77位涉及腐败的议员或辞职或不再竞选连任。他主张降低税收，政府要千方百计为百姓创造就业条件，要大力改善民生。当然，他在发表不同意见的时候，也尽量采取最恰当的方式，做到忠言也不逆耳。

他叫约翰·博纳，是美国众议院少数党领袖。2010年11月2日，博纳所在的共和党在国会中期选举中赢得了众议院多数席位，他也于2011年1月就任众议院议长，成为仅次于总统、副总统的第三号人物，也是两年后角逐总统的重要人选。

回首坎坷一生，他最难忘记童年的苦难，一直记得父亲对他所说："假若你想要什么，就必须付诸行动！"

不错，人人皆有梦想，但梦想并非都能实现，梦想最青睐的是一直孜孜不倦为之勤奋努力的人。曾经的梦想，成为今日之事实，唯一的途径就是行动！

谨以此书，献给那些在迷茫中勇敢前行的追梦人。

愿梦想的尽头，始终有星光等候。